做动效

After Effects 跨平台UI动效设计教程

张鼎（Keith）
编著

電子工業出版社
Publishing House of Electronics Industry
北京・BEIJING

读者服务

读者在阅读本书的过程中如果遇到问题，可以关注"有艺"公众号，通过公众号中的"读者反馈"功能与我们取得联系。此外，通过关注"有艺"公众号，您还可以获取艺术教程、艺术素材、新书资讯、书单推荐、优惠活动等相关信息。

资源下载方法：关注"有艺"公众号，在"有艺学堂"的"资源下载"中获取下载链接。如果遇到无法下载的情况，可以通过以下三种方式与我们取得联系：

1. 关注"有艺"公众号，通过"读者反馈"功能提交相关信息；扫一扫下载随书资源；
2. 请发邮件至 art@phei.com.cn，邮件标题命名方式：资源下载 + 书名；
3. 读者服务热线：（010）88254161~88254167 转 1897。

投稿、团购合作：请发邮件至 art@phei.com.cn。

扫一扫关注"有艺"

扫一扫观看全书视频

图书在版编目（CIP）数据

做动效 After Effects 跨平台 UI 动效设计教程 / 张鼎编著．—北京：电子工业出版社，2024.1

ISBN 978-7-121-46955-8

Ⅰ．①做… Ⅱ．①张… Ⅲ．①图像处理软件－教材 Ⅳ．① TP391.413

中国国家版本馆 CIP 数据核字（2023）第 248437 号

责任编辑：孔祥飞　　特约编辑：田学清

印　　刷：北京市大天乐投资管理有限公司

装　　订：北京市大天乐投资管理有限公司

出版发行：电子工业出版社

北京市海淀区万寿路 173 信箱　　邮编：100036

开　　本：787×1092　1/16　印张：19.25　字数：554.4 千字

版　　次：2024 年 1 月第 1 版

印　　次：2024 年 1 月第 1 次印刷

定　　价：128.00 元

凡所购买电子工业出版社图书有缺损问题，请向购买书店调换。若书店售缺，请与本社发行部联系，联系及邮购电话：（010）88254888，88258888。

质量投诉请发邮件至 zlts@phei.com.cn，盗版侵权举报请发邮件至 dbqq@phei.com.cn。

本书咨询联系方式：（010）88254161 ～ 88254167 转 1897。

推荐序言

静观形，动观意，动效设计是一种高级的沟通方式，可以让设计意图连续无缝地传达给用户。在数字变革时代，动效的内涵和形式正在发生巨变，希望此书可以成为一种契机，带你叩响动效世界的大门。

——站酷百万人气设计师　小鹏汽车前高级视觉设计专家　步果断

这本书顺应了当前数字媒体设计行业交叉、融合的大趋势。作为我校动画设计专业优秀的毕业生，作者在书中引用了其工作 10 余年以来探索动画特效与用户体验设计相结合的丰富的创作实例。因此，本书可作为影视数字媒体专业学生的参考书。

——同济大学艺术与传媒学院硕士生导师　周晓蕊

近几年，在界面设计中，动效已得到广泛应用，不仅冲破了以往固有的认知，使静态设计更具感官体验，更重要的是通过细节设计在 2D 空间内可以充分表现三维的动态体验，营造出自然界中真实的场景。本书将带领你探知如何洞察动效细节，并逐步掌握设计元素的运动规律、材质特性、空间关系和属性变化等。在界面设计中，可以通过“动效语言”来还原和界面交互的方式，以呈现观者眼中的真实世界。同时，用最低的成本告诉用户视觉动效呈现的来龙去脉，以及在这个过程中通过什么样的变化使呆板的界面元素富有情感，从而创造出愉悦的产品使用体验。

——来伊份集团前 UED 设计总监　刘静

Preface

前 言

在5G时代，互联网行业流行“全栈设计师”（什么都要会）。目前，UI设计是互联网行业乃至整个智能设备行业不可或缺的环节，而动效设计在其中的作用越来越重要，不会做动效设计的UI设计师的就业会有很大的局限性。因此，UI动效设计是互联网设计师未来必备的一项技能。

本书从理论、行业、实战三大环节入手，旨在梳理一条尽可能完整的跨越平台、贯穿用户体验的动效设计全链条。从早期的动效设计，到目前主流的智能设备UI动效设计，再到未来的创新动效设计形态，本书系统性地梳理了动效设计的几大价值和完整细致的分类，以帮助读者更系统、更全面地学习动效设计，理解、思考动效设计的真正价值。在工具实战方面，本书以专题模块的形式，提取了几种常见、实用的动效类型，并紧密结合案例进行讲解，以帮助读者更快、更好地掌握软件的使用方法。

本书的内容从入门到深入，从理论到实战，适合院校设计专业（如交互设计、动画设计等）的学生，刚进入用户体验设计领域的职场新人，以及已有一定行业工作经验但希望能更系统、更深入地学习动效设计的设计师阅读。另外，本书也可以作为设计培训机构的培训教材。

Contents

目 录

第7章

小空间，大天地：转场动效与数据可视化动效在智能手表中的应用

超值实用的附赠资源

教学视频，各个章节案例全覆盖

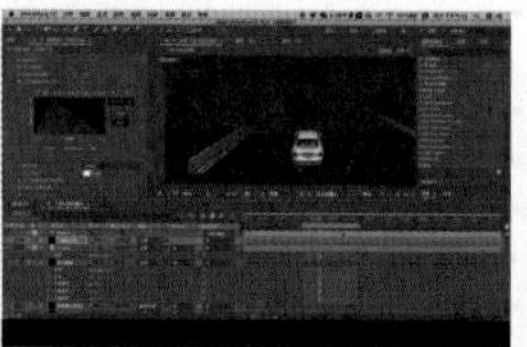
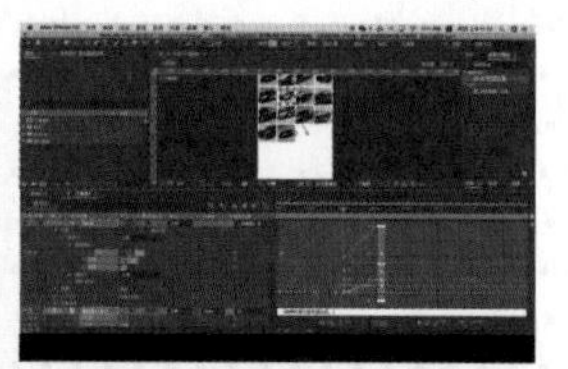
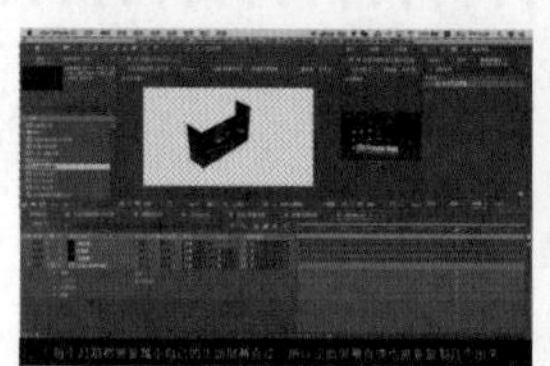
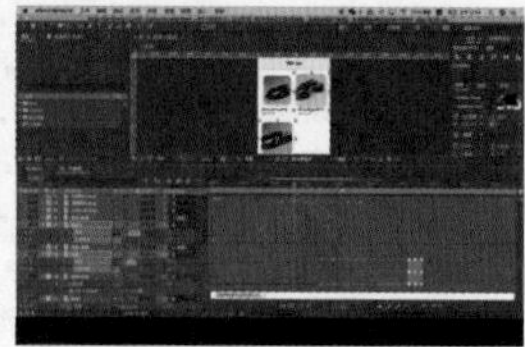
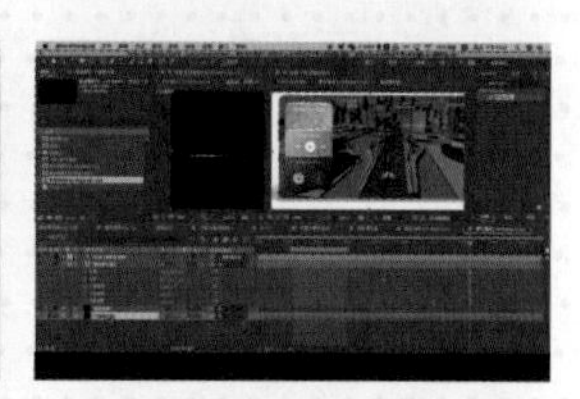
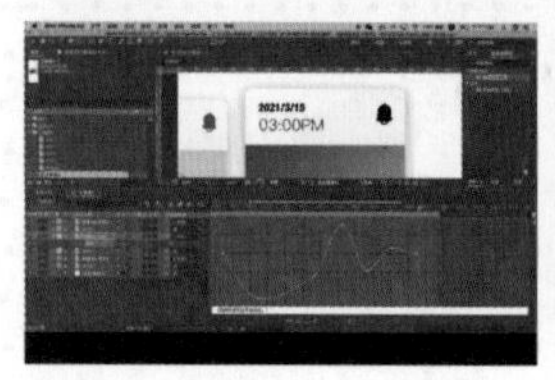

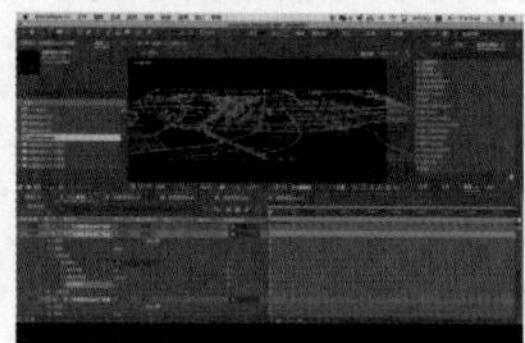

After Effects 源文件

初始文件及完成文件

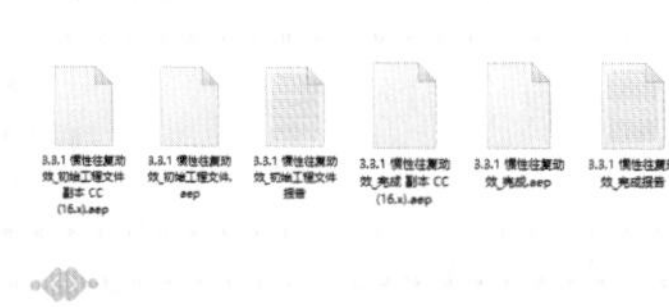

素材文件

数字资源

随书附赠两章内容

第8章

律动之美：音律动效在移动端UI和AR UI设计中的应用

律动

8.1 音律动效设计概述

8.1.1 追溯音律动效的历史

8.1.2 扁平化视觉风格时代下的音律动效

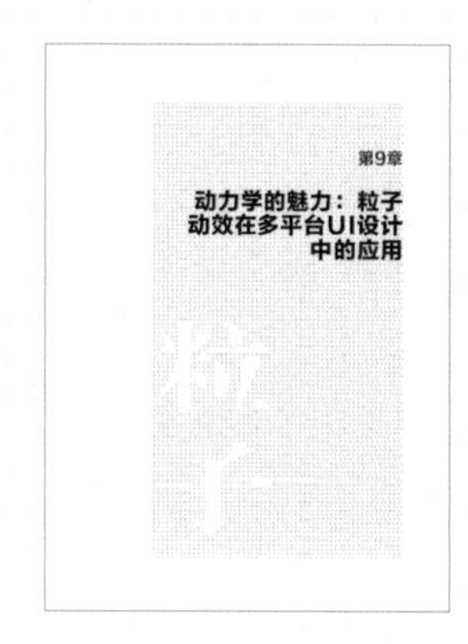
第9章

动力学的魅力：粒子动效在多平台UI设计中的应用

粒子

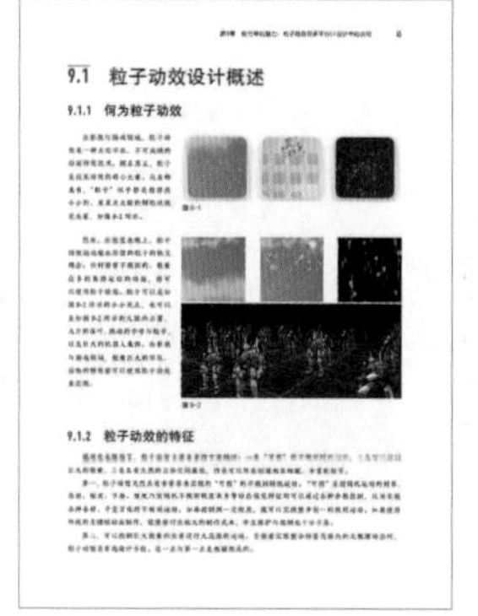
9.1 粒子动效设计概述

9.1.1 何为粒子动效

9.1.2 粒子动效的特征

第1章

认识 UI 动效神器 After Effects

1.1 认识 After Effects 的面板与菜单

要认识 After Effects，应该先了解它的工作区布局与常用面板。实际上，After Effects 的面板远不止本节所介绍的这些。由于本书以 UI 动效设计与案例解析为主，因此对 After Effects 的介绍与操作都与日常 UI 动效设计最常用的有关。

在 UI 动效设计中，最常用的主要是菜单栏、工具栏、【项目】面板、【合成】面板、【时间轴】面板、【效果和预设】面板及其他几个面板（如【字符】面板、【段落】面板和【对齐】面板等），如图 1-1 所示。一旦熟悉了以上几项，基本上就可以满足日常动效设计需求。

图 1-1

为了方便初学者理解，下面先解释几个 After Effects 中关键的名词。

- 项目：一个独立的 After Effects 工程。所有的动效设计都在【项目】面板中完成，保存之后的 aep 文件就和 Photoshop 的工程文件 psd 一样。
- 时间轴：After Effects 进行动画设计的关键。【时间轴】面板上是一个个的合成标签。在【时间轴】面板上可以进行动画关键帧的编辑，从而制作各种动画。
- 合成：After Effects 项目中的一个基本编辑单位，带有时间属性。所有的素材都要导入【合成】面板中才能绘制、编辑和制作动画。可以理解为先将素材打包到【合成】面板中，再在【时间轴】面板中打开，这些素材就是从上到下排列的一个个的图层。【合成】面板中的图层，可以理解为 Photoshop 中的图层；合成就好像是一个包含诸多图层的 Photoshop 项目，只是多了一个时间轴。

1.1.1 菜单栏

菜单栏是几乎所有软件都有的一个重要部分。和 Adobe 公司其他软件的菜单栏一样，After Effects 的菜单栏的结构很简单，位于顶部，并且包含整个软件几乎所有的操作。After Effects 的菜单栏包含【After

Effects CC】菜单、【文件】菜单、【编辑】菜单、【合成】菜单、【图层】菜单、【效果】菜单、【动画】菜单、【视图】菜单、【窗口】菜单和【帮助】菜单，如图 1-2 所示。

After Effects CC　文件　编辑　合成　图层　效果　动画　视图　窗口　帮助

图 1-2

【After Effects CC】菜单用来进行 After Effects 的偏好设置，其中的【首选项】命令等与动效设计基本无关（见图 1-3），这里不再详细介绍。

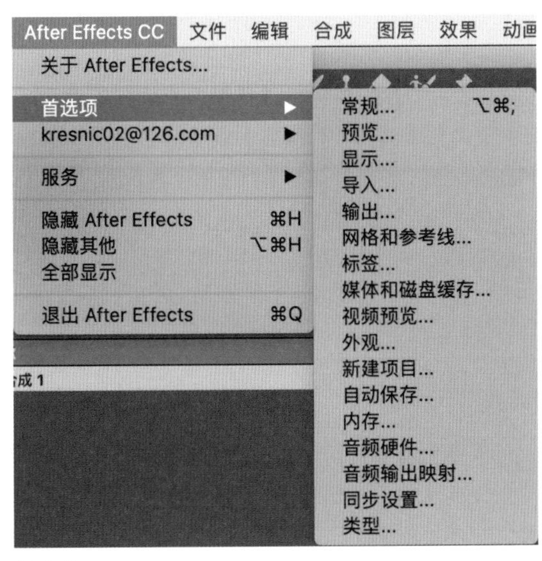

图 1-3

小提示

由于本书篇幅有限，因此仅针对动效设计必要且常用的命令进行介绍。关于不常用的一些命令，读者可以直接参考 Adobe 公司的官方帮助文档或其他基础教程。本章主要结合实际工作讲解常用的菜单和命令。

1. 【文件】菜单

【文件】菜单主要针对新建、保存、另存为、导入/导出、渲染及整理工程文件等与工程文件自身相关的操作，如图 1-4 所示。

图 1-4

文件　编辑　合成　图层　效果　动画　视图　窗口　帮助
新建
打开项目... ⌘O
打开团队项目...
打开最近的文件
在 Bridge 中浏览... ⌥⇧⌘O
新建项目 ⌥⌘N
新建团队项目...
新建文件夹 ⌥⇧⌘N
Adobe Photoshop 文件...
MAXON CINEMA 4D 文件...

图 1-5

1）新建

【新建】命令的二级菜单包含【新建项目】命令、【新建团队项目】命令和【新建文件夹】命令等，如图 1-5 所示。

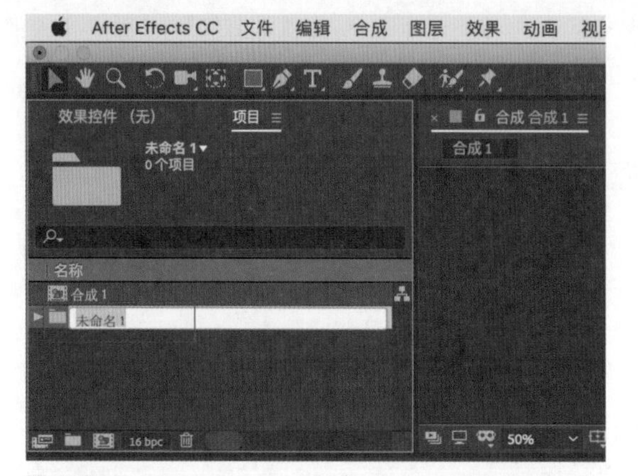

图 1-6

选择【新建→新建项目】命令，新建一个 After Effects 项目（如果当前已经打开了一个项目工程文件，那么该项目会被新建的项目替换）。若选择【新建→新建文件夹】命令，则在【项目】面板中新建一个文件夹，如图 1-6 所示。

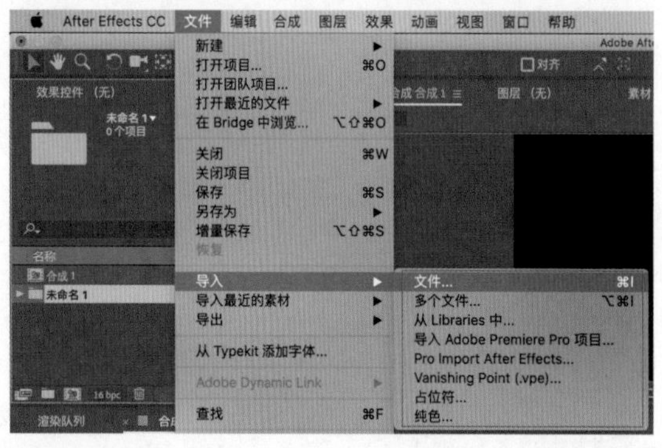

图 1-7

2）导入

【导入】命令的二级菜单包含【文件】命令、【多个文件】命令、【纯色】命令和【导入 Adobe Premiere Pro 项目】命令等，如图 1-7 所示。

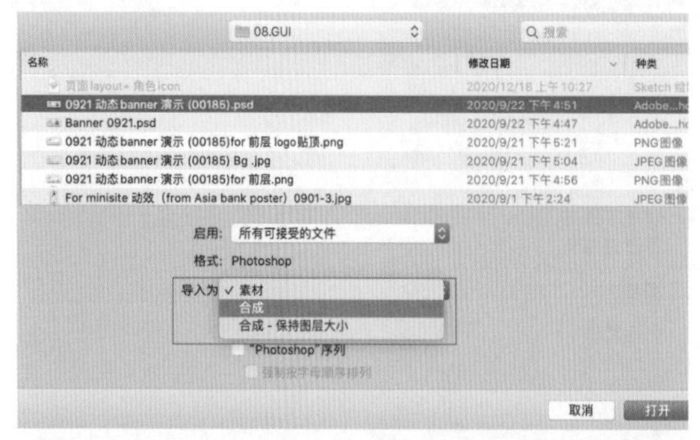

图 1-8

值得一提的是，当导入 psd 文件时，在对话框的下方可以将导入方式设置为【素材】或【合成】等，如图 1-8 所示。

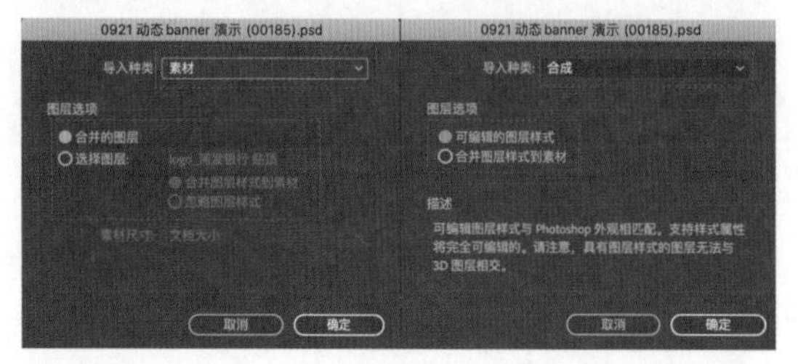

图 1-9

单击【打开】按钮，弹出一个新的导入设置对话框，可以再次进行设置调整。如果将【导入种类】设置为【素材】,【图层选项】设置为【合并的图层】,就会将整个 psd 文件的所有图层合并为一张普通图片导入进来，就像 JPG、PNG 格式的图片一样。如果将【图层选项】设置为【选择图层】，那么可以选中 psd 文件中的某个图层作为一张图片素材导入进来。如果将【导入种类】设置为【合成】，那么【图层选项】默认设置为【可编辑的图层样式】,如图 1-9 所示。

若选中【可编辑的图层样式】单选按钮，则可以将psd文件中的所有图层样式的参数设置一并保留导入进来。在【时间轴】面板中展开图层，可以看到仍然有图层样式设置，并且可以在After Effects中继续编辑。由于After Effects的图层样式和Photoshop的图层样式基本上是通用的，因此【可编辑的图层样式】选项的使用是非常方便的。如果将【图层选项】设置为【合并图层样式到素材】，那么不再保留图层样式的参数设置，将样式合并到素材之后就会成为一个普通的图层，如图1-10所示。

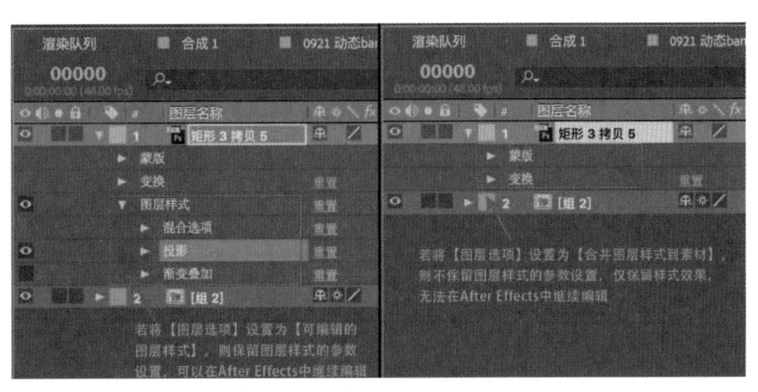

图 1-10

3）保存

保存类命令的二级菜单包含【保存】命令、【另存为】命令和【保存副本】命令等，如图1-11所示。

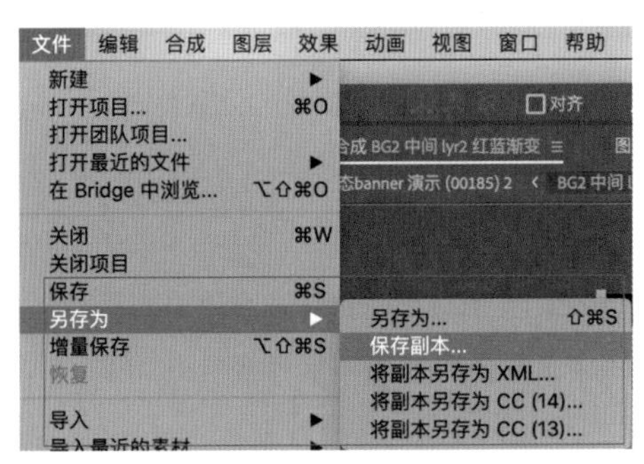

图 1-11

【保存】命令和【另存为】命令的功能与其他软件同名命令的功能完全相同；而【保存副本】是After Effects非常实用的命令，笔者在工作中经常用到。如果希望在不影响已打开工程文件的情况下另外复制并存储一个当前工程文件的副本，那么可以使用【保存副本】命令。使用【另存为】命令保存的文件会直接打开并替换当前打开的工程文件；使用【保存副本】命令仅存储一个副本，不替换当前打开的工程文件。

【增量保存】命令和【另存为】命令的功能相同，只是没有另外命名的过程，而是直接在当前项目文件名之后加一个数字序号就另存了。

小提示

笔者在本书中所使用的After Effects CC 2018可以将副本保存为低版本的After Effects CC 2014和After Effects CC 2013。高版本的After Effects的工程文件是不能被低版本的After Effects打开的，但保存为After Effects CC 2014和After Effects CC 2013版本的工程文件有时对于团队合作来说很实用。

4）素材设置

【将素材添加到合成】命令用于将当前【项目】面板中所选的素材添加到当前【时间轴】面板打开的合成中；而【基于所选项新建合成】命令用于将当前【项目】面板中所选的素材、合成或其他内容直接生成打包为一个新的合成。

5）整理工程文件

【整理工程（文件）】是非常实用且常用的命令，如图 1-12 所示。

图 1-12

【收集文件】命令用于将当前工程文件及其导入所引用到的所有素材（包含图片、视频、文字等）全部打包到一个文件夹中，这对于团队合作中共享项目文件及个人管理自己的工程项目来说都非常实用。【收集文件】对话框如图 1-13 所示。

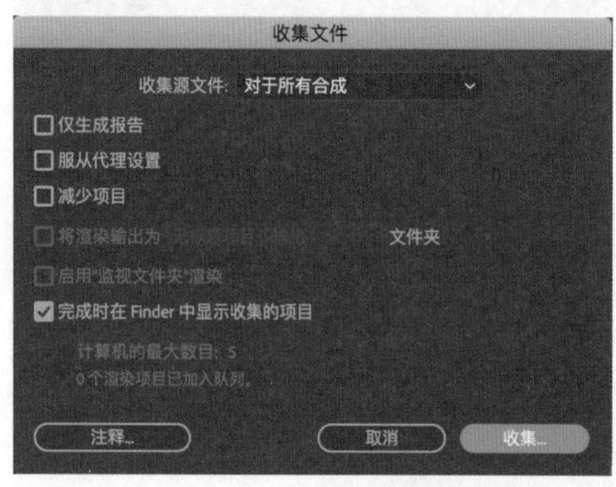

图 1-13

【删除未用过的素材】命令也非常实用，执行该命令会删除所有在当前项目合成中未被引用的素材，为整个项目“瘦身”，减小收集文件后的项目文件夹的大小，进一步提高共享效率。

笔者建议谨慎使用【减少项目】命令。

重新打开其他人共享的项目文件夹时可能经常发生缺失第三方字体、第三方插件效果的情况，打开自己以往的项目文件夹时也经常出现因存放路径更改导致素材丢失的情况，使用【查找缺失的效果】命令、【查找缺失的字体】命令和【查找缺失的素材】命令可以很方便地找到丢失的内容。

6）创建代理

执行【创建代理】命令可以将设计师调试制作的动效设计渲染出成果，可以渲染为图片序列或视频文件，如图 1-14 所示。

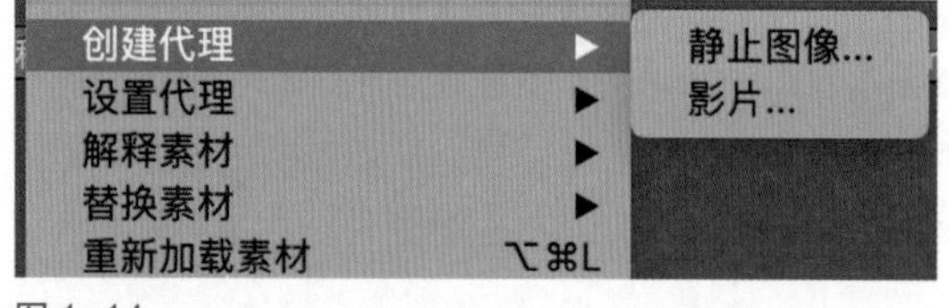

图 1-14

执行【创建代理→静止图像】命令可以渲染单张静态帧，执行【创建代理→影片】命令可以渲染图片序列或视频（关于这两条命令的相关设置请参考 1.3 节）。

7）其他命令

- 【脚本】命令：比较高阶的命令，网络上有些第三方开发者编写的脚本很好用，要使用它们就需要用到【脚本】命令。
- 【设置代理】命令：在某个合成渲染完成后执行的操作。
- 【解释素材】命令：可以重新设置导入素材的参数，如重新设置导入图片序列的帧速率，以及导入带有 Alpha（透明）通道的素材时的遮罩属性等。

- 【替换素材】命令：用于将之前导入的素材替换为其他素材。
- 【重新加载素材】命令：如果导入的素材进行了编辑调整，并且在 After Effects 中未自动刷新，就可以执行该命令手动刷新素材。
- 【在 Finder 中显示】命令（Finder 是 Mac 系统对文件管理的称呼，Windows 系统中则是【文件资源管理器】）：在外部的文件管理器中定位显示当前导入的素材。有时使用【在 Finder 中显示】命令很方便，如需要在 Photoshop 中重新编辑某素材图片，但是一时不记得存放在何处，此时就可以用该命令找到那张图片，并用 Photoshop 打开。
- 【项目设置】命令：重新打开当前项目的设置面板。

2.【编辑】菜单

【编辑】菜单如图 1-15[①] 所示。

1）撤销

【撤销】【重做】【历史记录】是设计类软件中最常见的命令。

2）复制 / 粘贴

【剪切】命令、【复制】命令和【粘贴】命令与其他软件的同名命令的功能完全相同。如果需要为多个图层添加相同的效果，那么使用【带属性链接复制】命令比较方便。选中某个效果，执行【带属性链接复制】命令，并粘贴到其他图层，此时不但该效果被复制到其他图层上，而且在其他图层上复制的属性参数与原始图层的属性参数也是相链接的。也就是说，只需要调整原始图层的属性参数，就会同步调整其他图层的属性参数，不需要再额外调整。例如，将原始图层【发光】效果的【强度】改为【2】，其他图层使用【带属性链接复制】命令粘贴的【发光】效果的【强度】会自动同步变成【2】。

表达式是 After Effects 的一种很方便且非常强大的功能，可以为一个属性参数添加各种函数，从而实现很多自动动画，如自动循环、自动随机抖动、用某个属性控制另一个属性等。使用【仅复制表达式】命令可以将表达式从一个属性复制到其他属性上且不复制关键帧。

3）图层编辑

编辑图层的相关命令主要针对【时间轴】面板合成内的图层执行编辑操作，如图 1-16[①] 所示。

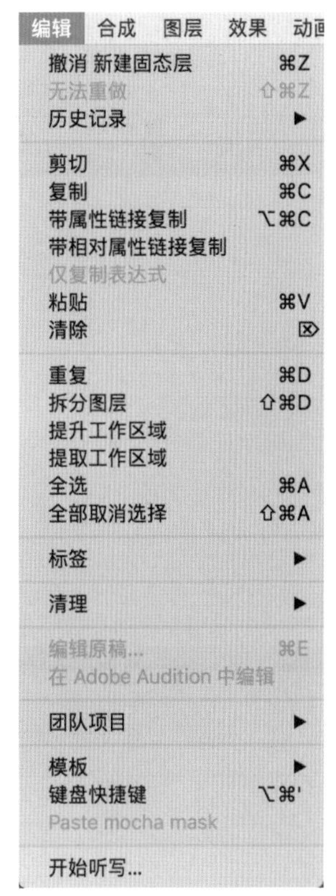

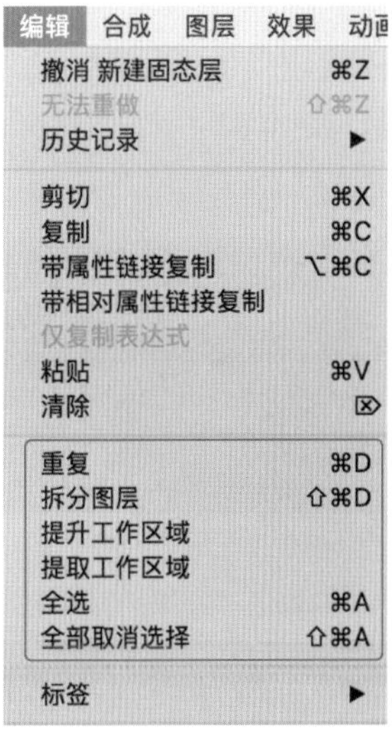

图 1-15

图 1-16

① 图中“撤消”的正确写法应为“撤销”。

图 1-17

【重复】命令和【拆分图层】命令比较常用。

【重复】命令就是将【复制】命令和【粘贴】命令合二为一，生成新对象。

要执行【拆分图层】命令需要先选中【时间轴】面板中的某个合成，再将时间指示器拖曳至任意时间点。如果执行【拆分图层】命令，就会在当前时间点将所选图层分为两个图层，如图 1-17 所示。

图 1-18

【提升工作区域】是与【时间轴】面板自身强相关的命令。执行【提升工作区域】命令可以将工作区域时长范围内的图层部分删除，并将原图层分成两个图层，这里的“工作区域”就是如图 1-18 所示的两个蓝色小手柄内部的灰色区域，在预览时也仅预览工作区域范围内的内容。

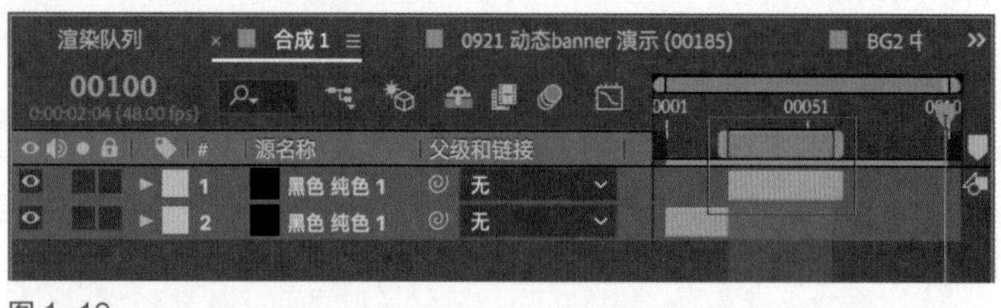

图 1-19

执行【提取工作区域】命令也可以将图层一分为二。但是执行该命令是将工作区域范围内的图层分离，之后单独另起一层，而不是删除，如图 1-19 所示。

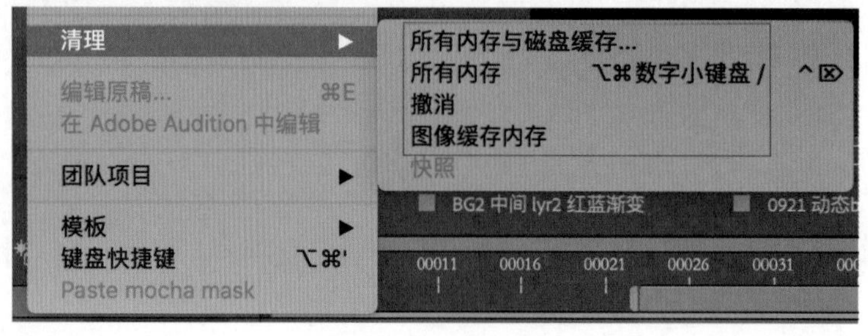

图 1-20

【全选】命令和【全部取消选择】命令的含义如其字面意思。

4）清理

清理的相关命令可以用来清理预览中占用的内存与缓存，如图 1-20 所示。

3. 【合成】菜单

【合成】菜单主要针对合成的各种编辑、设置等操作，如图 1-21 所示。

图 1-21

执行【预览】命令可以播放当前工作区域范围内的内容，可以选择预览时包含音频还是不包含音频，如图 1-22 所示。

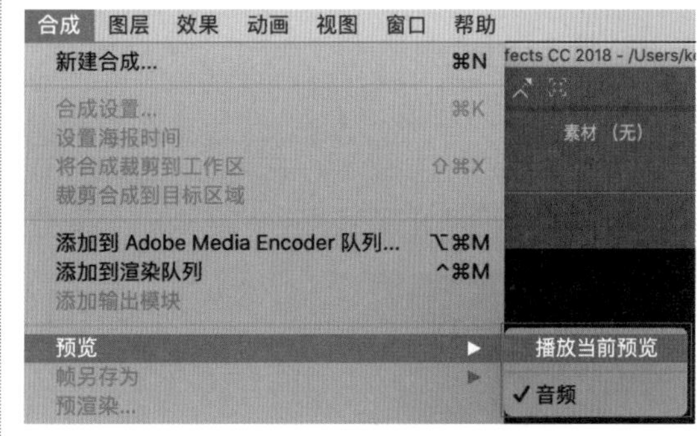

图 1-22

【帧另存为】命令，顾名思义，就是将当前帧直接设置为单帧渲染保存。

【预渲染】命令则是将当前时间轴合成的工作区域时长内的部分进行渲染输出，进入渲染队列。

> 小提示
>
> 【合成】菜单中的大部分内容在 1.2 节介绍项目、合成与图层时会详细讲解，这里不再赘述。

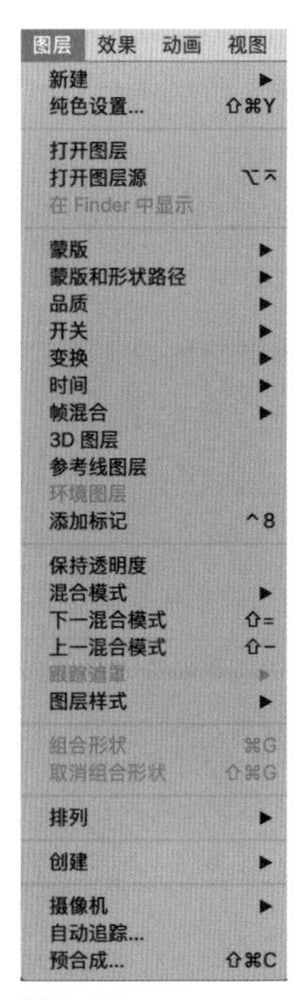

图 1-23

4. 【图层】菜单

【图层】菜单，顾名思义，就是对图层执行各种编辑操作，如图 1-23 所示。

1）新建

【新建】命令包含的图层如图 1-24 所示（在后面关于图层的章节中会详细地讲解这些图层）。

图 1-24

【纯色设置】命令专门针对纯色图层进行设置，如设置颜色、大小等。【纯色设置】对话框如图 1-25 所示。

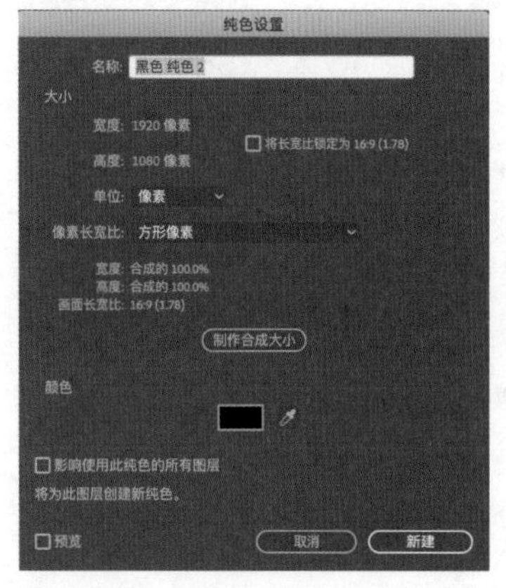

图 1-25

2）打开

要执行【打开图层】命令和【打开图层源】命令需要在【时间轴】面板上先选中某个图层，并且只有选中合成图层、纯色图层、空对象层、调整图层及外部导入素材（如图片、音频、视频等）图层才会生效。需要注意的是，对于合成图层来说，执行【打开图层源】命令是指进入【时间轴】面板该合成的内部，这个操作其实就等同于双击合成（双击合成即可进入该合成的内部），在实际操作中通常采用双击打开合成的方式，如图 1-26 所示。

图 1-26

图 1-27

【在 Finder 中显示】命令（在资源管理器中显示）针对外部导入素材图层而言是有意义的。执行该命令会跳转到外部文件资源管理器并定位到该素材。

> **小提示**
>
> 【图层】菜单中的其他内容在【时间轴】面板底部的图层属性设置栏内基本上都有一一对应的命令，在介绍【时间轴】面板时会详细讲解。在实际操作中，关于图层的操作也很少通过【图层】菜单执行。

5. 【效果】菜单

【效果】菜单是 After Effects 的核心菜单之一，所有酷炫、优雅、灵动的动效设计都离不开【效果】菜单的支持。After Effects 的效果，大致可以理解为 Photoshop 的滤镜，只是其属性都可以设置关键帧动画。【效果】菜单如图 1-27 所示。

【效果】菜单中既包含 After Effects 自带的效果，又包含用户自己安装的第三方插件效果。

【效果】菜单的第二行是最近使用的效果，方便用户重复添加。

【全部移除】命令就是其字面意思。

【全部移除】命令的下方就是当前软件已有的效果，基本上每个效果都有二级菜单。只有在【时间轴】面板中选中图层，才能成功为其添加效果，否则【效果】菜单是不可用的。一般来说，笔者很少通过菜单栏添加效果，而是习惯先在【效果和预设】面板的搜索框中直接输入效果名称进行搜索，再双击需要的效果名称进行添加，这样更加方便。在后面的章节中会详细讲解具体的效果展现。

6. 【动画】菜单

【动画】菜单，顾名思义，都是关于动画制作的命令，如图 1-28 所示。

图 1-28

很多常用命令在实际操作中一般都是使用快捷键，或者在【时间轴】面板的图层属性中直接编辑，很少通过菜单操作，如【添加关键帧】命令、【添加表达式】命令、【显示关键帧的属性】命令和【动画文本】命令等很少使用，所以这里主要讲解关于时间轴和图层的相关命令。

1）调整关键帧

【切换定格关键帧】命令就是将关键帧切换为像定格动画一样的、关键帧之间没有任何过渡的、跳变一样的效果，如图 1-29 所示。

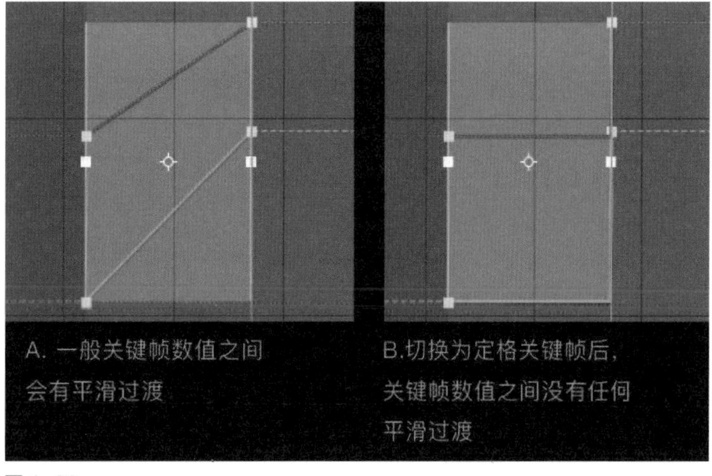

图 1-29

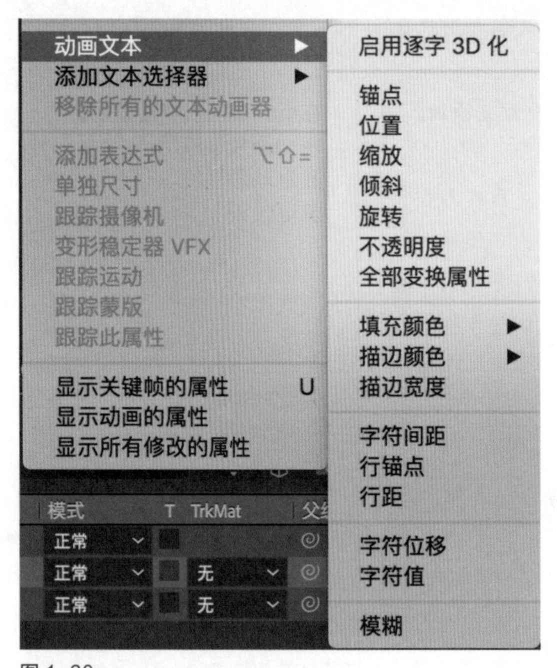

图 1-30

【关键帧插值】命令用于选择预设好的几类关键帧插值类型，也就是动画曲线的形状类型，如定格、线性、贝塞尔曲线等。该命令在【时间轴】面板中有一一对应的按钮，通过【时间轴】面板操作更加方便。

【关键帧速度】命令通过手动设置精确数值的方式来调整关键帧的插值，即动画曲线的形状。笔者习惯在【时间轴】面板中选择关键帧并右击，通过弹出的菜单来操作。

【关键帧辅助】命令的二级菜单中常用的是【缓入】命令、【缓出】命令和【缓动】命令，主要用来调整动画曲线的形状。该命令在【时间轴】面板中同样有一一对应的按钮。

上述命令基本上是通过【时间轴】面板来操作的。为了方便读者理解，以及更贴近实战，在介绍【时间轴】面板时会结合实际操作详细讲解。

2）文本动画

【动画文本】命令、【添加文本选择器】命令和【移除所有的文本动画器】命令只针对文本类图层。【动画文本】命令的二级菜单如图 1-30 所示。通过【动画文本】命令的二级菜单可以针对文本对象制作所有类型的动画样式（请参考后面关于文本图层实际操作的讲解）。

图 1-31

【添加文本选择器】命令的二级菜单中最常用的是范围选择器。可以选择一定范围内的文本有动画，而范围之外的文本没有动画，这在制作很多文本动画效果时都必须使用（请参考后面关于文本图层实际操作的讲解）。【添加文本选择器】命令的二级菜单如图 1-31 所示。

3）显示

【显示关键帧的属性】命令（快捷键为【U】）的使用非常频繁，在制作动画效果时需要先选中所有图层再查看所选图层的所有关键帧动画。

执行【显示动画的属性】命令不仅可以显示关键帧动画，还可以显示表达式动画。

7. 【视图】菜单

【视图】菜单中的命令基本上是针对【合成】面板设置的，如设置预览窗口的大小和分辨率、显示参考线和网格等（部分命令与 Photoshop 的【视图】菜单中的命令一致），如图 1-32 所示。

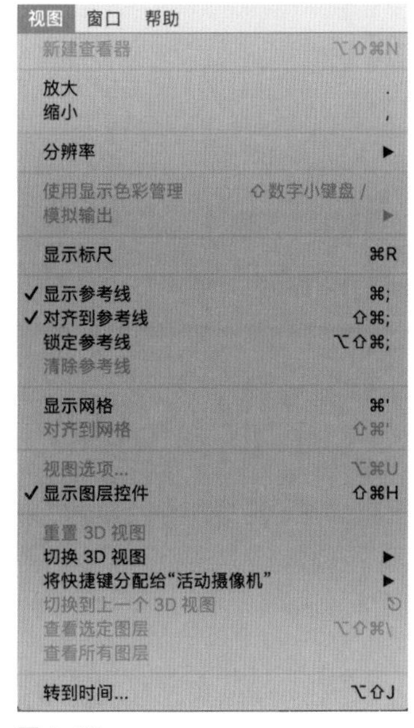

图 1-32

【视图】菜单中的其他命令大多数按照字面意思理解即可，并且在【合成】面板的底部基本上有一一对应的按钮（实际上，通过【合成】面板操作更加方便）。

8. 【窗口】菜单

在一般的工作区类型中不会显示所有的面板，用户可以通过【窗口】菜单打开需要的面板。除了 After Effects 自带的所有功能面板，【窗口】菜单中还包含用户自己安装的第三方插件（红色矩形框选的部分），以及工作区布局的设置，如图 1-33 所示。

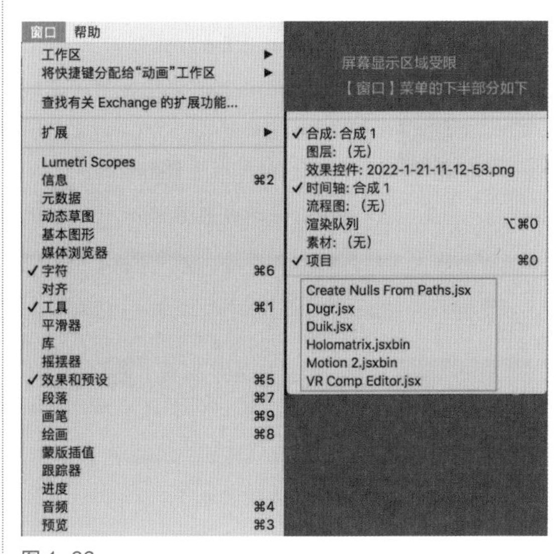

图 1-33

1.1.2　工具栏

工具栏默认位于菜单栏的下方，如图 1-34 所示。

图 1-34

下面就 UI 动效设计常用的工具进行简单讲解。

【选取工具】、【手形工具】（用于移动预览窗口视图）和【缩放工具】与 Photoshop 中的同类工具的操作基本上是一致的。

【旋转工具】用于手动旋转对象。

单击【摄像机工具】会弹出一个下拉菜单，该下拉菜单中包含 4 种摄像机控制工具，分别是【统一摄像机工具】、【轨道摄像机工具】（用来执行类似旋转镜头、摇镜头的操作）、【跟踪 XY 摄像机工具】（用来向 X 轴、Y 轴平移摄像机）和【跟踪 Z 摄像机工具】（用来向 Z 轴推镜头或拉镜头），如图 1-35 所示。

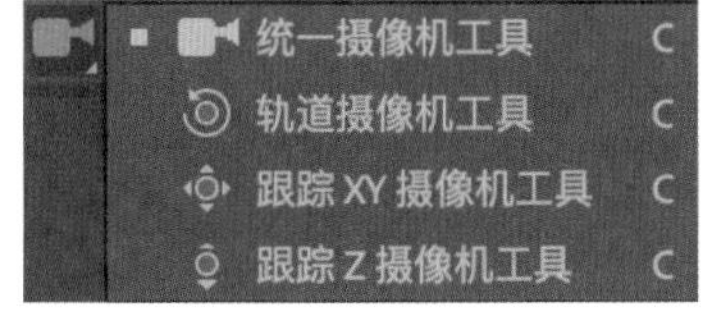

图 1-35

图 1-36

【向后平移（锚点）工具】用来移动和调整对象的轴心锚点。轴心锚点可以简单地理解为物体的旋转轴。

单击【矩形工具】会弹出一个下拉菜单，如图 1-36 所示，该下拉菜单中包含5种预设蒙版路径类型，分别为矩形、圆角矩形、椭圆、多边形和星形。

图 1-37

如果选择【椭圆工具】，那么工具栏中的图标会变成【椭圆工具】的图标，名称也会变为【椭圆工具】。

After Effects的【矩形工具】既可以用于为图层添加矢量路径蒙版，又可以在【合成】面板中直接绘制矢量路径形状，就和在 Photoshop 中绘制矢量形状一样。

【钢笔工具】的下拉菜单如图 1-37 所示。After Effects 的【钢笔工具】的使用方法和技巧与 Photoshop 的【钢笔工具】的使用方法和技巧基本上是相同的。

图 1-38

【横排文字工具】的下拉菜单如图 1-38 所示。After Effects 的文字工具基本上等同于 Photoshop 的文字工具，只是 Photoshop 的文字工具比 After Effects 的文字工具多了【横排文字蒙版工具】和【直排文字蒙版工具】。

在实际的动画制作中，笔者很少使用【画笔工具】、【仿制图章工具】和【橡皮擦工具】（这 3 个工具也等同于 Photoshop 的 3 个同名工具）。

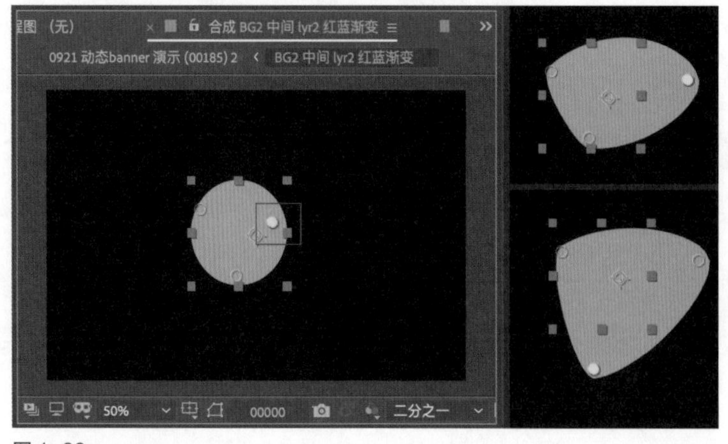

图 1-39

以一个矢量路径形状为例，先单击【人偶位置控点工具】，再在【合成】面板中的任意区域单击，就可以将一个黄色圆点“钉”在该形状上，用同样的方法多“钉”几个，选中其中任意一个黄色圆点进行拖曳就可以在其他点位置不变的情况下改变图形的形状（类似于 3D 软件中的骨骼绑定柔性蒙皮操作），如图 1-39 所示。

工具栏中的其他工具在实际制作动画时不太常用，这里就不再赘述。上面介绍的都是使用频率非常高且与动画设计本身强相关的工具。

1.1.3 项目面板组

【效果控件】面板与【项目】面板通常在整个 After Effects 工作区的左上方，如图 1-40 所示。一般默认显示的是【项目】面板，单击面板名称即可切换面板。

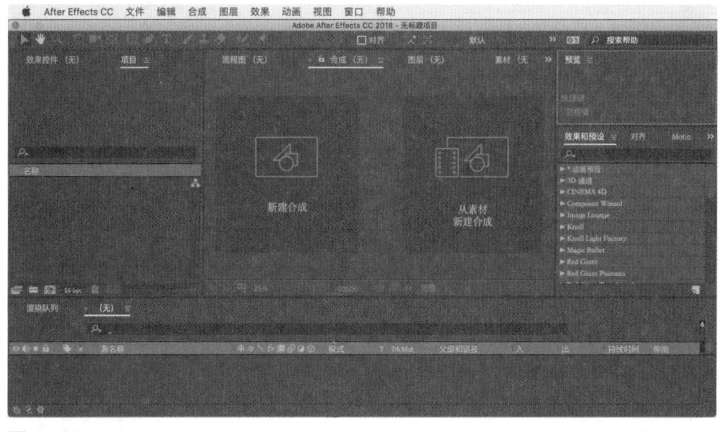

图 1-40

1. 【项目】面板

【项目】面板可以理解为保存整个项目工程文件中所有素材和合成的资源库，其中包括各种音频、视频、图片和合成等素材，如图 1-41 所示。双击某个合成，即可在【时间轴】面板中打开该合成，从而对其执行各种编辑操作。

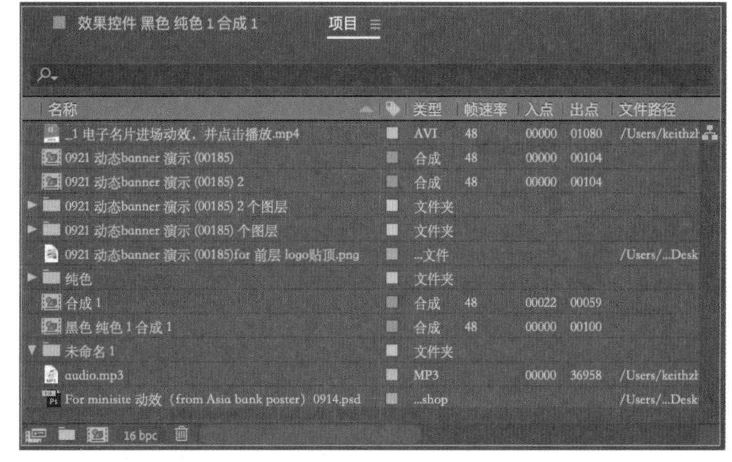

图 1-41

在【项目】面板中，各类素材名称的后面都有【类型】和【文件路径】等信息，只有合成和视频素材会显示【帧速率】、【入点】和【出点】信息。

【项目】面板上方的搜索框在素材数量非常多时很实用。

底部的工具栏多用来新建合成、建立文件夹整理项目素材。底部的工具栏中最常用的是【新建文件夹】按钮和【新建合成】按钮。新建合成的快捷方法是按快捷键【Ctrl+N】。另外，也可以将【项目】面板中的素材拖曳至底部工具栏的【新建合成】按钮上，直接将所选素材打包为一个新合成。

在【项目】面板的空白处右击，弹出的菜单如图 1-42 所示。

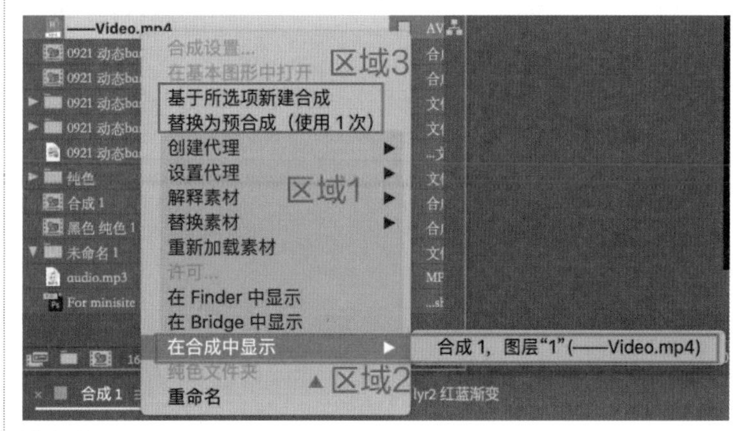

图 1-42

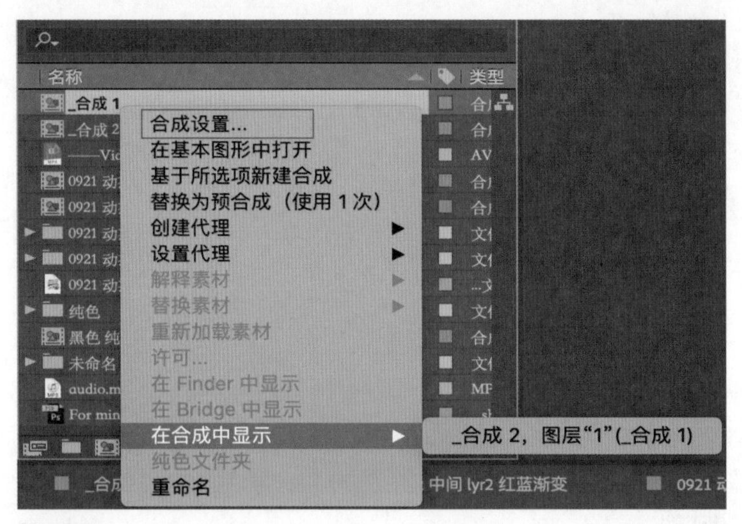

名称
类型
_合成 1
合成设置...
在基本图形中打开
基于所选项新建合成
替换为预合成（使用 1 次）
创建代理
设置代理
解释素材
替换素材
重新加载素材
许可...
在 Finder 中显示
在 Bridge 中显示
在合成中显示
纯色文件夹
重命名
_合成 2，图层“1”(_合成 1)
中间 lyr2 红蓝渐变

图 1-43

区域 1 中的命令和【文件】菜单的同名命令的功能完全相同。

区域 2 中是【项目】面板的一项实用的特有菜单功能，可以在【合成】面板中定位到所选素材。使用区域 3 中的【基于所选项新建合成】命令和【替换为预合成（使用 1 次）】命令均可将当前所选素材打包为一个新合成。二者的区别在于，前者只是用素材新建一个合成；后者不仅用素材新建了一个合成，还会用新建的合成替换该素材在当前合成中的图层位置。

在【项目】面板的某个合成上右击，弹出的菜单如图 1-43 所示。

【项目】面板上的任意合成或素材都可以直接拖曳到【时间轴】面板的图层中，从而添加到所需的合成中。也可以双击【项目】面板中的合成，在【时间轴】面板上打开之后进行编辑。

2. 【效果控件】面板

【效果控件】面板中的内容，是当前【时间轴】面板中所选图层的所有已添加的效果的属性设置，如图 1-44 所示（以【自然饱和度】效果和【发光】效果为例）。

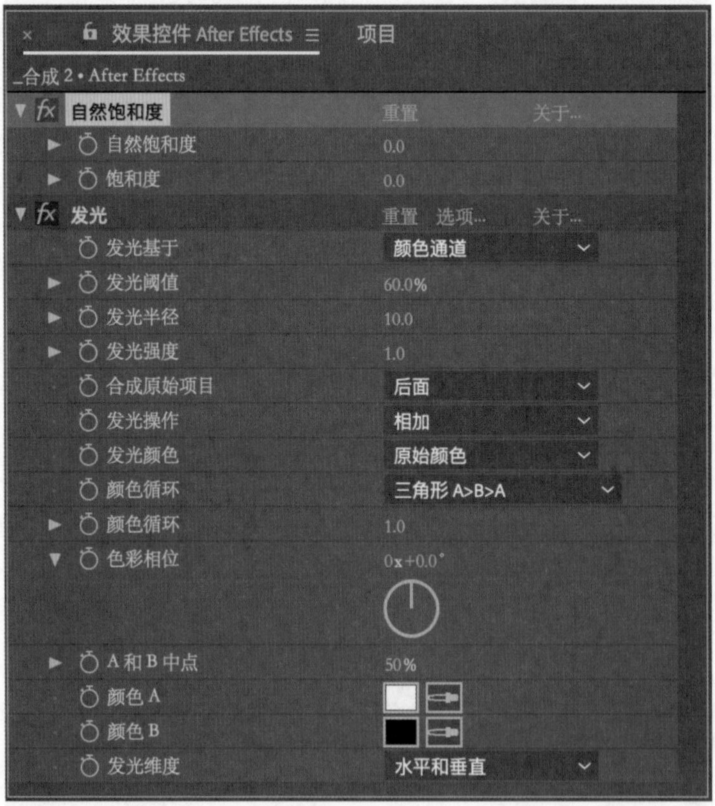

效果控件 After Effects
项目
_合成 2 • After Effects
自然饱和度
重置
关于...
自然饱和度
0.0
饱和度
0.0
发光
重置
选项...
关于...
发光基于
颜色通道
发光阈值
60.0%
发光半径
10.0
发光强度
1.0
合成原始项目
后面
发光操作
相加
发光颜色
原始颜色
颜色循环
三角形 A>B>A
颜色循环
1.0
色彩相位
0x+0.0°
A 和 B 中点
50%
颜色 A
颜色 B
发光维度
水平和垂直

图 1-44

单击效果名称前面的小三角图标▼可以展开或收起效果的属性组。

在【效果控件】面板的空白处右击，在弹出的菜单中可以直接选择想要的效果，选择的效果会添加到所选的图层上，如图 1-45 所示。

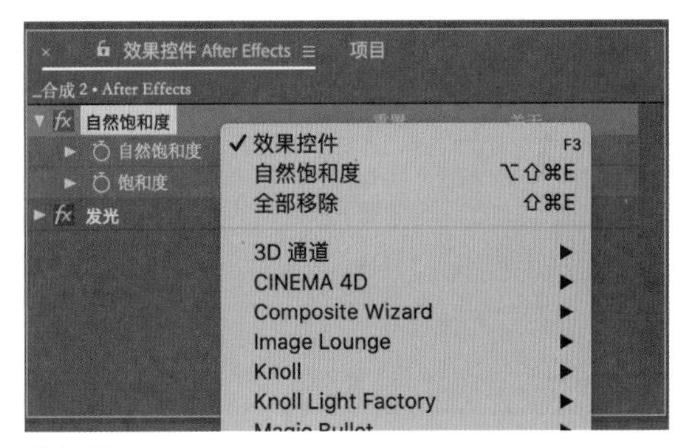

图 1-45

1.1.4　【合成】面板

【合成】面板，即预览【时间轴】面板所打开的合成最终效果画面的面板，如图 1-46 所示。

下面介绍底部工具栏中各个图标的功能。由于篇幅所限，笔者仅介绍与日常动效设计强相关的一些功能，不涉及所有的功能。

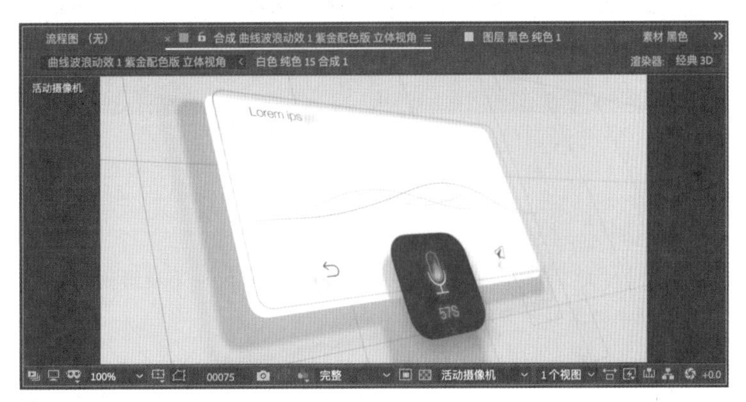

图 1-46

1. 放大率弹出式菜单

【放大率弹出式菜单】（数字 1 所指处）用于设置预览视图的大小，展开的下拉菜单如图 1-47 所示。其中包含从最小画幅的 1.5% 到最大画幅的 6400%，以及与面板大小相匹配的【合适大小（最大 200%）】命令。

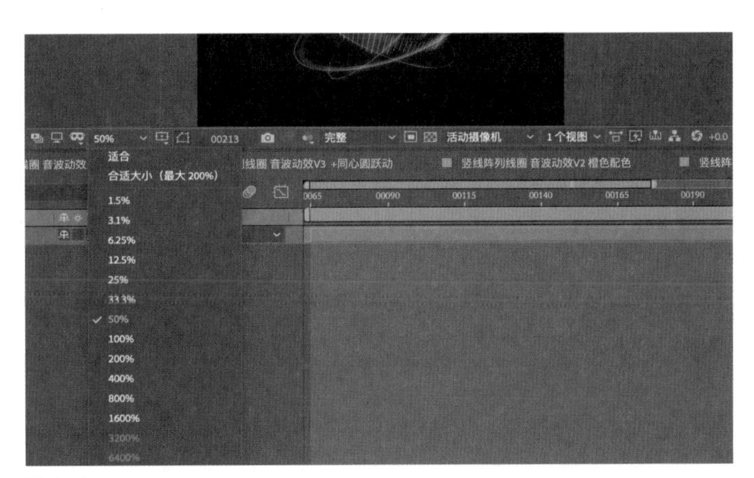

图 1-47

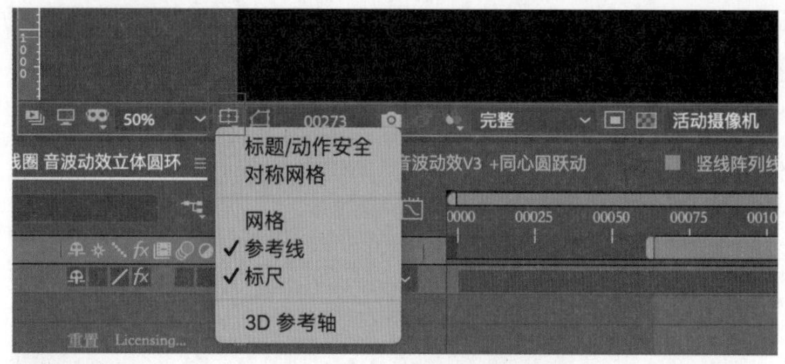

图 1-48

2. 选择网格和参考线选项

【选择网格和参考线选项】用来选择显示的辅助信息，展开的下拉菜单如图 1-48 所示。

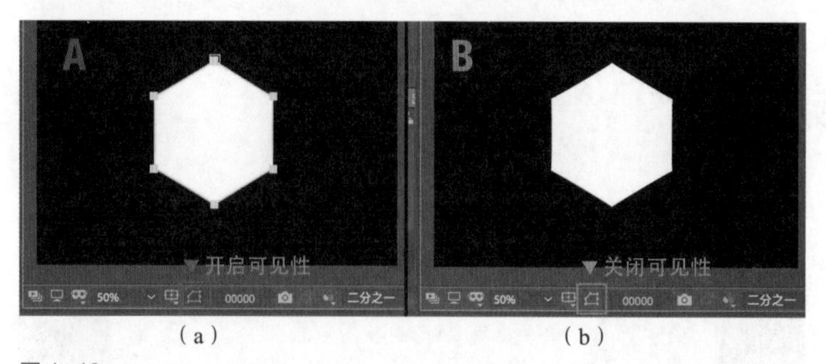

(a) (b)

图 1-49

3. 切换蒙版和形状路径可见性

【切换蒙版和形状路径可见性】开和关的显示效果如图 1-49 所示。图 1-49（a）所示为开启可见性，可以看到黄色的蒙版路径；图 1-49（b）所示为关闭可见性，不显示黄色的蒙版路径。

4. 预览时间 / 拍摄快照 / 显示快照

【预览时间】 00000 （单击可更改当前时间）、【拍摄快照】和【显示快照】的功能分别是选择时间指示器跳转前往的帧、截图和显示快照。

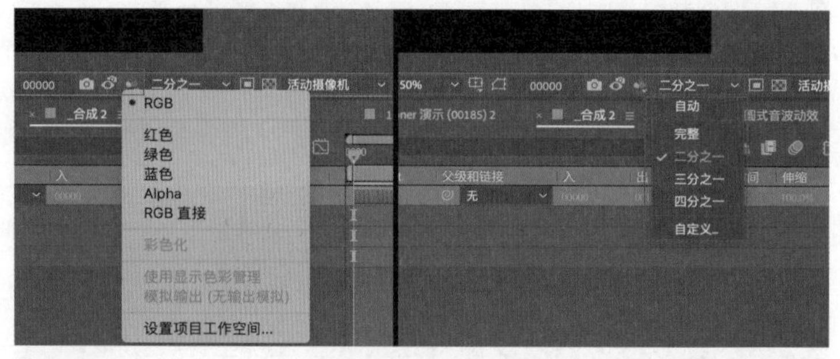

图 1-50

5. 显示通道及色彩管理设置 / 分辨率

【显示通道及色彩管理设置】和【分辨率 / 向下采样系数弹出式菜单】 二分之一 的下拉菜单如图 1-50 所示。在【分辨率 / 向下采样系数弹出式菜单】的下拉菜单中可以选择预览显示的分辨率。

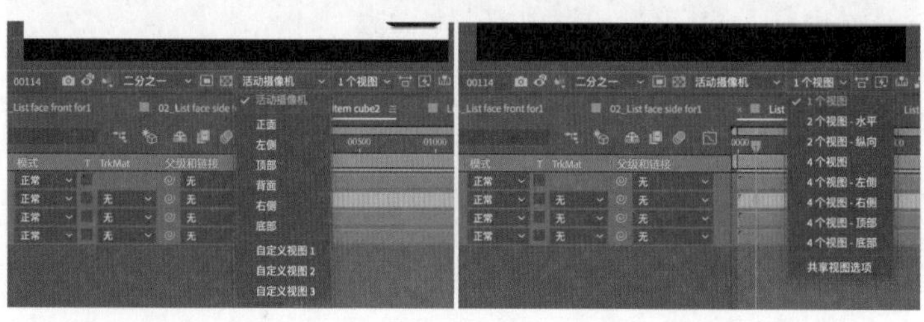

图 1-51

6. 3D 视图弹出式菜单 / 选择视图布局

在制作 3D 动效时经常使用【3D 视图弹出式菜单】 活动摄像机 和【选择视图布局】 1个视图 ，它们的下拉菜单如图 1-51 所示。

自定义视图1、自定义视图2和自定义视图3是After Effects预设的3个已调整好摄像机角度的透视3D视角，效果如图1-52所示，在制作3D动效时使用自定义视图操作很方便。

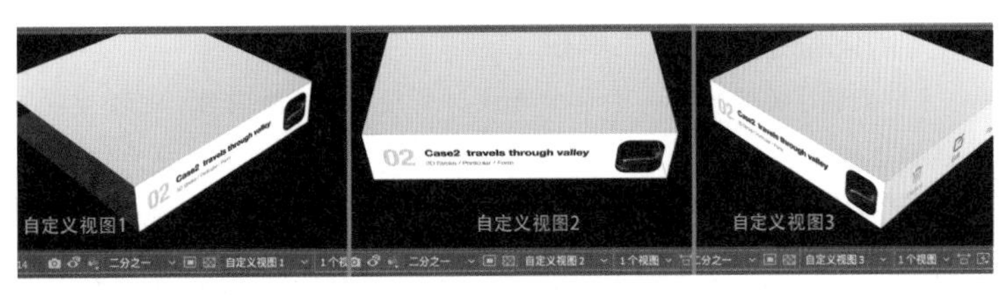

图 1-52

单击【选择视图布局】可以选择预览的视图数量与布局。图1-53所示是一个水平布局的二视图模式。其中，4个角有蓝色三角图标的视图代表当前激活视图。单击视图任意地方即可将当前视图作为激活视图。在选择摄像机视图时，只对当前激活的视图生效。

图 1-53

1.1.5　【时间轴】面板

【时间轴】面板可谓是动画制作最重要的面板。所有的动画制作，无论是关键帧动画还是表达式动画，都离不开【时间轴】面板上的编辑操作。【时间轴】面板的布局如图1-54所示。

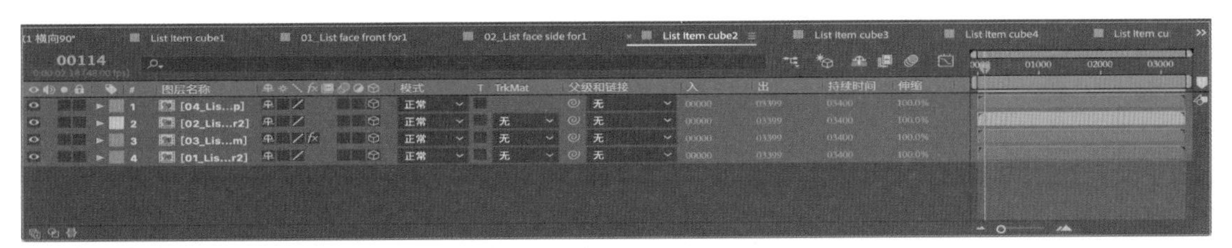

图 1-54

1. 【时间轴】面板的合成标签切换栏

合成标签切换栏如图1-55所示（红色矩形1框选的区域）。【时间轴】面板上可以有任意数量的合成标签，每个合成标签都有一个属于自己的时间轴。在一个动效设计中，合成内通常包含多个子合成，其中有不同的动画，设计师需要经常在不同的合成之间进行切换。

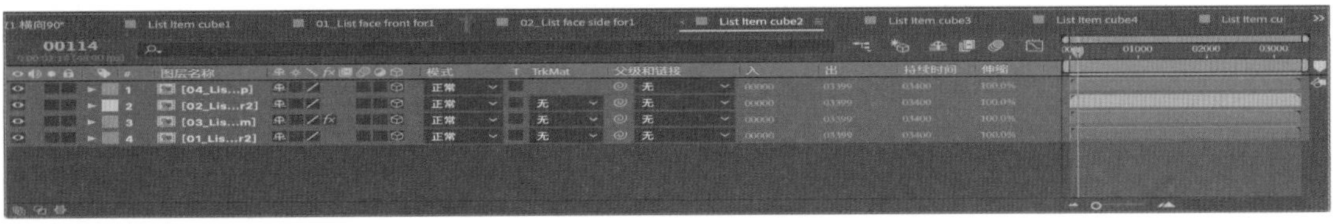

图 1-55

2. 【时间轴】面板的工具栏

【时间轴】面板的工具栏包含合成时长设置、时间定位、内容搜索框与几个功能图标，如图 1-56 所示（红色矩形 2 框选的区域）。

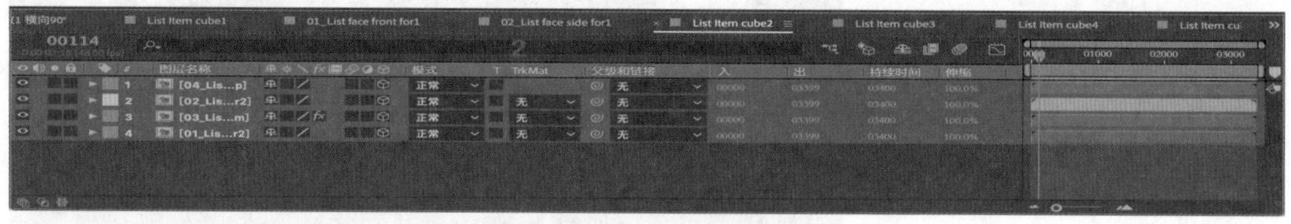

图 1-56

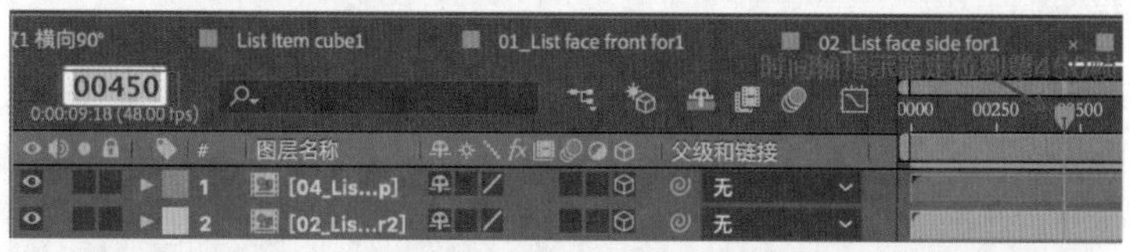

图 1-57

单击最左侧字号较大的数字，可以设置当前时间指示器定位到哪一帧，如图 1-57 所示。

下面的蓝色数字无法单击，仅作为展示用途。展示的两种信息如下。

- 0:00:22:32：当前时间指示器所在的第 N 帧，换算为“时 / 分 / 秒”显示单位后的时间位置。执行【文件→项目设置】命令后，在【项目设置】对话框中可以选择【时间轴】面板的时间是按帧显示还是按“时 / 分 / 秒”显示。
- (48.00 fps)：帧速率。帧速率即每秒播放多少帧，如动画片常用的是 24 帧 / 秒，当前部分电影使用的是 120 帧 / 秒。在日常动效设计中，笔者建议采用 48 帧 / 秒或 60 帧 / 秒的帧速率，这样动画效果更加出色，也更接近手机上真实动效的表现。

3. 【时间轴】面板的图层区

【时间轴】面板的图层区如图 1-58 所示（红色矩形 3 框选的区域）。

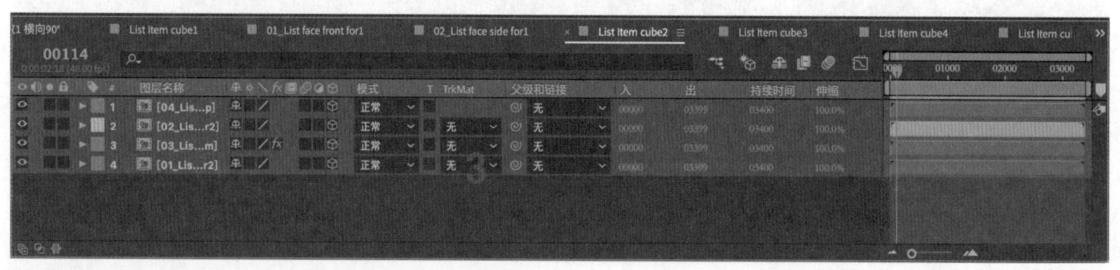

图 1-58

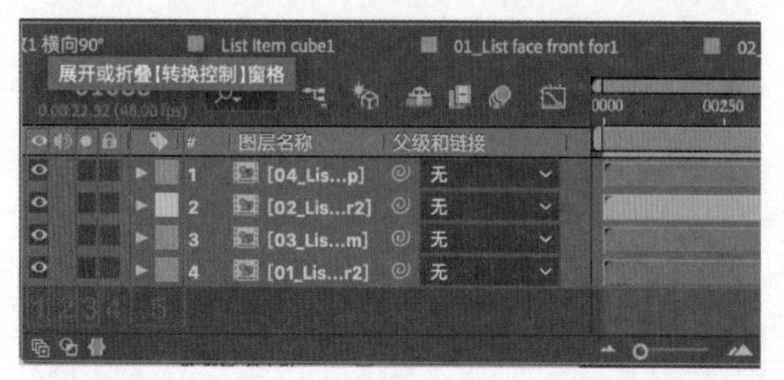

图 1-59

多选图层的方式也很常规，就是按住【Ctrl】键或【Shift】键点选。图层区的功能比较多，主要是关于图层属性的各种开关，如显示 / 隐藏开关、声音开关、3D 图层开关等。下面简要介绍动画设计中常用的一些图标。

1）图层显示控制工具

每个图层的前方显示的是通用信息，如图 1-59 所示。

- 【视频：隐藏来自合成的视频（如果有）】（红色矩形 1 框选的区域）：用于显示或隐藏图层。
- 【音频：使音频（如果有）静音】（红色矩形 2 框选的区域）：用于控制是否播放声音。
- 【独奏：隐藏所有非独奏视频】（红色矩形 3 框选的区域）：用于控制是否只显示当前图层中的内容。
- 【锁定：阻止编辑图层】（红色矩形 4 框选的区域）：用于控制是否锁定图层。
- 【标签】（红色矩形 5 框选的区域）：用于设置图层标签的颜色。【标签】在一个图层数量非常多的合成中很重要，将图层按照颜色分组对于合成图层的清晰管理很有用。

2）图层功能切换显示工具

底部栏中的 3 个图标分别用来显示或隐藏不同分区的图层属性。

- 【展开或折叠“图层开关”窗格】图标：用于展开或折叠【图层开关】功能。
- 【展开或折叠“转换控制”窗格】图标：用于展开或折叠【转换控制】功能。
- 【展开或折叠“入点”/“出点”/“持续时间”/“伸缩”窗格】图标：用于展开或折叠【入】、【出】、【持续时间】和【伸缩】等功能。

当 3 个图标全部处于关闭状态时，【时间轴】面板的图层区只显示【图层名称】和代表父子关系的【父级和链接】，如图 1-60 所示。

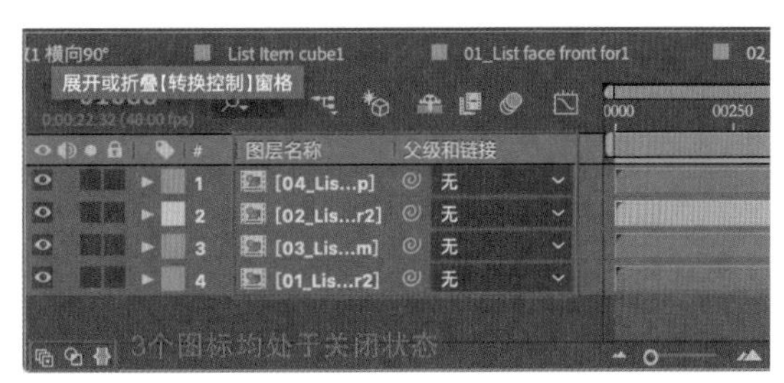

图 1-60

3）图层功能开关

单击【展开或折叠“图层开关”窗格】图标，【时间轴】面板的图层区会新增显示图层的所有属性参数（红色矩形 1 框选的区域），如图 1-61 所示。框选的几个都是在动画设计中经常使用到的图层功能开关。

图 1-61

- 【质量和采样】（红色矩形 2 框选的区域）：用于切换高质量渲染或低质量渲染。
- 【效果：关闭所有效果（如果有）】（红色矩形 3 框选的区域）：用于控制是否显示效果。
- 【运动模糊：模拟快门持续时间】（红色矩形 4 框选的区域）：用于控制是否显示运动模糊。
- 【调整图层：应用于此图层的效果要用于它之下图层和合成】（红色矩形 5 框选的区域）：用于控制是否将当前图层作为调整图层影响下面的图层。
- 【3D 图层：允许在三维中操作此图层】（红色矩形 6 框选的区域）：用于控制是否将当前图层设置为 3D 图层。

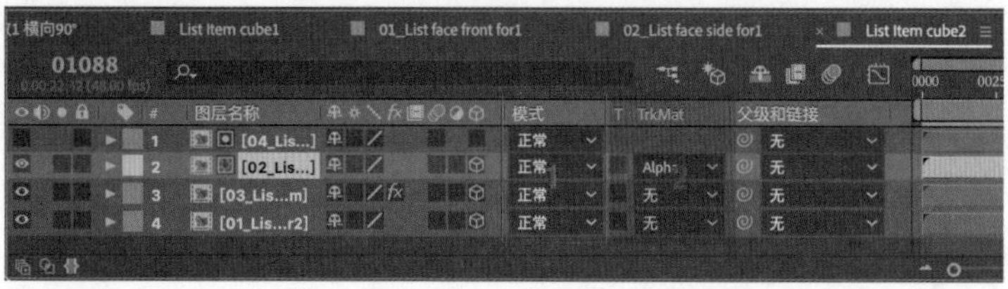

图 1-62

单击【展开或折叠“转换控制”窗格】图标，【时间轴】面板的图层区会新增显示【模式】和【T TrkMat】功能。其中，【T TrkMat】是解释起来比较复杂，但是在动效设计中经常使用的功能。其实，【T TrkMat】功能就是将上一个图层的某种通道属性（Alpha 透明通道或亮度通道）作为下一个图层的蒙版遮罩，如图 1-62 所示。

单击【展开或折叠“入点”/“出点”/“持续时间”/“伸缩”窗格】图标，【时间轴】面板的图层区会新增显示【入】、【出】、【持续时间】和【伸缩】的属性（见图 1-63），用来调整所在图层的持续时长、时长压缩比例和时长延长比例（如果将【伸缩】属性调整为 200%，就表示动画速度调整为原来的一半）。【入】、【出】和【持续时间】可以使用帧数精确调整动画时长；【伸缩】则相对更加常用，在制作动画时长比例伸缩时，使用较粗略的比例伸缩就可以。这里的【伸缩】比例可以理解为同一段动画的播放速度。如果将【伸缩】参数设置为 50%，就表示播放速度会快 1 倍，即快放效果；如果将【伸缩】参数设置为 200%，就表示播放速度会慢一半，即慢放效果。

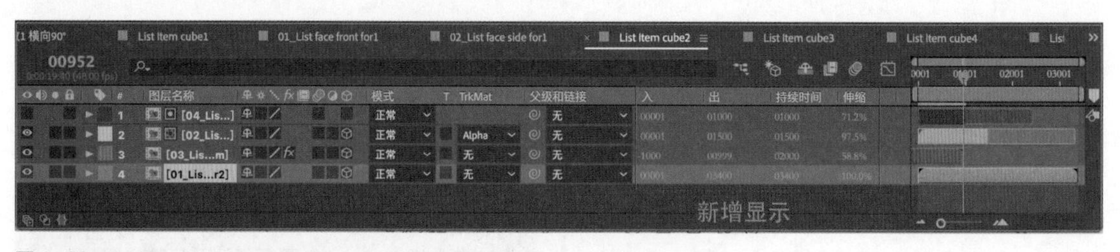

图 1-63

4.【时间轴】面板的时间线区

【时间轴】面板的时间线区即时间指示器所在的区域，如图 1-64 所示（红色矩形框选的区域）。可以通过【时间轴】面板中的【图标编辑器】图标（图 1-64 中的红色三角形图标所指处），切换用于编辑动画曲线的【图表编辑器】模式。图 1-64 中的 A 图为用得比较多的常规关键帧编辑模式，B 图为动画曲线编辑模式。

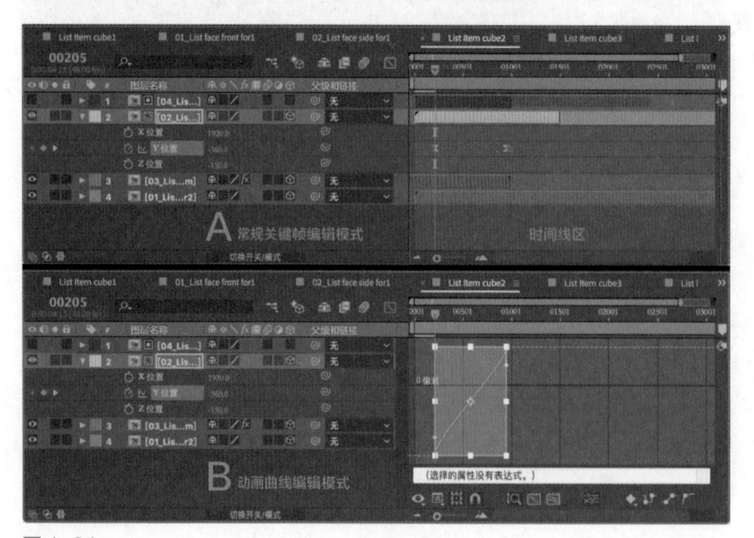

图 1-64

1）常规关键帧编辑模式

在常规关键帧编辑模式下，显示的是一个个的图层及其所有的关键帧，通过拖曳每个图层的两端可以调整内容效果能够显示的时长范围，如图 1-65 所示。

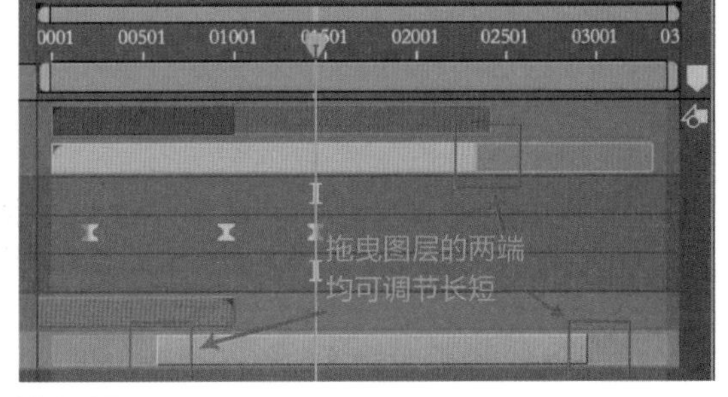

图 1-65

选中图层的关键帧并右击，弹出的菜单中是针对关键帧进行编辑的命令，最常用的是【关键帧速度】命令和【关键帧辅助】命令（结合动画曲线展开介绍有助于读者理解），如图 1-66 所示。

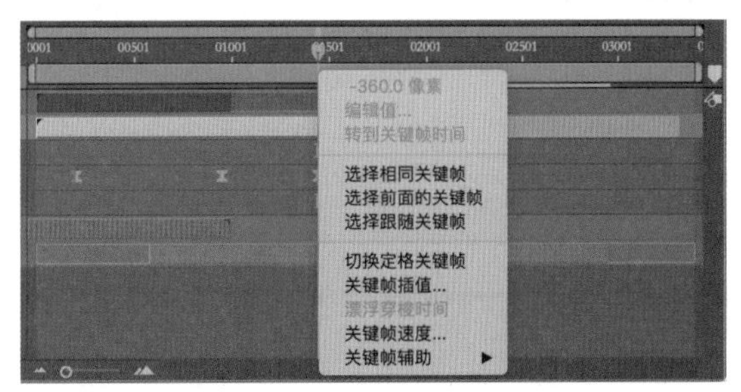

图 1-66

时间线区顶部的第一行和第二行分别有一窄一宽两栏，窄栏代表时间线的显示范围，宽栏代表工作区域的范围，这两栏的两端都有蓝色小手柄。拖曳窄栏两端的蓝色小手柄可以调整时间线的显示范围，而拖曳宽栏两端的蓝色小手柄可以调整工作区域的长短（控制预览和渲染输出的内容范围），如图 1-67 所示。

图 1-67

关于【工作区域】的介绍，请参考 1.1.1 节。预览时仅播放工作区域内的内容，渲染时也仅渲染工作区域内的内容。有时通过预览观察制作好的动画效果，并不需要花费很长时间缓存整个合成时间线，只需要缓存工作区域内的内容即可，这样可以大大提高工作效率。

在【工作区域】上右击，弹出的菜单中有【提升工作区域】命令、【提取工作区域】命令和【将合成修剪至工作区域】命令，如图 1-68 所示。

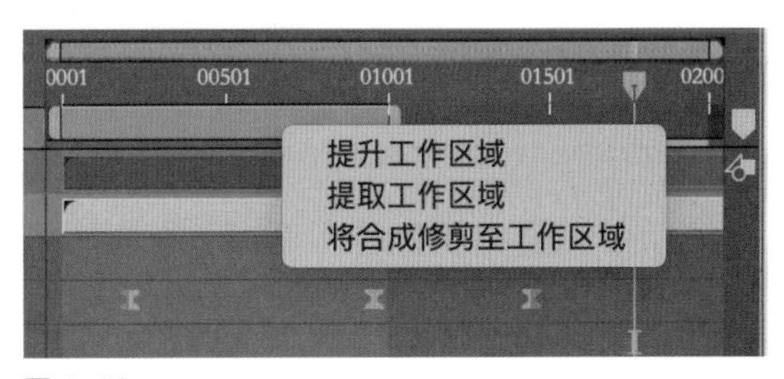

图 1-68

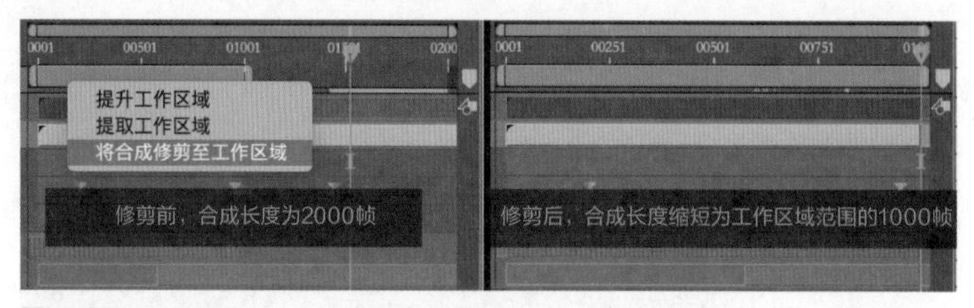

图 1-69

图 1-70

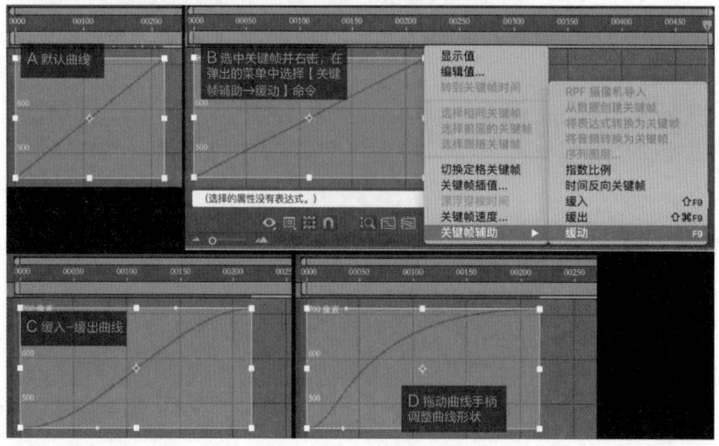

图 1-71

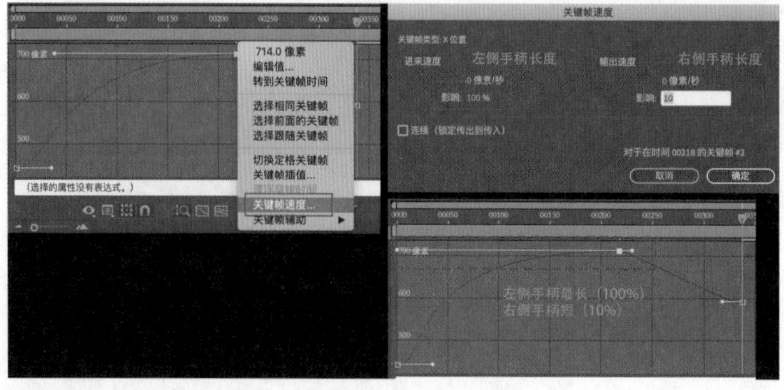

图 1-72

关于【提升工作区域】命令和【提取工作区域】命令的介绍，请参考 1.1.1 节。这里主要介绍【将合成修剪至工作区域】命令。假如合成的完整时长为 2000 帧，在将工作区域的时长调整为 1000 帧之后，执行此命令，可以看到整个合成的长度被缩短为 1000 帧，如图 1-69 所示。

2）动画曲线编辑模式

如果切换为动画曲线编辑模式，那么时间线区的内容切换为显示当前所选图层的所有选中关键帧的动画曲线，如图 1-70 所示。

默认生成的关键帧动画曲线是线性的，并且没有任何平滑变化（图 A），选中关键帧并右击，在弹出的菜单中选择【关键帧辅助→缓动】命令之后（图 B），两个关键帧（曲线的两个端点）就新增了手柄（图 C），曲线形状变为【缓入-缓出】，拖动黄色的曲线手柄可以调整手柄长度，进而调整曲线形状（图 D），如图 1-71 所示。

如果想精确地调整关键帧，那么可以在关键帧上右击，在弹出的菜单中选择【关键帧速度】命令，打开【关键帧速度】对话框，并在该对话框中进行设置，如图 1-72 所示。【进来速度】代表关键帧节点的左侧手柄，【输出速度】则代表关键帧节点的右侧手柄。一般来说，大部分 UI 动效设计只需要设置【影响】的百分比即可，【影响】的值越大，对应的手柄就越长。如果将【进来速度】的【影响】设置为【100%】（即最大），【输出速度】的【影响】设置为【10%】，那么节点的两端手柄长度显示如图 1-72 中的红色虚线框选区域所示，曲线形状也会发生相应的变化。

在动画曲线编辑模式下，时间线区的底部有一些与编辑曲线相关的工具，如图 1-73 所示。

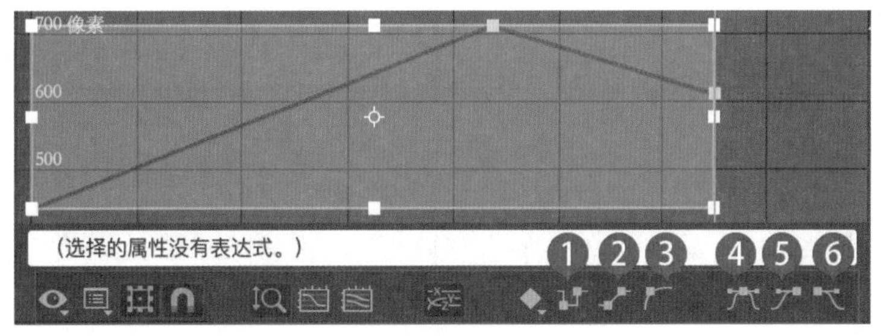

图 1-73

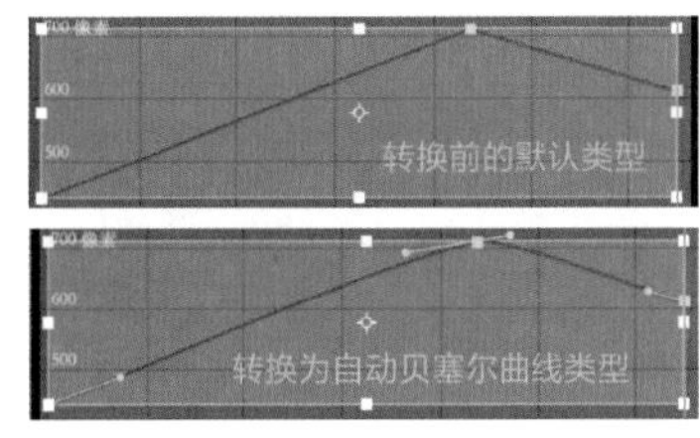

图 1-74

- 【将选中的关键帧转换为定格】（标识 1）：将关键帧转换为定格类型，即从一个关键帧到下一个关键帧之间没有任何过渡，直接跳变。
- 【将选中的关键帧转换为线性】（标识 2）：将关键帧转换为线性类型，即动画曲线为直线，没有任何起伏节奏的快慢变化，这也是生成关键帧后默认的类型。
- 【将选中的关键帧转换为自动贝塞尔曲线】（标识 3）：将关键帧转换为自动贝塞尔曲线类型，转换前后的对比如图 1-74 所示。
- 【缓动】（标识 4）、【缓入】（标识 5）和【缓出】（标识 6）：选中关键帧之后右击，可以在弹出的菜单中选择【关键帧辅助】命令的二级菜单中的【缓动】命令、【缓入】命令和【缓出】命令。

1.1.6　【效果和预设】面板

【效果和预设】面板不但使用频率很高，而且使用很方便。在 After Effects 的整体布局中，【效果和预设】面板的惯用区域如图 1-75 所示。

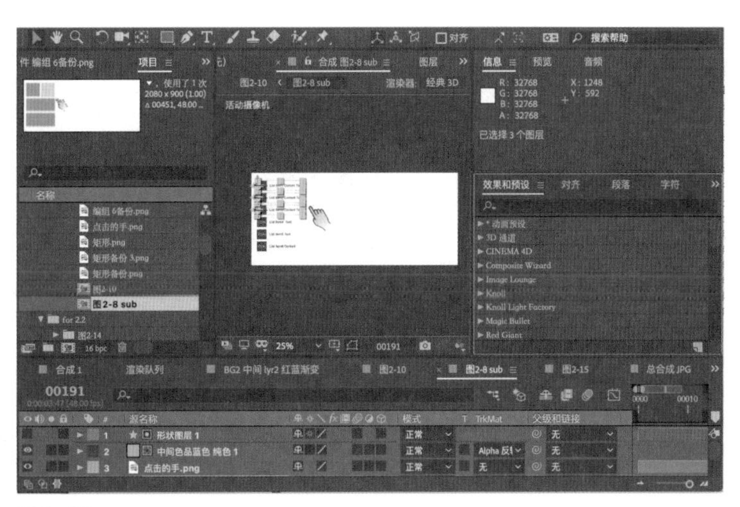
图 1-75

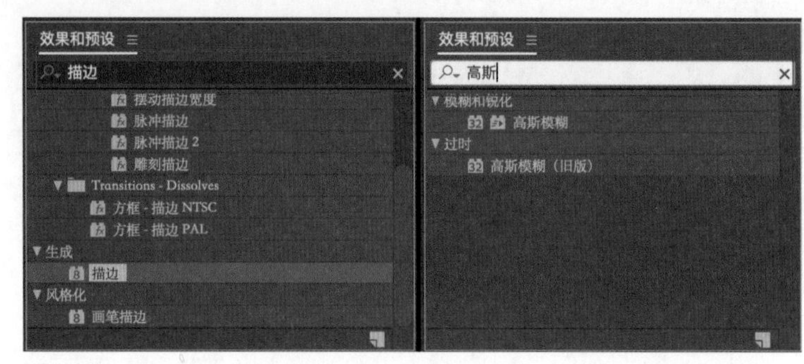

图 1-76

该面板上使用得最多的是搜索框，在搜索框中直接输入效果名称的一部分就可以直接搜索到对应的效果，如图 1-76 所示。

通过【效果和预设】面板添加效果有如下两种方式。

第 1 种：先在【时间轴】面板上选中一个或多个图层，再双击【效果和预设】面板上所需要的效果。

第 2 种：不必在【时间轴】面板上选中图层，而是先按住【效果和预设】面板上的效果，再将其拖曳到【时间轴】面板的对应图层上即可完成添加。

第 1 种方式的好处是可以同时为多个图层添加同一效果。

1.1.7 其他常用面板

其他常用面板主要有【对齐】面板、【字符】面板、【段落】面板和【信息】面板。在 After Effects 的整体布局中，【信息】面板、【对齐】面板、【段落】面板和【字符】面板的惯用区域如图 1-77 所示。

图 1-77

1. 【对齐】面板、【段落】面板和【字符】面板

【对齐】面板、【段落】面板和【字符】面板在动效设计中经常用到。这3个面板的功能与Photoshop的同名面板的功能完全一致。这3个面板通常可以和【效果和预设】面板放在一起，可以使用标签切换(用户也可以根据自己的习惯进行设置)。

在After Effects的【对齐】面板中，可以选择的对齐模式为对齐到【选区】和对齐到【合成】，如图1-78所示。这是因为合成的大小范围和选区的大小范围可能不同，有时除了选区内容合成还可能包含一定面积的空白区域。

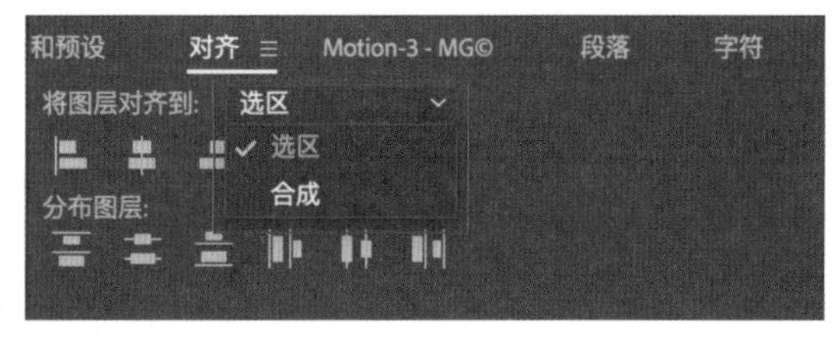

图1-78

2. 【信息】面板

【信息】面板主要显示在预览时的实时帧速率信息，这对于准确把握最终的动画效果非常重要，如图1-79所示。

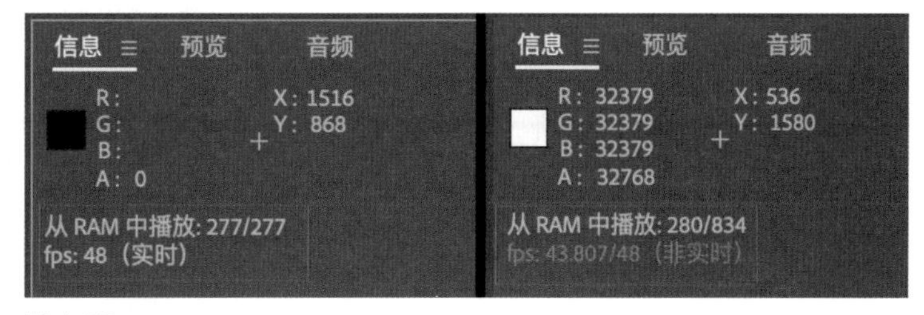

图1-79

1.2　项目、合成与图层

1.2.1　新建与设置项目

通过按快捷键【Ctrl+Alt+N】或执行【文件→新建→新建项目】命令均可新建一个项目。如果当前已经打开某个项目，执行以上命令就会直接替换当前的项目，打开一个新的项目。

按快捷键【Ctrl+Shift+Alt+K】或执行【文件→项目设置】命令，会弹出【项目设置】对话框，如图1-80所示。【项目设置】对话框中共有4个标签，分别为【视频渲染和效果】标签、【时间显示样式】标签、【颜色设置】标签和【音频设置】标签。

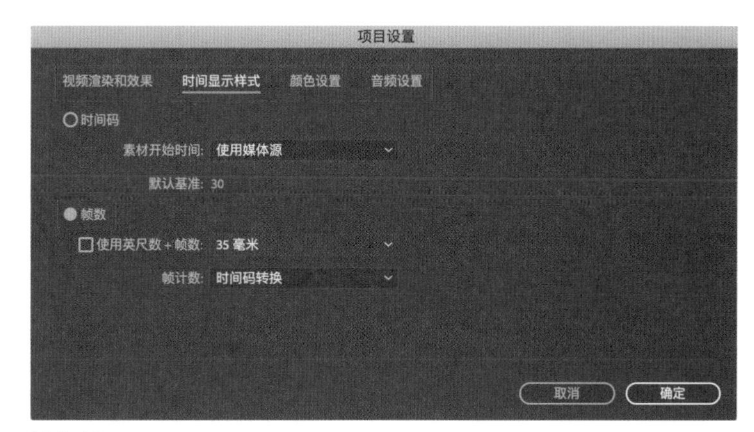

图1-80

这里主要介绍【时间显示样式】标签的设置。如果选中【时间码】单选按钮，就以传统的“时/分/秒”单位格式显示时间；如果选中【帧数】单选按钮，就以帧数显示时间。笔者认为设置为【帧数】比较方便，因为对动画设计而言，论及时间时大都是以“帧”为单位的。其余3个标签的设置项在一般动效设计中基本不用修改。

1.2.2 新建与设置合成

通过按快捷键【Ctrl+N】或执行【合成→新建合成】命令均可新建一个合成。【合成设置】对话框如图1-81所示。

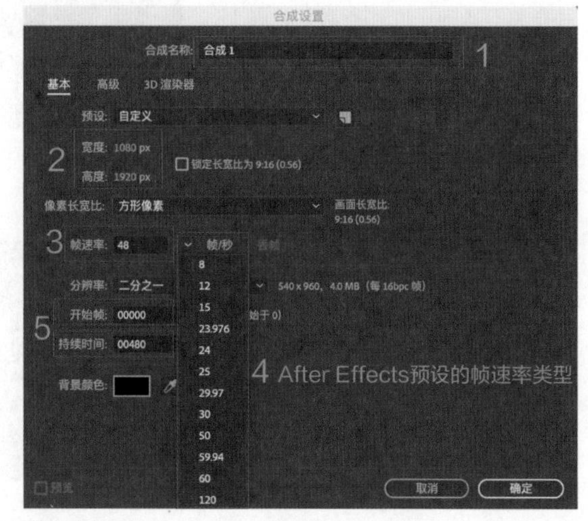

图1-81

在【合成设置】对话框中，重点设置以下几项。

（1）合成名称（红色矩形1框选的区域）。

（2）合成的【宽度】和【高度】（红色矩形2框选的区域）。

合成的【宽度】和【高度】即最终输出视频的画幅尺寸。主流视频的宽度和高度分别为1920像素和1080像素、1280像素和720像素，主流移动设备屏幕的尺寸为1080像素 ×1920像素，iPhone屏幕的尺寸为1125像素 ×2436像素（iPhone X）、1170像素 ×2532像素（iPhone 12）等。

（3）合成的【帧速率】（红色矩形3框选的区域）。

合成的【帧速率】关系到最终渲染输出动效的流畅性。After Effects预设了多种帧速率类型（红色矩形4框选的区域），笔者建议设置为48帧/秒或60帧/秒。

（4）合成的【开始帧】与【持续时间】（红色矩形5框选的区域）。

合成的【开始帧】与【持续时间】决定了一段合成的持续时长，也就是动画视频的持续时长，开始帧一般可以设置为0或1。

其余的设置项在实际动效设计制作中采用默认属性即可，不必修改。

1.2.3 图层通用属性

每个合成都有属于自己的时间轴，在【时间轴】面板上就是一个个的合成标签。而合成在自己的【时间轴】面板中的基本组成单元就是一个个的图层。除了个别类型的灯光图层，其他图层都有一组默认的通用属性，如【锚点】属性、【位置】属性、【缩放】属性、【旋转】属性和【不透明度】属性，如图1-82所示。

图 1-82

普通 2D 图层的【位置】属性、【缩放】属性和【旋转】属性均有 *X*、*Y* 两个维度，而 3D 图层多了一个纵深维度 *Z*（单击打开图层的 3D 开关即可切换为 3D 图层）。

另外，在实际操作中，可以使用一些快捷键单独展开某个属性，这样可以大大提高工作效率：按快捷键【A】可以单独展开【锚点】属性；按快捷键【P】可以单独展开【位置】属性；按快捷键【S】可以单独展开【缩放】属性；按快捷键【R】可以单独展开【旋转】属性；按快捷键【T】可以单独展开【不透明度】属性；如果同时按【Shift】键加以上几个快捷键，就可以同时展开【锚点】属性、【位置】属性、【缩放】属性、【旋转】属性和【不透明度】属性。其中的【锚点】属性可以理解为物体的运动轴心和缩放轴心。

3D 图层除了有 *X* 轴、*Y* 轴和 *Z* 轴的旋转，还有一个【方向】属性。从实际调整的效果来看，调整【方向】属性和调整【旋转】属性的结果看起来是一样的。不过两者还是有所不同，直观来看，在调整 3D 图层的【方向】属性时，最大值就是 360°（转 1 圈），再继续转就会归零，要从头开始；而调整【X 轴旋转】属性、【Y 轴旋转】属性和【Z 轴旋转】属性时，转到 360° 继续转属性值就变成【1x+n°】，如图 1-83 所示，计数为【n 圈 +n°】，即圈数可以无限多。使用【旋转】属性进行动画制作可以使图层转动多次。调整【方向】属性进行动画制作通常能更好地实现自然平滑运动，而调整【旋转】属性进行动画制作可以提供更精确的控制。

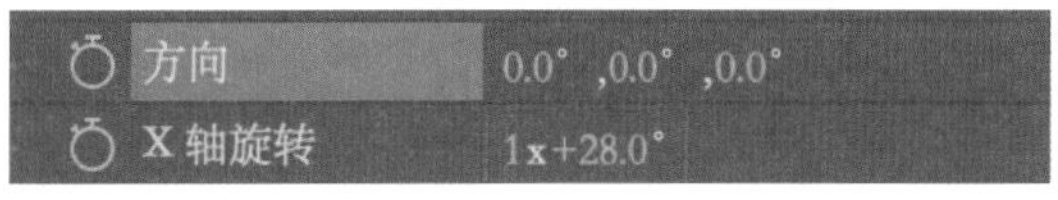

图 1-83

【位置】属性、【缩放】属性和【旋转】属性均可以在【合成】面板上直接使用相应的工具进行手动调整，如图 1-84 所示。

图 1-84

单击图层属性前面的图标即可创建一个关键帧，再次单击则取消该关键帧。

1.2.4 图层样式

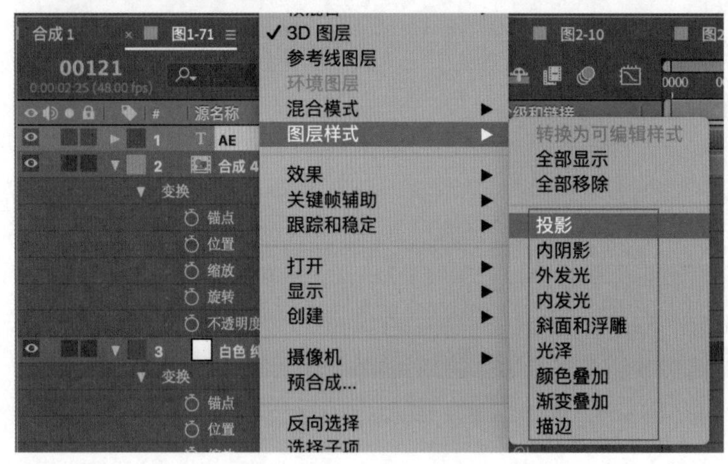

图 1-85

After Effects 的图层样式与 Photoshop 的图层样式基本一致，在【时间轴】面板上选中图层并右击，可以在弹出的菜单中选择【图层样式】命令的二级菜单，如图 1-85 所示。

【渐变叠加】样式、【颜色叠加】样式、【描边】样式和【外发光】样式在 After Effects 中也可以通过类似功能的效果实现，如【描边】效果、【梯度渐变】效果（After Effects 的【梯度渐变】只有两种颜色，图层样式的渐变颜色可以有很多种）、【填充】效果和【发光】效果。两种途径均可以，用户可以根据自己的习惯进行选择。

1.2.5 图层类型

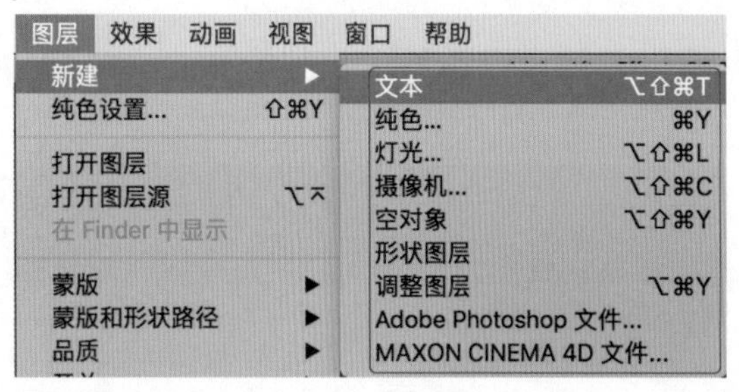

图 1-86

After Effects 的图层类型如图 1-86 所示。

1. 文本图层

单击工具栏中的【横排文字工具】T，或者按快捷键【Ctrl+T】，或者执行【图层→新建→文本】命令，均可在【合成】面板中单击直接输入文字，并在【时间轴】面板中创建一个文本图层，如图 1-87 所示。

下面介绍文本图层在一般 UI 动效设计中经常涉及的几大要点：字体样式与段落样式、文本图层特有属性、文本动画。

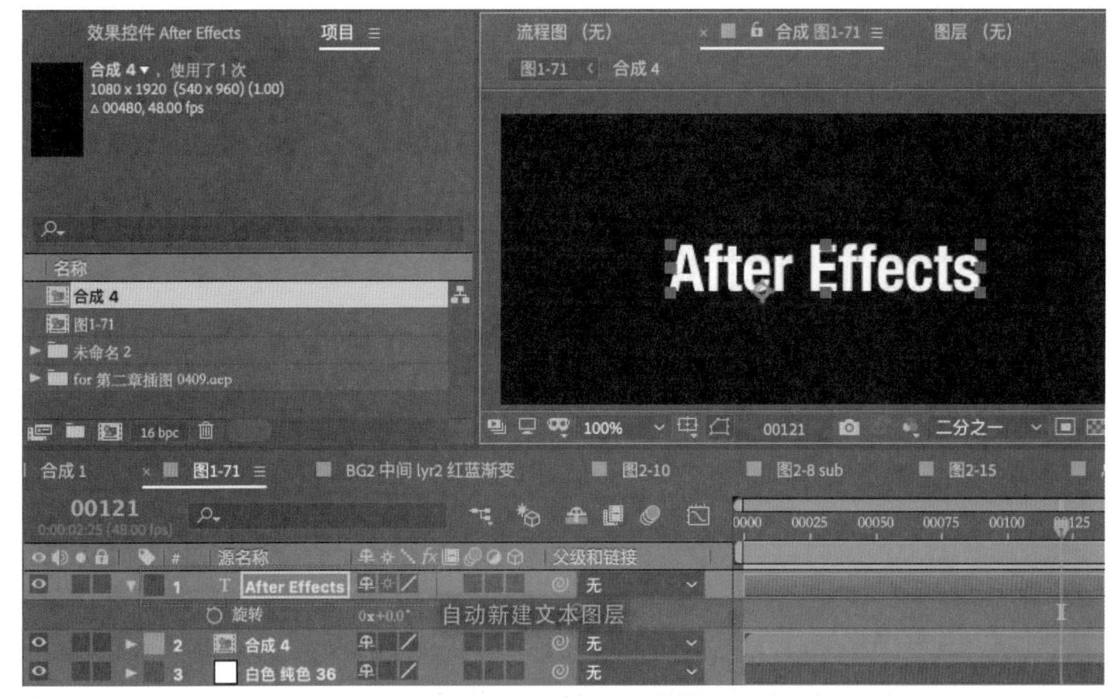

图 1-87

1）字体样式与段落样式

在创建文本图层之后，在右侧的【字符】面板中可以调整字体、字重（细体或粗体）、字号和字间距等属性，如图 1-88 所示；在【段落】面板中可以调整文字段落的对齐方式、缩进等。这些操作和 Photoshop 等其他设计软件、文本处理软件的操作基本相同。

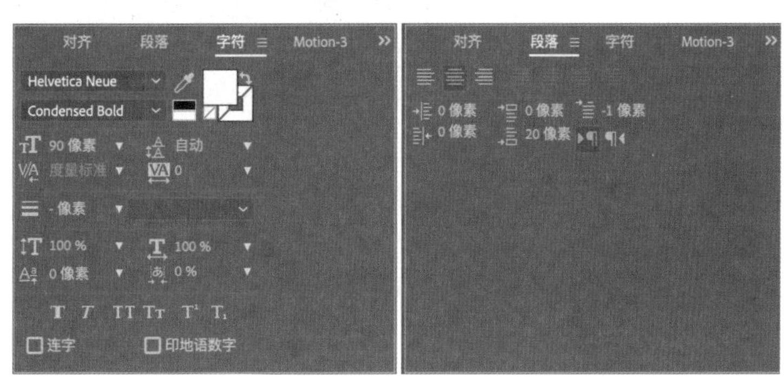

图 1-88

2）文本图层特有属性

在【时间轴】面板上展开文本图层，可以看到有一组名称为【文本】的属性，如图 1-89 所示。

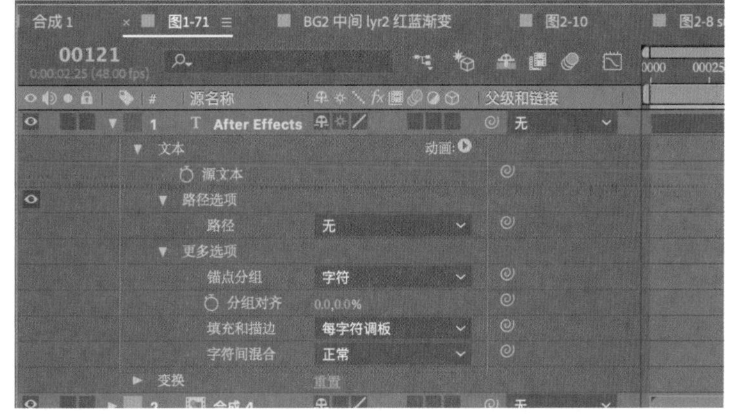

图 1-89

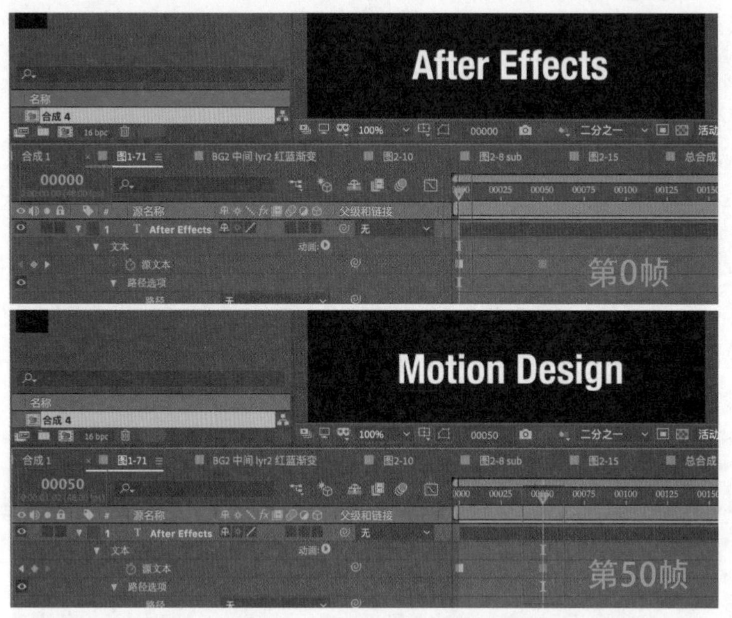

图1-90

（1）【源文本】属性：可以用来设置文字内容变化的关键帧。

例如，单击前面的图标，创建一个关键帧，将时间指示器拖曳到第50帧，使用【横排文字工具】在【合成】面板上单击该文本图层，将文字内容设置为【Motion Design】，即创建了在第50帧文字内容由【After Effects】变为【Motion Design】的动画，但文字内容的变化动画只能是定格类型的，如图1-90所示。

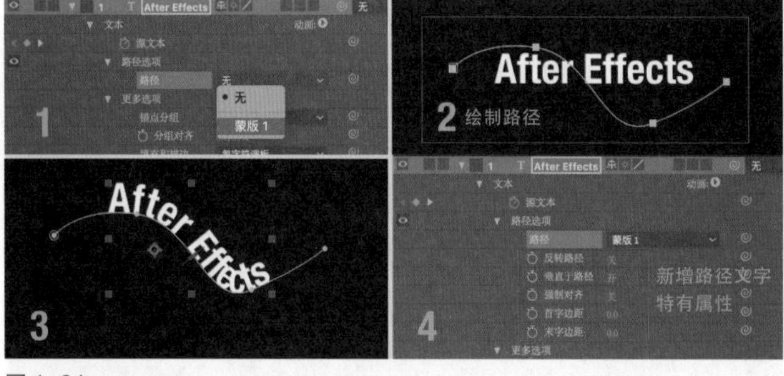

图1-91

（2）【路径选项】属性：可以用来创建沿特定路径排列的文字。

先选中新创建的文本图层【After Effects】，再选择【钢笔工具】，在【合成】面板上绘制一条路径，如图1-91所示。展开【路径选项】属性下方【路径】右侧的下拉菜单，选择【蒙版1】命令（也就是刚才绘制的蒙版路径），此时【After Effects】沿着刚刚绘制的路径排列。

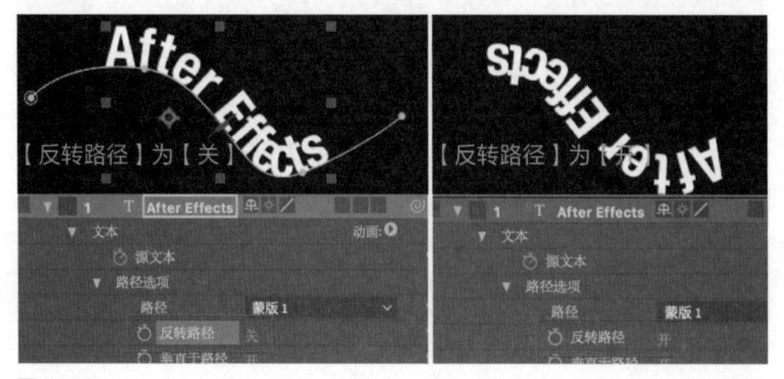

图1-92

当设为路径文字之后，可以看到【路径选项】属性下方又新增了一组属性设置（见图1-91中的图4），如果将【反转路径】设置为【开】，文字就会从路径上方切换到路径下方，如图1-92所示。

如果将【垂直于路径】属性设置为【开】，那么每个文字的方向都垂直于路径；如果将【垂直于路径】属性设置为【关】，那么始终保持原来的方向。二者的对比效果如图 1-93 所示。

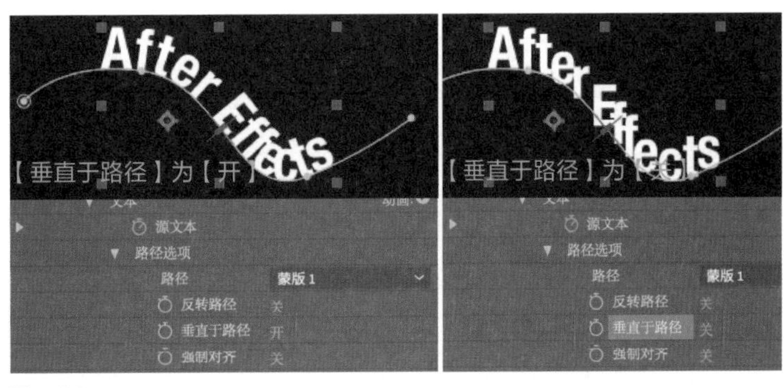

图 1-93

如果将【强制对齐】属性设置为【开】，那么字符会与路径两端对齐。【强制对齐】属性为【关】和【开】的对比效果如图 1-94 所示。

图 1-94

在【强制对齐】属性为【关】的情况下，调整【首字边距】属性和【末字边距】属性的值的最终效果是一样的，都等同于调整段前缩进距离。如果【强制对齐】属性为【开】，那么调整【首字边距】属性和【末字边距】属性的值的对比效果就出来了：增加【首字边距】属性的值是增加第一个字符离路径起点的距离，整段文字会被压缩；而增加【末字边距】属性的值则是增加最后一个字符离路径终点的距离，使整段文字被拉伸。二者的对比效果如图 1-95 所示。

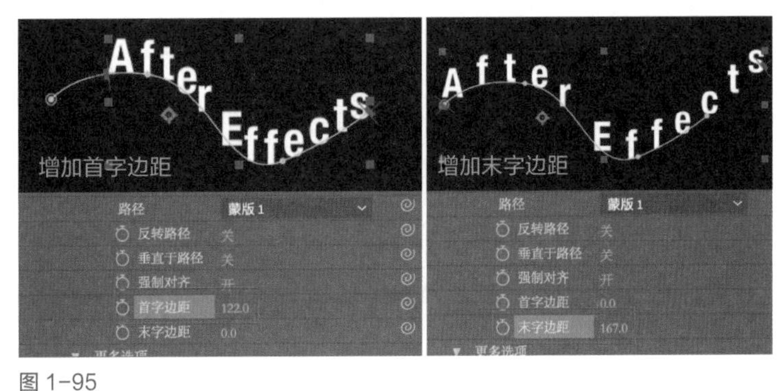

图 1-95

文字的其他特有属性（如【锚点分组】属性和【分组对齐】属性等）在动效设计中很少用到，这里就不再展开介绍。下面重点介绍文本动画。

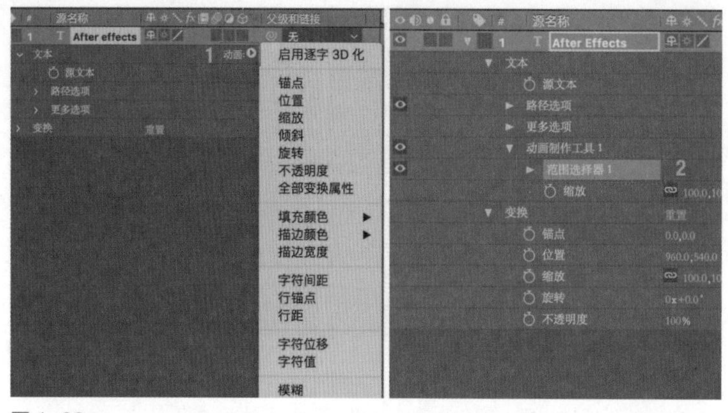

图 1-96

3）文本动画

在【时间轴】面板上展开文本图层，单击右侧的图标 动画:◐（图 1-96 的左图中红色矩形 1 框选的区域），弹出的菜单中显示了多种文本动画样式类型，如图 1-96 所示。选择菜单中的任意一种类型，即可为文本动画图层添加一种动画样式，一个文本图层可以添加多种相同或不同的动画样式。

文字动效的关键并不在于动画样式（动画大多都是基本样式的，如缩放、不透明度、移动和旋转等），重点在于【范围选择器】（图 1-96 的右图中红色矩形 2 框选的区域），也就是范围选择器内的文字部分。对范围选择器手柄的移动添加动效，就可以产生各种各样的文字的变化、生成、消失动效。下面以【缩放】文本动画、【字符位移】文本动画和【模糊】文本动画为例讲解文字动效。其他动效样式的调试操作步骤的基本原理是相通的，此处不再赘述。

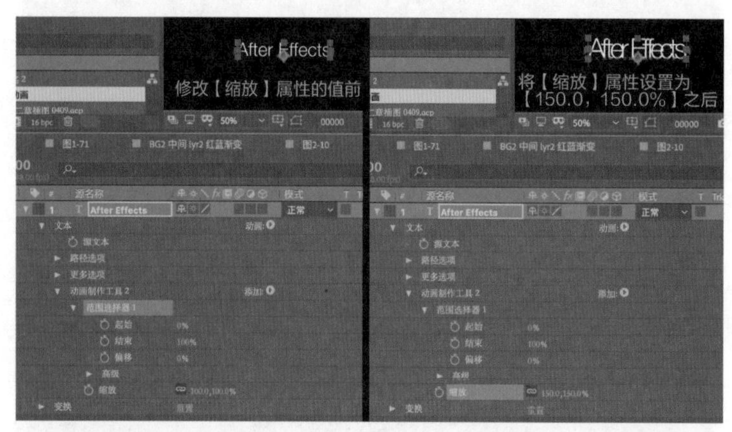

图 1-97

（1）【缩放】文本动画。

单击图标 动画:◐，在弹出的菜单中选择【缩放】命令，此时会自动新增一组名为【缩放】的属性，下面的两个属性为【范围选择 1】和【缩放】，此处将【缩放】属性设置为【150.0，150.0%】，如图 1-97 所示。

图 1-98

可以看到，每个字符都变大了。此时调整【范围选择器 1】的两个手柄，如图 1-98 所示。此时只有两个范围选择手柄内的字符变大，范围选择器之外的字符没有变化。调整【偏移】属性的值就可以整体移动这个字符变大的影响区域。

通过对【缩放】属性的值、【偏移】属性的值，以及【范围选择器 1】的【起始】手柄、【结束】手柄添加关键帧，可以创建一个从左到右、从小到大或从大到小等样式的文字缩放动画。

（2）【字符位移】文本动画。

【字符位移】最常见的用途是制作数字的跳动，如数字时钟的走动效果。为文本图层添加一个【字符位移】动画，如图 1-99 所示，会新增一组名为【动画制作工具 3】的属性及若干属性。

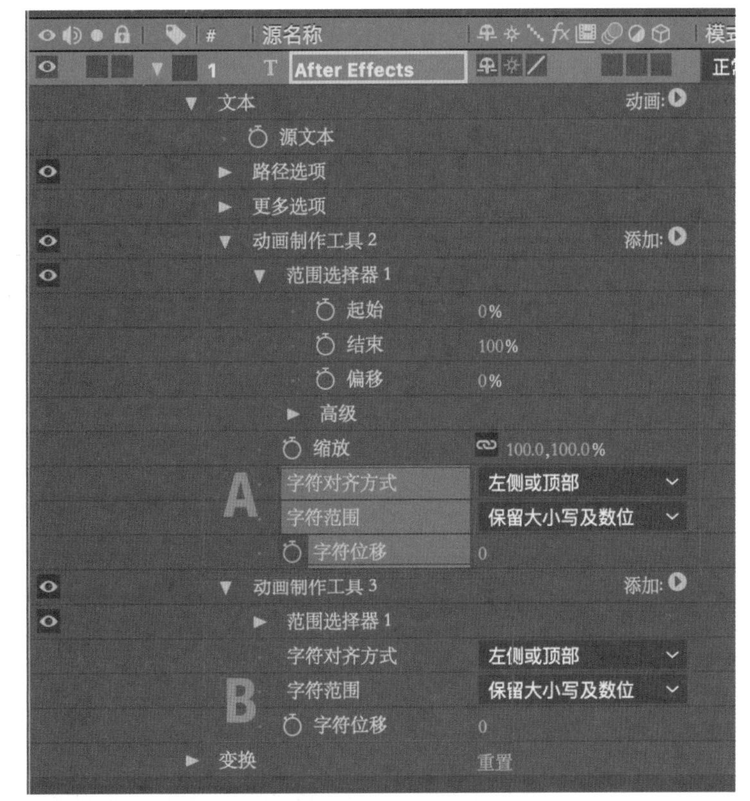

图 1-99

需要注意的是：如果在选中了一个已有的【动画制作工具】的情况下添加新的文本动画，那么新添加的文本动画共享同一个【动画制作工具】的【范围选择器】，如图 1-99 中的红色矩形 A 部分所示；如果在未选中已有的【动画制作工具】的情况下添加新的文本动画，那么新添加的文本动画有一个新的自己所属的动画制作工具，如图 1-99 中的红色矩形 B 部分所示。

首先将新增的【动画制作工具 3】的范围选择器的【起始】手柄和【结束】手柄分别移动到如图 1-100 所示的位置（黄色矩形框选区域），也就是将动画范围限定在最后一个字符（数字 1）上，这样【字符位移】的动画效果（也就是将要制作的数字跳动动画）就仅限于文字的数字部分。

图 1-100

然后在时间线的第 0 帧单击【字符位移】属性前面的码表图标，设置一个关键帧（拥有独立的范围选择器的动画制作工具）。将时间指示器拖曳到第 100 帧，将【字符位移】属性设置为【9】，拖曳时间指示器或按空格键进行播放预览，可以看到从第 0 ~ 100 帧，数字字符从 1 一直增大到 9，之后又跳到 0。如果尝试将【字符位移】属性的值继续调大，那么数字又会逐渐增大到 9 再跳到 0，【字符位移】属性的值持续增大，如此不断循环数字从 1 到 9 再到 0 的动画，如图 1-101 所示。

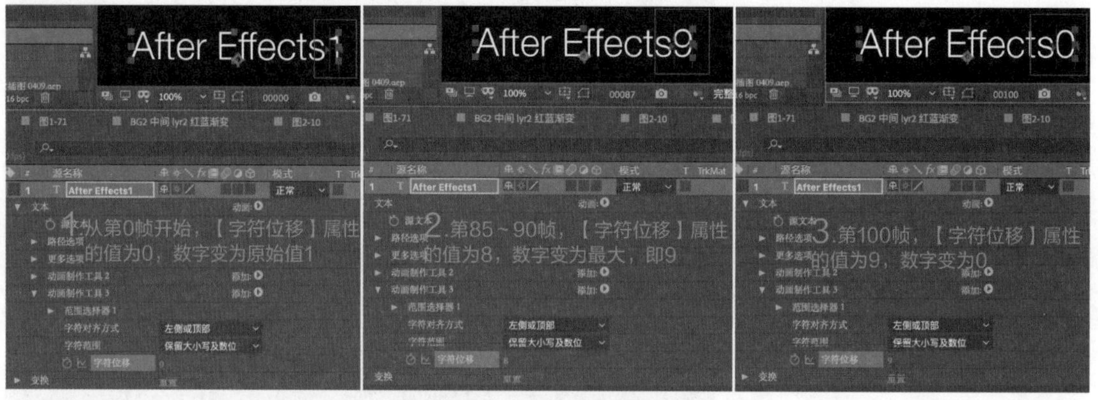

图 1-101

（3）【模糊】文本动画。

先为文本图层新增一个【模糊】动画，再将范围选择器的手柄移动到【Aft】3 个字母所在的区域，最后将【模糊】属性设置为【21.0，21.0】，如图 1-102 所示。

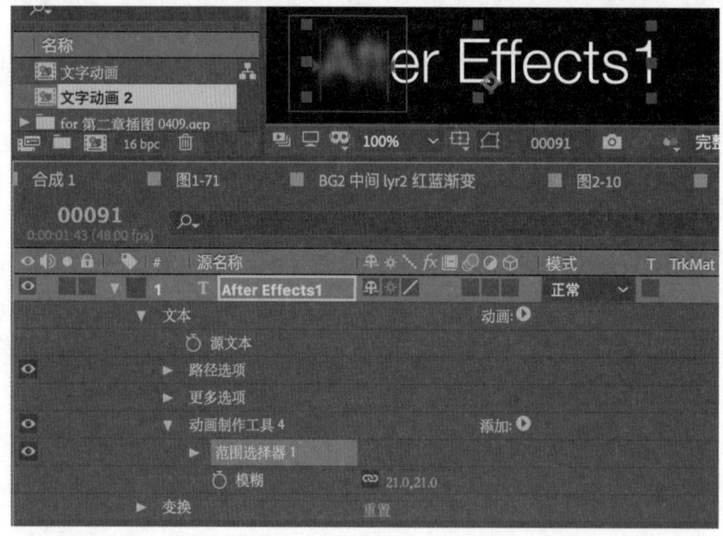

图 1-102

在第 0 帧，将【范围选择器 1】的【偏移】属性设置【-100%】，并设置一个关键帧。将时间指示器拖曳到第 100 帧，将【偏移】属性设置为【100%】，如图 1-103 所示，此时可以得到一个【文字上方从左到右移过一段模糊滤镜】的动画效果。

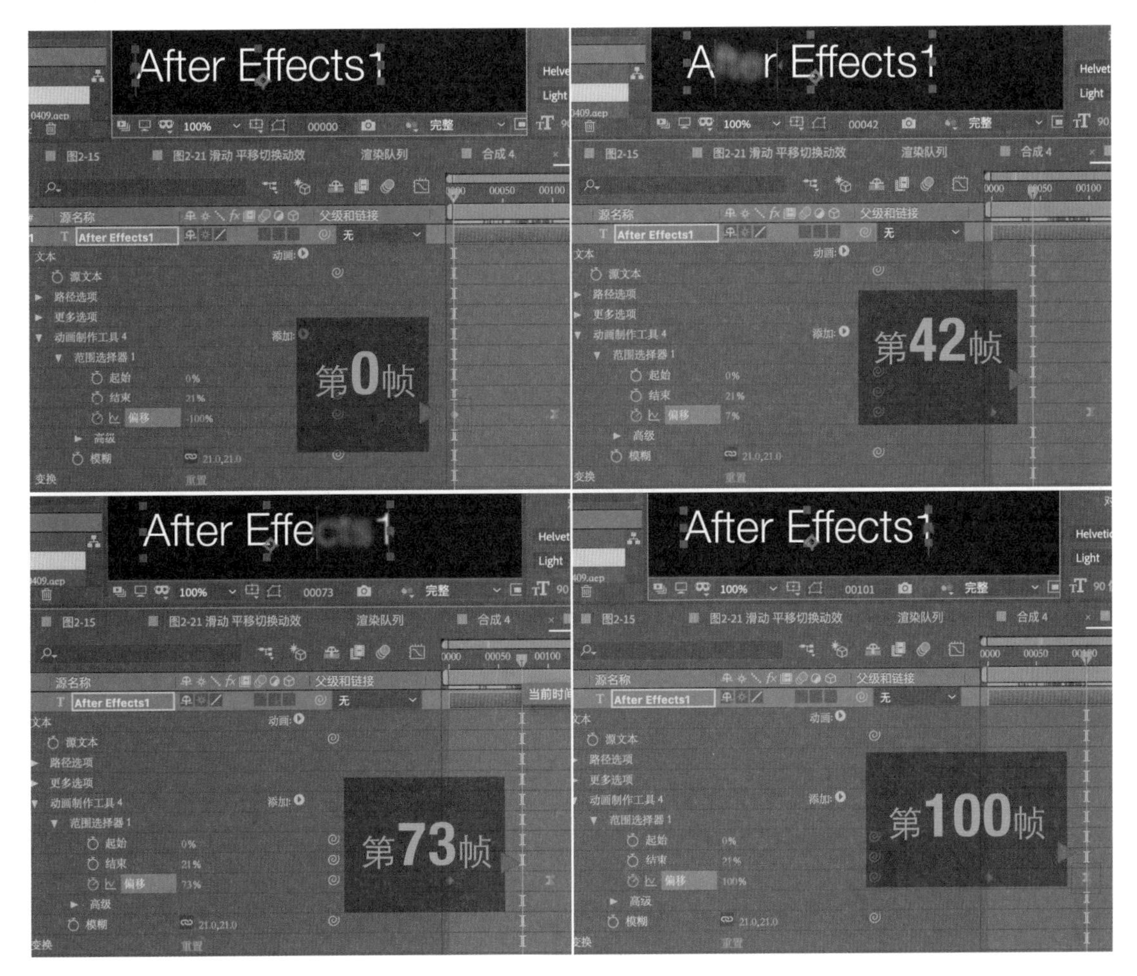

图 1-103

稍加修饰一下，为范围选择器的【结束】属性也添加关键帧。返回第 0 帧，为当前的【结束】属性设置一个关键帧；在第 60 帧，将【结束】属性设置为【80%】，此时会自动生成一个新的关键帧。这样便得到了一个【一小段模糊滤镜一边从左到右移动，一边扩大模糊影响区】的动画效果，如图 1-104 所示。

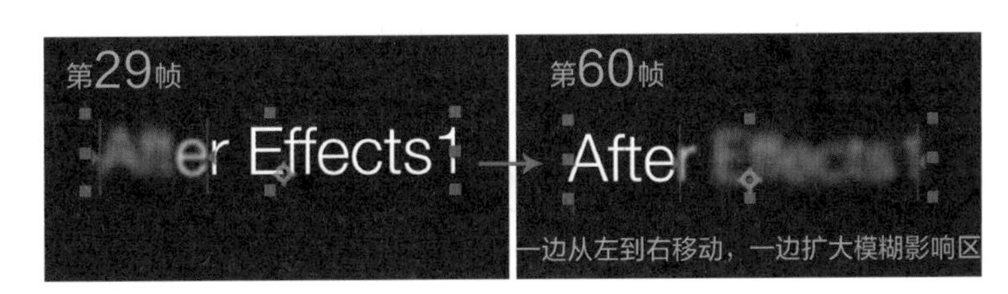

图 1-104

2. 纯色图层

纯色图层在 After Effects 中具有重要作用，许多效果都需要添加到纯色图层上才能发挥作用，如粒子特效插件效果 Particular 和 Form、描边插件效果 3D Stroke，以及 After Effects 自带的【描边】效果等。可以说，纯色图层是一种重要的效果媒介及蒙版路径绘制的画布。

按快捷键【Ctrl+Y】或执行【图层→新建→纯色】命令可以新建一个纯色图层。除此之外，在【时间轴】面板的图层区的空白处右击，在弹出的菜单中选择【新建→纯色】命令也可以新建一个纯色图层，如图1-105所示。

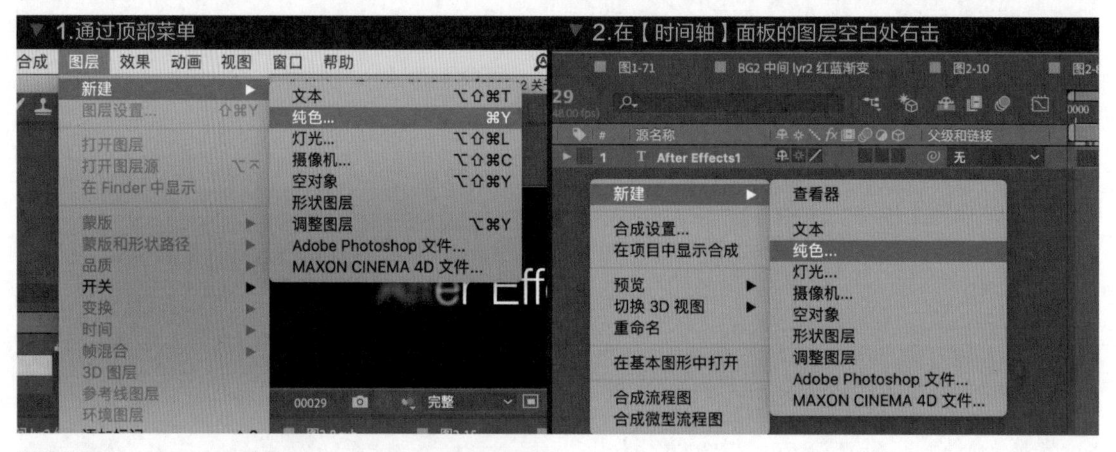

图1-105

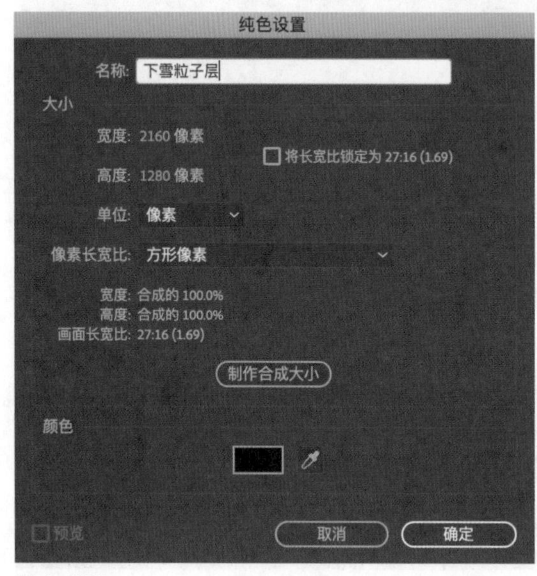

图1-106

【纯色设置】对话框如图1-106所示。

【纯色设置】对话框中的关键设置参数有【宽度】、【高度】、【制作合成大小】和【颜色】等。

（1）宽度和高度：类似于合成的宽度和高度设置，勾选【将长宽比锁定为……】复选框可以保持固定的长宽比，只需修改宽度或高度其中一个属性即可。

（2）制作合成大小：很多时候要新建的合成大小都需要和合成大小保持一致，单击这个按钮可以使操作非常方便。

（3）颜色：单击【颜色】下方的色框，在弹出的色盘中可以选择任意颜色，也可以单击右侧的图标，取当前界面上的任意一种颜色作为新建纯色图层的颜色。

新建一个纯色图层之后，在【时间轴】面板中选中该图层，按快捷键【Ctrl+Shift+Y】或执行【图层→纯色设置】命令就可以重新打开【纯色设置】对话框，在该对话框中可以对新建的纯色图层进行修改。

3. 灯光图层

1）灯光图层的类型、创建与设置

灯光图层就是一个3D灯光对象，可以为3D图层提供模拟真实灯光的照明和阴影效果。执行【图层→新建→灯光】命令，或者在【时间轴】面板的图层区的空白处右击，在弹出的菜单中选择【图层→新建→灯光】命令，即可新建灯光图层，如图1-107所示。

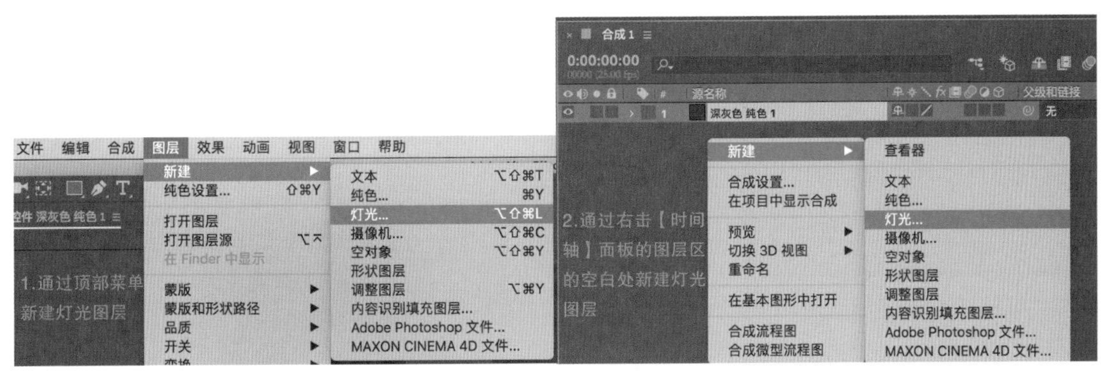

图 1-107

灯光共有平行光、聚光、点光和环境光 4 种类型。不同类型的灯光的照明效果如图 1-108 所示。

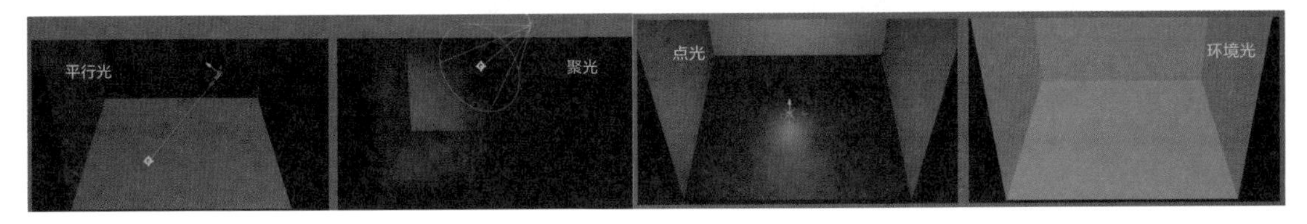

图 1-108

4 种灯光类型的【灯光设置】对话框如图 1-109 所示。【灯光设置】对话框中各种灯光类型共有的通用设置属性主要是【灯光类型】、【颜色】和【强度】。

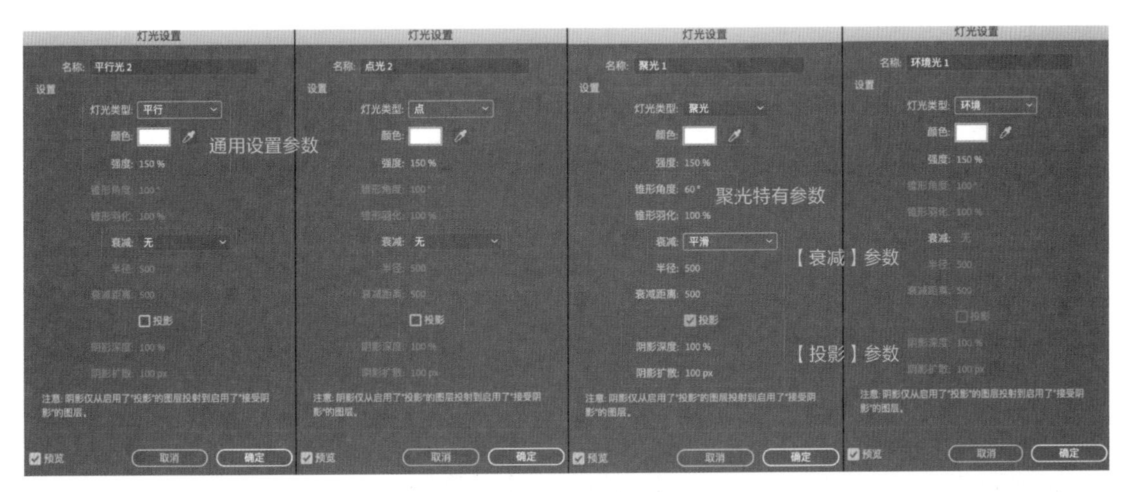

图 1-109

部分灯光类型有其专属设置属性。

（1）平行光、点光和聚光 3 种类型具有【衰减】属性和【投影】属性，环境光没有这两个属性。

（2）聚光特有属性为【锥形角度】和【锥形羽化】。其中，【锥形角度】属性用来设置聚光的锥形罩开口大小，而【锥形羽化】属性用于设置聚光照到物体上时光斑的边缘羽化值。

2）【时间轴】面板中的灯光图层

在【时间轴】面板上，展开灯光图层的属性，如图 1-110 所示，和【灯光设置】对话框中设置的参数是一一对应的。特别需要注意的是灯光的【变换】属性组。

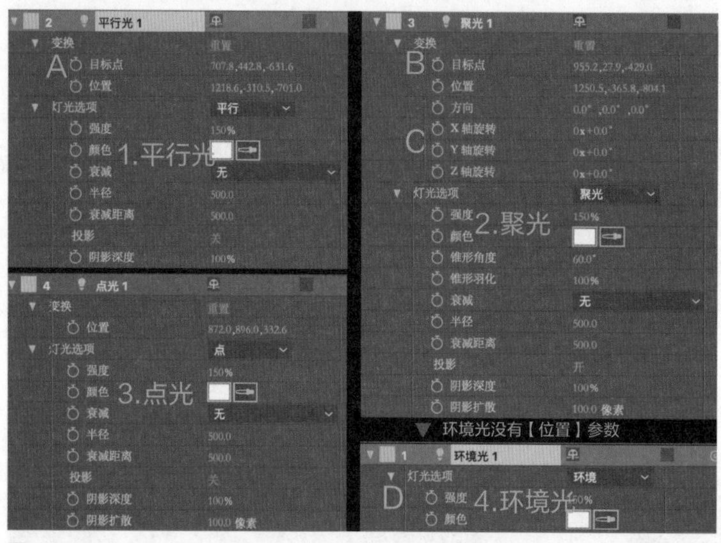

图 1-110

（1）只有平行光和聚光的【变换】属性组中多了【目标点】属性，这个属性会影响灯光的照射方向（图 1-110 中红色矩形 A 和红色矩形 B 框选的区域）。

（2）聚光多了【方向】属性和【旋转】属性（图 1-110 中红色矩形 C 框选的区域），点光与平行光都没有【方向】属性和【旋转】属性。

（3）环境光可以照亮整个 3D 场景，其位置不影响照明效果，所以没有【位置】属性（图 1-110 中红色矩形 D 框选的区域）。

关于灯光的投影和阴影的相关属性，在介绍 3D 图层时与 3D 图层的【材质选项】一起讲解。

4. 3D 图层

3D 图层的【位置】属性和【旋转】属性在前面介绍图层通用属性时已经讲解过，此处不再赘述，而是重点讲解 3D 图层的【材质选项】。

1）投影

如图 1-111 所示，灯光带有投影的 3D 场景效果。

图 1-111

当打开灯光的【投影】开关时，将投射阴影的 3D 图层（图层名为【投射阴影平板】）的【材质选项】中的【投影】开关、接受投影的 3D 图层（图层名为【地板平面】）的【材质选项】中的【接受阴影】开关，以及所有接受灯光照明的 3D 图层【材质选项】中的【接受灯光】开关都打开（默认是打开的，若关闭则不受灯光照明的影响，完全显示原本的颜色），这样便可得到一个带有阴影且写实的 3D 照明场景，如图 1-112 所示。

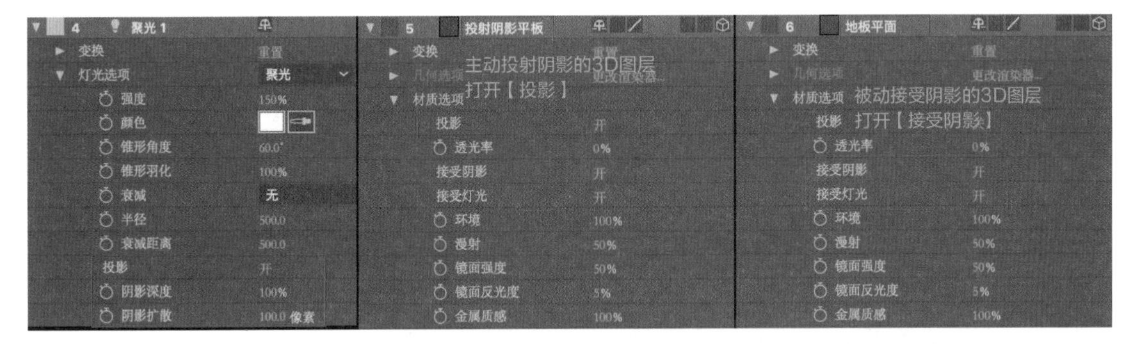

图 1-112

通过调整【阴影深度】属性和【阴影扩散】属性可以分别调整投影的透明度（即强度）和阴影边缘的羽化模糊度，如图 1-113 所示。

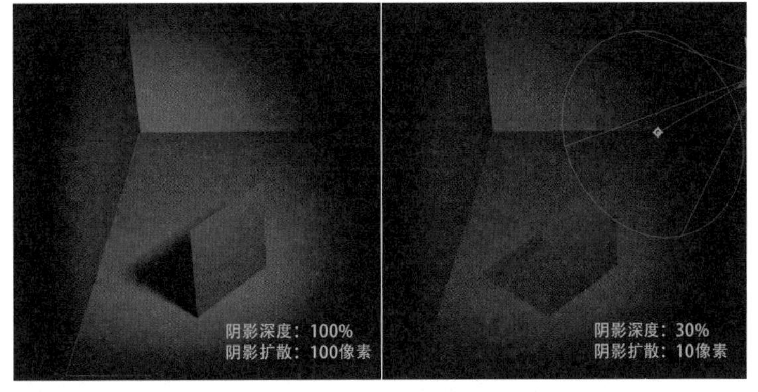

图 1-113

2）材质属性（漫射、镜面反光和质感等）

After Effects 的 3D 图层材质属性与主流 3D 软件（如 Maya、C4D 等）的材质球属性类似。

（1）环境：图层的非定向环境反射。若值为 100%，则指定最多的反射；若值为 0%，则指定没有环境反射。从实际操作来看，当有环境光时，该属性值的变化带来的效果对比比较明显。

（2）漫射：即全向漫反射。将漫反射应用于 3D 图层，就像在它上面放一层暗色塑料片。从直观效果来看，如果接受灯光照明，那么当值为 100% 时图层最亮，反射最大限度的光线，当值为 0% 时完全不接受灯光照明，完全不反射光线（全黑）。

（3）镜面强度：图层的定向镜面反射。就好像从镜子反射一样，当值为 100% 时指定最多的反射，当值为 0% 时指定无镜面反射。从直观来看，镜面强度越高图层越明亮，镜面强度越低图层越暗淡。

（4）镜面反光度：镜面高光的大小。只有将【镜面】属性设置为大于 0%，此时才处于活动状态。若设置为 100%，则指定具有小镜面高光的反射；若设置为 0%，则指定具有大镜面高光的反射。从直观来看，镜面反光度越高图层越暗淡，镜面反光度越低图层越明亮。

（5）金属质感：可以理解为图层自身颜色对镜面高光颜色的影响，以及灯光颜色带来的影响。若值为 100%，则高光颜色就是图层的颜色。如果将【金属质感】属性设置为 100%，以橙色的图层为例，那么其反光就呈现与图层相同的橙色，并且不受灯光颜色的影响；如果将【金属质感】属性设置为 0%，照亮橙色图层的灯光若为紫色，那么灯光的紫色就会对图层的反光产生相对明显的影响。

【镜面强度】、【镜面反光度】和【金属质感】这几个属性在一般的平面片状 3D 图层上，值的大小带来的效果变化不是很明显。在实际的动效设计中，很少使用这几个属性。

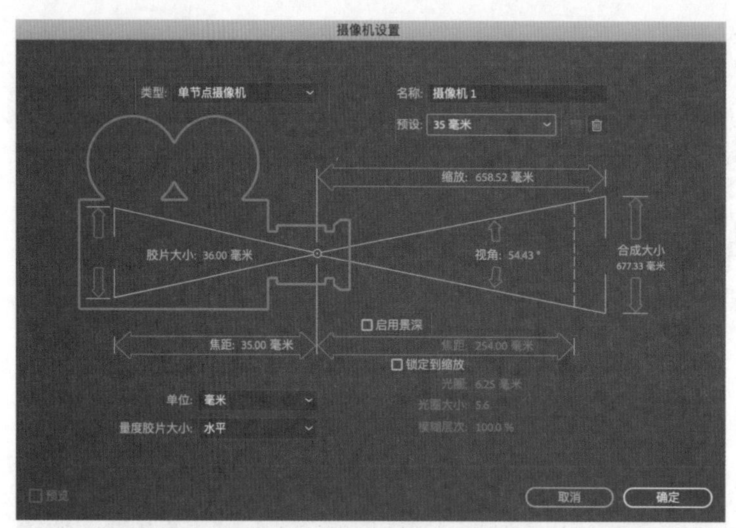

图 1-114

5. 摄像机图层

After Effects 的摄像机仅在合成中有 3D 图层时才有意义。与前面的灯光图层一样，可以采用两种方式创建摄像机图层，即在菜单栏中选择【图层→新建→摄像机】命令，或者在【时间轴】面板的图层区的空白处右击，在弹出的菜单中选择【图层→新建→摄像机】命令。【摄像机设置】对话框如图 1-114 所示，在日常设计中只需关注摄像机的【类型】、【焦距】和【启用景深】3 个设置参数即可。

1）摄像机的类型

After Effects 中的摄像机有单节点摄像机和双节点摄像机两类。前者就是普通的摄像机；后者比较特殊，带有一个目标点，类似于聚光灯，当移动目标点时，摄像机位置不动，但会旋转镜头，相当于“摇镜头”，如图 1-115 所示。

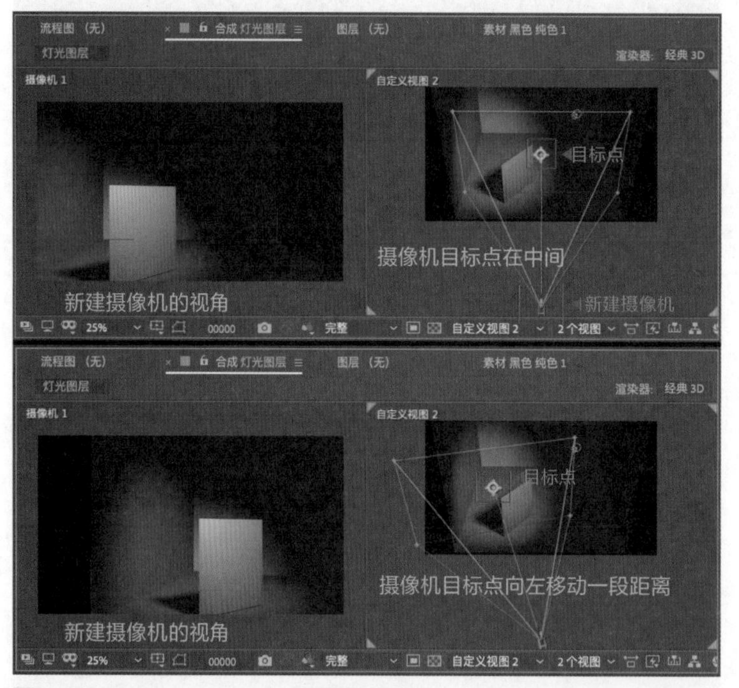

图 1-115

2）摄像机的焦距

从直接的效果来看，可以简单地理解为焦距的大小决定了可视距离和可视角度。焦距越大，可视距离越近，可视角度越小；焦距越小，可视距离越远，可视角度越大，即常说的“广角镜头”，如图 1-116 所示。

图 1-116

一般来说，在实际的动效设计中，使用28 ~ 35毫米的焦距即可。

3）摄像机的【启用景深】及景深的相关参数

在【摄像机设置】对话框和摄像机图层的属性组中都可以打开/关闭【启用景深】开关。在启用景深之后，一般还需要适当地调整焦距和光圈，这样才能产生合适的景深效果，如图1-117所示。

从直观效果来看：如果焦距设置得很小，那么整个场景看上去都是模糊未对焦的感觉；如果焦距设置得过大，那么景深效果几乎不起作用。对于光圈来说，直观效果就是光圈越大，模糊值越大。

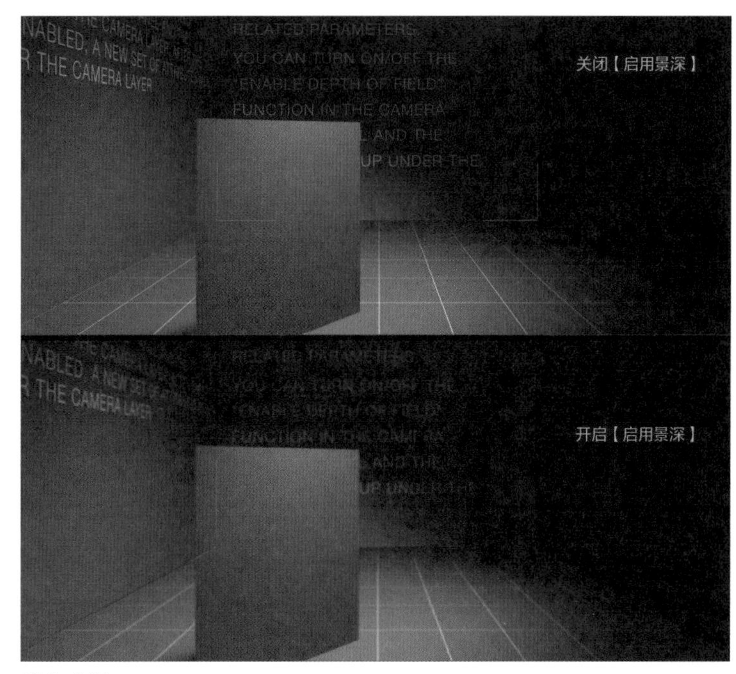

图1-117

6. 空对象图层

1）空对象图层的常见应用

空对象图层，顾名思义，就是一个什么都没有，并且不对合成的最终效果产生任何影响的全空白图层。空对象图层有什么作用呢？笔者认为空对象图层有以下两种应用。

（1）用作带领多个图层一起运动的父物体。

（2）添加【滑块控制】效果，用【滑块控制】属性通过表达式控制其他图层的一些属性。

第一种应用很好理解。例如，当一个对象由非常多的图层组合而成，而这些图层又需要共同运动时，可以用一个空对象图层控制它们，这样图层的管理会比较清晰。某个立方体盒子由6个3D图层拼成，将这6个3D图层都链接给同一个【空对象】作为子物体（空对象也需要设置为3D图层），由这个空对象控制这些图层的旋转，也就相当于控制这个立方体盒子的旋转。

下面结合案例介绍第二种应用。

2）应用案例：使用空对象图层分别控制【缩放】的X值和Y值

按快捷键【Ctrl+N】，新建一个宽度和高度分别为1920像素和1080像素的合成；按快捷键【Ctrl+Y】新建一个宽度和高度均为600像素的纯色图层，并命名为test。

在【时间轴】面板中展开纯色图层的【缩放】属性（按快捷键【S】），在按住【Alt】键的同时单击【缩放】属性前面的码表图标，为【缩放】属性创建一个表达式，如图1-118所示。

图1-118

图 1-119

【缩放】属性的 X 值和 Y 值无法分离，但是如果想分别对其进行控制，那么应该怎么办呢？

在【时间轴】面板的图层区的空白处右击，在弹出的菜单中选择【新建→空对象】命令，创建一个【空对象】图层。在【效果和预设】面板中搜索【滑块控制】效果，双击两次，为新建的【空对象】图层添加两个【滑块控制】效果，并分别将它们重命名为【X】和【Y】（为效果重命名的方法是选中效果并按【Enter】键进行输入），如图 1-119 所示。另外，还需要将两个【滑块控制】效果的值均设置为 100.0%。

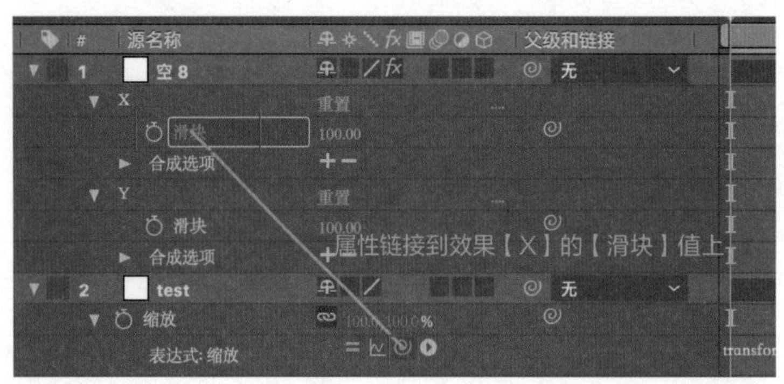

图 1-120

返回纯色图层 test 的【缩放】属性，拖曳该属性的螺旋状图标，可以拖出来一条直线，将这条直线拖曳到【空对象】图层的【X】效果的【滑块】属性上，这样便可在空对象的【X】效果的【滑块】属性和纯色图层 test 的【缩放】属性之间产生表达式链接，此时调整【X】效果的【滑块】属性，即可同步调整纯色图层 test 的大小，如图 1-120 所示。

下一步分开控制【缩放】属性的 X 值和 Y 值，需要手动编辑纯色图层 test 的【缩放】属性的表达式。此时纯色图层 test 的【缩放】属性的表达式如下：

```
temp = thisComp.layer("空 8").effect("X")("滑块");
[temp, temp]
```

需要把 temp 改为空对象滑块效果的名称【X】和【Y】。

单击时间线区的表达式就可以激活手动编辑模式，将表达式编辑为如下形式（见图 1-121）：

```
X = thisComp.layer("空 8").effect("X")("滑块");
Y = thisComp.layer("空 8").effect("Y")("滑块");
[X, Y]
```

图 1-121

此时再分别调整【X】效果的【滑块】属性和【Y】效果的【滑块】属性，发现可以分别控制纯色图层 test 的【缩放】属性的 X 值和 Y 值，如图 1-122 所示。

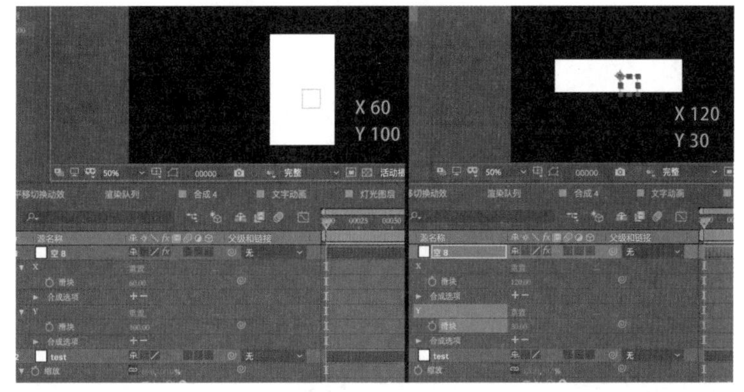

图 1-122

7. 形状图层

After Effects 的形状图层类似于 Photoshop 的矢量形状图层。在【时间轴】面板上未选中任意图层的情况下，使用工具栏中的【钢笔工具】、【矩形工具】和【椭圆工具】等可以直接在【合成】面板上绘制图形，【时间轴】面板的图层区会自动生成一个形状图层，如图 1-123 所示。

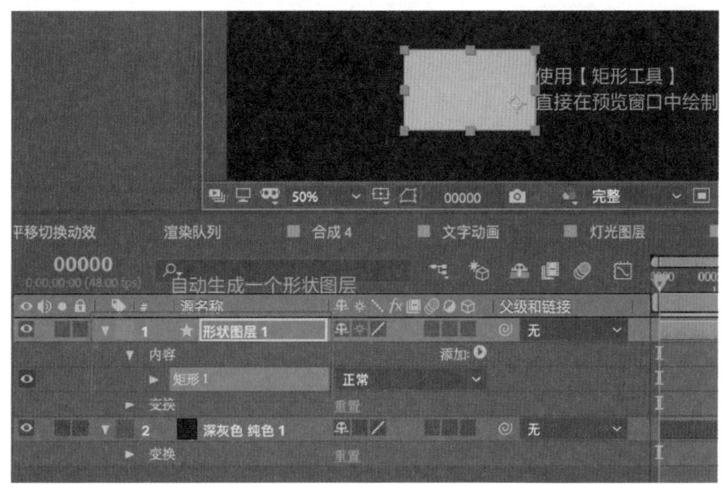

图 1-123

除了一些通用属性，形状图层还有其特有的属性，这里以矩形形状图层为例展开介绍。如图 1-124 所示，展开【内容】下的【矩形 1】属性，可以看到下面还有【矩形路径 1】属性、【描边 1】属性、【填充 1】属性，以及矢量形状自身的【变换：矩形 1】属性。需要特别说明的是，形状自身的【变换】属性是以矩形路径自身中心点为初始轴心锚点的，而形状图层的【变换】路径则是图层自身的变换属性，以图层的中心点为初始轴心锚点。其实读者尝试调整【变换：矩形 1】属性下的【比例】属性的值，以及图层【变换】属性下的【缩放】属性的值，就可以看出区别。

图 1-124

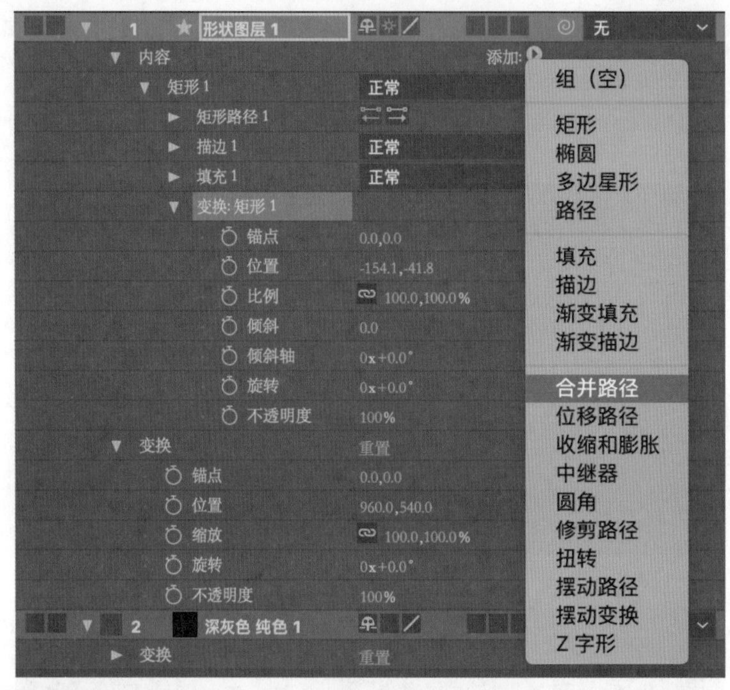

图 1-125

此外，还可以通过单击右侧的【添加】按钮来添加更多的扩展属性，如图 1-125 所示。

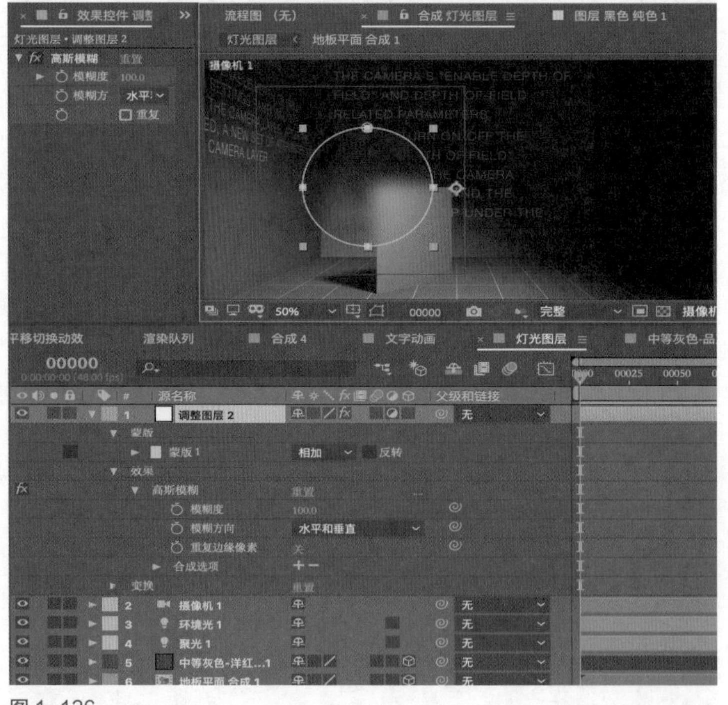

图 1-126

8. 调整图层

在 After Effects 中，创建调整图层有两种方法：一是执行【图层→新建→调整图层】命令；二是在【时间轴】面板的图层区的空白处右击，在弹出的菜单中选择【新建→调整图层】命令。

After Effects 的调整图层与 Photoshop 的调整图层的作用类似，通过添加效果或滤镜对下面的图层产生影响，并且可以通过添加蒙版路径对下面的图层产生局部的影响。例如，为调整图层添加【模糊度】为【100.0】的【高斯模糊】滤镜，并添加圆形蒙版路径的效果，如图 1-126 所示。

1.3　渲染发布

1.3.1　渲染输出设置

After Effects 的正式渲染输出都是采用执行【文件→创建代理】命令的方式，既可以通过顶部的菜单栏，又可以在【项目】面板的某个合成上右击，在弹出的菜单中选择【创建代理→静止图像】命令或【创建代理→影片】命令，如图 1-127 所示。

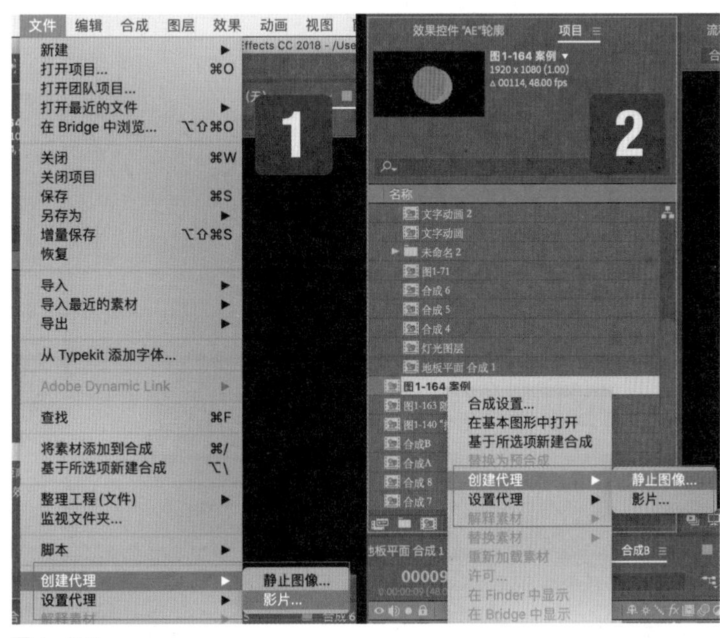

图 1-127

在选择图像或影片之后，会自动跳转到【渲染队列】面板中，所有的渲染任务都会陈列在该面板中。【渲染队列】面板和【时间轴】面板通常在同一个面板上，可以通过名称标签进行切换，如图 1-128 所示。

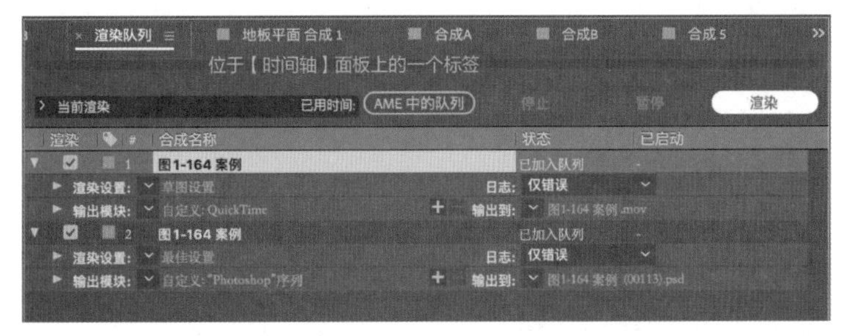

图 1-128

1. 渲染影片

在【渲染队列】面板中的某个渲染任务下，有两栏设置选项，分别为【渲染设置】和【输出模块】。

1）渲染设置

在大部分情况下，不需要单击蓝色字体打开设置面板，只需先单击蓝色字体左侧的展开图标 ，再在弹出的下拉菜单中选择【最佳设置】命令即可，如图 1-129 所示。

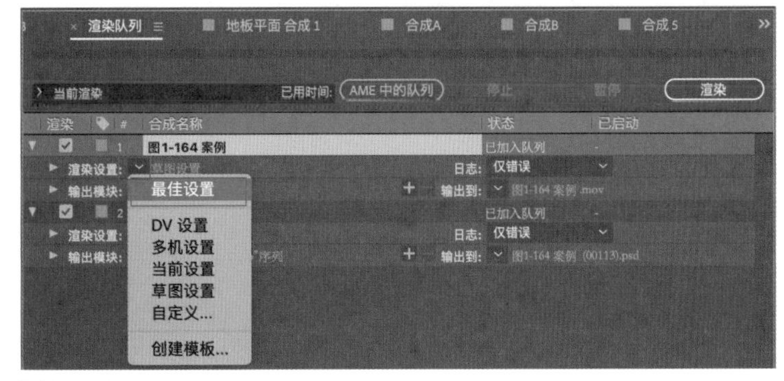

图 1-129

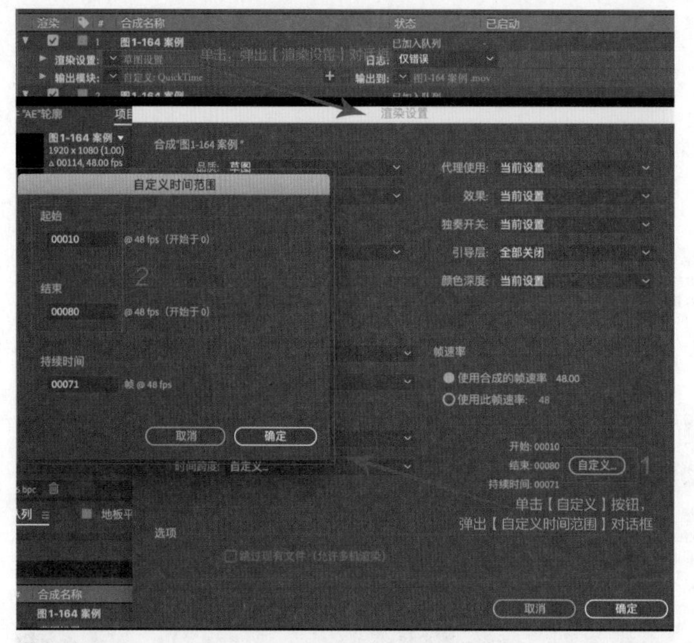

图 1-130

有一种情况需要打开设置面板：如果需要渲染的影片不是整个合成的全部时间线范围或设定好的工作区域时间线范围，而是需要手动修改指定渲染时长范围，那么可以单击【渲染设置】右侧的蓝色字体，打开【渲染设置】对话框，单击该对话框中右下方的【自定义】按钮（图 1-130 中红色矩形 1 框选的区域），打开【自定义时间范围】对话框，在该对话框中可以自主设定渲染的时间范围，如图 1-130 所示。

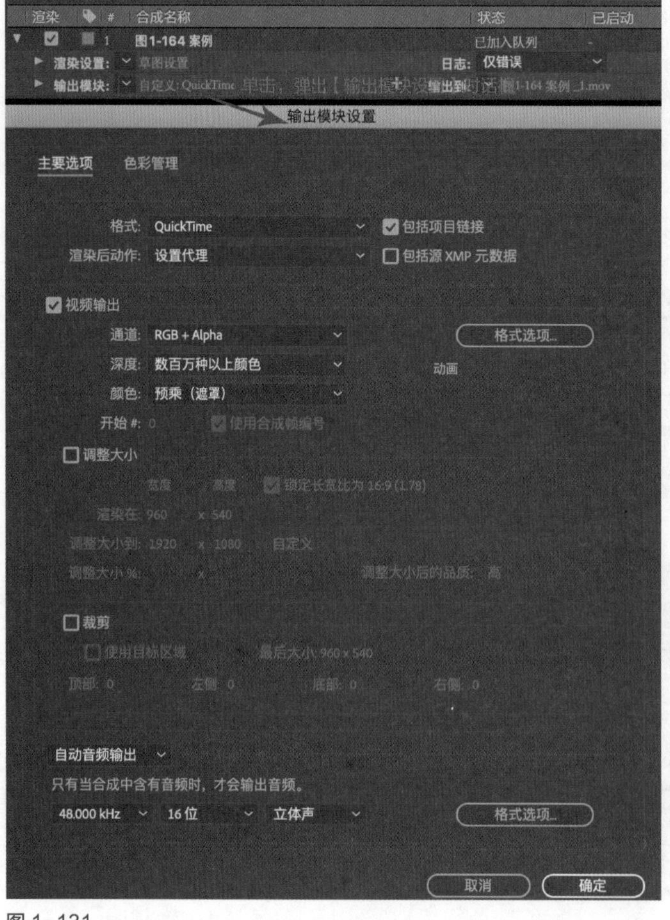

图 1-131

2）输出模块

【渲染设置】下面的【输出模块】主要用来设置视频格式、音频格式、音/视频的渲染品质等。同样，单击【输出模块】右侧的蓝色字体，打开【输出模块设置】对话框，如图 1-131 所示。

在【输出模块设置】对话框中，【自动音频输出】选项在日常的动效设计中基本不需要修改。【输出模块设置】对话框中常用的设置项主要是【格式】、【格式选项】、【渲染后动作】和【视频输出】的【通道】。

（1）单击【格式】的下拉按钮或【格式选项】按钮弹出新的设置对话框，此时可以修改输出视频的格式，如图 1-132 所示。

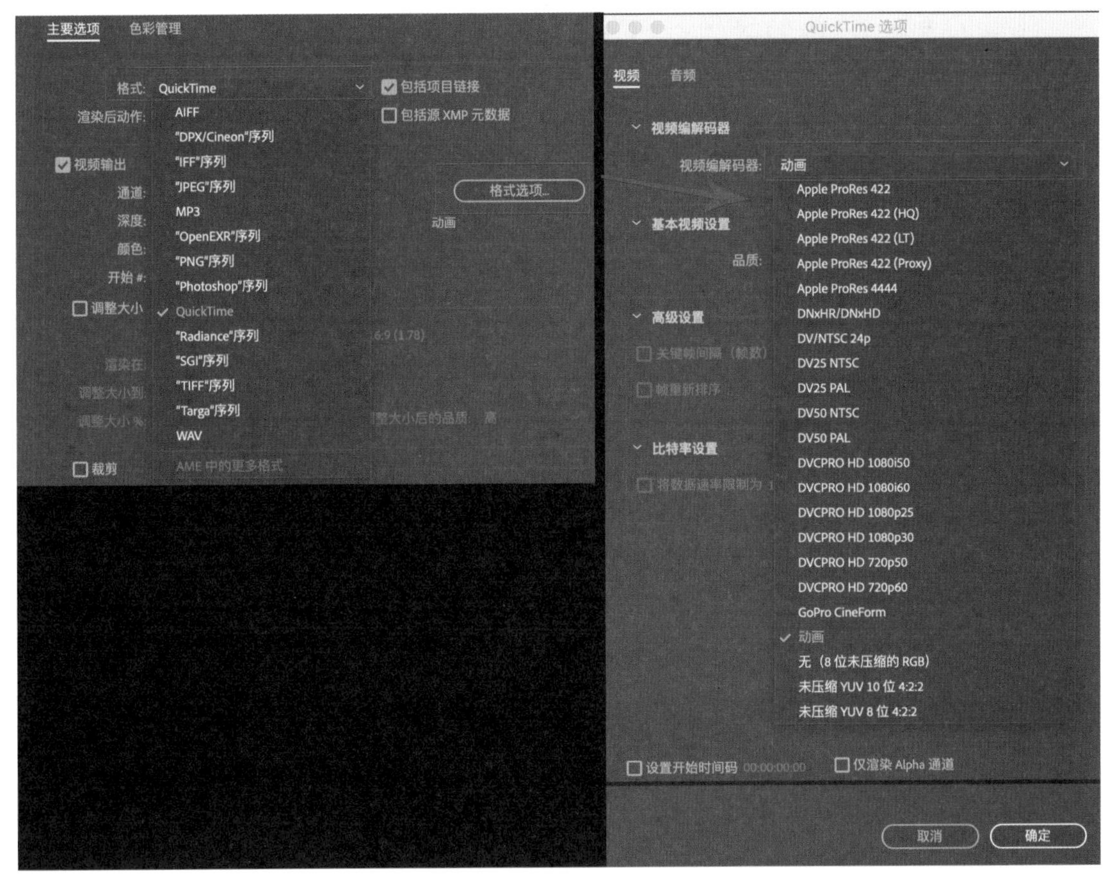

图 1-132

（2）单击【渲染后动作】的下拉按钮，在绝大部分情况下选择【无】选项，如图 1-133 所示。

图 1-133

（3）单击【视频输出】选项组中【通道】的下拉按钮，当渲染【影片】时，基本上选择【RGB】选项，不需要加 Alpha（透明）通道，如图 1-134 所示。

图 1-134

2. 渲染静止图像

当渲染静止图像时，当前时间指示器停留在哪一帧，就渲染哪一帧的图像。【渲染设置】对话框中的大部分选项与渲染【影片】的选项都相同，二者的区别仅在于，当渲染【静止图像】时，默认时间范围为只渲染一帧，如图 1-135 所示。

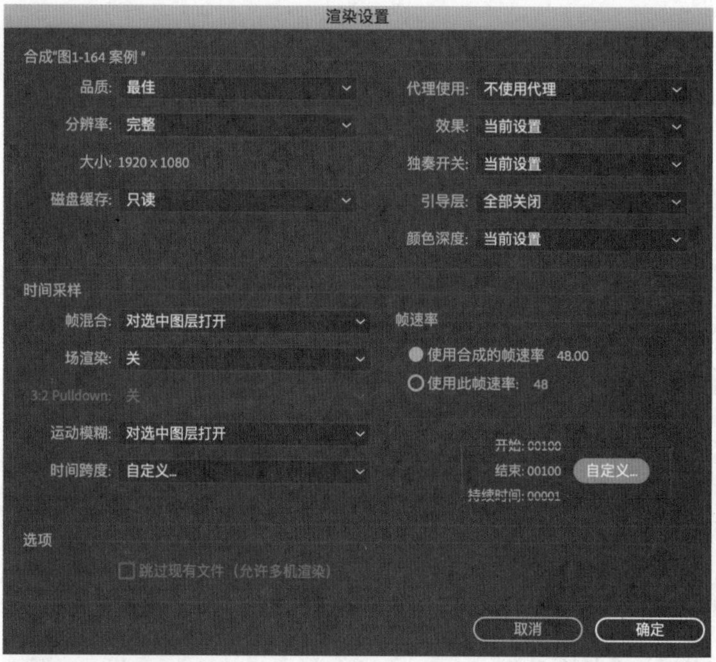

图 1-135

1.3.2 导出图片序列

本节专门介绍图片序列的导出。在渲染一些比较复杂、计算量比较大、渲染速度比较慢的动效时，笔者强烈建议先渲染图片序列，因为如果某一帧渲染出错，或者因为各种原因渲染终止，就不需要从头开始渲染，只需要从断掉的那一帧开始渲染即可。有些复杂的动效需要多层合成，不同的合成各自渲染导出图片序列，有些就必须带 Alpha（透明）通道，以便后期合成。

渲染图片序列仍然是先执行【文件→创建代理→影片】命令，再在【输出模块设置】对话框的【格式】下拉列表中选择图片序列格式，如图 1-136 所示，After Effects 自带的图片序列格式有【"Photoshop" 序列】、【"JPEG" 序列】、【"PNG" 序列】和【"TIFF" 序列】等。笔者建议需要渲染 Alpha（透明）通道就选择【"PNG" 序列】选项，不需要渲染 Alpha（透明）通道就选择【"JPEG" 序列】选项。

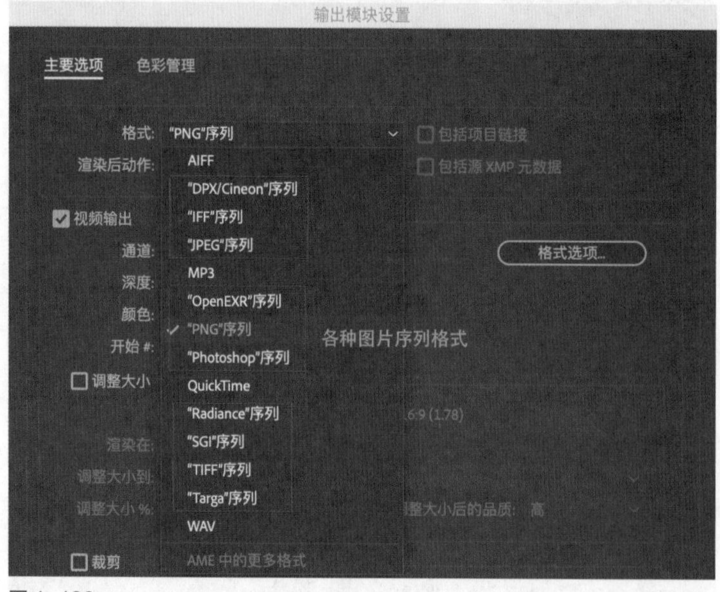

图 1-136

如果在渲染图片序列时中断，需要从断掉的那一帧开始渲染，那么只需在【自定义时间范围】对话框中重新修改起始帧即可。

1.4 效果、关键帧与表达式

After Effects 的效果类似于 Photoshop 的滤镜。After Effects 自带的大量预设效果加上大量的第三方效果插件，为设计拓展出无数的可能性，只要设计师有足够的创意，就能产生不可思议的动效的火花。本节主要介绍一些 UI 动效设计中常用的内置自带效果插件，带领读者初步迈入 After Effects 庞大的效果库。本节从一些相对简单且常用的内置效果着手，初步介绍 After Effects 的关键帧动效设计的基础流程，以便读者能够举一反三，逐步拓展探索 After Effects 的动效设计，其中也会穿插很多关键帧与动画曲线的实用编辑技巧。

后面的章节会带领读者领略第三方效果插件的魅力，如经典粒子特效插件 Particular 等。

1.4.1 常用的内置自带效果插件

1. 案例：生成动画

完成后的最终效果预览如图 1-137 所示。

图 1-137

学习目标

- 掌握并熟练使用【描边】效果。
- 掌握并熟练使用【关键帧辅助】命令。

资源位置

效果文件	效果文件 / 第 1 章
素材文件	无
案例文件	案例文件 / 第 1 章 / 案例：生成动画
视频教学	视频教学 / 第 1 章 / 案例：生成动画 .mp4
技术掌握	【描边】效果的应用，【关键帧辅助】命令的应用

图 1-138

（1）按快捷键【Ctrl+N】，新建一个宽度和高度分别为 1920 像素和 1080 像素的合成；按快捷键【Ctrl+T】，新建文本图层，并编辑文字内容【AE】，在【字符】面板中将字号设置为 300 像素，把文字放到【合成】面板的中央，如图 1-138 所示。

图 1-139

（2）在【时间轴】面板的图层区选中文本图层并右击，在弹出的菜单中选择【创建→从文字创建蒙版】命令，此时会新建一个纯色图层，并且将文字【AE】的轮廓提取为蒙版路径，自动添加在这个新生成的纯色图层上，如图 1-139 所示。

图 1-140

（3）在【效果和预设】面板的搜索框中输入【描边】，找到属于【生成】效果组的【描边】效果，先通过双击或拖曳将其添加到新生成的纯色图层【"AE"轮廓】上，再在【效果控件】面板中修改【描边】效果的参数并勾选【所有蒙版】复选框，将【绘画样式】设置为【在透明背景上】（这样就不会显示纯色图层原来的颜色，只显示描边），如图 1-140 所示。

（4）此时得到了一组宽度为2像素的以【AE】为轮廓的描边效果。设置一个描边从无到有生长的路径动画效果。为了方便实时观察动画效果，将【合成】面板底部工具栏中的【切换蒙版和形状路径可见性】设置为关闭，如图1-141所示。

图1-141

（5）选中【描边】效果（既可以在【效果控件】面板中调整属性参数，又可以在【时间轴】面板图层区的纯色图层【“AE”轮廓】的【描边】属性组进行调整），在第10帧为【描边】效果的【结束】属性设置一个关键帧，并将该属性设置为【0.0%】；在第100帧将【结束】属性设置为【100.0%】，如图1-142所示。

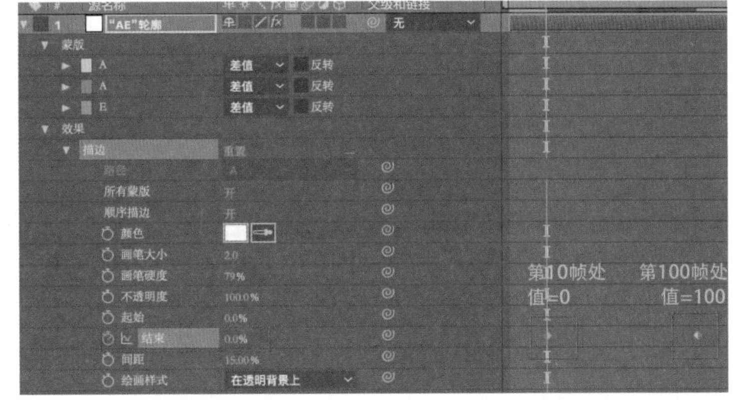

图1-142

此时再预览可以看到一段路径逐渐生长并形成完整的以【AE】为轮廓的动画，接下来为这段动画增加更好的节奏韵律。

（6）选中刚创建的两个关键帧并右击，在弹出的菜单中选择【关键帧辅助→缓动】命令，如图1-143所示。

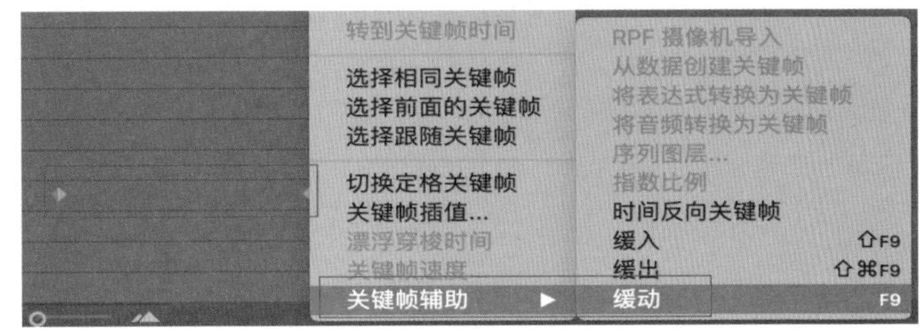

图1-143

（7）先选中第一个关键帧并右击，在弹出的菜单中选择【关键帧速度】命令，打开【关键帧速度】对话框，将【进来速度】和【输出速度】的【影响】都设置为【20%】；再选中第二个关键帧并右击，在弹出的菜单中选择【关键帧速度】命令，在【关键帧速度】对话框中将【进来速度】和【输出速度】的【影响】都设置为【60%】，如图1-144所示。

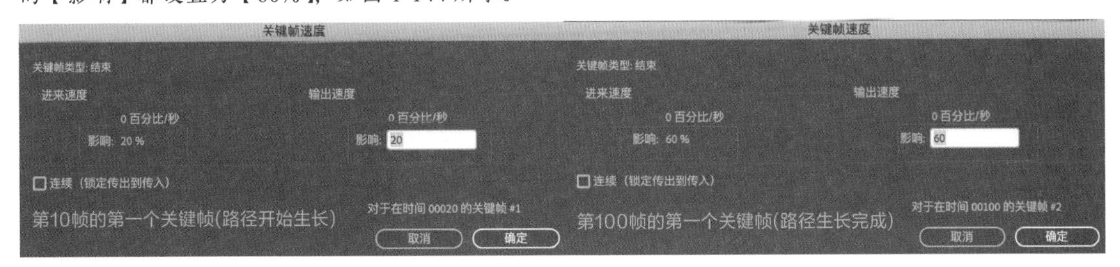

图1-144

再次播放预览调整后的动画效果，整个路径生长动画呈现先快后慢的节奏。

（8）添加【梯度渐变】效果，以提升视觉效果。在【效果和预设】面板的搜索框中输入【渐变】，找到【生成】效果组下的【梯度渐变】效果并双击添加。将【梯度渐变】效果的【起始颜色】属性和【结束颜色】属性分别设置为【#FF3874】和【#FFC450】，【渐变起点】属性和【渐变终点】属性分别设置为【960.0，400.0】和【960.0，600.0】，如图1-145所示。

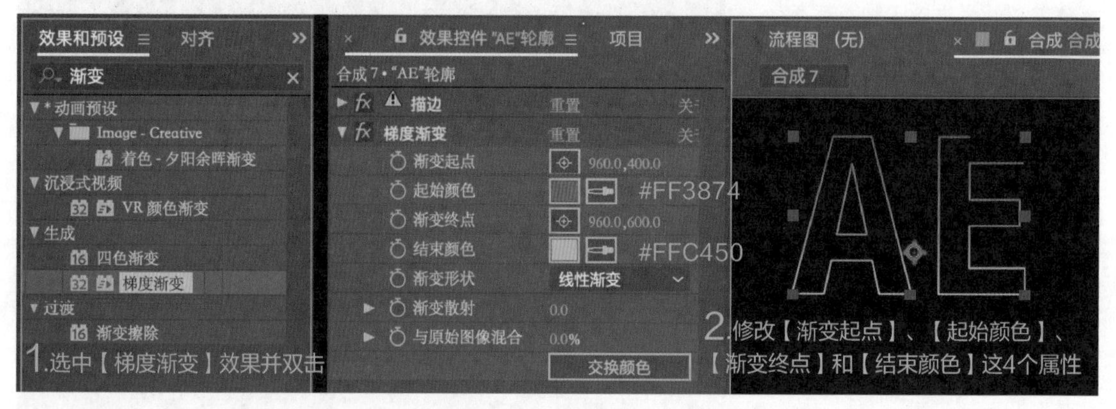

图1-145

（9）添加【发光】效果。在【效果和预设】面板的搜索框中输入【发光】，找到【风格化】效果组下的【发光】效果并双击添加，将【发光】效果的【发光半径】属性设置为【24.0】，如图1-146所示。

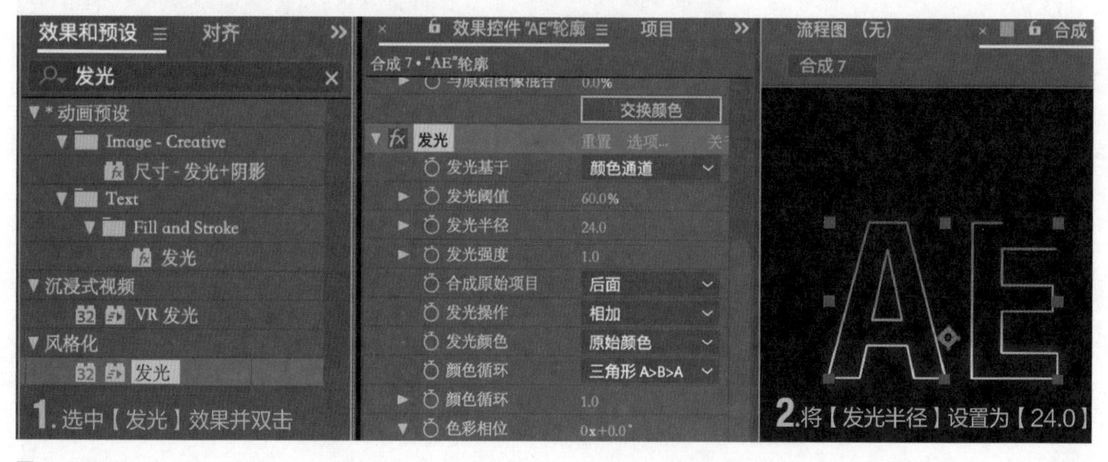

图1-146

（10）返回【时间轴】面板的图层区，按快捷键【Ctrl+D】复制纯色图层【“AE”轮廓】，并将图层混合模式设置为【相加】，如图1-147所示。

（11）通过再次扩展来丰富整个动效。例如，按快捷键【Ctrl+D】再次复制纯色图层【“AE”轮廓】，并按【Enter】键重命名为【AE路径倒生长】，将该图层的路径生长动画反过来。先调整它的位置与描边，如图1-148所示，将【位置】属性设置为【972.0，552.0】，【描边】效果的【画笔大小】属性设置为【1.0】（这里可以先按快捷键【P】展开【位置】属性，再在按住【Shift】键的同时按快捷键【E】展开效果的属性进行设置）。

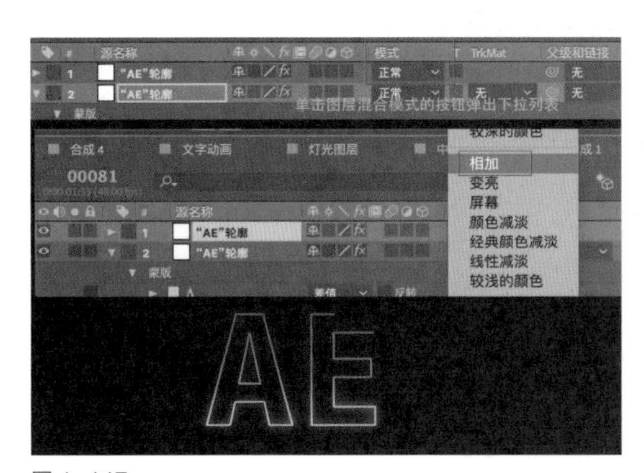

图 1-147

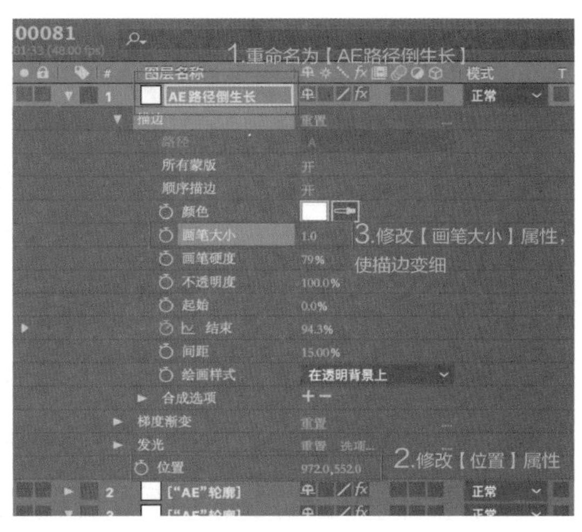

图 1-148

（12）选中为【AE路径倒生长】图层复制的【描边】效果的【结束】属性的两个关键帧，按【Delete】键将其删除，并将【结束】属性的值恢复为默认的【100.0%】。在第10帧将【起始】属性设置为【100.0%】，并设置一个关键帧；将时间指示器拖曳至第100帧，将【起始】属性设置为【0.0%】（这两个关键帧的【关键帧速度】参数的值也要和前面的【“AE”轮廓】图层的两个关键帧完全相同，即分别设置为【20.0%】和【60.0%】），如图1-149所示。

图 1-149

（13）最终的效果如图1-150所示。

图 1-150

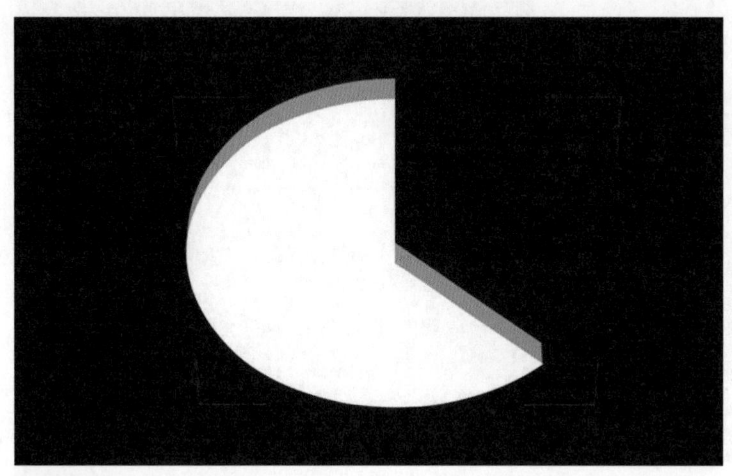

图 1-151

2. 案例：径向擦除

【径向擦除】效果常用来制作类似于弧形和扇形扫描的动画效果。本案例的最终效果如图 1-151 所示。

学习目标

- 掌握并熟练使用【径向擦除】效果。
- 掌握并熟练使用【关键帧辅助】命令。

资源位置

效果文件	效果文件 / 第 1 章
素材文件	无
案例文件	案例文件 / 第 1 章 / 案例：径向擦除
视频教学	视频教学 / 第 1 章 / 案例：径向擦除 .mp4
技术掌握	【径向擦除】效果的应用，【关键帧辅助】命令的应用

（1）按快捷键【Ctrl+N】，新建一个宽度和高度分别为 1920 像素和 1080 像素的合成；按快捷键【Ctrl+Y】，新建一个纯色图层，该图层的宽度和高度均为 1080 像素，颜色为白色，并重命名为【扇形擦除】。

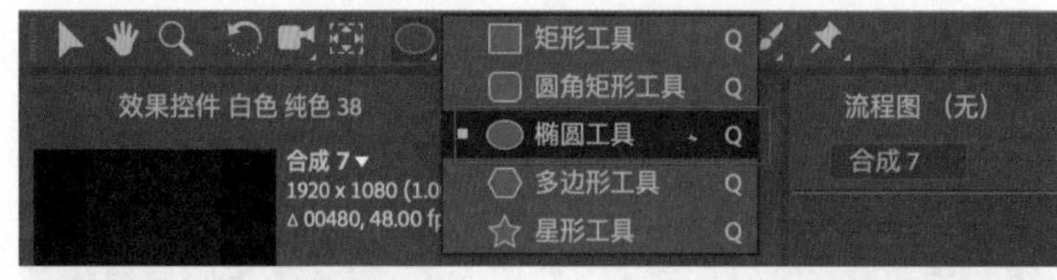

图 1-152

（2）单击工具栏中的【矩形工具】，在弹出的下拉菜单中选择【椭圆工具】，如图 1-152 所示。

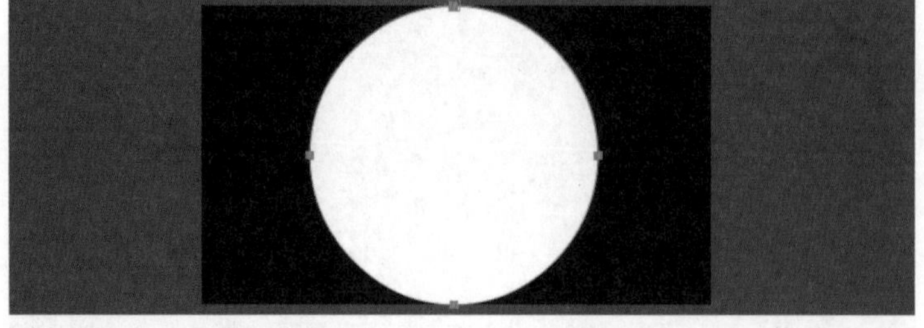

图 1-153

（3）先在【时间轴】面板的图层区选中新建的纯色图层【扇形擦除】，再双击【椭圆工具】，此时会发现纯色图层【扇形擦除】自动添加了一个直径与该图层的宽度和高度完全一致的圆形蒙版路径，如图 1-153 所示（如果纯色图层不是正方形而是宽度和高度不一致的矩形，那么添加的是一个椭圆）。

（4）选中蒙版路径，按快捷键【Ctrl+T】，此时会出现一个类似于 Photoshop 中的变形工具的带有 9 个控制手柄的灰色矩形框，如图 1-154 所示。

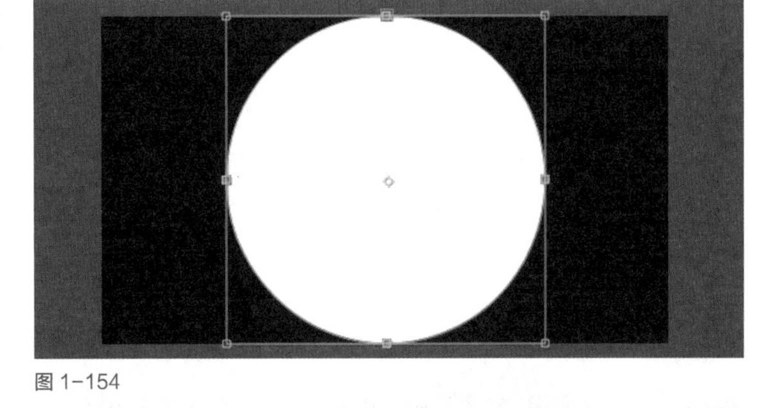

图 1-154

先按住【Ctrl+Shift】键，再移动灰色矩形框 4 个角的任意一个控制点（必须是 4 个角上的，不能是矩形框边长中间的控制点），开始以中心为轴心进行等比例缩放（这个操作与 Photoshop 不同，Photoshop 是按住【Alt+Shift】键），大致缩小到如图 1-155 所示的尺寸。

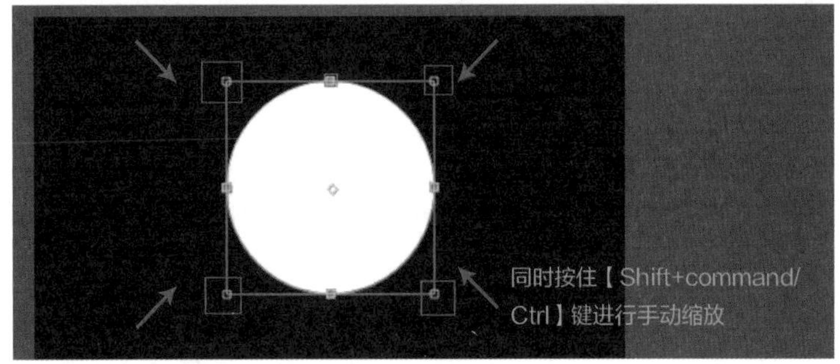

图 1-155

（5）在【效果和预设】面板的搜索框中输入【擦除】，找到【径向擦除】效果并双击添加。在第 10 帧为【过渡完成】属性添加一个关键帧，并将该属性设置为【0%】，如图 1-156 所示。

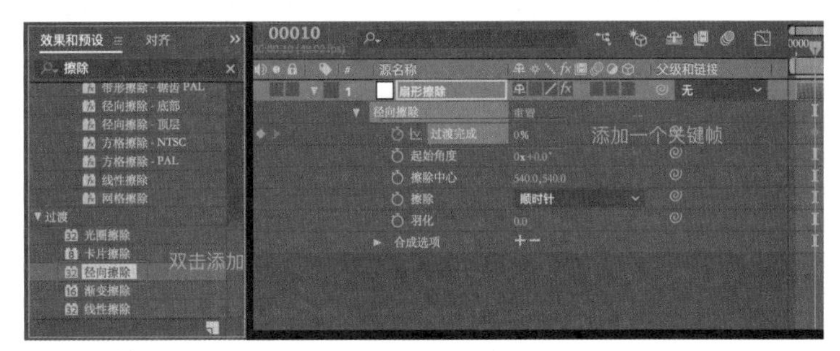

图 1-156

（6）将时间指示器拖曳至第 100 帧，将【过渡完成】属性设置为【100%】，并将两个关键帧的【关键帧辅助】均改为【缓动】，将【关键帧速度】对话框中的【影响】分别设置为【20%】和【100%】，如图 1-157 所示。

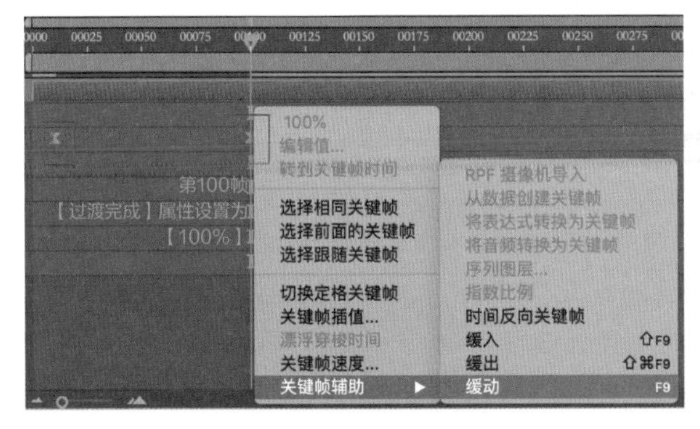

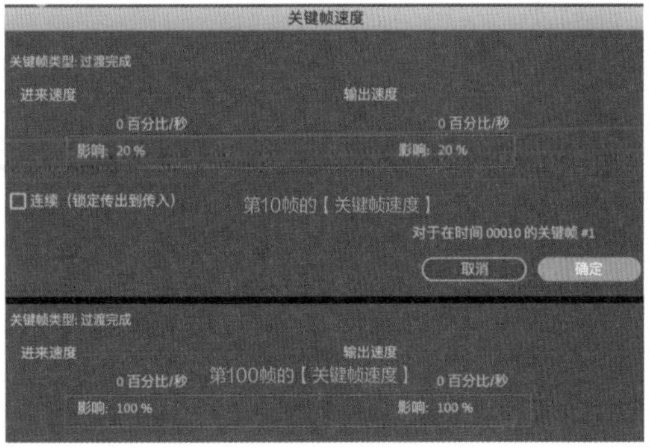

图 1-157

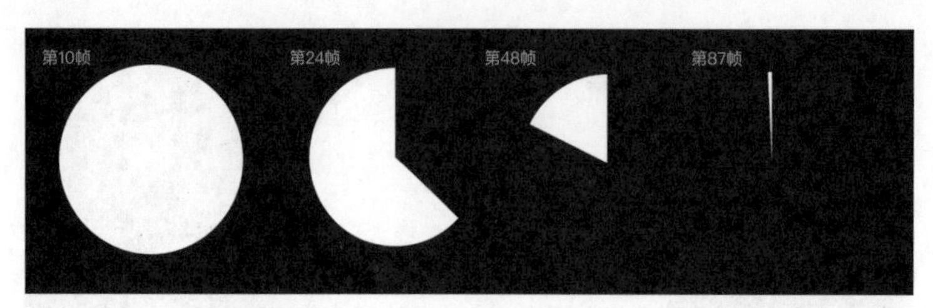

图 1-158

此时播放预览可以看到从第10帧到第100帧，圆形以扇形扫描动画的方式消失，如图1-158所示。将【过渡完成】属性的两个关键帧的值反过来设置，就会从【扇形扫描消失】变成【扇形扫描出现】。

（7）先尝试将该图层切换为3D图层，再通过【合成】面板将视图切换为【自定义视图2】，按快捷键【Ctrl+D】复制此图层，并按快捷键【Ctrl+Shift+Y】修改纯色设置，图层颜色修改为【#999999】，重命名为【厚度】，如图1-159所示。

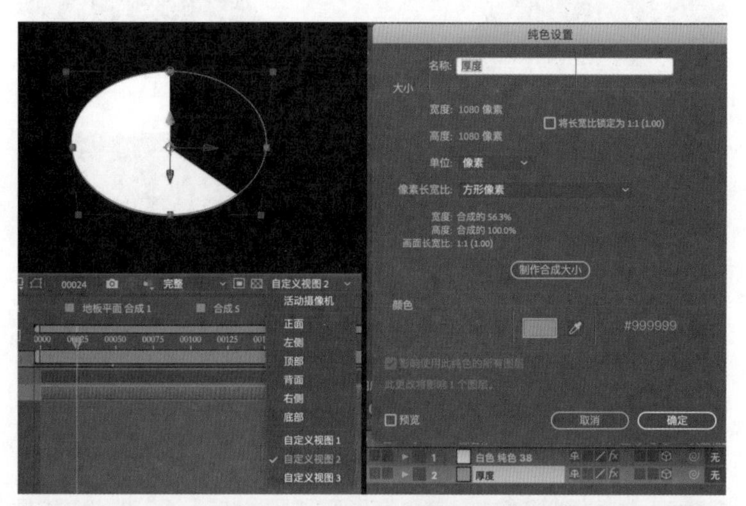

图 1-159

（8）先将【厚度】图层的【位置】属性的Z轴设置为5.0，再重复复制9个【厚度】图层，每复制一个新的图层，就将【位置】属性的Z轴的值在上一个图层的基础上加5.0，如图1-160所示。

这样就可以得到3D扇形扫描动画。

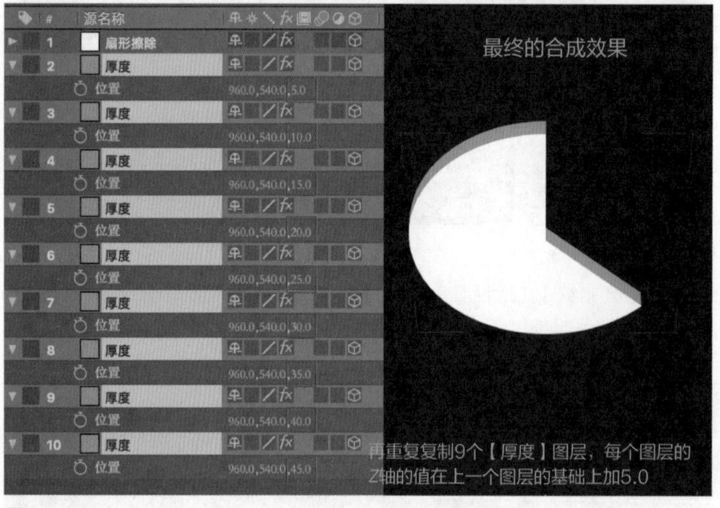

图 1-160

3. 案例：制作重复效果的CC RepeTile

CC系列插件曾经是第三方效果插件，后来成为After Effects的内置插件，其中有一些高频使用的、结果神奇的效果，如可以将任意图层变成3D球体的CC Sphere，重复图形元素的CC RepeTile，快速制作雨雪效果的CC Rainfall与CC Snowfall，以及快速制作运动模糊效果的CC Cross Blur与CC Radial Fast Blur等，种类多达几十种。下面介绍使用CC RepeTile快速制作一个六边形网格底图的步骤。

学习目标

- 掌握并熟练使用【CC RepeTile】效果。
- 掌握并熟练使用【蒙版】工具。

资源位置

效果文件	效果文件 / 第 1 章
素材文件	无
案例文件	案例文件 / 第 1 章 / 案例：制作重复效果的 CC RepeTile
视频教学	视频教学 / 第 1 章 / 案例：制作重复效果的 CC RepeTile.mp4
技术掌握	【CC RepeTile】效果的应用，【蒙版】工具的应用

（1）按快捷键【Ctrl+N】新建一个宽度和高度分别为 1920 像素和 1080 像素的合成，单击工具栏中默认的【矩形工具】，在弹出的下拉菜单中选择【多边形工具】，如图 1-161 所示。

图 1-161

（2）在使用【多边形工具】的同时按住【Shift】键，在【合成】面板的中央（不必精确）绘制一个正多边形，如图 1-162 所示（主要看正多边形与整个合成尺寸的比例，【外径】属性设置为【48.0】像素），在【时间轴】面板的图层区展开新创建的形状图层的【内容】属性，将【多边星形路径 1】属性组下的【点】属性设置为【6.0】，即改为正六边形。

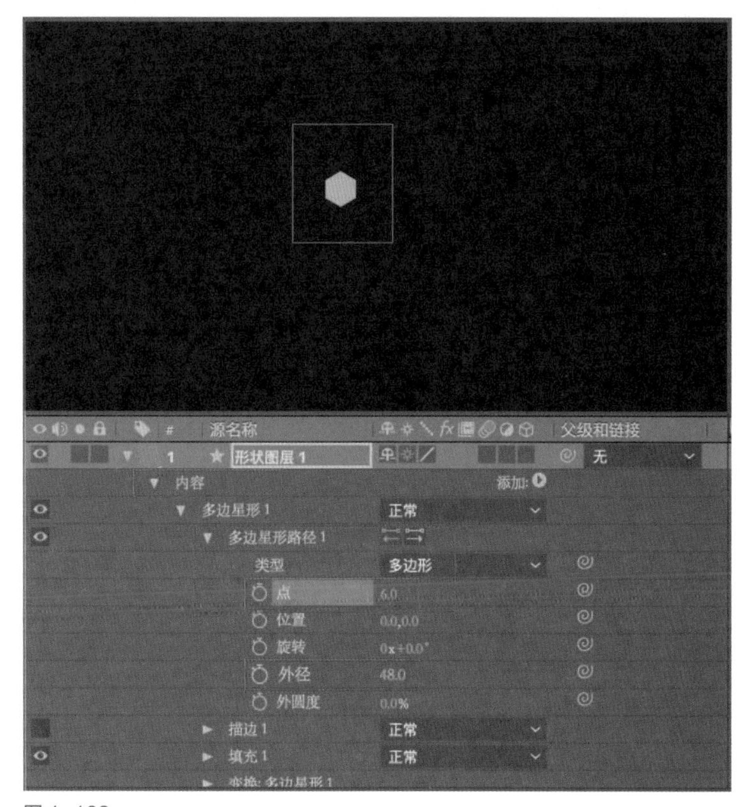

图 1-162

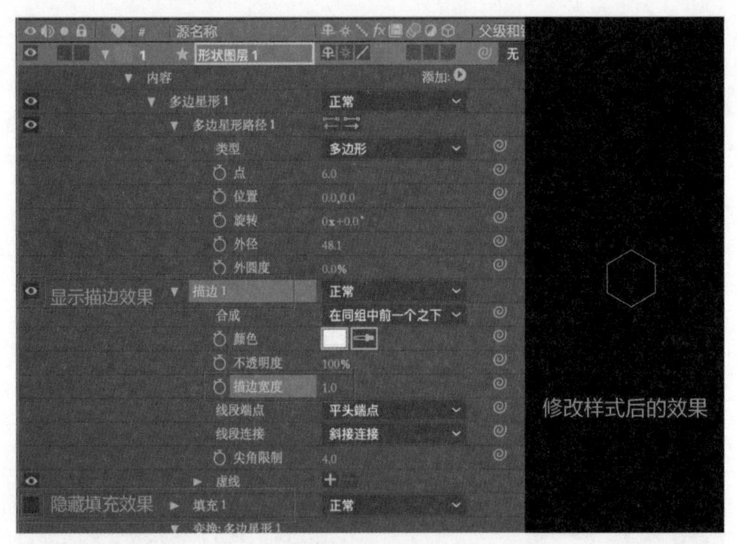

图 1-163

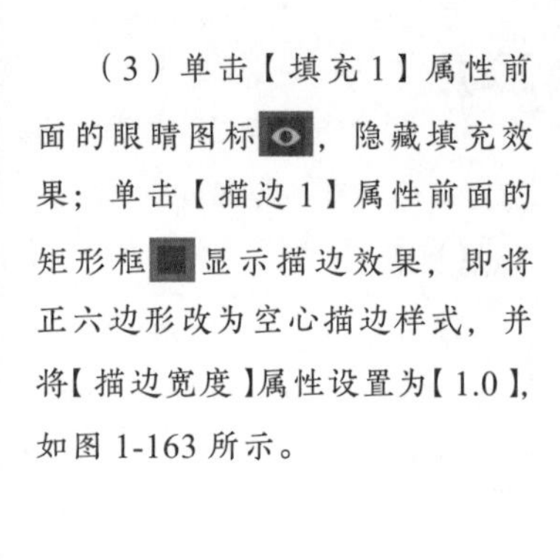

（3）单击【填充 1】属性前面的眼睛图标，隐藏填充效果；单击【描边 1】属性前面的矩形框显示描边效果，即将正六边形改为空心描边样式，并将【描边宽度】属性设置为【1.0】，如图 1-163 所示。

图 1-164

（4）选中这个形状图层并右击，在弹出的菜单中选择【预合成】命令，将形状图层打包到一个新的合成中，并替换当前形状图层在【时间轴】面板的图层区中的位置，如图 1-164 所示。

（5）双击新建的预合成，按快捷键【Ctrl+K】打开【合成设置】对话框，将【宽度】和【高度】都设置为【150px】，并且重命名为【重复形状 1 横向】，单击【确定】按钮，将正六边形移动到居中位置，如图 1-165 所示。

（6）返回主合成，先选中【重复形状 1 横向】图层，再在【效果和预设】面板中搜索【CC RepeTile】效果并双击添加，在图层区展开其属性，修改【Expand Left】属性和【Expand Right】属性的值，此时分别向左、右两个方向复制出更多的正六边形，如图 1-166 所示。

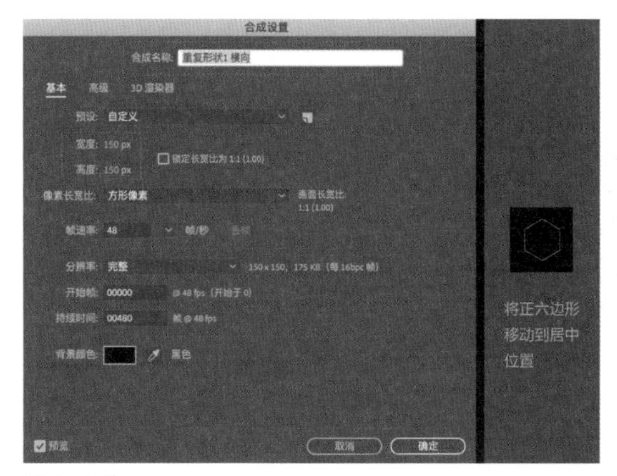

图 1-165

图 1-166

此时如果修改预合成【重复形状 1 横向】图层的合成尺寸的数值，就会发现可以很方便地调整复制的正六边形队列的间隔宽度(也就是排列疏密)：若预合成的合成尺寸为 100 像素 ×100 像素，则间隔更小，复制的正六边形排列得更紧密；若预合成的合成尺寸为 200 像素 ×200 像素，则复制的正六边形排列得更稀疏，如图 1-167 所示。如果将预合成中的内容换成正八边形、正三角形等其他任意图样，那么复制队列会同步更新样式。

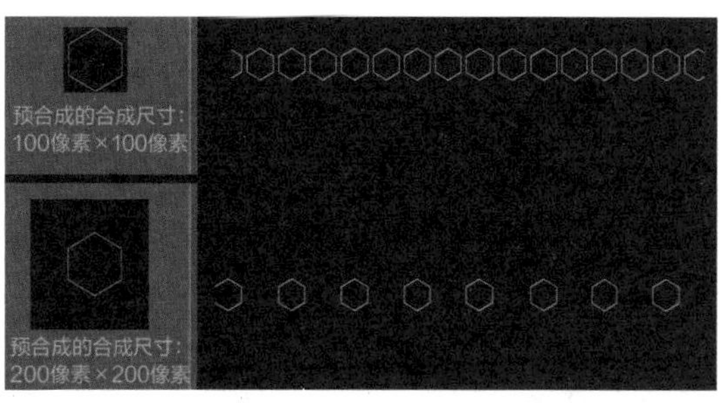

图 1-167

(7) 复制纵向的正六边形队列。先将正六边形预合成的合成尺寸修改为 100 像素 ×160 像素，再在主合成上修改 CC RepeTile 效果的【Expand Up】属性和【Expand Down】属性的值，向上和向下复制出更多的正六边形，如图 1-168 所示。

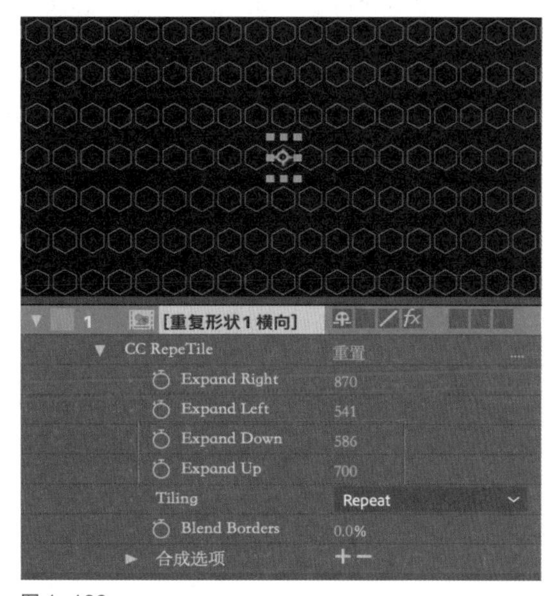

图 1-168

图 1-169

调整预合成的合成高度是为了为下一行错位放置的正六边形留出空间。

（8）按快捷键【Ctrl+D】复制预合成图层【重复形状 1 横向】，并按【Enter】键将图层重命名为【重复形状 2 竖向】，将其【位置】属性设置为【1012.0，620.0】，最终效果如图 1-169 所示。如果想修改正六边形之间的间隔空间，那么只需修改预合成的合成宽度和高度，以及微调【重复形状 2 竖向】图层的【位置】属性即可。

> **小提示**
>
> 合成名称和图层名称可以不同，这里只修改了图层队列中的图层名称，预合成自身的合成名称并未改变，因为这两个图层是同一个合成。

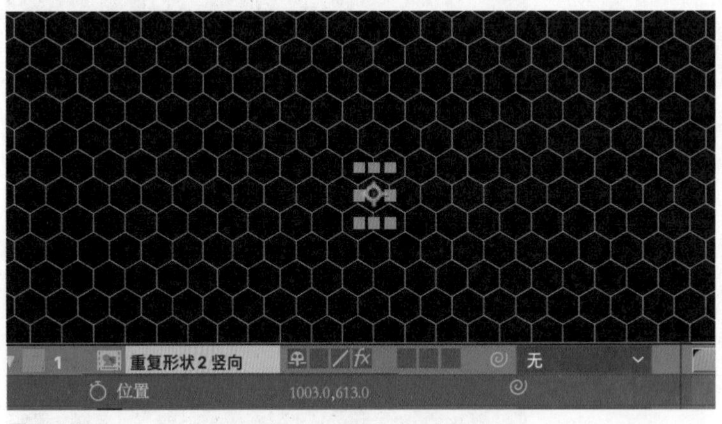

图 1-170

（9）先把预合成图层【重复形状 1 横向】的合成宽度和高度分别改为 85 像素和 146 像素，再将主合成图层【重复形状 2 竖向】的【位置】属性设置为【1003.0，613.0】，这样就基本上可以得到一幅正六边形严丝合缝排列的图，如图 1-170 所示。

（10）在主合成图层中，按快捷键【Ctrl+Y】新建一个宽度和高度与主合成大小一致（1920 像素和 1080 像素）的纯色图层，颜色设置为黑色，将工具栏中的【多边形工具】切换为【椭圆工具】，并双击【椭圆工具】，自动为新建的纯色图层添加一个宽度和高度与纯色图层一致的蒙版路径，在图层区展开黑色纯色图层的【蒙版 1】属性组，勾选【蒙版 1】属性组右侧的【反转】复选框，将蒙版翻转（即由【显示椭圆内的内容】改为【显示椭圆外的内容】），如图 1-171 所示。

（11）将【蒙版羽化】属性设置为【600.0，600.0 像素】，将【蒙版扩展】属性设置为【-200.0 像素】（即蒙版范围向内收缩 200 像素，若为正值，则表示向外扩展蒙版范围），最终效果如图 1-172 所示。

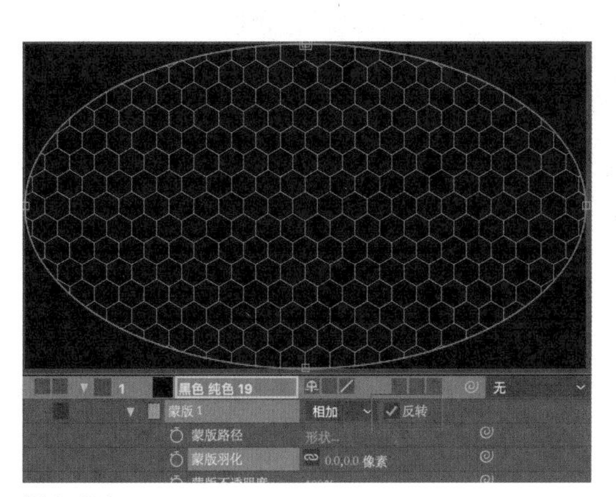

图 1-171

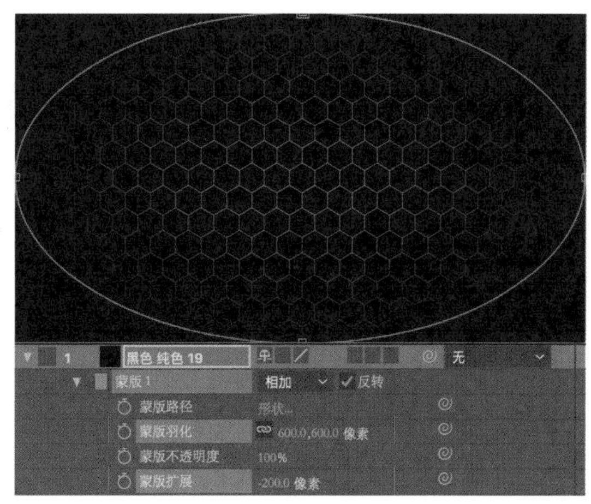

图 1-172

1.4.2 表达式

1. 表达式动画

After Effects 中的表达式很像一段脚本，用于创建自动化动画，或者进行跨图层、跨合成的属性的动态链接，既可以实现一些手动关键帧动画难以实现的动画效果，又可以用来提高工作效率，避免手动调整、链接数十个甚至更多的关键帧。图 1-173 所示为一段简单的随机抖动动画案例的表达式：wiggle 表达式（动效详见【效果文件 / 第 1 章 /1-173.mp4】）。该案例中的两个图层以不同的抖动幅度和抖动频率运动：【AE 路径倒生长】图层的位置抖动表达式为 wiggle(3,24),【“AE”轮廓】图层的位置抖动表达式为 wiggle(2,36)。其中，括号内的第一个数字（3 和 2）表示抖动频率，第二个数字（24 和 36）表示抖动幅度。

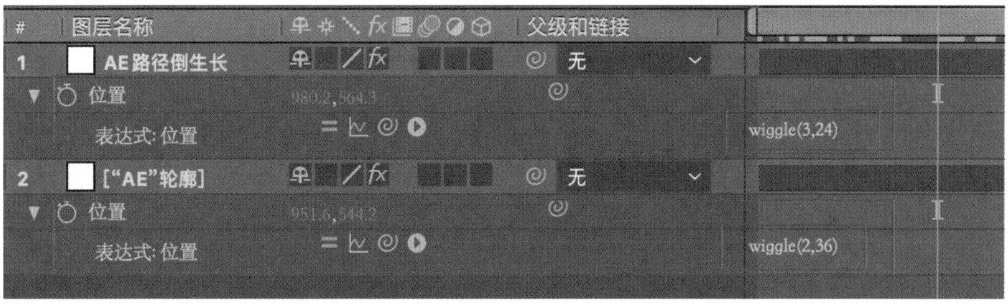

图 1-173

表达式也可以用于链接图层属性，不仅可以等值地同步属性参数，还可以在链接的基础上添加基础的加法、减法、乘法和除法，从而实现不同比例幅度的不等值动态同步。如图 1-174 所示，红色圆形有一个从 0.0% 到 100.0% 的缩放动画；而蓝色圆形的【缩放】属性的值通过表达式被链接到红色圆形的【缩放】属性的值上，同时在表达式末尾加了“*0.6”，这意味着在红色圆形从 0.0% 放大到 100.0% 的动画中，蓝色圆形的大小始终保持是红色圆形的大小的 60%。

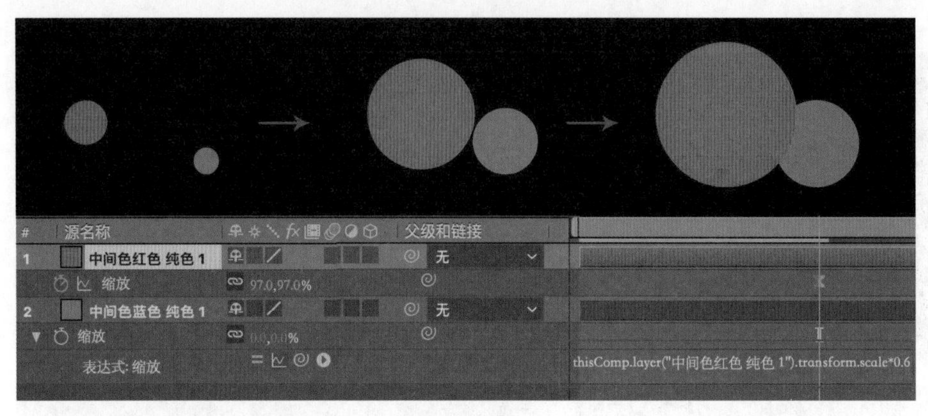

图 1-174

这是表达式手动编辑的一种基础技巧。

2. 表达式的创建与链接方法

为图层的某个属性添加表达式很简单：按住【Alt】键单击属性前面的码表图标，这样就可以生成一个默认的表达式，这个表达式不带任何动画效果和链接，如图 1-175 所示。

图 1-175

取消表达式也很简单：同样是按住【Alt】键单击属性前面的码表图标。

如果要将添加了表达式的属性链接到其他属性上，就需要先按住属性后面的螺旋图标，再按住鼠标左键拖曳，此时会拖出来一根蓝色的直线，将直线拖曳到想要链接的属性上松开鼠标左键即可，如图 1-176 所示。

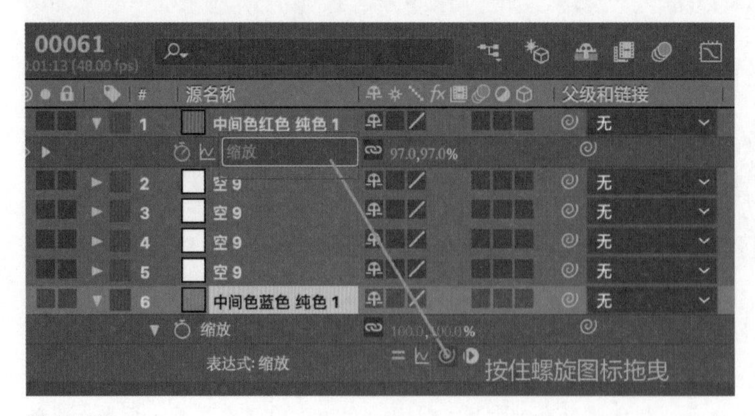

图 1-176

应该如何实现跨合成的属性链接呢？可以将【时间轴】面板一分为二甚至更多，同时展开两个合成的图层就可以跨合成链接属性。如图 1-177 所示，先选择【时间轴】面板顶部的某个合成标签，再按住鼠标左键拖曳，拖曳到【时间轴】面板的底部，当出现半透明紫色梯形提示框时松开鼠标左键（图 1-177 中的序号 1），此时就有了两个【时间轴】面板（图 1-177 中的序号 2），展开各自的合成图层的属性就可以开始互相链接。

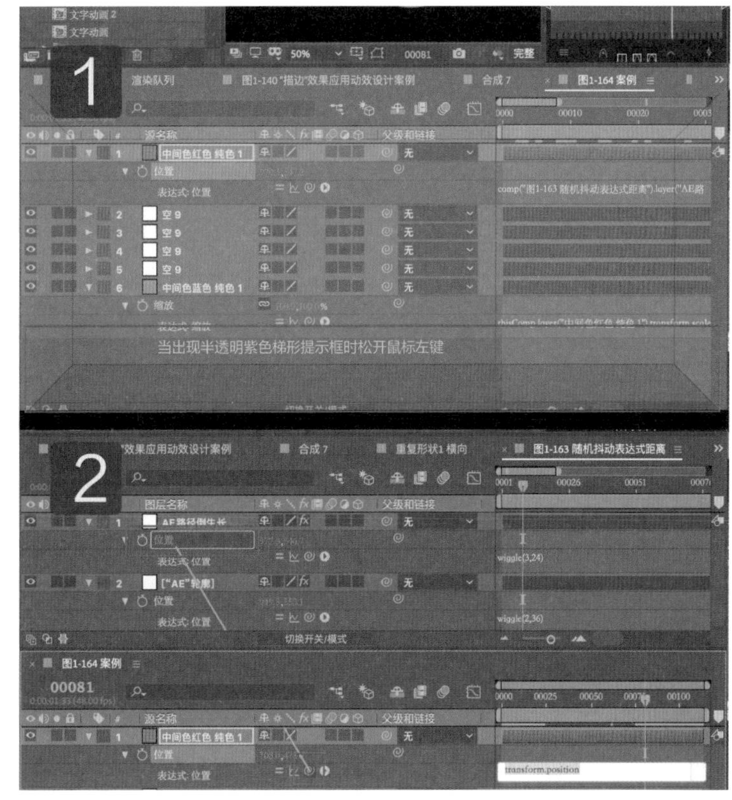

图 1-177

如果是添加到图层的某效果下的属性，那么还有一种跨合成链接属性的方法。例如，需要将合成 A 中图层的【发光】效果的【发光半径】属性链接到合成 B 中图层的【发光】效果的【发光半径】属性上，可以先切换到合成 B，再在【效果控件】面板上单击顶部左侧的锁形图标，锁定当前的【效果控件】面板（始终显示合成 B 的图层的效果），最后切换到合成 A，为图层的【发光】效果的【发光半径】属性创建表达式链接（将直线拖曳到【效果控件】合成 B 的对应参数上），如图 1-178 所示。

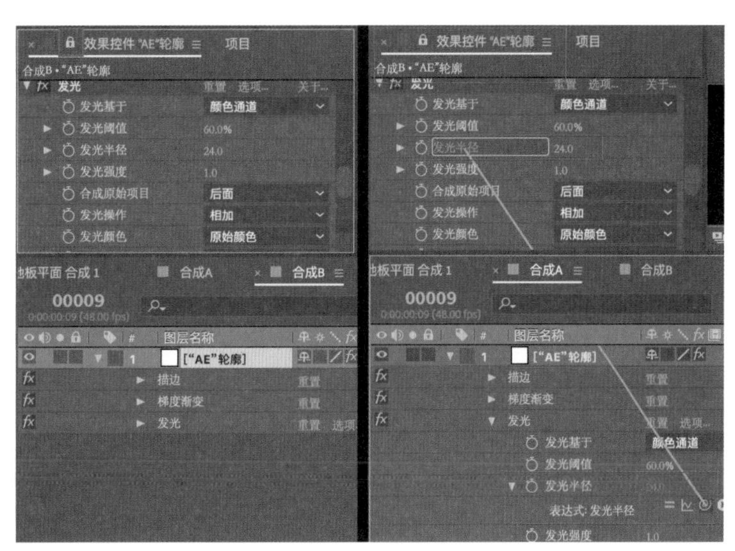

图 1-178

第2章

动效基础知识

2.1　动效设计简史

2.1.1　智能手机时代的来临

智能手机在人机交互上的革命性在于多点触控屏的普及。触控屏本身并不是新技术，早在诺基亚时代就有了。早期的触控屏的问题在于绝大多数属于只能做单次点击的电阻屏，与键盘相比，流畅性、输入效率、感性体验都不占优势。直到可以多点触控，并且极大地优化了流畅性的电容屏量产普及之后，采用传统键盘输入的手机很快被挤出了主流市场。

在体验和交互方式上，多点触控屏的优势在于用户可以直接控制操作界面，不再需要输入硬件（物理键盘），在体验的直接性、易用性和易学习性等方面取得了飞跃性的提升。此外，交互方式、输入手段的多样性也得到了极大丰富。以往只能采用键盘按键操作这种比较机械的手段，如今可以对着屏幕直接做点、滑、拖、滚、捏、扩、缩、放、转等多种动作。对于UI动效来说，这种交互上的直接性和交互输入方式的多样性带来的是交互动效设计的飞跃式进步。

对于传统键盘输入这种“按下按键→产生反馈”的单点式交互机制，动效只能滞后于用户的输入，此时的动效只能起补充性的作用，无法与用户的交互行为产生联动；多点触控的直接性及其交互动作的多样性，使动效可以与用户的输入操作同步。像滑动、拖曳、旋转这类持续性的交互动作也是键盘交互所没有的，相应地，动效便可以跟着用户的持续操作而同步展开。例如，简单的点击操作，被点击的某个UI元素便可以有变大、变小、高亮、变暗、变色和发光等多种动效样式作为反馈响应。但这仍然是类似于播放的一次性不可逆动效；而像滑动、旋转和拖曳这样的持续性动作，界面的反馈效果可以设计成互动式可逆的交互动效，对于体验的交互直接性、反馈及时性有非常明显的提升。图2-1所示的案例展示了双指缩放动效和下拉拖曳动效。当年，苹果在推出iPhone时就以这样的交互动效体验与传统键盘交互体验相比，这无疑是在宣告到底什么才是真正酷炫的消费科技产品，也为设计界开启并引领了一个全新的潮流，而动效在其中扮演着前所未有的关键角色。

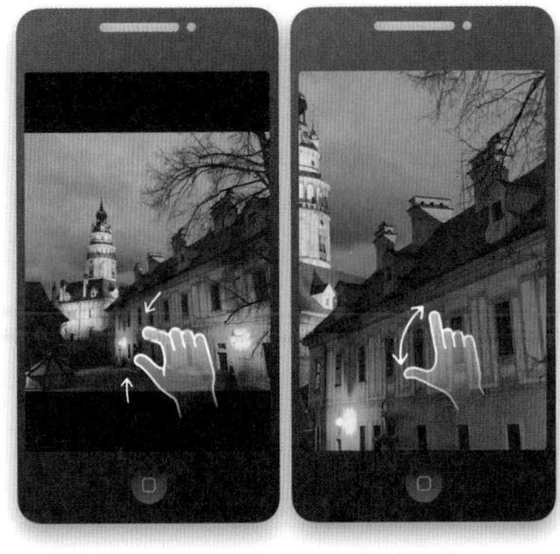

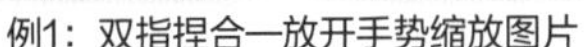

例1：双指捏合—放开手势缩放图片

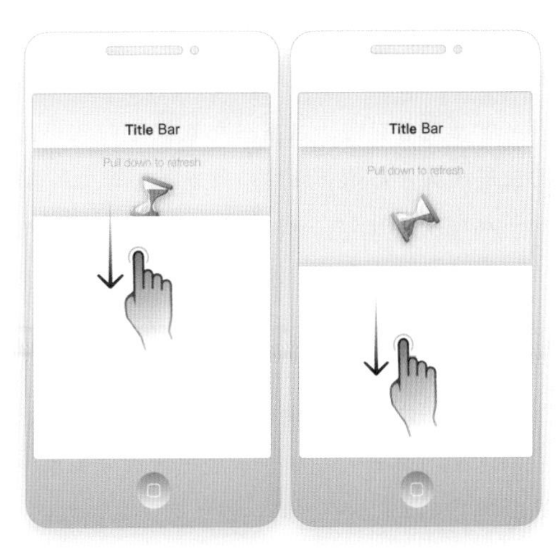

例2：往下拖曳手势，下拉刷新界面

图2-1

图2-2

在 iPhone 大规模使用触控屏之后，Android 阵营的智能手机同样做出了经典的动效设计。三星于 2012 年 5 月发布的 Galaxy S3 采用了“水波纹解锁”的动效设计（见图 2-2），巧妙且充分地利用了多点触控屏支持滑动手势的特性。在锁屏界面，用户任意滑动都可以在屏幕上产生非常逼真、流畅的水波纹效果，此刻眼前的屏幕仿佛变成清澈的水面，在原本平静的水面激起小小的涟漪，再配合上高音质的水声音效，在当时是一种非常新奇、惊艳的体验。

这种设计风格展示了 Android 在动效的技术支持方面具有完全可以与 iOS 匹敌的能力，也体现了 Android 设计师的创造力。这种对物理动力学的写实模拟是非常消耗计算性能的，当时 Galaxy S3 在这个解锁动效上流畅的表现，不仅体现了其强大的硬件性能，还展示了 Android 的代码优化已经做到了相当不错的程度。

Galaxy S3 的水波纹解锁，在多点触控屏交互手势的设计创新方面迈出了一大步，非常适合模拟用户与物理表面的互动，用手在水面划只是一种方案，还可以模拟用手在雪地划、在积满灰尘的玻璃上划、在柔软的丝绸布面上划等多种有趣的创意，更进一步体现了多点触控交互在体验上的优势。

2.1.2 从 MIUI V5 和 iOS 7 谈起

为何从MIUI V5和iOS 7谈起呢？因为MIUI V5和iOS 7分别是Android阵营和iOS阵营最早将“动画”单独提出来的，并作为与视觉、交互并列的 UI 设计规范要素，也定义了各自系统的动画设计 DNA。在此之前，在 UI 设计中，动效一直只是依附于视觉和交互的次要设计要素。MIUI V5 发布于 2013 年 3 月，是基于 Android 4.1 的深度定制系统。iOS 7 则是 2013 年 9 月推出的。MIUI 的设计在当时确实具有前瞻性。

1. MIUI V5 的动效设计

当时，笔者在华为的终端手机部门负责视觉设计兼动效设计，并且华为的 UI 设计团队也有专门的动效设计师。包括笔者在内，大家对动效设计的认识尚未形成系统性的整体认识，比较零散，各自为战，为不同的应用模块分别独立设计动效方案。而当时 MIUI V5 发布时，特地为“动画”也专门发布了一款宣传短片，展现了 MIUI V5 的动效设计语言和风格，在用户体验领域的设计师中引起了不小的讨论。MIUI V5 率先提出一个系统的动效设计不应各自为战，应当有统一的设计语言和规范，用来指导各个模块产品的动效设计。在 UI 设计中，视觉设计和交互设计都已经有系统的指导规范，但动效还没有，因此动效只能依附于视觉和交互，很多人对动效设计的认识则是可有可无的锦上添花。MIUI V5 迈出的这一步，使设计师对动效在 UI 设计中的重要性达成共识。

关于 MIUI V5 的动效设计，有些方案在今天看来也颇有一些亮点，如拖曳删除应用的图标爆炸烟花动效，如图 2-3 所示（由于时间比较久远，未能找到当初真实的界面截图，图 2-3 中的效果由笔者重绘，动效详见【效果文件 / 第 2 章 /2-3.mp4】）。

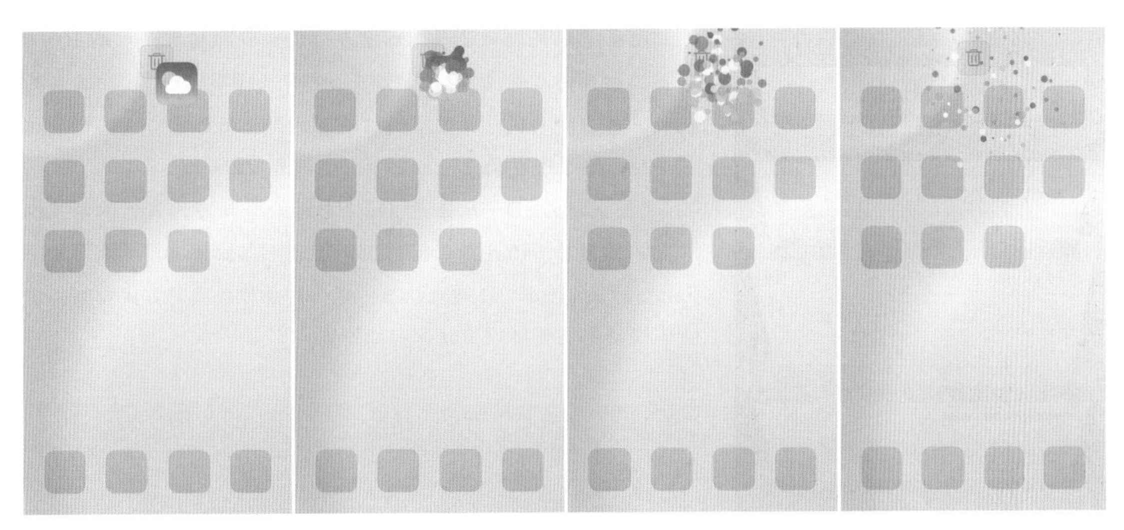

图 2-3

用户长按应用图标，桌面就会进入编辑模式，顶部出现一个代表删除的垃圾桶图标，按住应用图标拖曳到垃圾桶图标上放开，应用图标炸裂成一堆粒子散开，就像烟花爆炸一样。其细节尤为到位的地方在于：爆炸粒子的颜色是由应用图标自身的颜色决定的。如果应用图标以红色和黄色为主，那么爆炸的粒子以红色和黄色为主；如果应用图标以蓝色和黄色为主，那么爆炸的粒子以蓝色和黄色为主。

这个动效方案即使在今天看来也是颇有创意的。在当时，Android 系统对动画的支持远不如现在这么强，手机性能也远不如现在这么强，可以想见小米公司的工程师为了实现这个细节到位、节奏流畅的粒子爆炸动效是下了一番功夫的，足见当年的小米公司对动效设计的重视。这个颇有趣味、不拘一格的动效，也体现了小米手机“为发烧而生”的品牌理念。

2. iOS 7——向扁平化、整体性 UI 动效的转折

2013 年 6 月，苹果发布在设计上进行了彻底改头换面的 iOS 7，一改拟物化视觉设计的厚重风格，采用全面轻量、扁平化的全新视觉风格，半透明、磨砂玻璃和细腻的动效成为设计关键词。iOS 7 几乎定义了一直沿用至今的 UI 动效设计风格，之后几乎再没有大的革新。这是一种动画曲线极为细腻，动画节奏轻快优雅，兼顾效率，与扁平化视觉风格相得益彰、完美契合的 UI 动效。笔者在第一次使用 iOS 7 时首先被它解锁后一个个图标如“大珠小珠落玉盘”一样错落有致地落向桌面的动效所震撼，印象更深刻的是动画曲线的末端平缓部分极其长（曲线的大致形状如图 2-4 所示），几乎占了整个动效时长的一半以上，落下的过程优雅、细腻。之前的动效，大部分首先考虑的是使用效率，像 iOS 7 解锁动画这样整体时长超过 1 秒的是很少见的。

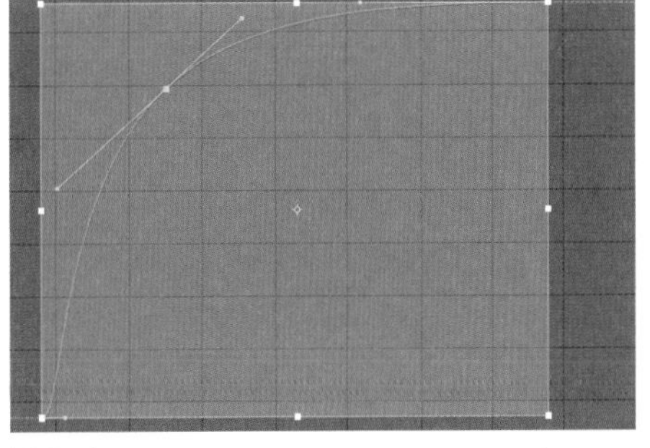

图 2-4

图 2-5

这种优雅的动效也是 iOS 7 整体的设计风格之一。自 iOS 7 之后，动画曲线就成为 UI 动效设计中尤为重要的一环。iOS 7 的这种“前急 - 后缓”型的动画曲线也成为使用非常广泛的一种曲线类型，直至现在仍然是最主要、使用最多的一类。

“轻量化的 3D”风格是 iOS 7 的另一个具有代表性的动效设计，主要用在 Safari 浏览器的页面管理上，如图 2-5 所示。多个 Safari 标签页呈现 3D 透视状态，以一种立体层叠的方式排列，当上下滑动时，便可以滚动这些标签页。

这种 3D 风格没有 iOS 6 之前的倒影、反射等拟物化 3D 视觉属性，且滑动时的动画风格也给人一种非常“轻”的感觉，与扁平化的视觉风格相协调。

以轻快、优雅为主要特点的动态风格，以“前急 - 后缓”型为主要运用的动画曲线，以及扁平化的视觉设计共同构成了 iOS 7 整体统一的动效设计风格。这种风格极具特征性和识别性，甚至是一种全新的主流设计风格，并且一直沿用至今。因此，笔者认为对于 UI 动效设计来说，iOS 7 算是一个具有重大意义的节点。

2.1.3 后来者——Material Design 中的 Animation（动画）

2014 年，在 Google I/O 开发者大会上谷歌发布了一套名为 Material Design 的全新设计语言，至此，Android 阵营有了可以与 iOS 相媲美的设计。Material Design 的核心设计思想是“卡片式设计”能够最大限度地适配不同平台、不同终端、不同大小和比例的屏幕的设备，使 Android 真正成为跨平台、跨屏幕的系统，使用户可以在不同设备上获得连贯、统一的体验。

使用 Material Design，不仅可以对动画进行统一规范，还可以着重突出 UI 动效，就像 MIUI V5 和 iOS 7 一样。在 Material Design 的一整套设计规范（Guideline）中，单独为动效列举了一项，相当于把动效提升到和视觉、交互相当的层次。

Material Design 在动效设计上有一套不同于 iOS 7 的独特风格。Material Design 提出了两条重要的动效设计原则（Principle），分别为 Visual Continuity（视觉连贯性）和 Meaningful Transition（有意义的转场）。当时谷歌发布了一系列 Material Design 的动效设计概念宣传动画视频，用动画形式阐释了这两条原则（感兴趣的读者可以查阅官网）。笔者对此做了相对概括的总结：在两个页面的转场动效中，所谓的 Visual Continuity，就是某个或某些页面元素贯穿在整个转场动效的两个页面中，可能是文字、图标，也可能是一个按钮或其他的设计方式，以此为用户建立不同页面、不同场景中的视觉联系，从而具有连贯性的体验，如图 2-6 所示（动效详见【效果文件 / 第 2 章 /2-6.gif】）。

图 2-6 所示的动效，在从联系人列表页转场到联系人详情页时，联系人的头像在转场动效中从一个场景“跑”到另一个场景，作为两个页面之间的共同元素，承担起用户视觉联系的作用，强化了用户点击操作的“起点”，以及要前往的“终点”的导向指引。这种 UI 元素从前一个页面 / 场景一直贯穿到后一个页面 / 场景的动效设计，在后来的 Android UI 设计中被广泛采用，成为一种流行风格。

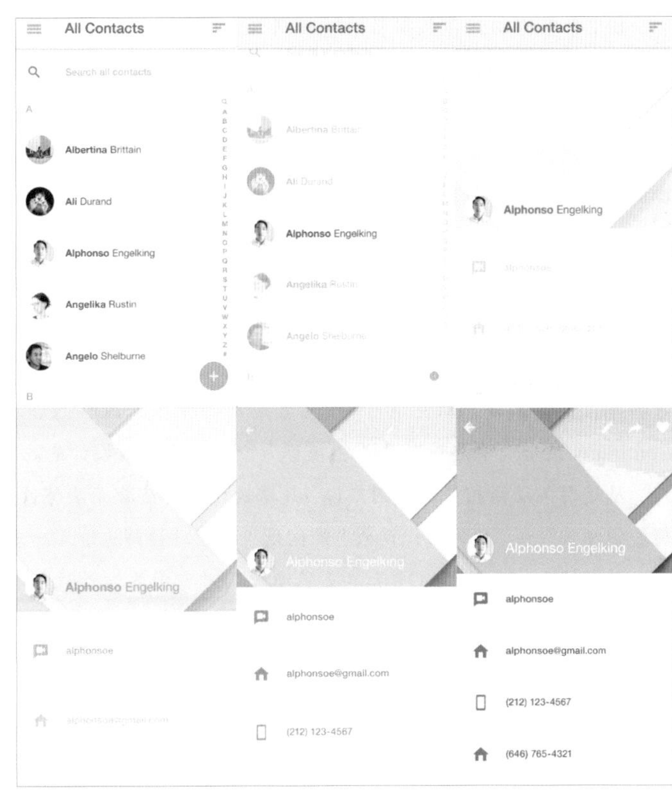

图 2-6

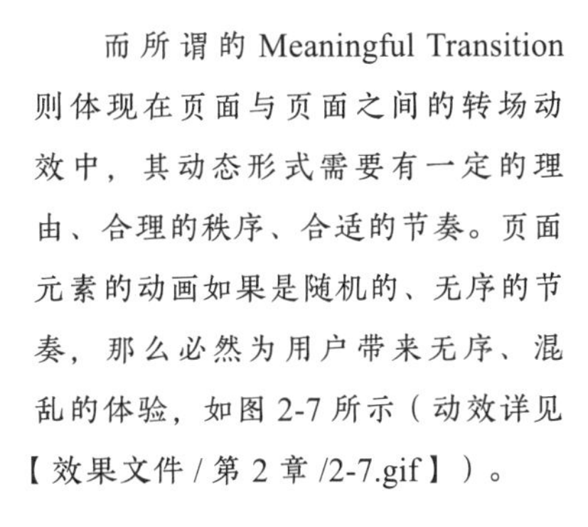

而所谓的 Meaningful Transition 则体现在页面与页面之间的转场动效中，其动态形式需要有一定的理由、合理的秩序、合适的节奏。页面元素的动画如果是随机的、无序的节奏，那么必然为用户带来无序、混乱的体验，如图 2-7 所示（动效详见【效果文件 / 第 2 章 /2-7.gif】）。

图 2-7

图 2-7 中的动效为从缩略图转场到大图详情页，缩略图到大图的过渡，在新页面依次进场出现的绿色圆形按钮、中间的灰色文字介绍面板，以及最下方的白色 Bar，这几组 UI 元素按照先后顺序，依次有节奏地出现。其动效顺序的内在逻辑是大致按照页面从上到下的布局来定进场的顺序，最小的页面次要元素（圆形按钮）最后出现。这就是转场动效中各个 UI 元素各自动效的“意义”。先后顺序的安排、节奏的把握，比较考验动效设计师的节奏感，以及与负责实现动效的研发工程师的紧密合作（虽然先后相隔只有几十毫秒，但整体动效的感觉会差之千里）。当年笔者与研发工程师一起合作调试 UI 动效时，经常以毫秒为单位进行微调，多次尝试之后才能达到比较理想的动效体验。

笔者认为，Meaningful Transition 原则是建立在 Visual Continuity 原则的基础上的。在 Visual Continuity 原则指导下的 Material Design 动效，往往不像 iOS 那样整个页面进行切换，而是 UI 元素打碎之后的分散转场，因此转场动效中各个 UI 元素运动的秩序和内在的合理意义必须提前设置。否则，只有 Visual Continuity 没有“有序性”是不能被称为一个好的动效设计的。

从这两条动画相关的原则来说，UI 动效设计扮演着无法替代的角色。使用 Material Design 可以解决“为何要做动效”和“如何组织动效”的问题，动效设计师也有了一套可以在理性、逻辑层面遵循的设计规范。

笔者认为，如果说 iOS 7 定义了动效相对宏观的设计风格和审美，那么 Material Design 就阐释了动效的作用，以及在具体设计中相对微观的组织原则。两者从感性和理性、宏观和微观层面共同构成了一套一直沿用至今的 UI 动效设计总原则。

2.1.4 另立门派——记得 Metro UI 吗

如果所有的动效设计都是一种风格，那么将非常无趣。

其实，iOS 和 Material Design 已经共同构建了一套非常完整的 UI 动效设计风格与规范。但是在设计中，历来不缺敢于大胆破格另起创新的先锋。微软为自己的智能手机系统 Windows Phone 7 引入了名为 Metro UI 的设计语言，并且从手机平台扩展到计算机平台。与 Material Design 一样，Metro UI 也是跨多屏幕、跨多平台的综合性系统设计语言。

按照微软官方的说法，Metro UI 专为触控而生，整个界面由大大小小的多个方块组成（可以将这种界面方块称为“磁力贴”）。采用 Metro UI 的界面几乎去除了所有除必要的图标、文字之外的其他装饰性元素，包括阴影、渐变等。从时间上来说，Metro UI 比 iOS 7 更早地践行了“扁平化设计”。Metro UI 是在 2010 年正式推出的（在 Windows Phone 7 中引入），而且 2006 年微软的 Zune 就已经使用类似于 Metro 的设计风格，比 iOS 7 整整早了 3 年。但或许是在 2010 年这样的设计风格过于超前，又或许是 Metro UI 在“扁平化设计”上偏得过于激进，在当时未能引领起设计风格的变革，也未引起大的影响。

尽管 Metro UI 相对小众，但笔者认为在动效设计上，Metro UI 有其有趣且独到的一面。Metro UI 的动效设计有如下几个独特的亮点。

（1）界面方块能够根据手指点击的位置产生不同的倾斜角度，就好像点击的那个角落被“摁下去”一样，如图 2-8 所示。

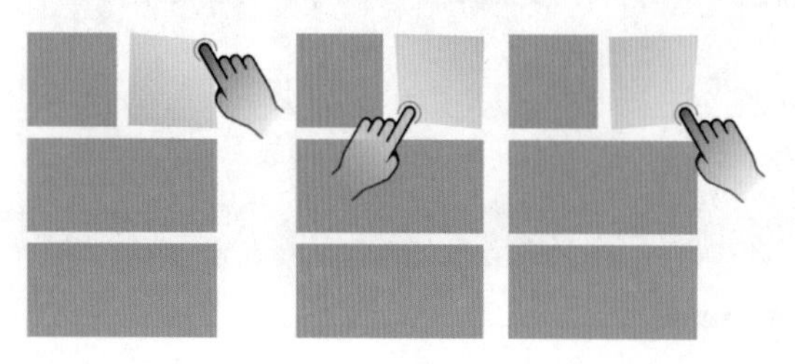

图 2-8

（2）手指点击通过界面方块的下沉动效来模拟真实的压力（在实际体验时笔者感觉很有手感，点击的感觉强烈且真实）如图 2-9 所示。

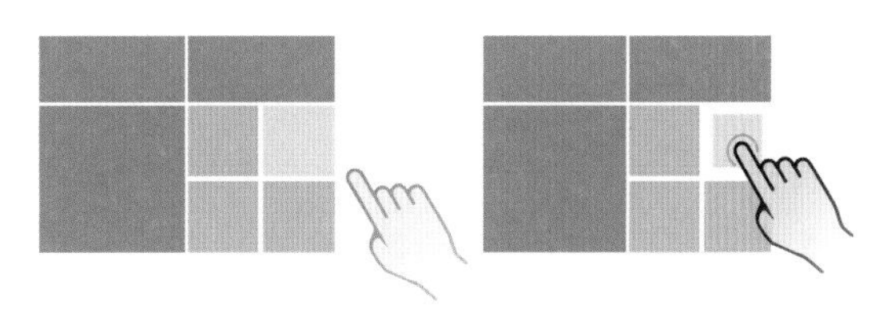

图 2-9

（3）界面方块的立体翻转动效具有 3D 空间感，进一步强化了界面的“实体感”，如图 2-10 所示（动效详见【效果文件 / 第 2 章 /2-10.mp4】）。

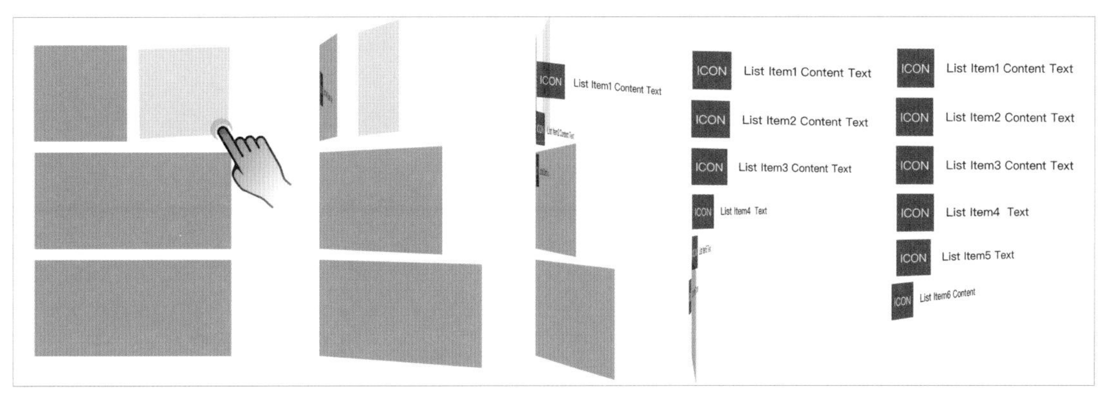

图 2-10

其实，Metro UI 不仅是扁平化 UI 的先行者，还是“轻量化 3D 动效”的先行者。类似于图 2-10 中的立体化动效，在 Metro UI 中已经成为一种非常统一、系统化、标准化的设计风格。另外，不同层级的立体转场动效具有不同的空间纵深感，自成一套严格的规范。

综上可知，Metro UI 的动效设计始终在体现界面方块的实体感，但又极大地减轻了实体的重量感，形成一种融合了物理真实感与扁平化轻量视觉风格的奇特交互体验。相比 iOS 7 和 Android 的 Material Design 的触控点击体验，Metro UI 的界面方块在点击操作中更有“手指好像真的在触碰一个电子化虚拟对象”的感觉。笔者认为 Metro UI 很适合用于微软最新的增强现实（Augment Reality，AR）眼镜 HoloLens 2 中的界面设计。在 AR 的界面，不再有屏幕那一层薄薄的玻璃隔阂，用户就是在直接“点击”和“控制”界面元素，界面方块的触控动效正好适用于 AR 的界面交互。

在华为工作时，受 Metro UI 的设计启发，笔者曾与另一位设计师合作创建了一套“磁力场点击动效”并申请了相关专利，如图 2-11 所示（动效详见【效果文件 / 第 2 章 /2-11.mp4】）。

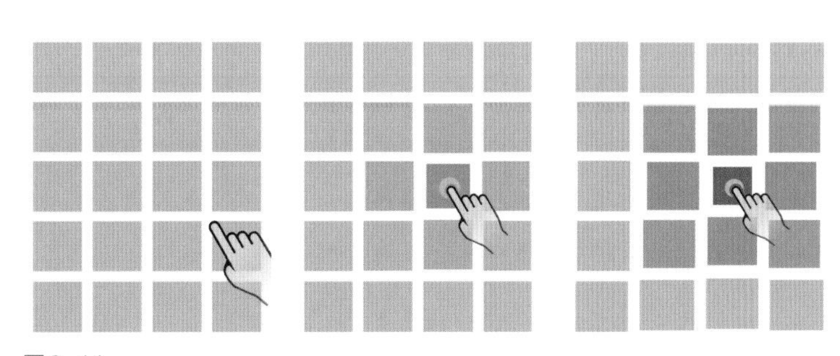

图 2-11

这套动效的核心创意是为界面元素构建一套虚拟的磁力场，界面元素都受到力场的约束，当用户点击其中一个UI元素（一个网格单元或一个列表项）时，除了被点击的UI元素有“受压下沉”的动效，周围一定范围内的其他UI元素也会受到点击动作“摁压”的影响而有小幅度的“下沉”动效，“下沉”的幅度从点击中心点向外围扩散衰减。

将用户对屏幕的操作产生的现实的“力”通过屏幕传递到界面UI之上——这是笔者在第一次使用搭载Metro UI的Windows Phone时所想到的。通过iOS、Android的Material Design，Windows Phone的Metro UI可知，对UI动效设计的理论创新在不断地补充和完善，只有充分理解了这些，动效设计师才能有的放矢地迸发出大量有趣的动效设计方面的创意。

2.2 动效的价值

2.2.1 动效的润滑与缓冲作用

动效的润滑作用体现在为页面转场这种大范围、大幅度的页面变化提供自然的过渡，从而为用户构建连贯的体验；动效的缓冲作用主要体现在当网络速度、机器性能和软件代码优化尚不能满足体验高度流畅性的要求时，利用动效自身的时长为页面的响应等待提供一种“掩护”，等待动效播放完成，页面完成响应，从而避免因页面响应不及时而导致的不良体验。即使在网速、硬件性能、软件代码优化都相当优异的情况下，一些交互场景也会出现一定时长的页面加载等待，此时动效能起到缓解用户等待焦虑、优化使用体验的重要作用。

1. 润滑剂——构建体验的连贯性

以手机的操作系统为例，早期几乎没有什么转场动效，大部分的页面、场景切换是直接硬切，用户的交互体验是断点式、碎片化的。一段交互流程被切割为一个个独立的页面在当年页面的用户体验尚未引起重视，或许也受限于硬件性能和软件代码优化的问题。而到了智能手机时代，页面的用户交互体验越来越受重视，软件和硬件的功能也越来越强大，足以支持实现流畅的转场动效，因此设计师开始关注页面场景切换时如何实现流畅、连贯的体验，页面转场动效在其中发挥着关键的作用。

目前，在智能手机操作系统中，笔者基于自身的经验与研究，为当前常见的页面转场动效归纳整理了几种基础样式，分别为平移式、覆盖式、缩放式、生长式、旋转式、视角变化式和叠换式。虽然还有其他样式，但是笔者主要为读者解析这几种比较常用且基础的动效样式。

（1）平移式动效和覆盖式动效分别如图2-12和图2-13所示（动效详见【效果文件 / 第2章 /2-12.mp4、2-13.mp4】）。这两种动效多应用于同一应用中不同层级之间的页面切换，如从首页进入第二层级的页面，或者在当前页面生成一个新的子页面（如新建一个电子邮件、生成一个新页面）。这类动效能够非常清楚地表示页面之间的层级关系，以及当前页面将去往何处、下一个页面从哪里进来，从而帮助用户在交互体验中建立起流畅的视觉感知。平移式动效和覆盖式动效类似于现实中的翻书，随着用户的操作，一页一页地前进和深入。

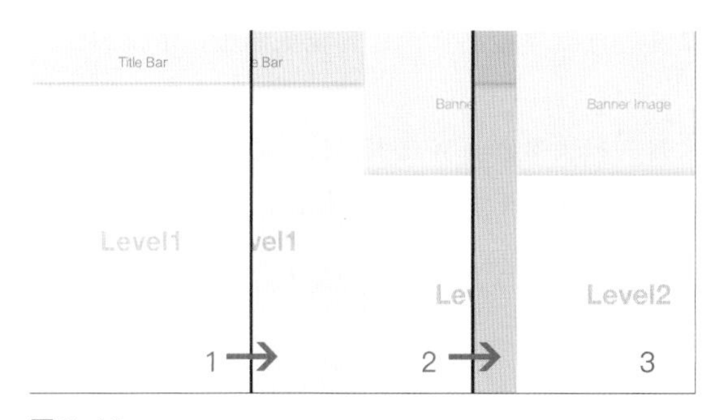

图 2-12

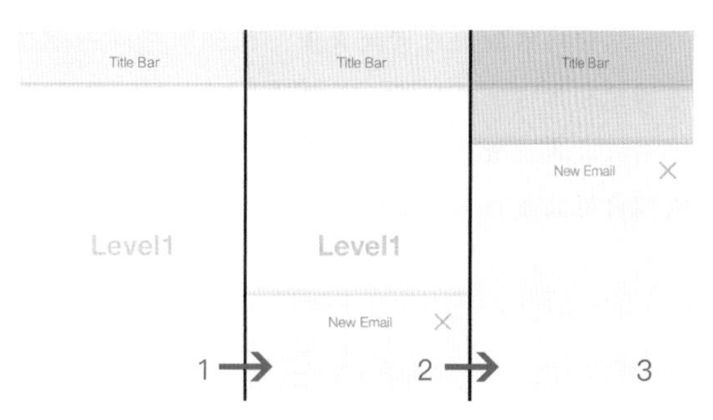

图 2-13

有时会将多种基础样式进行组合，如将平移式动效和覆盖式动效结合起来，或者在覆盖式动效的基础上再加上前一个页面后退的动效，如图 2-14 和图 2-15 所示（动效详见【效果文件 / 第 2 章 /2-14.mp4、2-15.mp4】），当前页面被平移走或后退的同时，下一个页面已经切入，覆盖在当前页面之上。将多种动效结合起来之后，连续感、层次感和节奏感更强。

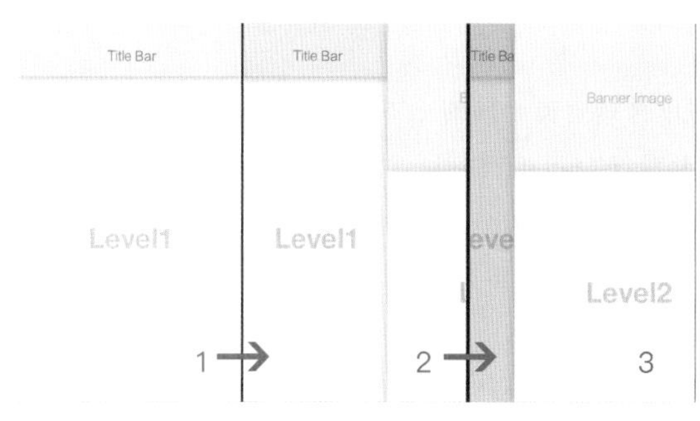

图 2-14

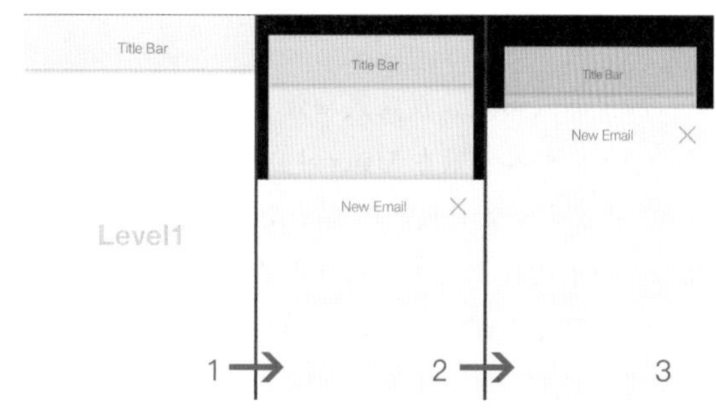

图 2-15

（2）经常将缩放式动效用到图片类应用中。从网格式缩略图页面切换到大图查看模式的转场动效，在退出时是反过来的，如图 2-16 所示（动效详见【效果文件 / 第 2 章 /2-16.mp4】）。

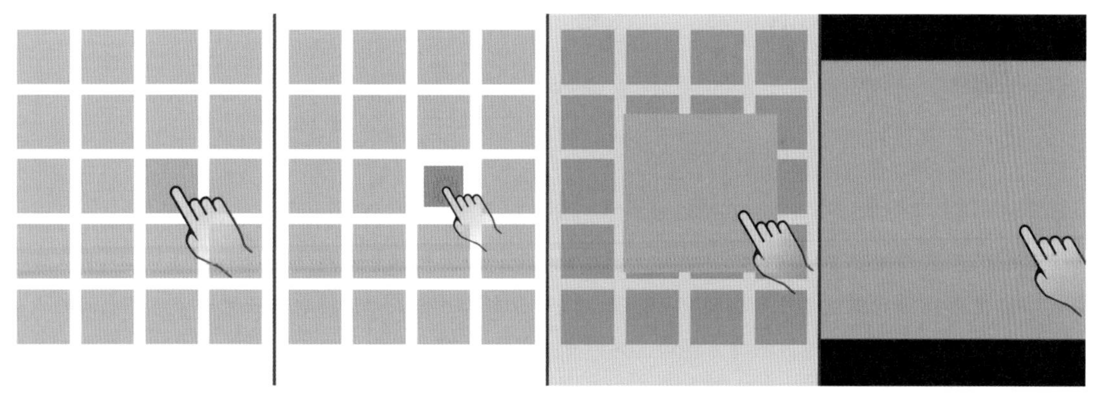

图 2-16

从缩略图放大过渡到大图，构建的是从一个网格单元过渡到完整模式的连贯视觉体验。不仅如此，还清楚地传达了是从哪一个网格单元放大过渡而来的。

缩放式动效也不仅限于网格类布局页面，还可以应用到列表类布局页面中，只不过是从四周扩散型的缩放样式改为上下扩散型的缩放样式，如图 2-17 所示（动效详见【效果文件 / 第 2 章 /2-17.mp4】）。

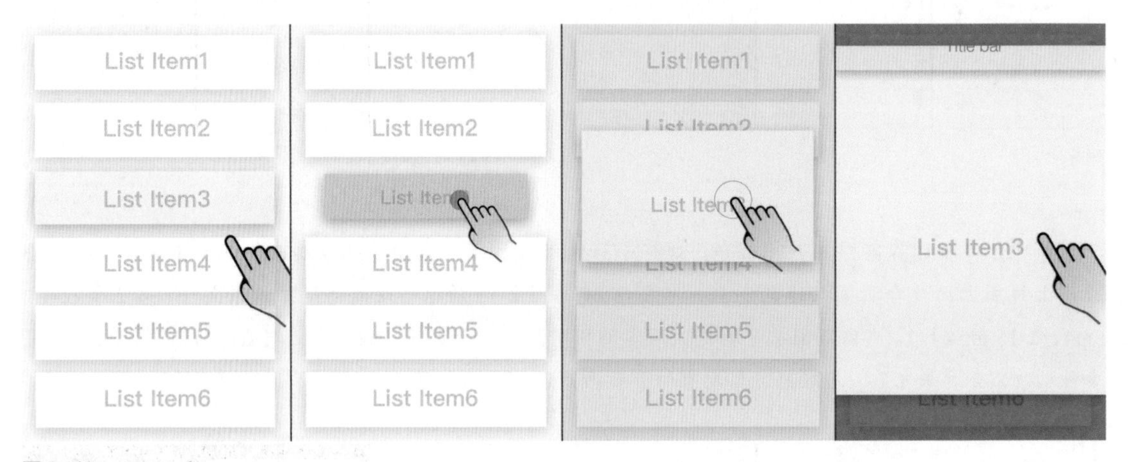

图 2-17

和平移式动效、覆盖式动效一样，缩放式动效也可以传达页面之间的上下层级关系。

（3）生长式动效在 Material Design 中很常见，是作为践行 Material Design 中的 Visual Continuity 原则而生的。生长式动效大致可以描述成：从页面上的某个 UI 元素开始延展出一个完整的页面或一个完整的面板，就像是一根树枝“生长”出众多的分叉一样。其他的 UI 元素（包括各类按钮、图标、文字、Bar、面板、列表等）会从无到有，并且以合理的顺序、恰当的组织布局出现。当返回上一个页面时就是“逆生长”动效，好像时间回溯一样，如图 2-18 所示（动效详见【效果文件 / 第 2 章 /2-18.mp4】）。

图 2-18

在如图 2-18 所示的案例中，当用户点击呈六边形分布的 6 个入口图标中的任意一个时，中间的六边形头像框都会一边翻转一边向左上方移动，同时更大的一个六边形空白面板、右上角的三角形灰色按钮（【收起】按钮），以及面板中的文字内容会依次以不同的动效形式从无到有地生成，形成一个以六边形头像框为原点的生长式转场动效。值得注意的是，文字内容之所以采用“字符逐个出现”的动效，是为了配合背景说话音，就像是由一个角色“读”出来的一样，读者扫码观看动效即可听到背景有说话声音。案例中的数字人是浦发银行金融科技创新在 AI 领域的重要成果，这段自我介绍的文字以“读”出来的方式显示，这也是为了加强虚拟AI角色的存在感。

在动效大致样式上，生长式与缩放式有些相像。也可以将生长式动效看作更复杂的、多个UI元素动态集合的复合式缩放动效。之所以是生长式动效，关键在于是由一个UI元素像树枝分杈一样“生长”出其他页面元素并组合成新的页面或面板，而不是简单的从小到大。生长式动效可以用于页面元素较多、相对较复杂的页面的转场，并且有一个UI元素可以贯穿两个页面场景。这类动效如果组织形式得当，顺序节奏合理，就可以实现非常生动的转场动效设计，但不要“生长”出过多的UI元素，避免众多的UI元素转场的动态显得纷繁混乱。动效本身不是目的，实现流畅、连贯地转场，进而具有流畅、连贯的体验才是目的，动效只是手段。

（4）旋转式动效的常见形式一般是3D立体化的旋转，还可以分为公转式旋转动效和自转式旋转动效。Metro UI的立体旋转动效（图2-10中的案例）就是一种典型的公转式旋转动效。这种形式的旋转动效有更强的空间化的感觉，一般用于不同应用层级之间，或者从桌面进入应用时的跳转转场（一般不用于同个应用中的内部转场）。

内部页面之间常用自转式旋转动效，如图2-19所示（动效详见【效果文件/第2章/2-19.mp4】），旋转轴就是页面的中轴线。

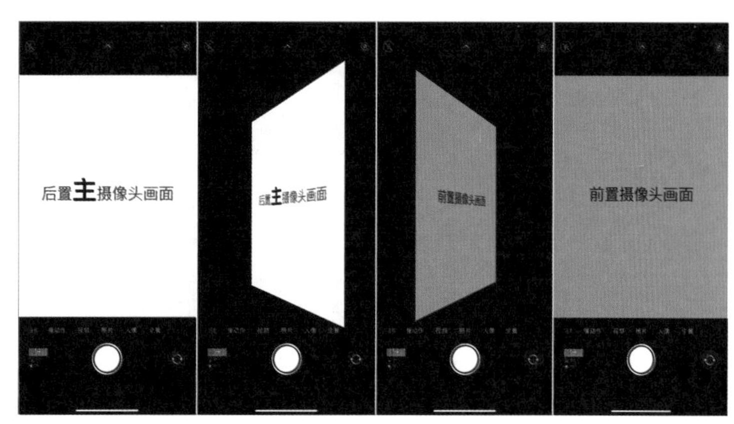

图2-19

手机的相机应用中前、后摄像头的切换动效就是典型的自转式旋转动效，用页面的前后翻转动效生动清晰地映射手机机身前、后摄像头的硬件布置，用户非常容易理解。iOS中的这个经典的设计一直沿用至今。旋转这种动作适合用来传递“一体两面”的含义，即当两个页面或场景不属于上下层级关系，但又属于同一个应用模块内部的页面时，它们之间的切换便可以考虑使用旋转动效，既能构建出连贯的视觉体验，又能传达两个页面属于“平级”的内在结构。

可以将叠换式动效看作旋转式动效的变种，如图2-20所示（动效详见【效果文件/第2章/2-20.mp4】）。

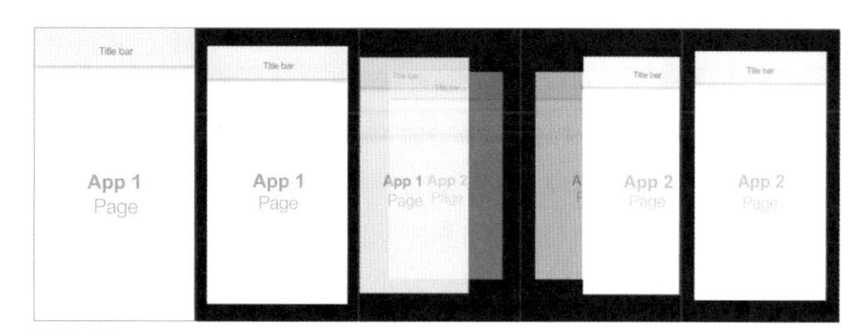

图2-20

如果还是用“公转”和“自转”这种描述天体运动的术语来做比喻，叠换式就好像是两个质量相当的天体做互相绕转运动的双星系统。叠换式动效一般用在外部的同一层级的不同应用页面之间的转场，不会用在从桌面进入应用的转场中。

（5）视角变换式动效大多应用于3D空间中的页面/场景转场。在常规的屏幕类设备（无论是触控屏交互的手机、平板，还是键盘交互的计算机，都使用以屏幕为核心视觉传达中介的硬件设备）中，均以二维界面交互为主，较少见这种转场动效；在VR/AR设备及游戏界面中，交互界面以3D空间为场景，视角变换式动效就会较多地应用在页面和场景的切换中。

在屏幕类设备二维界面交互中也有经典的视角变换式转场动效，代表案例就是iOS自带浏览器Safari的“当前标签页至后台多标签管理”的转场动效，如图2-21所示（动效详见【效果文件/第2章/2-21.mp4】）。

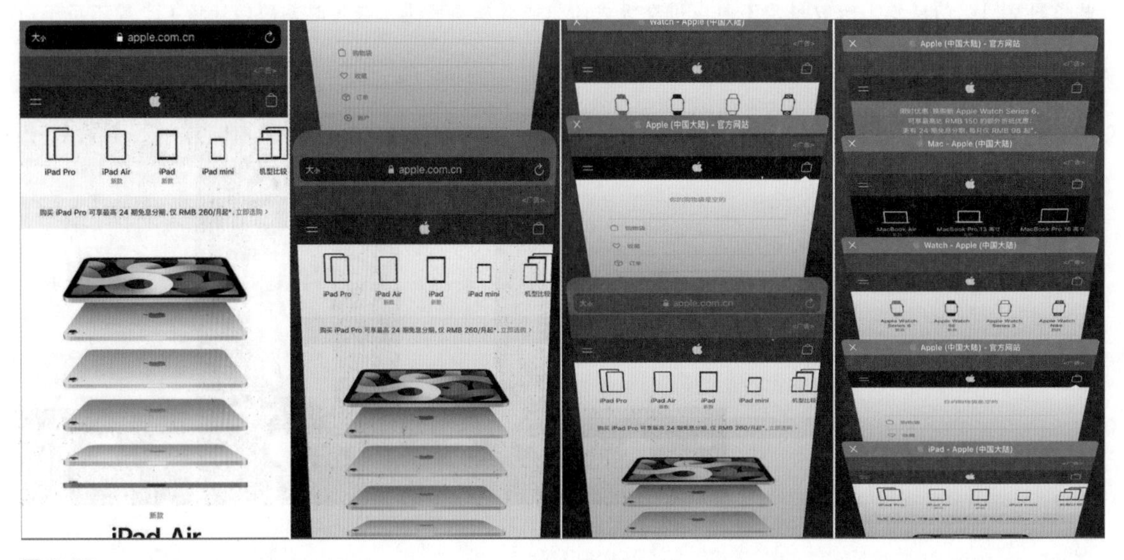

图2-21

在如图2-21所示的案例中，浏览器当前标签页一边收缩后退一边倾斜角度，随着动效持续，逐渐显示出其他几个标签页，并且呈现相同倾斜角度的立体层叠排列，整个转场动效看起来就像是一个镜头的视角从“正视”角度逐渐拉起、旋转，变为“俯视”的角度，一个从“当前页”场景到“后台多页管理”场景的转场切换通过镜头视角的变化一气呵成。

2. 缓冲剂——减缓用户等待的焦虑

动效作为缓冲剂的作用非常容易理解。在实际产品使用中，不可避免地会遇到因为网络速度、加载内容多、性能卡顿等造成的长时间等待，此时各种各样的加载等待类动效就能起到减缓用户等待焦虑的重要作用。从Windows的“鼠标沙漏”小动画，到现在iOS和Android中随处可见的转圈小动画，再到动效设计师创作出的各种各样有趣的等待过场动画，这类UI动效从诞生起，就无时无刻不在帮助用户尽量减缓等待的焦虑，同时起明确告知用户当前系统依然正常运行的作用，不会因为系统没有即刻反应而产生误解。

除了在正常的等待加载期间能起到缓冲作用，在特殊的场景中动效也能起到一定的类似于“障眼法”的作用。例如，在切换到一个需要加载较多内容的页面时，如果这个加载的等待时间又没有特别长，并且没有必要展示常规加载动效，就可以利用转场动效本身几百毫秒的时长（绝大部分页面的整体转场动效都在几百毫秒左右，500毫秒左右是最常见的）。在动效播放期间，在后台就加载好内容，几百毫秒之后，当转场动效结束时，用户看到的是内容完整的页面，好像完全不需要加载时间一样，给用户一种系统很流畅的感觉，利用动效善意地“骗过”用户的眼睛。当年在华为工作期间，笔者和开发工程师合作时经常使用这种方式。动效设计师的责任不仅仅是做设计方案，还应当为最终产品的表现负责，尽可能用自己的方式帮助开发工程师一起实现尽量流畅的系统体验。

2.2.2 使用动效展现层级 / 框架 / 逻辑

1. 动效对内在交互框架的可视化

利用动效可以将内在的交互框架可视化。在产品或功能的UI设计中，层级和框架必须是清楚、简明且有规则的，这样用户才不至于在使用时迷失在页面与页面的跳转中。例如，树形结构、中心化结构的框架，页面是层层深入递进的，也可以层层返回；而网络状、去中心化结构的框架，页面与页面是平级的。这些只靠视觉设计是无法直观地呈现给用户的，需要通过页面之间的动效来表现页面之间的关系，也就是将内在的交互框架可视化。例如，iOS中的【设置】页面采用页面层层覆盖推移动效，当用户一步步点击设置列表中的各个列表项时，一页一页深入递进，从一级页面到二级页面，再到三级页面等，页面从右往左层层覆盖推移的动效直观地展示了页面之间层层递进的关系。若点击左上角的【<】图标，则一步步以相反的动效返回上一级页面，小白用户一用便可上手，如图2-22所示（动效详见【效果文件 / 第2章 / 2-22.mp4】）。

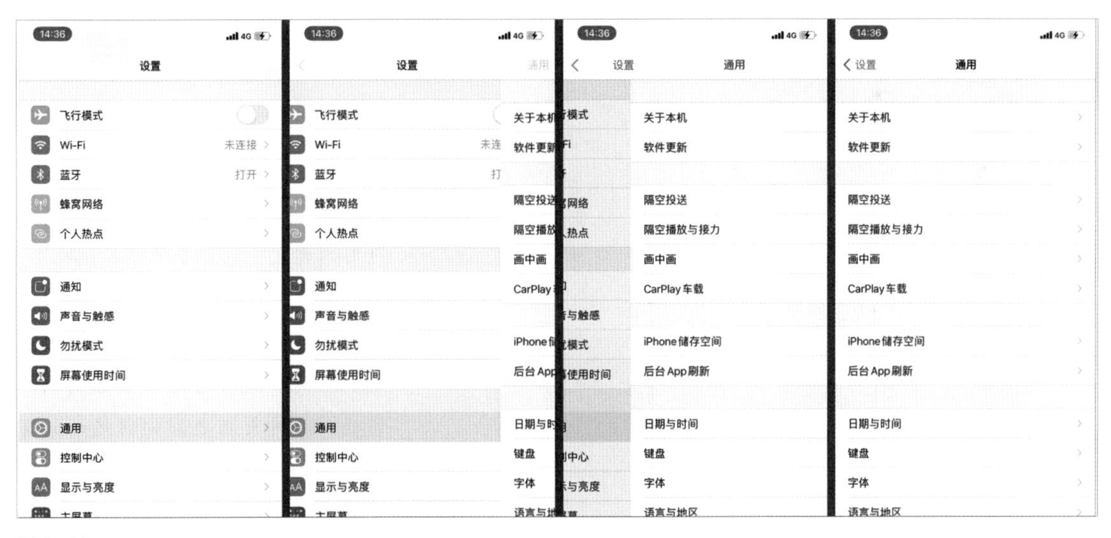

图2-22

对于网格状、去中心化的框架，平级页面之间的跳转动效可以用类似于平行滑动切换或卡片滑动切换之类的平级转场动效来表现。在如图2-23和图2-24所示的两个案例中，滑动方向为左和右、上和下均可以。卡片或页面之间的转场动效没有表现出像图2-22中的案例那样的“覆盖关系”，而是展现了一种在空间上平级的结构。

如图2-23所示（动效详见【效果文件 / 第2章 /2-23.mp4】），平移式动效是一种非常典型的平级转场动效，常用在切换查看相册中的多张图片这样的去中心化网格框架中，也可用于由多张平级的卡片型内容组成的产品中。

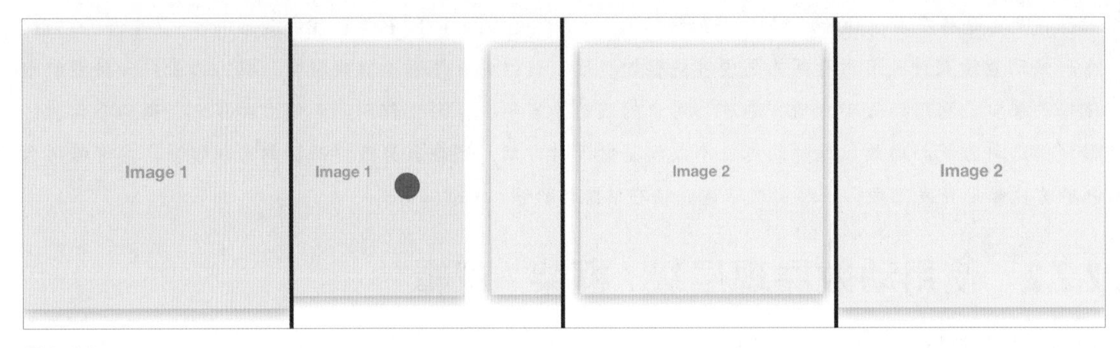

图 2-23

图 2-24

如图 2-24 所示（动效详见【效果文件 / 第 2 章 /2-24.mp4】），这种动效样式也常见于卡片型内容组成的产品中，在视觉设计上采用卡片堆叠的形式，模拟的是人们玩扑克牌时一张张翻看整理的动作，同样可以直观地呈现卡片与卡片之间的层级关系。

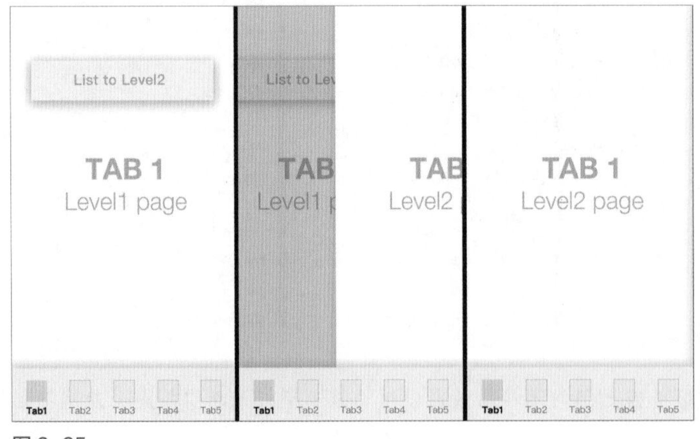

图 2-25

有些产品中有一个凌驾于其他页面内容之上的顶级的“导航栏”，在页面进行切换时不受影响，无论用户深入哪一层级，都可以随时切换导航栏上的导航标签进行层级的内容切换。此时页面之间的转场动效无论是平移式的还是覆盖式的，都不会影响导航栏，同时通过转场动效直观清晰地提示用户这个导航栏的层级是最高的，可以更好地起到“导航”的作用，不让用户在使用时迷路。如图 2-25 所示（动效详见【效果文件 / 第 2 章 /2-25.mp4】），页面之间是普通的平移覆盖式切换，但导航栏不动。iOS 的【电话】模块采用的就是这样的框架结构。

如果没有这个动效，那么用户很可能在使用时并不清楚当前这个导航是属于整个产品的最高层级的导航栏，还是属于当前这个页面自身的导航栏。如果页面自身还有一个二级导航栏，就更加需要一个清晰的转场动效来表现导航栏的层级。

2.2.1 节提到的自转式旋转动效，表现的是另一种类型的应用模块内部的同级框架。通过一体两面的翻转，可以将页面前后不同内容的结构以这种可视化的方式传递给用户。

反过来说，在设计动效时，需要严格遵循既定的交互框架结构，不能出现本应为同层级的页面转场动效却出现了一个页面“覆盖”另一个页面的情况，本应是前后层级的页面转场动效也不宜使用类似处于同一空间平面的动效。不同层级的 UI 元素在动效上也必须严格遵循自身所处的层级。

在表现一些更加灵活、复杂的页面布局时，如前面提到的 Material Design 设计语言下的转场动效，在当前页面有一个 UI 元素会贯穿转场至下一个页面场景的情况下，这个 UI 元素在运动过程中一般需要处于最高层级的位置，不能被出现的其他 UI 元素所覆盖，否则就失去了 Visual Continuity。页面中其他 UI 元素的转场动效，无论是从无到有，还是移动、旋转、缩放、渐隐渐现等各类动画，一般来说，如果没有特殊设计需要或创意，那么笔者建议遵循一个简单的原则：按照自身在页面上的层级（也就是覆盖关系）来决定动效的顺序。

2. 动效对交互逻辑的可视化

下面以一个有趣的设计案例来介绍动效对交互逻辑的可视化，如图 2-26 所示（动效详见【效果文件 / 第 2 章 /2-26.mp4】）。当用户向右滑动卡片时，显示【收藏】图标并辅以跳动动效；当用户向左滑动卡片时，显示【删除】图标并辅以同样的跳动动效。如果用户往左或往右继续拖曳，那么卡片会自动继续飞离，并触发下一个转场动效，或者收藏成功进入收藏夹，或者弹出提示框确认是否删除。

在完整的动效中，当向右拖曳并成功收藏之后，还有一个细节动效：首先，松手后卡片缩小并落向下方的心形图标，若心形图标产生跳动，则表示接收到了“收藏”；然后，心形图标右侧弹出一个“+1”并消失的动效，进一步强化展示“收藏成功”的交互逻辑，为用户的操作提供一个及时的成功反馈信号，如图 2-27 所示（动效详见【效果文件 / 第 2 章 /2-27.mp4】）。

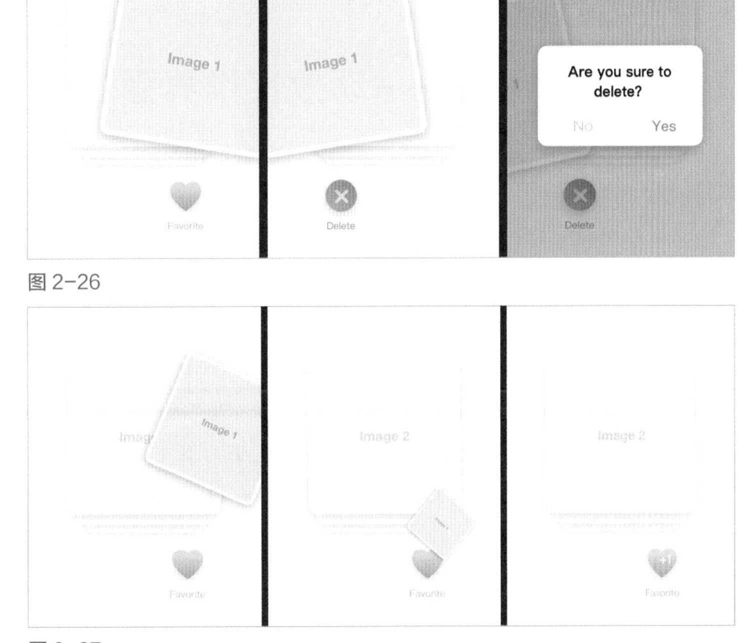

图 2-26

图 2-27

通过这样一套手势组合动效可视化，可以将一个交互逻辑清晰简明地呈现在用户面前：若向左滑动，则删除卡片；若向右滑动，则收藏卡片。用户尝试操作一次就能很快理解并学会如何操作，学习成本低。另外，该动效也有一定的趣味性。动效同时给予了“收藏＋删除”的交互逻辑、流畅的操作体验、较低的学习成本、趣味性的互动感受，以及快捷的操作方式。

动效设计师还可以进一步为动效增加一些细节，如将多张卡片做成受力联动，当用户拖曳时，除了当前被拖曳的卡片，底下的其他卡片也可以产生轻微的联动，好像被拉扯着一起移动了一小段距离，再松开时卡片的回弹像是带有弹簧一般。当然，这属于对动效视觉表现层面的锦上添花。这个动效的核心是对“收藏＋删除”交互逻辑的可视化表现，在此基础上可以做合适的细节装饰，以增加生动感，但主次需要分清楚，如图2-28所示（动效详见【效果文件/第2章/2-28.mp4】）。

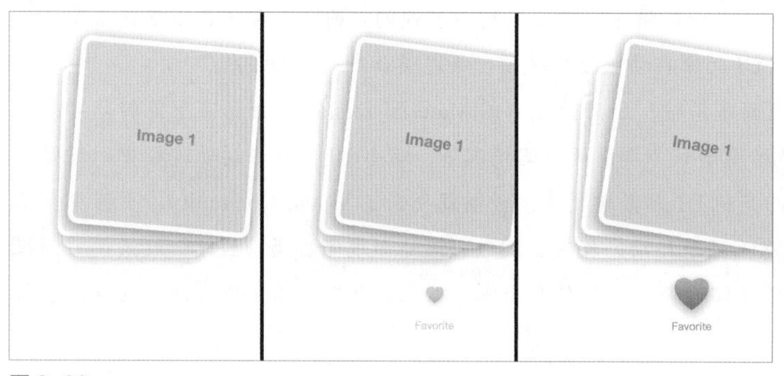

图2-28

交互逻辑本身就是动态的机制：用户先执行某项操作，再由页面产生反馈，最后生成某个结果。在此过程中，用户需要理解自己的操作发生了什么，对页面产生了什么作用，并且需要即刻知道页面对自己操作的反馈，同时及时显示反馈之后的操作结果是什么。这些都是一个个节点，如此便形成一个交互操作的完整闭环。要让这个闭环的体验流畅且易懂，这个过程中的每个节点，动效设计都可以发挥作用：用反馈动效来可视化地传达用户操作对页面产生的作用；用转场动效来可视化地传达操作产生的结果，是页面的切换还是某个UI元素的消失或新增；用跟手变化的实时响应动效来可视化地传达用户的持续性交互动作（如滑动、拖曳、旋转、捏合、缩放等）对页面或局部UI元素的持续性作用等。

2.2.3 反作用力——动效反推界面设计

前面介绍的是在有了界面的交互设计和视觉设计之后，动效设计是如何构建流畅的完整性体验的。本节主要介绍动效在某些时候是如何反推界面设计的。

当设计师开始设计一个产品，特别是一套系统或一个完整的App时，需要构思贯穿整个设计方案的设计语言。此时如果选定的设计语言本身蕴含着强烈的动效基因，那么在视觉设计之前，设计师的脑海中先有关于整套系统的成熟的动效风格，之后才有界面视觉风格的画面。倘若如此，那么动效可以指导后续的界面视觉设计，这样有助于最终达成统一的设计风格。

例如，某套手机系统或一个App全新改版，以“水滴”为设计语言，整套系统应当具有行云流水、圆润自然的独特风格，像Metro UI那样方方正正的视觉风格是完全不适合的，像iOS那样整齐、规律、严谨的界面设计也是不合适的，而Material Design灵活组合的卡片化布局界面也不合适。笔者设想中的以“水滴”为设计语言的界面风格，是像水滴一样，指尖轻轻触动触控屏幕就会有微妙的动效反馈，而与此配合的界面视觉风格为圆润、清新、灵动、轻盈，可以将微微变形的不规则圆形作为界面的主要设计元素，或者作为信息的载体，或者作为界面的点缀，或者作为按钮入口等，其中部分界面元素还可以随之轻微地随机晃动，仿佛用户一旦用手指轻触，就好像会拨动它飘走一样。在转场动效中，界面的 UI 元素可以伴随着运动辅以细腻但可察觉的形变，并配合水声的音效；而在转场动效中，如果一个 UI 元素从一个界面运动到下一个界面，就可以像有东西落入水中一样激起阵阵水花和泡泡；指尖点击界面上的某个按钮、图标或列表项，界面中其他的 UI 元素也会因为受到影响而产生细小的动态，就好像水滴被触碰产生的变形。如图 2-29 所示（动效详见【效果文件 / 第 2 章 /2-29.mp4】），以“水滴”为概念设计运动 App，这是笔者当年在华为工作时和另一个视觉设计师合作时采用的概念设计方案（笔者负责动效设计，另一个视觉设计师负责界面设计）。即使时隔多年，这也一直是笔者非常喜欢的一套设计方案。

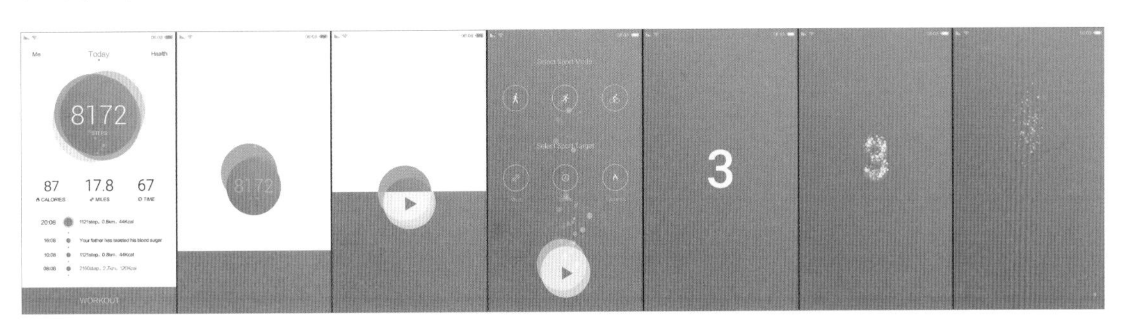

图 2-29

在该 App 中，每次的转场都好像是有东西落入水中，泛起水花与泡泡；首页界面上最醒目的设计元素是由多层像泡泡一样不规则的圆形随机堆叠组成的用来显示步数的圆盘，之后是持续、随机地微微晃动的动效，内部还有小小的气泡在持续上升，仿佛一个大水滴悬空在界面之上。当点击【WORKOUT】按钮时，开始计步，圆盘向下运动，【WORKOUT】按钮的橙色渐变背景仿佛水面升起一般向上延伸，圆盘“落入水中”激起了阵阵水泡，并且在穿过水面的同时变化过渡成一个白色的按钮。界面场景的转场，圆盘切换到功能按钮的自然过渡，视觉和动效此时水乳交融一般自然地结合在一起。当点击该按钮时，“3-2-1”的倒计时也像是数字沉入水中一样的动效，随后裂变为泡泡上升消失；倒计时结束后，切换到下一个场景，又像是潮水退去一样降下来，露出底部的跑步路线图背景。

在这几个场景的转换中，界面视觉元素通过与“水”相关的动效自然地过渡变化。在各个场景中，以多个不规则圆组合的设计元素（首页的圆盘、落水后的白色【开始】按钮）持续着微微晃动的动效，在各个界面中都是重要的界面元素，为整体的设计风格定下统一的基调。

随着触控屏压感技术的成熟，可以将手指点按的压力变化也加入进来，以触发更丰富的反馈动效，如轻触动作只是触发图标的变形，而重按则会像打碎水滴一样“打碎”图标（“碎裂”动效可以对应到“删除”和“取消”等操作结果）。又或者，轻轻的滑动手势，以及带着较重按压力度的滑动手势也都会触发界面不同的反馈动效，如轻滑手势可以是常规的界面滚动，而重滑手势在滚动的同时界面元素会产生一定的受压形变等。动效设计师的创意是无穷无尽的，但这一切都建立在“水滴”自身的动力学特点上。

2.2.4 动效设计的灵魂——节奏感

节奏堪称一切动态艺术的灵魂。音乐、电影、动画和动效等都是动态艺术。与其他的动态艺术不同，UI 动效与用户的交互行为强相关，因为没有用户的操作，就不会触发动效。在这个过程中，可以看成一位钢琴演奏者先按下琴键，再产生一段悠长或急促的回响。

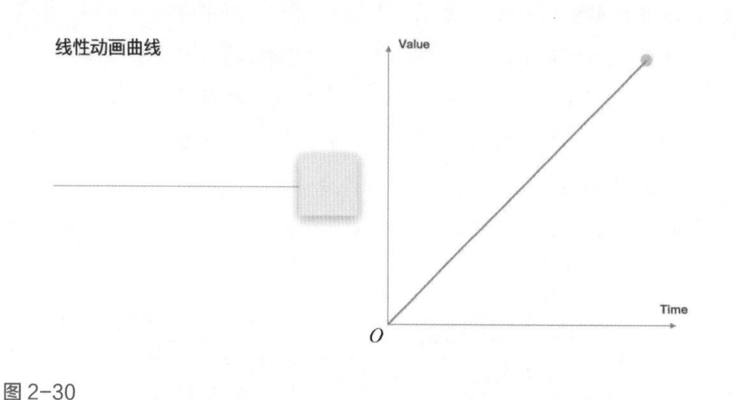

图 2-30

1. 动画曲线——动效变奏曲的乐谱

在键盘手机时代和早期的智能手机时代（如 Symbian 系统时期的诺基亚手机 N8），动效设计几乎不存在节奏感，因为其运动轨迹和时间速率线大多是线性的，如图 2-30 所示（动效详见【效果文件 / 第 2 章 /2-30.mp4】），就是一条直线，没有速度快慢的变化。另外，此时的 UI 动效大多是简单的整体运动，如逐页切换，不存在多种 UI 元素共同运动的情况，也就不存在不同节奏的组合变化，整体的动效风格是相对呆板、直来直去的。

随着技术的发展，包括软件代码对动效支持能力的极大提升，出现了有快慢变化的动效曲线，后来还出现了可以自由编辑形状的动效曲线。笔者在华为工作时，华为的一个专门研发 UI 动效的技术团队就开发了一个可以由设计师自由编辑形状的贝塞尔曲线工具，直接将编辑完成后的曲线形状数据导出给研发工程师即可百分之百地还原动效设计。此时，动效开始有了节奏，UI 动效的节奏变化赋予了交互以更优雅、更丰富多样的体验。

如图 2-31 所示（动效详见【效果文件 / 第 2 章 /2-31】），这是几种不同的动画曲线呈现的动效。第一种是最常见的“快进—慢出”的曲线，节奏比较快，适用于高效率的 UI 转场；第二种是“平进—平出”的曲线，很柔和，比较舒缓、轻盈、优雅，适用于慢节奏的、对效率要求不高的 UI 动效，如手机游戏《纪念碑谷》中的很多动效就采用了类似的风格；第三种是“慢进—快出”的曲线，节奏是一种类似磁铁相吸的感觉，“啪”地一下完成，可以用在类似于两个 UI 元素的融合，或者一个 UI 元素消失退场等转场动效中；第四种是比较特殊的“慢进—慢出”的曲线，适用于两个 UI 元素之间的切换，前一个退场的 UI 元素动画曲线的起点是“慢进”，后一个进场的 UI 元素动画曲线的终点是“慢出”，二者共同组成整体的“慢进—慢出”的节奏。

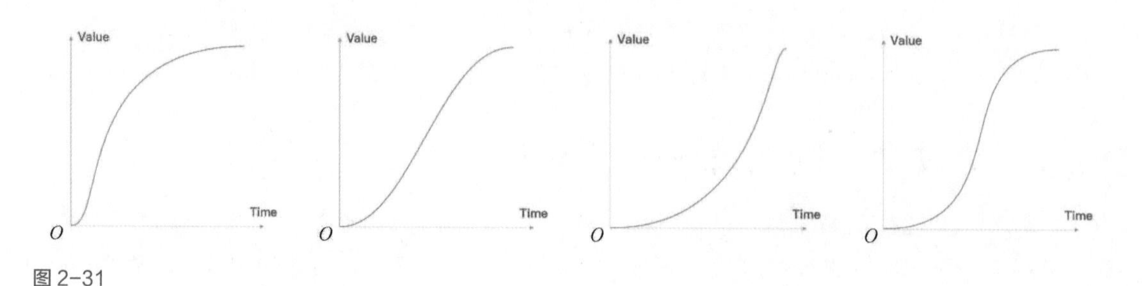

图 2-31

当然，同样的曲线类型通过对曲线形状进行微调可以衍生出无数种不一样的节奏感。例如，同样是“快进—慢出”的曲线，以贝塞尔曲线为例，起始节点的手柄长度是30%、15%，甚至5%，都是不同的节奏风格，如图2-32所示（动效详见【效果文件/第2章/2-32.mp4】）。

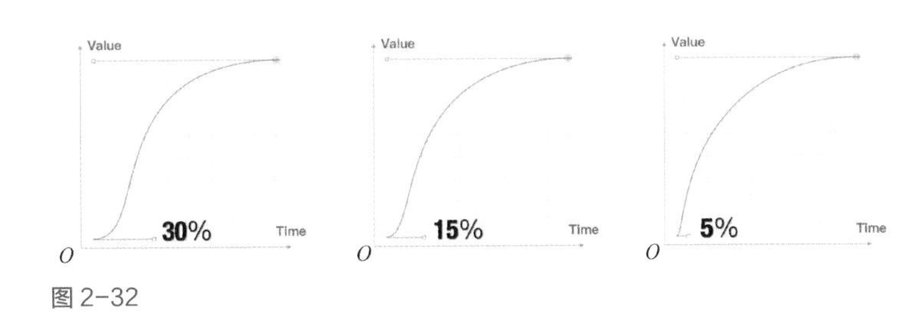

图2-32

当手柄长度是5%时，曲线节奏最为干脆利落，如果运用在UI转场中，那么相对更高效、快捷；当手柄长度是30%时，节奏由快到慢的变化明显，动感更强烈。

2. 像打节拍一样设计动效——多个独立子动效组合成的复合UI动效

在更复杂的UI动效中，页面中的多个UI元素同时进行不同的运动变化，整个页面动效是由多个独立的子动效组合成的。此时，不仅需要调整单个UI元素动效的一条动画曲线，还需要将不同的动画曲线协调到一起，组成整体动效。Material Design设计语言下的转场动效案例如图2-33所示（动效详见【效果文件/第2章/2-33.gif】）。

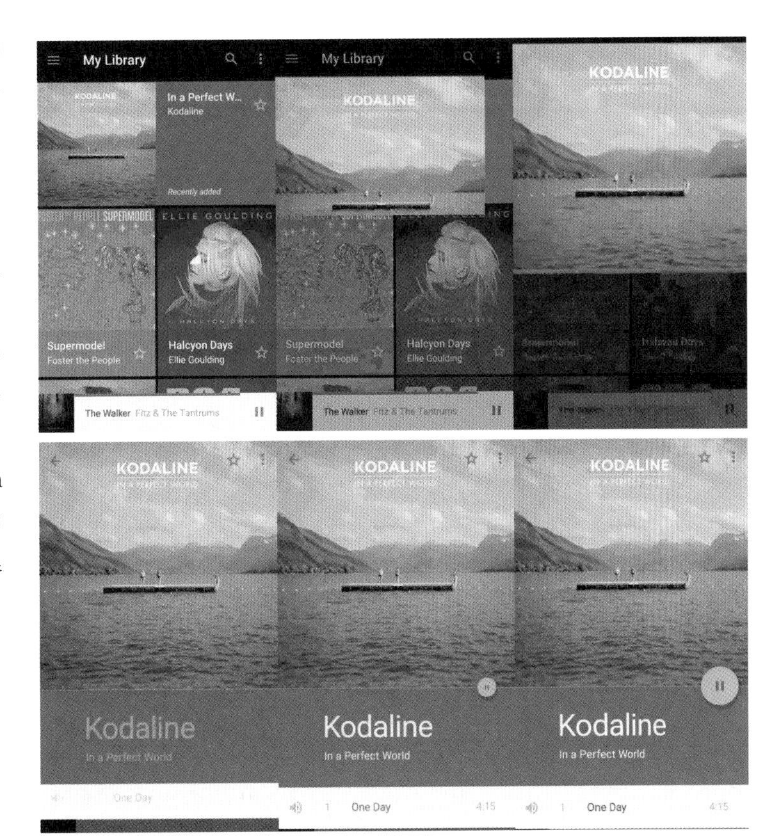

图2-33

这套转场动效由以下几个子动效共同组成。

（1）图片放大的动效。

（2）灰蓝色Bar（带“Kodaline”字样的Bar）从上往下生长出的动效。

（3）白色Bar从上往下生长出的动效。

（4）绿色按钮的放大显示。

这几个动效都有各自的动画曲线，从（1）到（4）的每个动效以大约几十毫秒的时间间隔依次延迟开始出现，最终统一在一个整体的节奏中，大致是"快进—慢出"的经典动画曲线节奏。其实，无论有多少个子动效，在设计时都需要始终关注以下两点。

第一，一般来说需要将每个动效按顺序以一定的时间间隔做依次延迟出现的节奏（以笔者长年的实践经验来看，这个时间间隔宜为 20 ~ 60 毫秒）。

第二，在设计各个子动效之前，设计师需要预设一个整体的节奏，整体是"快进—慢出"还是"慢进—慢出"，无须太过仔细地刻画每个子动效各自的动效曲线节奏，只需关注整体的节奏即可。另外，各个子动效的动画曲线形状不应当有明显的区别，基本上用同一种节奏的动画曲线即可满足需求。

多个子动效共同组成完整动效的节奏组合，有点像音乐歌曲的节拍，是一种难以描述的感觉。如果用语言描述 UI 动效的节拍，如有的是"嗒——嗒—嗒—嗒"，第一个界面元素用较长的时间进场，其他 3 个界面元素以"快—快—快"的节奏接连快速进场；而有的是"嗒—嗒——嗒"，两个次要界面元素以"快—快"的节奏快速接连进场，大的主体界面元素用较长的时间最终压轴出场。界面被分解成多少个独立运动的子元素，动效被分解成多少个子动效，就会有多少个节拍。只有依靠动效设计师自身的节奏感、经验，以及多次的微调尝试，才能实现各种理想的复杂的 UI 动效。

2.2.5 指尖的舞蹈——动效与交互动作的融合

多点触控屏交互为 UI 动效设计最重要的发展，并且发展出"手势交互动效"这样一类极具创新空间的实时互动 UI 动效类型。以前采用的是键盘交互或单点式触控屏交互，用户在执行一次操作后，才能看到界面产生的反应变化；如果采用手势交互，那么用户可以一边操作，一边实时地看到界面的即时反应变化，因此交互体验得以变得非常有趣。手势的种类大大突破了原来单调的"点击"、"双击"和"长按"寥寥可数的几种交互动作，增加了"滑、拖、滚、捏、扩、缩、放、转"等多种交互动作，动效设计师的创作空间大大拓展。

对此，笔者认为在多点触控屏交互体系中，最美妙、最具创意发挥空间的 UI 动效，是那种与交互手势紧密结合的 UI 动效，使用户的体验就像一个个静止的 UI 元素在自己的指尖起舞。

1. 单指手势的交互动效

下面以下拉刷新为例展开介绍。

目前，下拉刷新是很常见的普通动效，但是在推出 iPhone 和 iOS 之时，这是极具创新性的 UI 动效：一个极其简单的下拉拖曳动作，是多点触控屏基础的交互手势，配合跟手的实时动效，把"刷新"这种简单的交互逻辑变得极为简便、高效，并且在体验上富有趣味性、可玩性。随后，全球的设计师发挥无穷的创意，创作了很多种有趣的下拉刷新动效，为这个简单的交互逻辑贡献了大量创意。图 2-34 所示（动效详见【效果文件 / 第 2 章 /2-34.mp4】）是笔者曾经畅想过的几种下拉刷新手势交互动效的具体方案。

如图 2-34 所示，案例 A 将拖曳下拉距离值的变化对应沙漏的旋转变化，而当松手后，在刷新等待的过程中，沙漏做倒转计时的循环动画。

如图 2-34 所示，案例 B 将拖曳下拉距离值的变化对应上方水管的旋转角度的变化，当松手后，水管自动旋转到最大角度，并往下方的瓶中注水。

如图 2-34 所示，案例 C 是一个更有趣的下拉刷新动效，随着下拉拖曳，弹弓越来越紧，当松手后，将小球发射出去，打中标靶使其裂开，并且可以将标靶的位置设置为持续上下浮动，让弹弓弹射角度设置为可控：在每次下拉到弹弓绳达到拉伸极限后，再上下滑动调整角度，射到标靶的命中点也就不同。击中的命中点不同，小球裂开后展示的动效彩蛋就不同，把下拉刷新变成一个“迷你”小游戏。

如图 2-34 所示，案例 D 将下拉拖曳的距离变化对应吹大泡泡的行为，越往下拉，泡泡就越大，当松手后泡泡自动脱离软管上升，随之是新泡泡“吹出—脱离飞走”的循环动效。

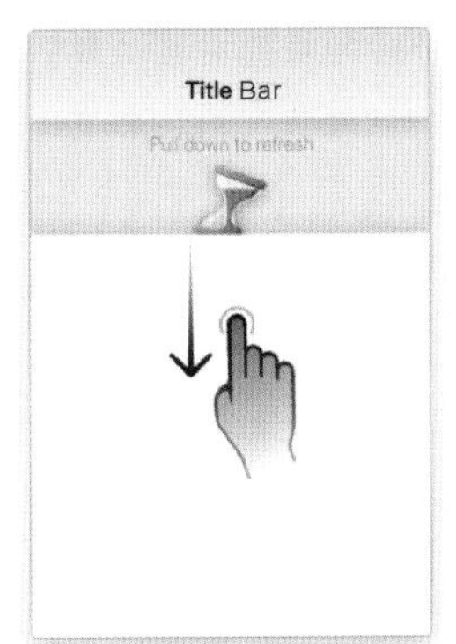

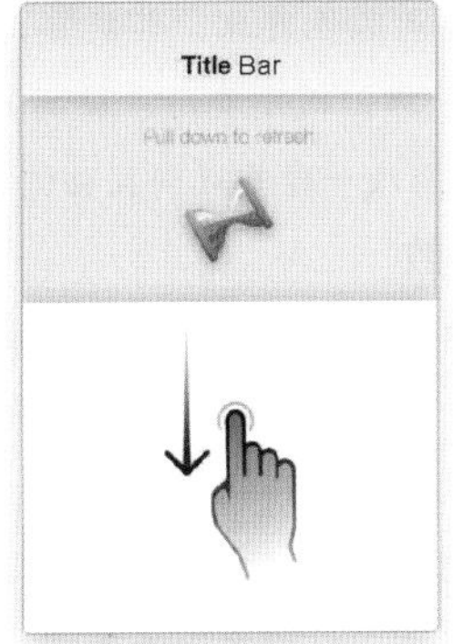

案例A：随着下拉拖曳，沙漏越来越倾斜；当松手后，自动倒转沙漏

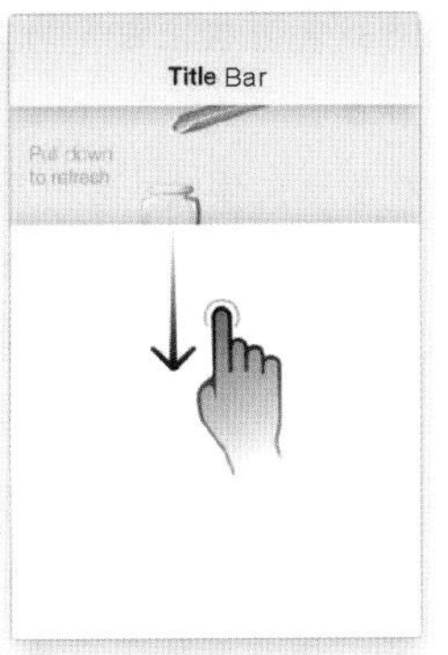

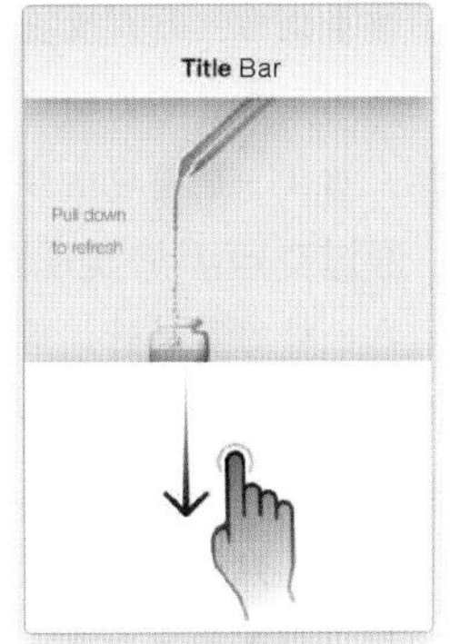

案例B：随着下拉拖曳，上方的水管倾斜并流出越来越多的水

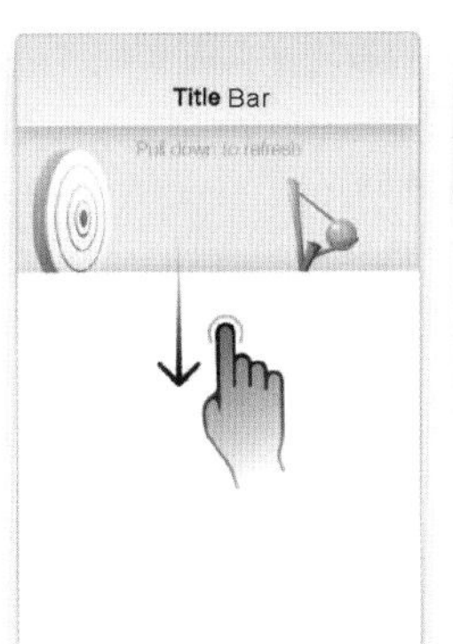

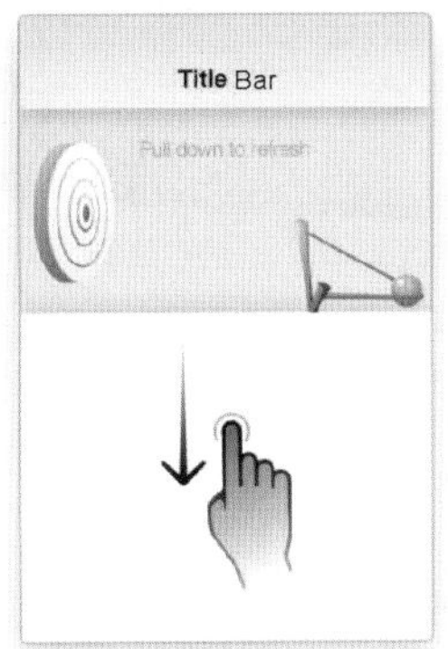

案例C：随着下拉拖曳，弹弓越来越紧，松手后发射小球命中标靶

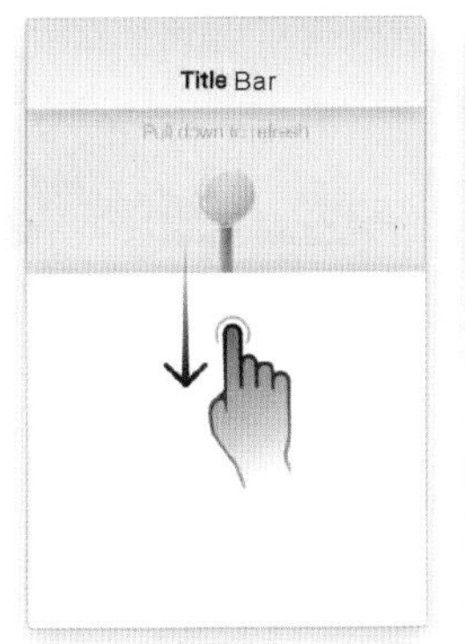

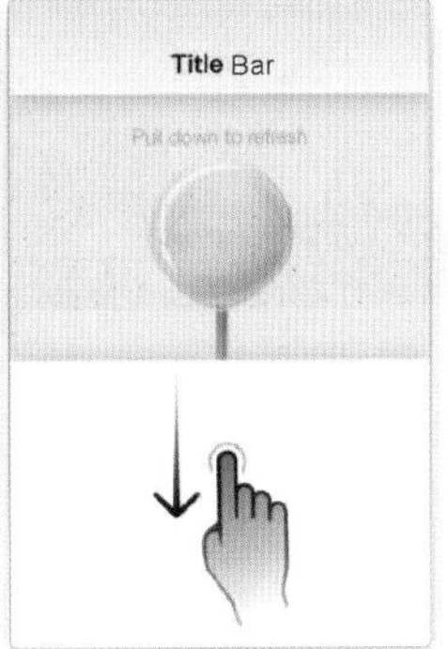

案例D：随着下拉拖曳，吹出的泡泡越来越大，当松手后，泡泡破散

图 2-34

下拉手势不仅可以与位移、旋转这样的基础动效相关联，还可以与任何一种可以跟手且持续变化的动效相关联。可以将大小缩放、尺寸长短、透明度的变化、图片模糊值的变化、发光亮度，甚至角色动画，以及爆炸、流体等动力学特效动画与下拉手势相结合。例如，往下拉可以控制一个角色一步步往前走，若停止下拉，则角色停止运动；或者往下拉可以控制一个粒子爆炸动效的展开，就像控制播放进度条一样，往上拉就是回溯爆炸动效，仿佛时间倒流；往下拉可以控制水的流动，一个瓶子越来越倾斜，随之倒出瓶子中的水，瓶子越倾斜，倒出的水也越多，流失得越快；往下拉还可以控制一根弹簧，越往下拉，弹簧拉伸得越长，若松手则弹簧被拉扯下来弹到地上再弹起。除此之外，还可以用下拉手势控制一个灯的旋钮开关，越往下拉，旋钮旋转角度越大，灯越亮。下拉手势用来控制绳子开关，则可以在向下拖曳到一定程度时点亮灯，这不失为一种有趣的交互体验。

如果纯粹从设计创意出发，那么设计师甚至可以将下拉刷新动效做成彩蛋，每次刷新都有不同的惊喜。另外，对于诸如电商类 App、金融类 App 和 O2O 生活类 App 等，还可以与节日营销活动相结合，每逢特殊节日或大促营销活动，可以定制主题化的刷新动效。动效设计师的想象和创意空间是无穷广阔的。

手势交互也赋予了用户一种极为高效的线性控制方法，像以往调音量、调亮度这种操作，需要一下下地按硬按键或界面按钮、图标等，有了移动手势交互后，直接在界面上滑动即可做简单快速的线性控制操作，并且调节的结果可实时响应手势移动的变化。与以往分段式的调节相比，这样的体验更流畅。

笔者认为，从广义上来看这种界面上跟手的无缝过渡线性变化，其实算是一种特殊的交互动效，这种动效不是像普通的动效那样自主“播放”，中途无法干涉，而是受用户控制进行“播放”的。如果进行类比，那么一个是看电影一样的单向体验，另一个是打游戏一样的双向互动体验。

2. 通过交互手势实现跟手的、可逆的页面转场动效

在一般的页面转场动效中，只能是一个不可逆的单向动效。用户执行一项操作，页面响应并发生场景切换的转场动效。在转场完成前，用户无法介入，只能等待动效“播完”完成页面转场，尽管等待时间一般很短。手势交互的出现催生了一种全新的转场动效设计——跟手的、可逆的页面转场动效。

如图 2-35 所示（动效详见【效果文件 / 第 2 章 /2-35.mov】），当用户将页面往上滑动时，一边滑动，一边缩小顶部的大图显示面积，图片开始变得模糊，同时下方内容面板的高度会增加，显示出越来越多的详情内容。当上滑距离达到一定值时，完成整个页面的转场。

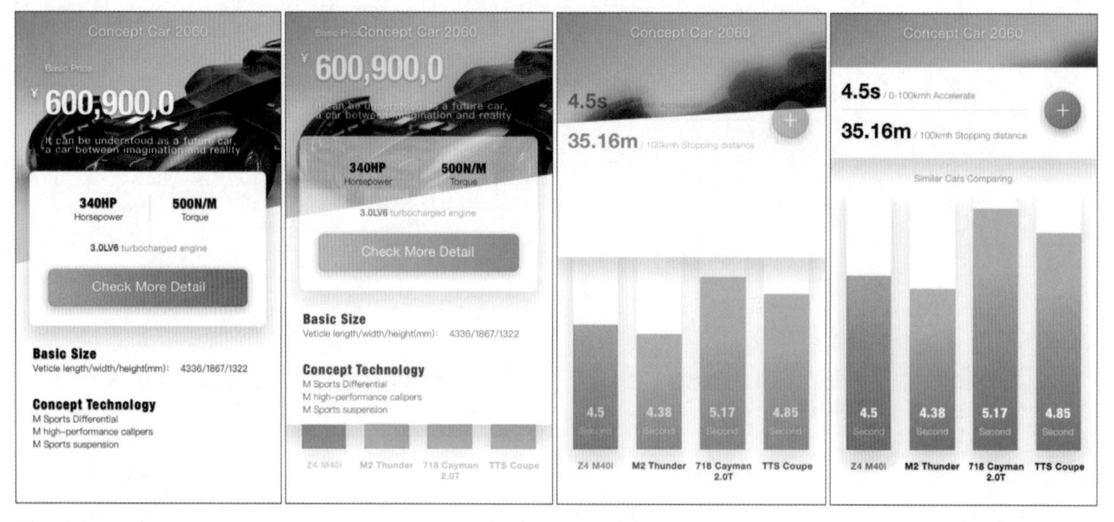

图 2-35

这个转场动效的进程完全由用户手势自主控制，并且是可逆的，这种可逆性可以带来某些场景下用户操作效率的提升。如图 2-36 所示（动效详见【效果文件 / 第 2 章 /2-36.mp4】），对于卡片类布局的页面，用户可以对每张卡片使用下拉拖曳手势进行操作，将卡片展开显示更多详情内容。如果将卡片中用户决策的关键信息放在最先显示的部分，用户就不再需要做【将每张卡片展开查看详情→返回→再切换查看其他卡片→直到找到自己所需的内容】如此烦琐的步骤。用户的操作体验得以大大简化，只需做几次简单的下拉就可以快速展开卡片详情的局部，因为在很多时候无须看到全部详情信息，凭借部分关键信息即可进行决策，如此便可大幅度提高效率。

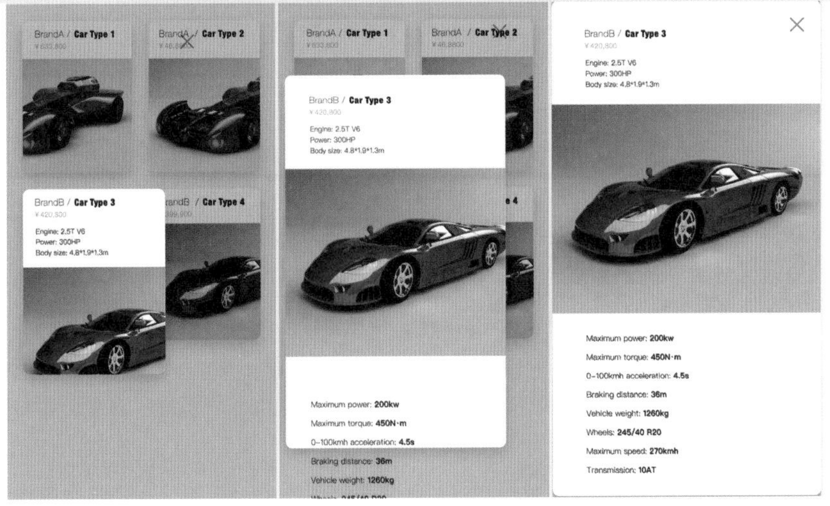

图 2-36

在如图 2-36 所示的案例中，用户快速地用下拉手势部分地展开卡片露出的部分关键信息，查看之后用上拉手势快速返回，当查看到左下角的卡片时，确认是自己所需要的，于是不再上拉返回，而是继续下拉，从而展开整张卡片的信息。利用手势交互动效设计，可以使用户查看多个对象选择决策的操作效率大大提高。

3. 多指手势与特殊“绘画”手势的交互动效

多指手势是多点触控屏带来的更具突破性的交互创新，可以衍生出更多以前完全无法实现的新的交互逻辑，如双指缩放图片和地图、双指上滑快速分享、双指下滑快速删除、双指旋转 + 缩放手势，以及对地图一边放大一边旋转，甚至可以做三指手势交互。更多的交互逻辑可以隐藏在手势交互中，而不必做成可见的 UI 元素，这样可以使页面设计变得更加简洁、清晰、好用。

在一个既有单指手势交互逻辑，又有双指手势交互逻辑的场景中，可以通过两者不同的动效来对各自不同的交互逻辑做可视化的区分，如图 2-37 所示（动效详见【效果文件 / 第 2 章 /2-37.mp4】）。单指上滑是滚动卡片内容，做常规的移动动效，而再加一个“双指上滑快速分享”的交互逻辑之后，当用户双指上滑卡片时，可以使用“内容上移 + 分享面板上移”的组合动效，以分享面板中显示分享路径选择图标，直观地展示出两个上滑手势的不同交互结果。

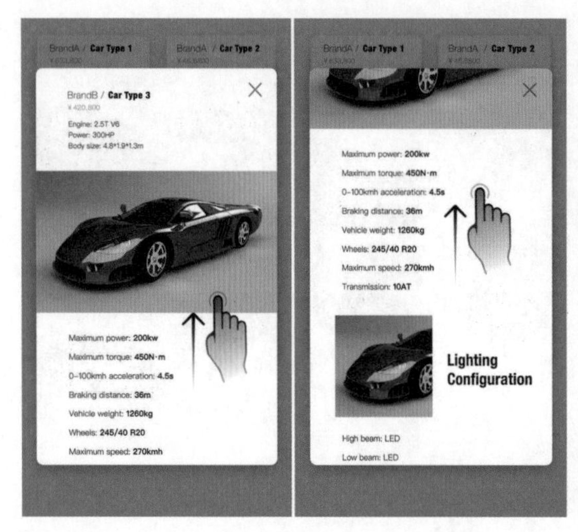

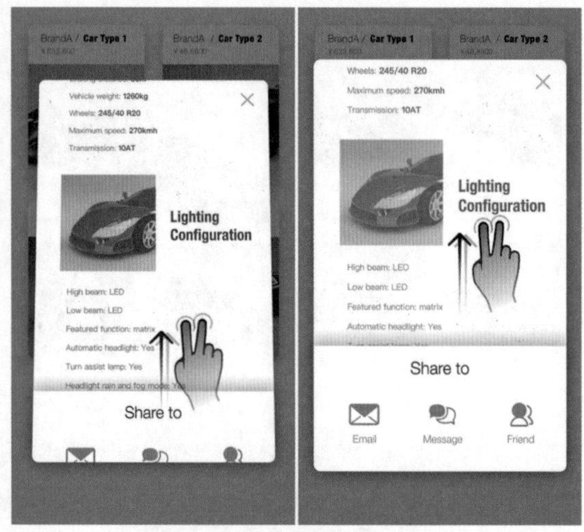

图 2-37

使用这样的交互动效，不仅可以提高用户的操作效率和手势交互体验的流畅性，还可以使界面更加简洁、优雅。

在很多产品的界面上，都可以通过引入多指手势交互来简化界面，那些不是很重要或使用频率不高的功能不必显示在界面上，而是隐藏在多指手势交互中。当然，笔者并不是提倡将所有的次要功能都用多指手势交互来承载，而是提倡 UI 设计师开放思路，从静态界面设计中释放出来，动态地考虑整个界面交互。一项功能是否一定需要用一个可见的图标、文字、按钮来显示呢？ UI 设计本身不是目的，用户和界面如何交互也不是目的，真正的目的是通过用户与界面的交互来解决问题，获取所需要的信息。而实现目的的路径可以有很多条。

除了用多指交互来隐性化地承载功能，还可以通过另一类特殊的手势交互（用手势画一个特定的形状）来实现特定的功能，笔者将其命名为“绘画”手势交互。这是另一种充分利用了多点触控屏硬件特点的设计，同样依托手势交互动效具现化。例如，在屏幕上滑动指尖画一个心形就是快速收藏功能；画一个“Z”字形，可以定义为重新编辑；画一个“L”字形，可以定义为将当前界面对象设为锁定查看；甚至可以开放由用户自定义快捷特殊手势。当指尖滑动时，同步出现沿着滑动轨迹绽开的光束动效，好像在黑夜中挥舞烟花棒画出的光之轨迹一样。依托动效，让用户的操作反馈实时显现，如图 2-38 所示（动效详见【效果文件 / 第 2 章 / 2-38.mp4】）。

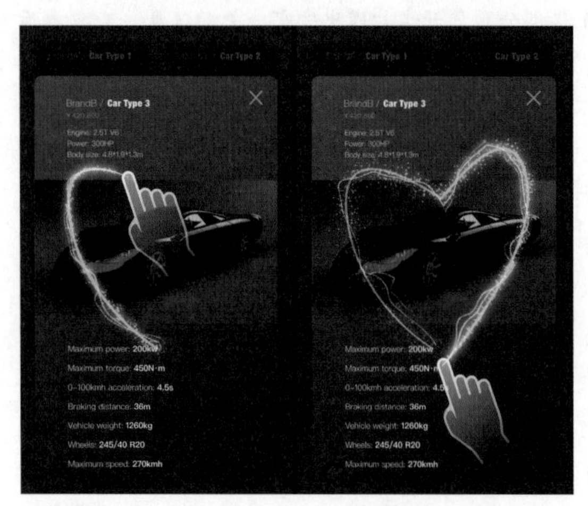

图 2-38

2012 年左右，华为 EMUI 在某款手机上实现了类似的功能，通过手势绘制一些简单形状来承载某些功能。特殊之处在于，EMUI 的手势使用的是指关节而非手指。当使用指关节手势控制功能时，用单指关节叩击两下表示快速截屏；用指关节画一个“S”形表示快速开启长图截屏，先滑动屏幕一段距离再用手指点击即可结束长图截屏；用双指关节叩击两下表示快速开启录屏；用指关节横向画线表示快速开启分屏模式。该功能推出后，极大地提高了操作效率，广受用户好评，所以一直沿用至今。

其实，这类动态交互手势强相关的功能应当由动效设计师提出和发起。动效设计师绝不只是“设计动效”，因为动效不是目的，而是手段。动效设计师应思考用动效能解决什么问题，提高自己的视角，从全局“俯视”用户体验流程，并且贯穿整个用户体验，从产品功能到交互，再到视觉，最终面向用户。

2.3　UI 动效设计的分类解析

笔者根据自己多年在不同产品上的 UI 动效设计经验整理了集中分类的维度，以及各自维度下不同的 UI 动效设计，基本上可以涵盖日常产品设计场景中所遇到的 UI 动效。不同类型的 UI 动效有不同的使用场景、不同的作用、不同的特点，以及不同的注意事项等基础理论知识。

2.3.1　根据交互动作划分

交互动作，是用户用来和设备进行交互的动作类型。前面提及，以手机这类个人移动电子设备为例，从键盘到多点触控屏，从单一的点击动作到更多的手势动作，用户与设备交互的动作类型更加丰富，界面的反馈响应形态也更加丰富和动态化，并且衍生出了与不同的交互动作相适应的各类交互动效。

1. 点击动效

点击（Click）是基础交互动作，无论是计算机端、Web 端、移动端，还是 VR/AR 设备，用户与设备的交互都离不开“点击”这个动作。执行点击操作，界面会立即产生响应反馈，或者是图标样式的变化，或者是字体的形态变化，又或者是面板的切换，乃至整个界面的转场。

笔者主要介绍的是一类点击反馈动效，是暂且不论点击之后状态、场景或页面如何切换，而是在用户执行点击操作时，界面给出怎样的动态反馈，使用户能够及时、有效地获得“操作有效”的反馈，这个反馈可以以高效为主，如最简单的“点击 UI 元素，浮现一层半透明暗色”动效；也可以从加强操作手感出发，如点击 UI 元素，该 UI 元素呈现后退、缩小的动效，好像被用户的手指真实地“按”下去，如图 2-11 中的“磁力场点击动效”；还可以从强调趣味性与制造小惊喜的设计思路出发，如手指按下去，界面像水面或布面一类的柔性材质表面一样产生涟漪、纹路等，或者点击一个图标，图标仿佛一个睡眠中的小动物被按醒了一样，为其设计一个惊跳反应的小动画。

有时点击动效是一个系统的整体动效设计语言的重要组成部分，就像 iOS 的基础点击动效，在被点击的 UI 元素上蒙上一层半透明的动效，作为一个统一的设计样式贯穿整个系统设计。在一套系统或一个完整的产品中，基础点击动效需要统一定义。

除此之外，点击动效不仅有普通的点击，还有长按动作、双击动作、华为 EMUI 的指关节叩击，以及引入压感技术后的用力重压动作。在 VR/AR 设备的界面中，通过手势识别技术，还可能发展出双指点击、三指点击等特殊的多指点击动作，以触发不同的功能和响应。如果将这些不同的点击动作进行细分，那么对应的动效也应当有细节上的区分：指关节叩击动效，应当更加“锐利”干脆、利落，节奏可以更快；较重力度的按压动效，应当有明显的线性变化，轻的按压力度和重的按压力度的动画效果应当有明显的区分，并且能够体现随着按压力度的增加，动效也相应地在某个样式、属性上变强的动态渐变特点；

双指点击动效，可以适当体现在同一时刻有明显的“双”的数量特征，又要避免过度繁杂的设计样式，三指点击动效同理；双击动作则不同，可以在不同时刻以合适的间隔节奏展现两次点击动效。

另外，动效设计师在设计点击动效时，尤其需要注意的是，不要忽略手指的遮挡，切不可让设计出来的动效在真正的交互体验中被点击的手指挡住。

这样来看，即使是基础的交互动作，动效设计师能做的也是很多的。

2. 拖 / 拉动效

拖 / 拉（Drag）也是一类手势交互动效，并且是一种可以持续执行的操作。笔者将拖曳、拉动均归类到拖 / 拉动效中。下拉刷新和拖曳页面进行转场切换的交互，以及视频类产品常见的滑动屏幕右侧区域调音量的交互等，都是触控屏类设备最基础交互动效之一。与其他交互动效相比，拖 / 拉动效及与之配合的交互动效，具有能够极大地提高交互体验流畅性和用户操作可控感的重要作用。

1）拖 / 拉动效的“可控性”、“可逆性”、“持续性”和“跟手性”

与点击动效相比，拖 / 拉动效具有“可控性”、“可逆性”、“持续性”和“跟手性”等特点，并且动效不是一次性“播放”出来的，而是被手势控制着以持续、可逆地展示出来的。在多点触控屏设备上，用户的拖 / 拉手势不仅可以用来执行基础的滑动长页面操作，还可以用来控制一些属性值的增减，如音量、亮度，在这些基础交互中，主要是页面的响应移动，以及属性值变化的可视化等简单的基础动效。除了这些基础动效，拖 / 拉手势也可以像点击交互一样用来触发新的页面转场、场景切换，或者触发某个结果，激活扩展出新的更多的 UI 元素。而拖 / 拉手势能比点击动作做得更多，如拖 / 拉对新界面、新的 UI 元素、新结果的触发，整个动态过程是用户可控且可逆的，这将为界面交互带来更多的全新设计创意和更高的体验流畅性，使用户对界面的“把控感”更强，并且对自己的行为结果有更加充分的信心。在用户体验和界面交互上，笔者认为用户对自己的行为结果是否有明确的期待和充分的信心，是影响体验很重要的一点。

图 2-39 所示（动效详见【效果文件 / 第 2 章 /2-39.mp4】）为拖曳列表项：首先向左拖曳，列表项被用户拖曳出【删除】功能按钮；随着拖曳距离越来越长，按钮上的垃圾桶图标的盖子打开角度越来越大，暗示“若继续滑动则将确认删除该项”的信息，如果觉得暗示不够，那么还可以渐显辅助文字；当用户明确自己要删除继续滑动时，列表项上原来的【删除】按钮区域转场切换为【确认是否删除】的选择，若向左继续滑动则明确删除，若向右滑动则取消删除。

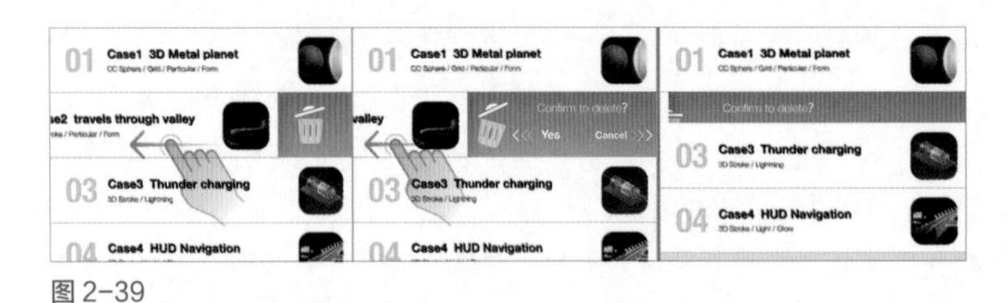

图 2-39

通过一个简单的拖曳手势交互和动效，便将【删除】、【提示确认是否删除】及【确认删除】3 个步骤融合在一个手势交互中，用户只需要使用一次，下一次便可快速地完成删除操作，不但可以提高效率，而且体验更加流畅，页面也不再需要频频弹出确认弹窗。在这个过程中，通过图标状态的跟手动态变化提示（垃圾桶图标的盖子旋转角度）和按钮整体切换转场动效的提示，用户对【删除 / 取消】操作的整个交互过程更具可控性，并且随时可逆。

图 2-40 所示（动效详见【效果文件 / 第 2 章 /2-40.mp4】）是拖 / 拉动效的另一个有趣的应用场景，也是一次更加激进的进一步提升用户操作效率的尝试。

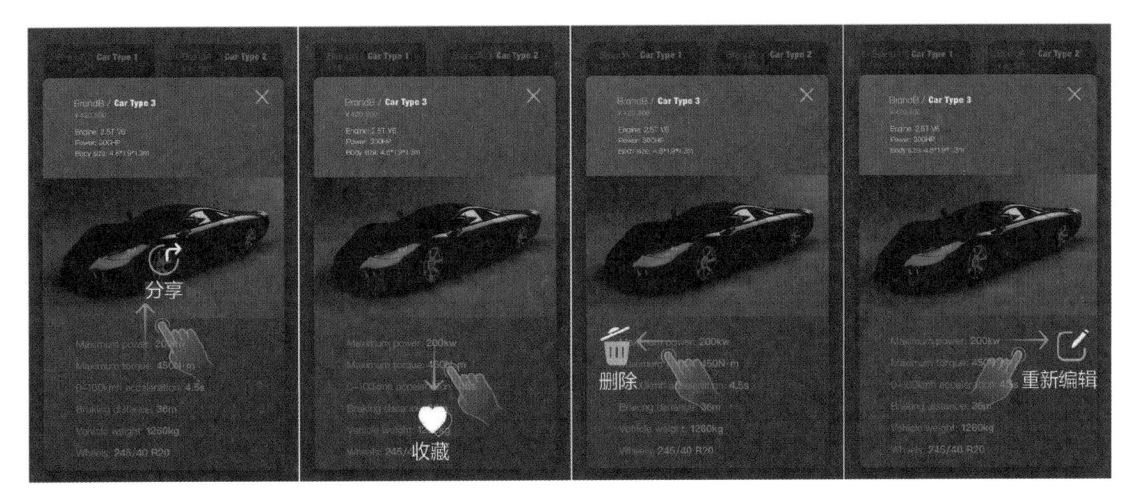

图 2-40

在如图 2-40 所示的案例中，用户向不同的方向拖曳会得到不同的功能指示，向上拖曳表示分享，向下拖曳表示收藏，向左拖曳表示删除，向右拖曳表示重新编辑，整个卡片面板可以变得极简、纯净。当然，在实际的产品应用中，这样的设计不一定合适，但作为创新概念探索，动效设计师应当走得更远一些。

上面介绍的是比较常规的交互动效案例，只是拖 / 拉动效在交互体验优化中所能起到的作用只是冰山一角，更多的作用还要等待动效设计师挖掘。动效设计师应当尝试走在交互和视觉的更前面去思考用户交互体验。

2）从现实中的动作寻找灵感

Drag，也就是拖和拉的动作，可以对应到现实中人用手拉拽弹力绳的动作，因此设计师可以将页面看作一个带有“弹性”的对象，使用拖 / 拉动作进行交互会发生很多有趣的创意。图 2-41 所示的案例（动效详见【效果文件 / 第 2 章 /2-41.mp4】）为发送文件动效，既不是用普通的点击动作触发，又不是用持续性的拖 / 拉动作触发，而是模仿了“拉开弹弓—松手发射”的动作：用户向下拖曳页面，出现【Release to Send】的文字提示，以及代表“发送”功能的纸飞机图标跟手旋转角度，此时用户松手，按钮上的纸飞机被“弹射”出去，与此同时按钮内出现一个打钩的图标，提示用户【邮件已被发送出去】。如此，发送邮件的操作不但变得富有趣味性，而且操作体验也比常规的“点击—发送”更加流畅。

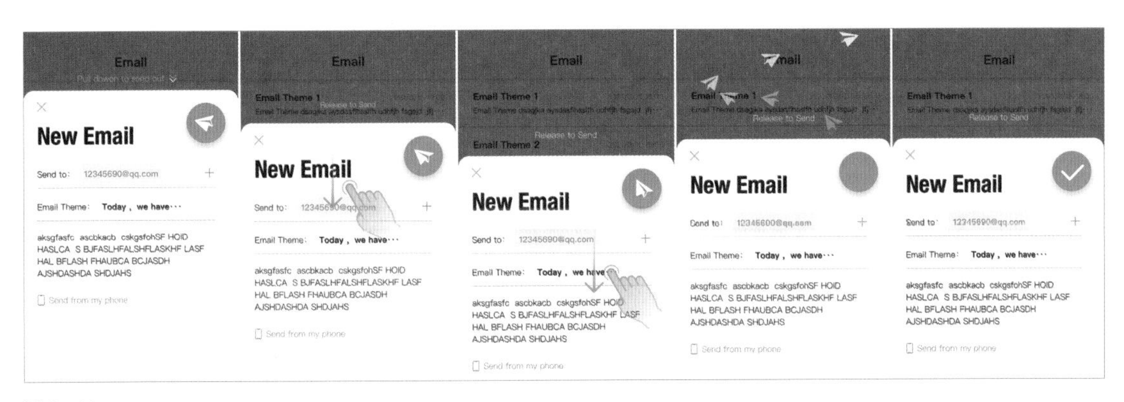

图 2-41

拖 / 拉动效模仿“弹性发射”不仅可以用来触发一项功能（除了【发送】，还可以应用在【删除】、【分享】、

【排序】和【打开 / 关闭】等场景中），还可以用来触发一个有趣的页面转场。如图 2-42 所示（动效详见【效果文件 / 第 2 章 /2-42.mp4】），用户向下拖曳页面，松手后弹出一张新的卡片，卡片弹上来时加上原来页面顶端“弹跳几次后停止”的动画细节，好像原来的页面就是一根皮筋，弹出卡片后就像皮筋被拉紧后松开一样在弹跳几下之后才停止，为一个常规的转场动效增添了颇为有趣的动画细节。

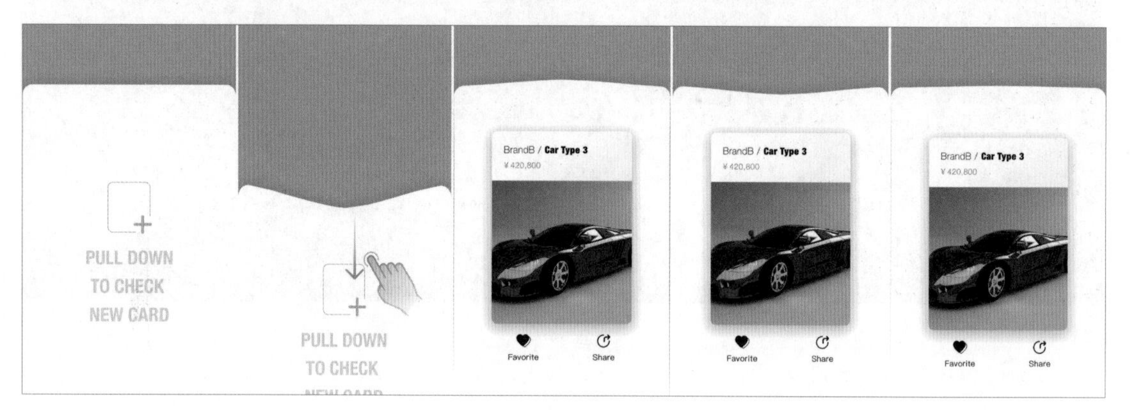

图 2-42

3）拖 / 拉动作与控制变量的动效

拖 / 拉动作还有一项其他交互动作无法承担的功能，即调整线性变量，如播放进度、音量、亮度、温度和风量等。在此基础上，动效设计师可以大开脑洞，畅想多样的拖 / 拉动作控制变量变化的交互动效。图 2-43 所示是一个趣味进度条动效，该进度条在初始状态下就是一个普通的长条矩形，当用户拖曳手柄调节进度条时，发现进度条居然是一根拉链，就好像是拉开拉链一样，具有令用户“会心一笑”的惊喜感。

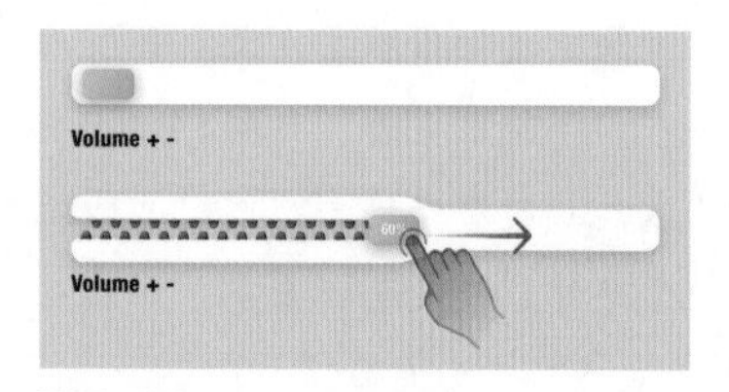

图 2-43

这个动效为一个简单的进度条交互埋下了一个彩蛋，用户施加拖 / 拉动作前后截然不同的对比十分具有意外性。笔者认为，在控制变量的交互动效设计上，施加拖 / 拉动作前后 UI 元素的变化对比，是设计方案是否创新、出彩的关键所在。在这个案例中，用户拖曳前“平淡无奇”的状态和用户拖曳后的“进度条原来是拉链”的对比具有意外性。那么还有哪些能令用户“会心一笑”的意外对比呢？

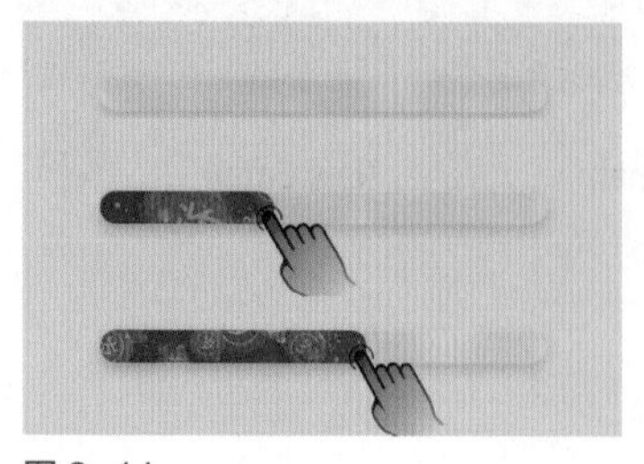

图 2-44

同样，还可以从生活中寻找灵感。例如，一块蒙着水雾的玻璃窗，用手抹开以后，透过玻璃可以看到怎样的风景呢？可以把进度条设计成一块长长的玻璃窗蒙着水雾的效果，当用户拖曳进度条进行调节时，会发现被手势划过的区域内将呈现不同的画面视觉，可以是产品的营销广告画面，也可以是树林、花丛、大海、天空、云朵、火焰等自然景观画面。这项动效设计可以与某些产品的节日营销和活动运营结合起来进行有趣的呼应，每逢特殊节日或大促活动，普通的进度条在用户使用过程中会出现与当前节日活动相关联的视觉元素，这不失为一种自然而又颇有小惊喜的氛围营造手段，如图 2-44 所示（动效详见【效果文件 / 第 2 章 /2-44.mp4】）。

还可以把进度条设想为一块橡皮泥，当用户拖曳时，好像橡皮泥被手指压扁了一样，进度条上被手指拖曳过的区域变宽，再加上适当的立体视觉效果变化细节，进一步强化前后对比，呈现按压橡皮泥的真实感。如果再引入压感技术，那么可以根据不同的按压力度产生细腻的宽度变化，如图 2-45 所示。

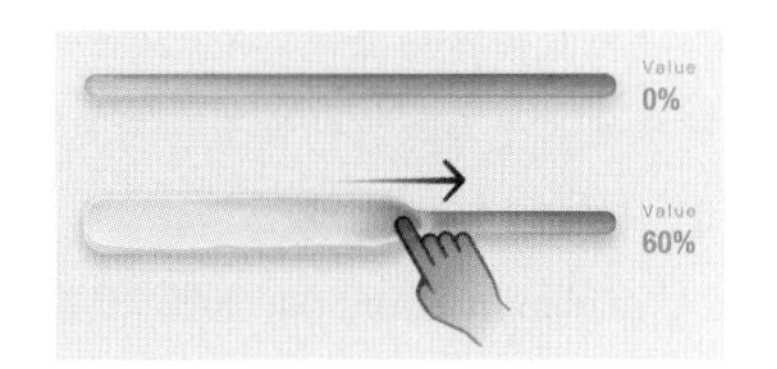

图 2-45

当然，以上的讨论和案例都基于直线的拖 / 拉动作。从广义上来说，笔者认为可以把“旋转”归类到拖 / 拉交互手势中。旋转手势可以用在圆形控制面板上，如可以用于调节计时器、调节时钟或调节温度等。

总的来说，动效设计师可以从用户在界面上进行“拖曳之前”、“开始拖曳后”及“正在拖曳中”3 个阶段界面动态变化和前后对比的角度来思考拖 / 拉动效设计，思考如何营造一个既具有视觉张力，又可以增强体验流畅度的动态对比。交互前后的对比变化是拖 / 拉交互动效设计是否精彩的关键，也是创作出能令用户“会心一笑”效果的诀窍所在。

3. 滑动动效

从交互动作的定义来说，用滑动（Slide）应该是相对合适的。拖 / 拉是持续性的动作，滑动则是像点击一样的一次性动作，可以用“扫一下”或“滑一下”来形容其动作状态。因此，和点击一样，滑动也不是跟手的、可控的动效，而是用户执行动作后“播放”动效的模式。

滑动动效的特点包括以下几点。

1）滑动动作的方向性

滑动动效通常用于“翻页”和“切换”这样的交互场景，用来切换不同页面、不同状态和不同场景的转场，既可以用于整体的页面切换，又可以用于局部细节的图标切换。当用户执行滑动交互手势时，动作本身是具有方向性的，如向上 / 向下滑动、向左 / 向右滑动，但随之出现的转场动效并不一定要有方向性，用户左右滑动，卡片本身使用渐隐渐现的过渡动效也可以做到自然流畅的体验，并非一定要用同样对应动作的左右移动式切换动效。

但如果设计师决定使用带方向性的转场动效，那么必须和用户动作的方向一致。

2）滑动动效中的“惯性”与“弹性”

滑动动效可以引入现实物理现象惯性和弹性，以增加动效的生动性与趣味性，如图 2-46 所示（动效详见【效果文件 / 第 2 章 /2-46.mp4】），当用户“刷”地一下滑过界面，UI 元素在移动或旋转之后，动效设计师再加入惯性的动态细节，UI 元素移动超过位置一小段距离再回来；在多个 UI 元素切换的场景中，还可以进一步加入“黏滞惯性”的动效，多个 UI 元素延迟若干时间间隔依次启动，好像现实中当带动一个柔性物体时，后半部分会因为静止惯性而延迟运动一样；若加入弹性，则 UI 元素在运动之后再弹跳几次，这与上面介绍的拖 / 拉动效类似。

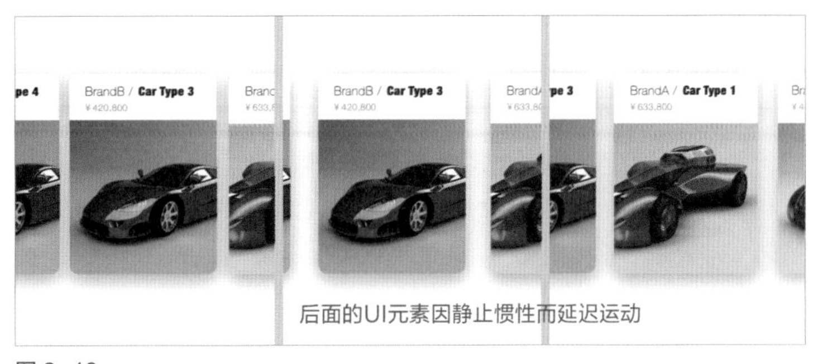

图 2-46

带有惯性和弹性的 UI 动效好像传统卡通动画中的角色动作一样，这个细节可以增加动态的真实感和趣味性，使冷冰冰的像素仿佛也有了性格。

4. 捏合 / 扩张动效

Zoom in/Zoom out 即捏合 / 扩张的手势，这也是基于多点触控屏的硬件基础发展而来的全新交互动作。笔者在 2008 年左右刚了解 iPhone 和 iOS 时，首先被以捏合 / 扩张动作进行缩放图片的交互动效所吸引，当时大家普遍还在使用键盘手机，即使是键盘手机中较便宜的产品，也远不如现在的智能手机用得广泛。用手势直观控制缩放图片的交互模式从科幻电影被搬到了现实中，笔者认为 iPhone 和 iOS 选择的是最合适的方式来展示在交互模式上的革命性优势。

捏合 / 扩张动效和缩放动效不但成为查看图片、页面、文档的标准交互模式与动效，而且被广泛运用到地图导航产品中，地图就是一个庞大的“世界”，没有什么能比直接用手控制一个“世界”更酷了。捏合 / 扩张从最初的双指捏合 / 扩张动作，发展到可以做三指、四指乃至五指的捏合 / 扩张动作，这尤其适用于平板类大尺寸触控屏设备。在一些平板电脑中，可以用五指缩放动作快速返回桌面。

而与捏合 / 扩张相配合的动效，基本上属于缩放型的转场动效，非常简单、直观。当然，动效设计师依然可以发挥自己的创意，为普通的缩放交互和转场动效增添亮色。例如，将五指捏合动作使用到像“多选删除”或“多选集合”这样的场景中，在选中若干图标或缩略图之后，直接执行五指捏合动作，为其设计一个“多个图标以一定的延迟间隔依次聚合到手指所在区域”的转场动效，将所有图标快速归拢到一个文件夹中，或者归拢到一起之后再移动，这样的操作体验比“先多选，再拖曳至目标位置”的交互模式更酷、更流畅，并且提高了操作效率。图 2-47 所示（动效详见【效果文件 / 第 2 章 /2-47.mp4】）为五指捏合手势，多个图标像磁铁一样快速聚合，并利用五指手势自身的特殊性可以定义一个“快速自动生成文件夹”的特殊手势交互逻辑。

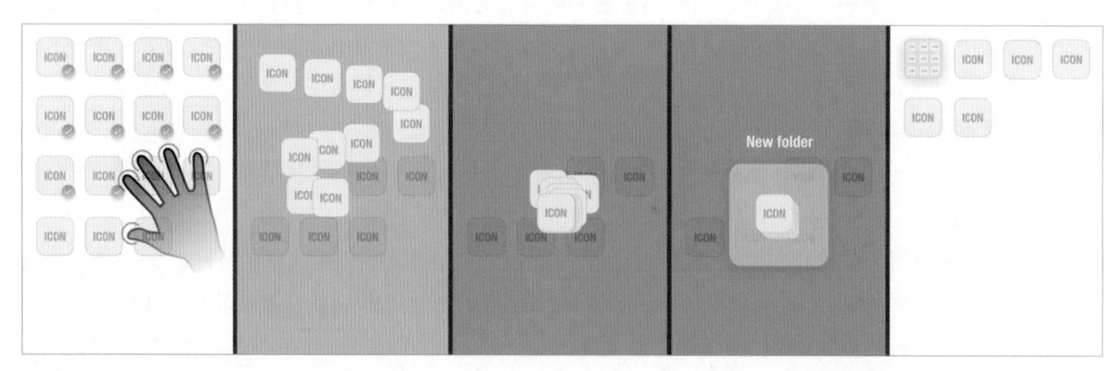

图 2-47

其实，这个手势也可以从生活中找到灵感。平时在收拾桌面时，就是用双手将不同的物品归拢到一起，只是在触控屏将双手换成了手指。在现实生活中，还有哪些可以为设计捏合 / 扩张动效所用呢？不必局限于狭窄定义的放大缩小和扩散归拢，只要是从广义上的“大”到广义上的“小”的变化，都可以作为设计参考的灵感。例如，折叠纸张是将一张大纸折叠缩小，可以以此为参考设计捏合 / 扩张动效，如图 2-48 所示（动效详见【效果文件 / 第 2 章 /2-48.mp4】）。

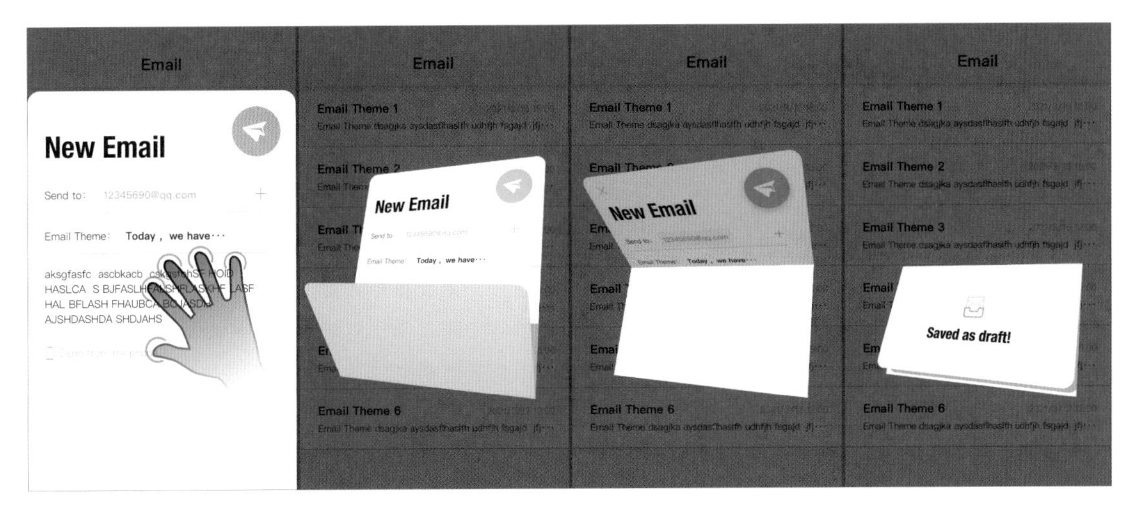

图 2-48

笔者是将其用在“新邮件存草稿”的交互上，在编辑邮件之后，暂时不发送，先存储为草稿保存到发件箱中，再使用特殊的多指捏合动作配合类似于折叠纸张的转场动效，将当前邮件编辑面板“折叠缩小”为小卡片，寓意为“存为草稿”的小卡片飞向左下角的发件箱图标，并返回邮件列表。原来普通的点击按钮的操作，通过动效创意可以变为富有生活气息的趣味体验。

5. 悬停动效

悬停（Hover）其实是计算机端鼠标交互模式和键盘手机交互模式特有的交互动效，即在“点击 / 确认”和“未点击 / 未确认”之间存在的一个中间状态，当鼠标移动到目标区域但未点击，或者 Focus（聚焦框）移动到目标区域时会展示的动效，可能是改变目标 UI 元素的样式，也可能是出现新的 UI 元素，还有可能弹出各种帮助提示。

悬停动效具有以下几方面作用：第一，明确提示用户当前聚焦选中的目标是哪一个，以动效来强化这种提示；第二，可以充当辅助用户学习的助手，使用弹出提示的动效为用户操作提供帮助，并将更丰富的信息隐藏在界面之后，不占用宝贵的屏幕空间；第三，用户无须用“点击确认”这样比较“重”的交互动作，只需要轻轻“滑”过去，这样便可为悬停动效赋予隐蔽特性和某种意义上的“半主动激活”特性，从而为用户创建种种意外的惊喜感，以及用各种富有创意的悬停动效为交互体验增强趣味性；第四，在网页设计中，经常将悬停动效同时作为自动弹出新的面板、菜单栏等的出场动效，如图 2-49 所示（动效详见【效果文件 / 第 2 章 /2-49.mp4】）。

图 2-49

在进入触控屏时代之后，计算机端保留了鼠标交互模式，悬停动效依然作为一类主要的交互动效，但在触控屏上基本不再需要悬停动效，因为只有点击确认和未点击确认两种状态，不存在中间状态。在进入 VR 和 AR 时代之后，悬停动效再次回归，因为在 VR/AR 的交互模式中，同样存在处于点击确认 / 未点击确认之间的中间状态，需要悬停动效。关于悬停动效，第 5 章和第 6 章会详细讲解，这里仅简要介绍。

6. 倾斜、旋转、甩动手机的动作与“重力感应”相关动效

在刚推出 iOS 7 时，有一个名为视差（Parallax）的动效，即桌面和锁屏壁纸会随着转动手机机身而发生位移，仿佛和前面的桌面图标不在一个空间中，有了神奇的立体空间效果。这种动效的触发，不运用触控屏、键盘、鼠标、语音控制等常规的交互方式，而是只需要“转动倾斜手机”这样简单的动作，壁纸就会产生立体的视差动效，动效本身与用户动作极其自然地融合在一起，并且这种动效与转动手机机身动作的关联符合人类自然心理认知预期，笔者认为这是令人拍案叫绝的动效设计。

视差动效离不开手机内置的重力传感器的支持。这个重力传感器催生了一种全新的交互动作：简单地倾斜、转动手机机身可以与屏幕界面产生很多有趣的互动体验，视差动效就属于其中非常有创意的一项设计应用。触控屏设备的横 / 竖屏自动切换动效是像润物细无声般无处不在的基础动效，也是对重力传感器的运用。

有了这个重力传感器，甩动、倾斜、转动设备机身的动作，都可以用来触发特定的交互和动效。除了视差动效和横 / 竖屏切换动效，还可以催生一些其他有趣的动效创意。例如，当选中了多个对象需要删除时，可以快速倾斜一下机身（就像“甩一下”的动作），设计一个“被多选 UI 对象聚合后掉落出屏幕”的动效，像平时倒垃圾一样将这些对象删除，这比一般的点击按钮更有趣。又如，可以将来回甩动转动机身的动作定义为“快速自动整理、对齐多个 UI 对象”的交互，配合“当前页面上的多个 UI 对象自动排列整齐”的动效，这种体验比手动整理更高效、更流畅。

2.3.2 根据交互功能与场景划分

根据交互功能和场景不同，笔者将 UI 动效划分为以下几大类。

（1）列表类动效。

（2）网格类动效。

（3）卡片类动效。

（4）图标 / 按钮类动效。

（5）发送类场景的动效。

（6）新建类场景的动效。

（7）加载 / 等待 / 扫描类场景的动效。

（8）展开（菜单）类场景的动效。

（9）删除类场景的动效。

（10）切换类场景的动效。

（11）弹窗 / 提示 / 弹出 / 消失类场景的动效。

（12）输入（文字）场景的动效。

笔者当年在华为工作时，为 EMUI 制定了第一套动效设计规范，当需要对整个系统的动效进行归类整理时，大致也使用这套规范。因篇幅所限，笔者仅对几个有较大动效设计创意发挥空间的类别展开详

细讲解，主要是列表类动效、网格类动效、卡片类动效，以及发送类场景的动效、删除类场景的动效、加载 / 等待 / 扫描类场景的动效、切换类场景的动效。

1. 列表类动效与网格类动效

列表式布局和网格式布局都属于对样式相似的 UI 对象进行界面布局的常见的基础设计，如以文字类信息为主的适合设计成列表，以图片信息为主的适合设计成网格。这两类布局在动效设计上也具有较多的共通性，因此笔者把它们放在一起展开介绍。

1）列表和网格的整体转场

列表界面和网格界面在内容进场、退场、切换及移动时都适合使用“延迟”样式的动效，即界面中的多个 UI 对象不以同一节奏统一运动，而是时间间隔具有规律，形成时间 + 空间上的双重层次感与节奏感，如图 2-50 所示。

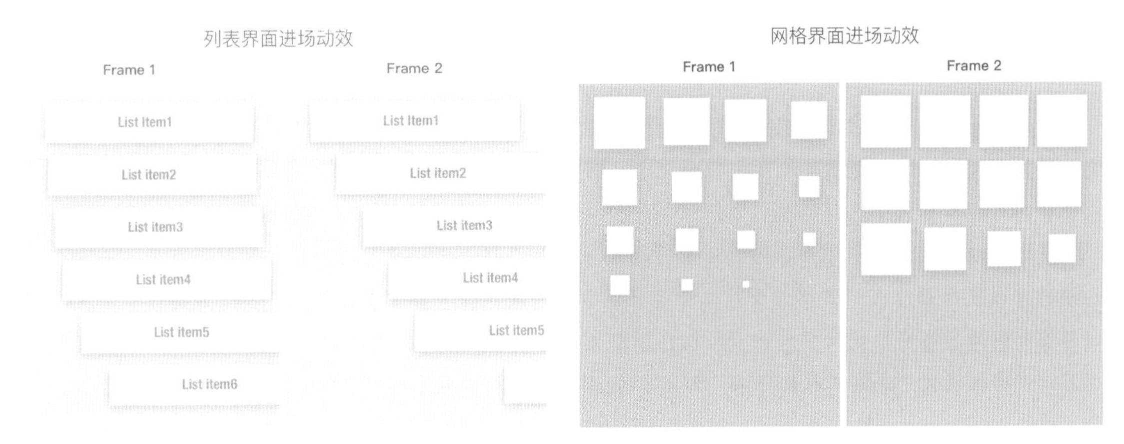

图 2-50

这类动效的应用非常常见。除了案例中提到的移动和缩放动画，透明度隐现动画、旋转动画和遮罩动画等其他动画运动形式均可运用在这类规律间隔延迟动画转场中。

2）列表和网格的个体单元动效

对于列表项和网格项的个体，可以有点击、选择、翻转、滑动、展开和扩展等多种动效，动效设计师可以尽情发挥创意。在点击列表项 / 网格项时，常见的动效有改变透明度、改变颜色、增加样式（如增加阴影）、缩小等几种形式，而微软的 Metro UI 则将旋转、倾斜作为被点击的动效。有时动效设计师也可以反向思考，点击动作为何一定要对应“按压”呢？为什么不能是“吸引”呢？当手指接触屏幕时，屏幕中的列表项 / 网格项被“吸引”起来。笔者早年在设计 EMUI 4.0 的动效时，曾经受公司委派前往美国与旧金山湾区的一家设计公司合作。在合作期间举办了若干场设计研习会（Workshop），当时大家将磁力（Magnetic）作为 EMUI 4.0 的核心动效设计语言，在进行概念设计的发散头脑风暴时，就想到了当用户点击列表时列表项个体会放大，就好像列表项被“啪”地吸到了手指上，如图 2-51 所示（动效详见【效果文件 / 第 2 章 /2-51.mp4】）。需要注意的是，其中被“吸”起来的列表项的阴影会随着列表“抬起”发生变化。

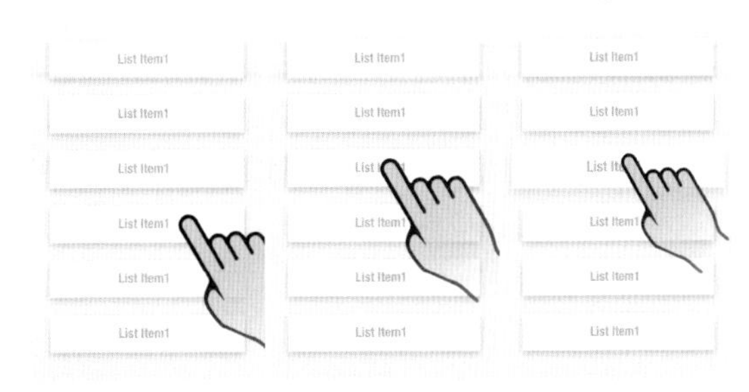

图 2-51

而在列表 / 网格展开过渡到整体页面的转场动效中，可以多参考 Material Design 的 Visual Continuity 和 Meaningful Transition 两条动效设计原则。动效的核心作用是串联个体单元与整体页面之间的关系，为用户清晰地传达“从哪里来，到哪里去”的交互路径。

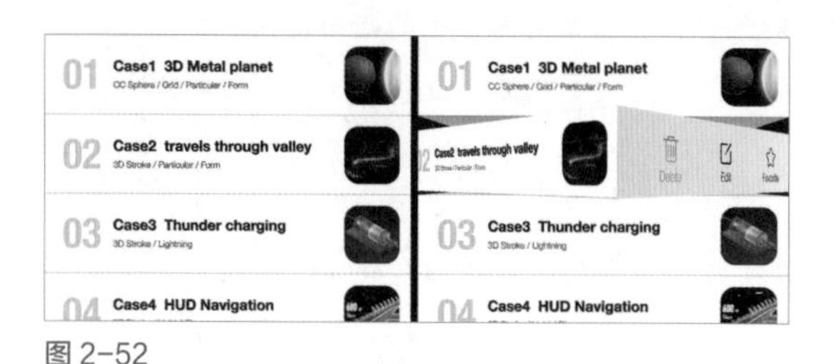

图 2-52

当用户滑动列表项 / 网格项时，常用“列表 / 网格展开更多的隐藏选项和内容”的动效，这一部分可以参考前面拖 / 拉动效部分的内容。除了二维动效，还可以使用 3D 动效，如图 2-52 所示（动效详见【效果文件 / 第 2 章 /2-52.mp4】），列表项其实是一个立方体，用户滑动列表项就好像翻转立方体一样，翻转到另一面展示更多的功能操作。

虽然如图 2-52 所示的案例中是列表项个体的动效，但举一反三，网格项个体的动效设计其实是共通的。

2. 卡片类动效

卡片式设计在当前 UI 动效设计中运用得越来越多。可以将卡片看作一种形式更复杂、包含信息更丰富多样的“大网格”。通常的卡片中包含文字、图片、图标、按钮等多种 UI 元素，所以其动效样式也可以设计得更加丰富多样。

从转场动效来说，卡片到整体页面的转场最好能保留部分卡片原有的元素贯穿前后页面，如卡片中的图像可以从局部放大到整体，卡片的背景可以放大过渡到作为整体页面的大背景，或者图标、文字标题等都可以通过改变位置的方式在不做切换和消失的情况下，从卡片过渡到整体页面。卡片中的 UI 元素都可以在转场动效中起到串联的作用，如图 2-53 所示（动效详见【效果文件 / 第 2 章 /2-53.mp4】）。

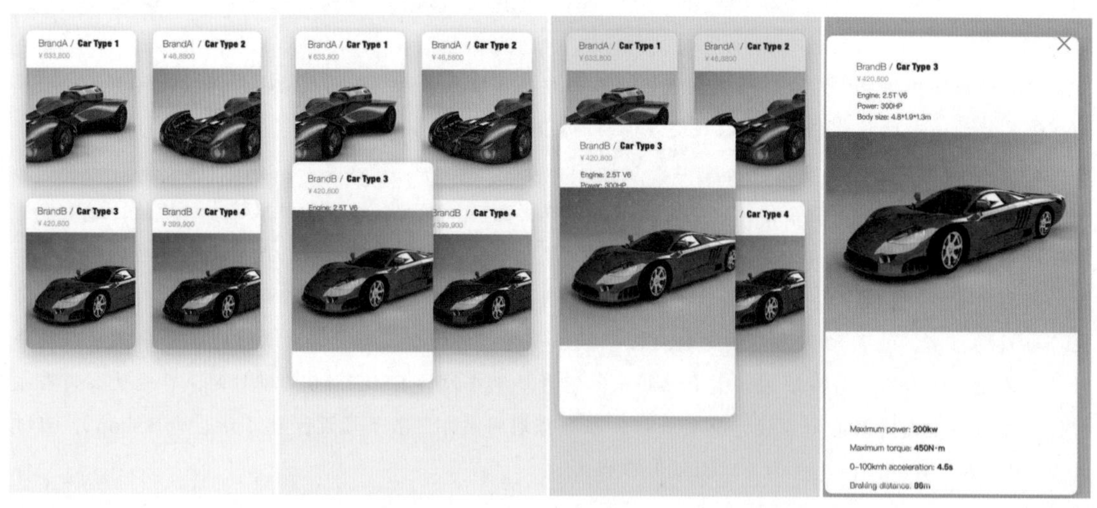

图 2-53

从卡片个体动效来说，通过交互手势动效（不需要大的转场动效）即可快速展开查看卡片的更多详情信息，前面在介绍拖 / 拉动效时已经提到过，读者可以翻看如图 2-36 所示的案例。卡片可以通过交互动效来大幅提高使用中的效率。

由于卡片自身内容比较丰富，并且卡片布局具有多样性，因此在做整体的进场、退场和切换动效时，也可以做出更丰富的动效层次感，不但视觉设计是有层次的，而且动效设计也是有层次的。例如，卡片自身整体的运动节奏、时间间隔等的变化，以及卡片内部的元素（如图片、按钮、文字等）可以随着卡片组整体运动，并且有自身的动画运动变化，就好像一辆运动中的汽车，车内的乘客也可以有自己的动作变化，可能是惯性的原因，也可以是出于乘客自己意志的主动动作。如果将卡片看作汽车，那么卡片中的UI元素就是乘客。当然，还要注意整体动效与局部动效的协调配合，如图2-54所示（动效详见【效果文件/第2章/2-54.mp4】），卡片在切换移动时，卡片内部的图片也在做小幅度的位移，就好像惯性，汽车停下时乘客的身体依然会前倾。将卡片整体运动与内部元素的局部细节动效进行配合更加有层次感。

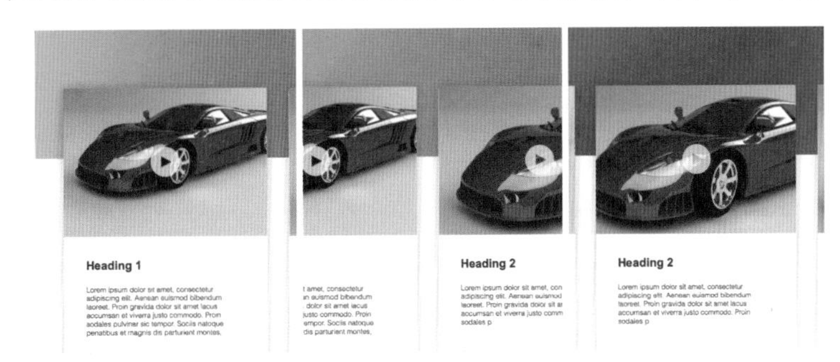

图2-54

在案例动效中，粉色汽车卡片整体移动完成后，卡片中的汽车图片在继续移动一段距离后方才静止，不但丰富了动效层次感，而且卡片中有一定的立体视觉效果。

3. 发送类场景的动效

“发送”这个动作很常见，在使用微信聊天时会重复使用“发送”操作发消息、发表情、发语音、发图片/视频、发位置和发邀请等。从早期的iOS开始，发送动效就有一个经典且精美的一直沿用至今的设计：点击【发送】按钮后，在输入框中编辑的信息就好像“凝练”到了一个对话气泡中，并且跟随气泡一起发送出去，只不过视觉效果从拟物化风格时期的水晶玻璃材质气泡变为目前的扁平化风格，但动效的本质一直没有变，如图2-55所示（动效详见【效果文件/第2章/2-55.mp4】）。

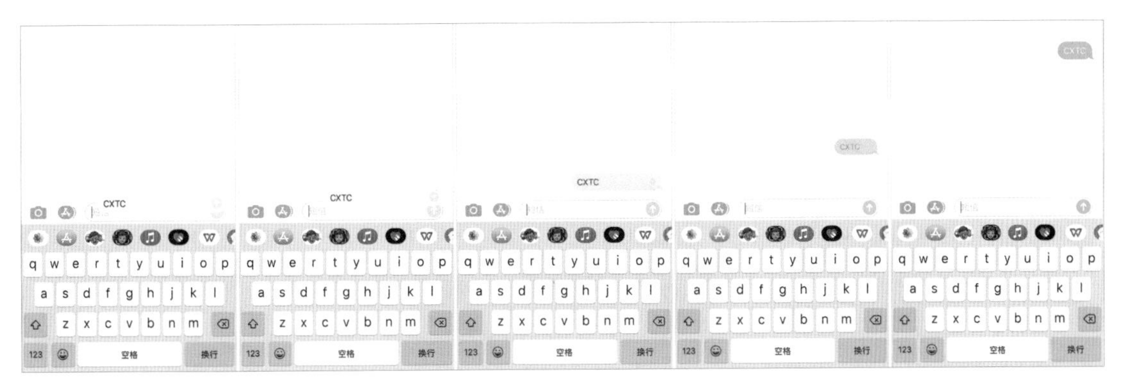

图2-55

从动效的功能指向性和视觉效果来说，上述动效都恰到好处。笔者认为最早设计这个动效的设计师的创意的妙处并不在于气泡移动到聊天记录页面上，而是在前半段把信息“凝练”到一个气泡中的动画过程。这个动效可以运用到任何发送类场景中，任何一种“发送”行为都像生活中发快递一样，先将信息“打包”起来再发送。在“打包”过程中，这个动效传递给用户的是一种清晰的信号，表明确实成功地发送了用户需要发送的信息，这种对操作结果的明确反馈，是用户体验设计中的基础原则。在这个基础上，动效设计师可以围绕“凝练”与“打包”的核心点来发挥更多的创意，由此就能做到万变不离其宗，始终保证动效设计的功能指向性。

图 2-48 中的案例是邮件发送的动效，其创意的核心在于打包信息的过程——使用捏合手势触发的是模仿“折叠”信纸的动效。

另一个“发送”场景的动效案例如图 2-41 所示，虽然看似整个动效的创意核心在于纸飞机弹射出去的动画，但其实前面使用拖曳手势向下拖曳页面“蓄力”使纸飞机旋转方向进入待弹射状态，这个用拖曳手势“蓄力”的创意才是产生该动效创意的关键。其实，可以将这个“蓄力”过程看作“打包”信息的过程。

4. 删除类场景的动效

删除类场景对应的含义可以是消失、消散、湮灭、消灭和粉碎等。删除类场景的动效设计可以从这几个含义切入，如透明度渐隐、位置挪走被覆盖或被移出屏幕，或者像 MIUI V5 的图标删除动画那样化为粒子爆炸消散。

图 2-56

图 2-56 所示（动效详见【效果文件 / 第 2 章 / 2-56.mov】）是目前 iOS 中的邮件删除动效，被删除的邮件列表项一边被扩大的【删除】按钮推向左侧推出屏幕，下面的其他列表项一边往上顶，直至完全覆盖原来被删除的列表项的位置，这里的删除是“被覆盖”的含义。

图 2-57 所示（动效详见【效果文件 / 第 2 章 /2-57.mp4】）是 MIUI V5 的删除桌面图标动效，这里的删除是“消散”的含义。

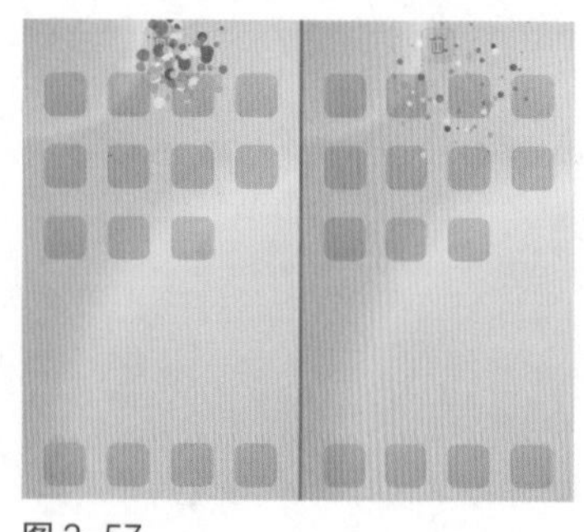

图 2-57

图 2-58 所示（动效详见【效果文件 / 第 2 章 /2-58.mp4】）的动效模仿了“碎纸机”的概念，被删除的对象像碎纸机中的纸张一样被粉碎，之后消失，这里的删除是“被消灭 / 粉碎”的含义。

图 2-58

而具体到交互动作的配合，基本上有“执行删除—确认”和“手势快速删除”两种。图 2-56 所示的案例就需要二次删除动效，在这类需要二次确认的场景中，删除动效都是像“播放”一样展示的，也就是用户的交互动作在前，动效在后，这种动效的创意空间会更大；而快速删除往往使用拖 / 拉手势执行，不需要二次确认的快速删除动作，如图 2-59 所示（动效详见【效果文件 / 第 2 章 /2-59.mp4】）。

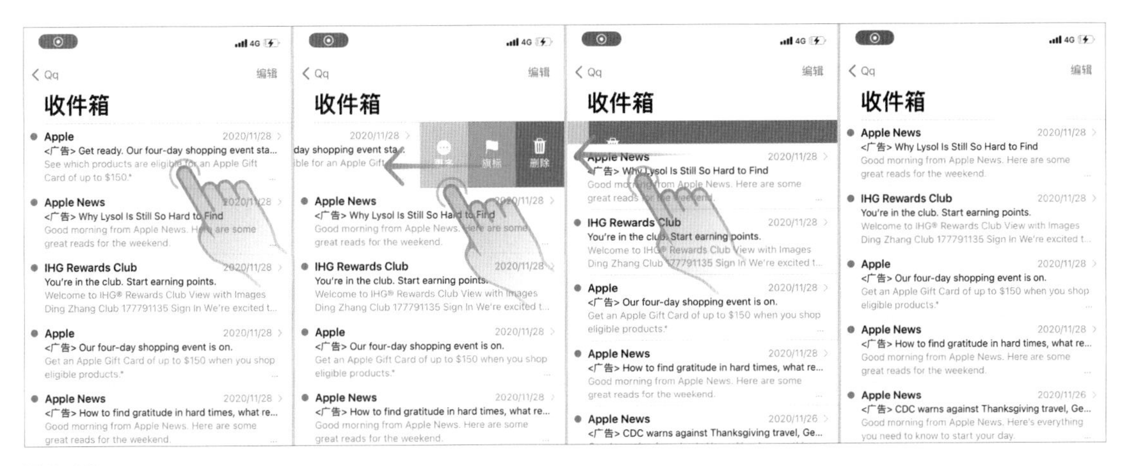

图 2-59

在此类场景中，动效往往是和交互动作同步的，并且是可逆的，这类动效的创意空间可能比较小，但是可以创造更加有趣并且具有意外惊喜感的“会心一击”的效果。读者也可以复习一下 2.3.1 节中关于拖 / 拉动效的相关内容。

5. 加载 / 等待 / 扫描类场景的动效

“加载 / 等待 / 扫描”均属于从一个场景切换到下一个场景的中间等待过程，前面已经介绍了关于动效的“润滑”与“缓冲”作用，而为了缓解用户的等待焦虑，提升体验，整个过程的动效不可或缺。此类场景的动效基本上都属于循环动效，动效持续循环播放直至成功切换为下一个场景。等待的过程又可以分为刷新、加载、处理进程等子场景，动效的设计也可以根据这些子场景的特点进行创作。

如果是有明确进度的场景（如下载、上传等），就需要有一个进度条控件，并围绕这个进度条来设计动效，既“润滑”等待过程体验，又实时显示进度（百分比），进一步缓解用户焦虑；如果是没有明确进度的场景（如内容刷新、在线视频缓冲、扫描等），就需要谨慎添加进度条控件，因为即使前面的进度很快，若后面卡在 90% 的位置长久不动，反而会适得其反。

在这些中间等待场景中，若作为一个系统通用设计规范的等待动效控件，则以高效、泛用为主，若作为特定产品的特色动效，则可以在趣味、巧妙、惊喜等情感化体验的方向做动效创意。在如图 2-34 所示的案例中，使用下拉动作完成释放之后，刷新过程中会有各种各样的有趣的循环动效：富有童趣的弹弓打靶游戏；吹起一个个泡泡，又一个接一个地破裂；日式庭院中的蓄水小竹罐“添水”中源源不断的潺潺流水，配合水声音效，仿佛置身于恬静的禅风庭院中，用户在焦急等待中可以获得片刻悠闲宁静，如图 2-60 所示。

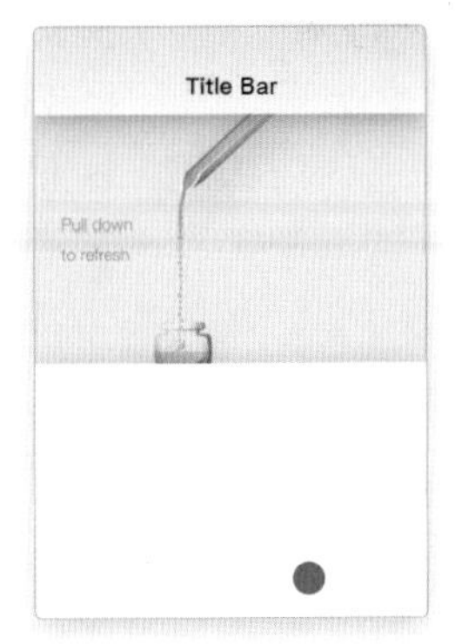

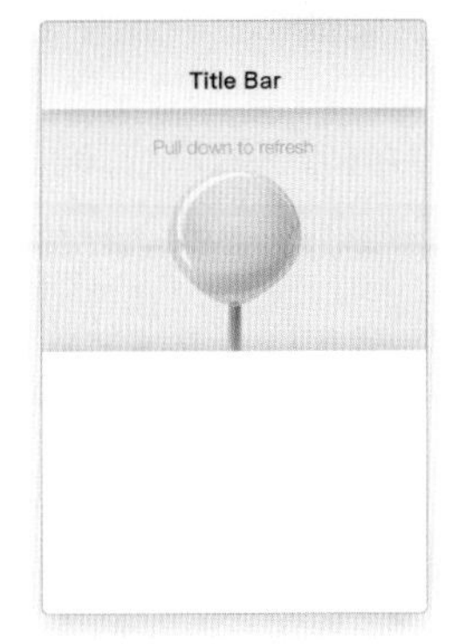

图 2-60

作为循环动效，一个循环的时间不宜过长，否则经常出现还没有完成一个完整动效就跳转的情况，这种情况多次出现也会导致碎片化的体验，并不能起到“润滑”的作用。当然，循环的时间过短也不适宜，过短的循环动效会导致整个等待动效看起来和一段静态效果差不多，显得枯燥乏味，同样不能起到改善体验流畅性、缓解用户焦虑的作用。笔者认为，在大多数情况下，建议一个循环动效既不宜短于1秒，又不宜长于5秒，以1 ~ 3秒为最佳节奏，泛用性也相对较好。

6. 切换类场景的动效

“切换”可谓是出现频率最高的转场动效之一，或许仅次于页面层级进退的转场动效。“切换”转场动效通常出现在Tab（标签）切换、卡片切换、图片切换、歌曲上/下首切换、电子书翻页等场景中。切换类动效的样式一般和页面自身的视觉设计强相关。例如，Tab的切换一般设计成横向转场动效：若切换前后页面为列表布局或网格布局，则切换动效可以是列表项/网格项的延迟递进进场动效；若切换场景是整合图文信息的卡片布局，则在切换动效中可以加入卡片内部元素自身的独立动效，使整个切换动效更加立体、更加富有层次感，如前面介绍到卡片类动效时提到的如图2-54所示的案例，卡片内部的图片有一个延迟移动的动效；若切换场景是音乐全屏播放页面进行歌曲的上/下首切换，则可以以音乐专辑封面元素为核心，从现实中的换磁带、换CD光盘和更换怀旧的唱片等日常生活体验中寻找灵感，创建具有情感化体验的切换动效细节；若切换场景是图片或电子书页，则切换动效可以从翻看纸牌、相册或纸质书的日常生活体验中寻找灵感，但也可以脱离现实对应物体，完全创造新的切换样式，如切换查看图片时可以使用更有空间感的立体旋转切换动效。

另外，切换动效对应的交互手势动作大多数都是滑动手势，可以将前面介绍滑动手势时提到的“惯性”和“弹性”的动效细节加到切换类动效中。不仅页面中很大的UI元素整体可以有这些动效细节，有时还可以在局部很小的UI元素上使用这些动效。如果在小图标上加入“惯性”和“弹性”的动效细节，那么可以得到更好的效果和更有趣的体验。如图2-61所示（动效详见【效果文件/第2章/2-61.mp4】），当以卡片切换时，卡片自身是基础的横向移动动效，但卡片内部的铃铛小图标会随着卡片的移动惯性而轻轻晃动。这种“整体基础动效+局部微小细节动效”的组合，既满足了切换操作高效率的要求，又适量地增添了丰富的细节，在用户体验上可以实现“效率”与“情感化”的兼得。在切换类场景的动效中，这种局部小细节的动效有时可以起到四两拨千斤的作用。动效设计师在设计切换类场景时，应注意观察页面上有哪些可供利用的细节视觉元素，并为其添加动效。动效设计师也可以在页面设计上提出自己的建议，增加或改造一些视觉元素为动效服务。

图2-61

在为UI系统做动效设计规范时，切换类动效是一个很重要且覆盖面很广的规范样式，并且决定了系统动效设计很大一部分的整体风格与面貌。例如，底部导航栏的切换、顶部Tab栏的切换和图片的切换等，都需要做好统一且严谨的设计样式规范，应统一为横向移动的切换动效、渐隐渐现的切换动效或前后纵向移动的切换动效，以及各类切换动效的节奏曲线。在各个系统应用的同类场景中，需要严格遵循规范，以打造整个系统的统一的用户体验。

2.3.3　响应不同输入手段的反馈动效类型

1. 响应手指触控的动效

响应手指触控的动效是目前触控屏为绝对主导的智能手机时代最常见的动效类型。前面介绍的点击动效、拖/拉动效、滑动动效、捏合/扩张动效均属于响应手指触控的动效。响应手指触控的动效设计的亮点关键在于如何创造出手指与屏幕的接触和屏幕的反馈效果之间的巧妙联系。设计师可以想象手指对屏幕施加的触控动作传递的是一种怎样的力呢？是一种简单的压力？还是一种无形的磁力场？或者是一种拉力和弹力？或者是一种像点燃导火引线一样会触发某种爆发的激发能量？而页面又模拟的是一种怎样的介质呢？是水面？还是柔软的布料？还是一个无形力场所约束的一组悬浮物体？或者是一种电子能量场？响应手指触控类动效的创意可以从这两个角度切入，只要构建出一种巧妙的手指触控传递的力或能量，或者将页面模拟为一种巧妙的介质，那么后面引发动效的样式自然就会水到渠成。

图 2-8 所示的案例演示的就是手指触控传递一种基本压力所引发的动效；图 2-11 所示的案例演示的手指触控传递的则是一种磁力场，影响的不只是被点击的对象，周围的其他 UI 对象也会因为受到一种衰减力场的影响而引发连锁动效；图 2-2 所示的案例则将锁屏页面设想为平静、清澈的水面，手指划过，触发阵阵涟漪。到了三星 Galaxy S4，设计师已不满足于水波纹解锁动效，又设计了一款“阳光光晕解锁”：手指点击屏幕，出现一圈光圈；滑动手指，会拉出一条七彩光晕，类似于镜头光晕的效果，如图 2-62 所示。

图 2-62

此时设计师的创意更加广阔，不但直接将锁屏页面设想为没有实体的无垠的天空，而且将手指设想为能够拨动阳光这样的无形之物。

2. 响应声音输入的动效

响应声音输入的动效常见于语音助手类应用。当前几乎所有的智能设备，小到智能手表，大到智能汽车，都带有 AI 语音助手应用。通过用户与设备的对话来完成各类操作、功能、任务，这在很大程度上解放了双手，尤其是在智能汽车上。

另外，大量的搜索、地图、生活类等大型综合应用也内嵌了 AI 语音助手。随着 AI 人工智能算法与大数据、高速 4G/5G 网络等基础软件和硬件技术的不断进步，语音助手类应用的用户体验也越来越好。

在这类应用中，响应语音输入的反馈动效是整个产品用户体验第一道关卡的“守门员”，直接决定了用户第一次使用产品的体验与第一印象，其重要性不言而喻。流畅、及时高效、具有新颖创意的反馈动效既取决于硬件性能、软件算法，又取决于动效设计师的动效设计。

当前流行的响应声音的反馈动效，基本上是根据用户输入声音的大小、频率等来激发不同的动画效果的，大致可以分为块面形变化类、线条变化类、颜色变化类等几种基础形态，在此基础上可以衍生出综合运用以上几种基本变化的复合动效。

早期尚在拟物化 iPhone 的 Siri 是在一个精美的写实麦克风图标中，采用内部光效的高度变化，精致细腻的光效与拟物化视觉风格比较协调；在进入全面扁平化视觉风格时期之后，iOS 的 Siri 动效是几根曲线波峰波谷起伏的形态变化，完美契合了扁平化视觉风格；之后的版本，又从线到面，曲线的峰谷变化演变为曲面的峰谷变化；在目前的 iOS 中，Siri 动效综合了多个弧形块面的形变 + 颜色变化。如图 2-63

所示，iOS 各版本 Siri 动效风格演变中的这几种类型，基本上可以代表响应声音输入的动效设计创意的几种大类。

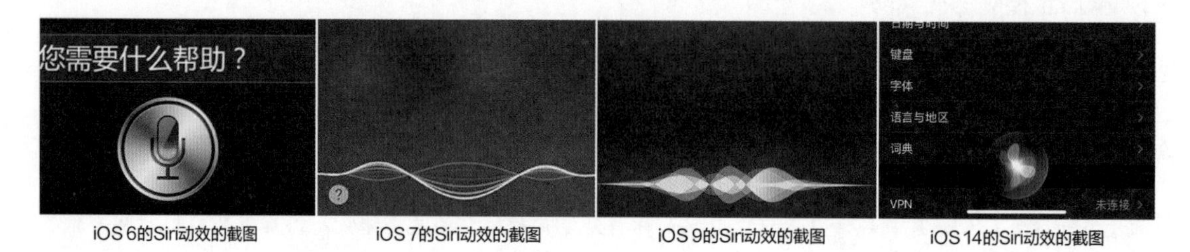

图 2-63

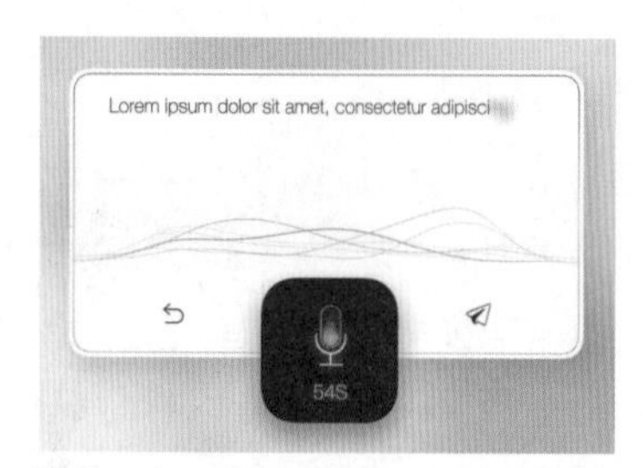

图 2-64

以上几种基本动效可以综合起来使用，如图 2-64 所示（动效详见【效果文件 / 第 2 章 /2-64.mp4】），类似于早期 Siri 动效高度起伏动画与扁平化 Siri 动效相结合，这也是与页面视觉设计相配合的。

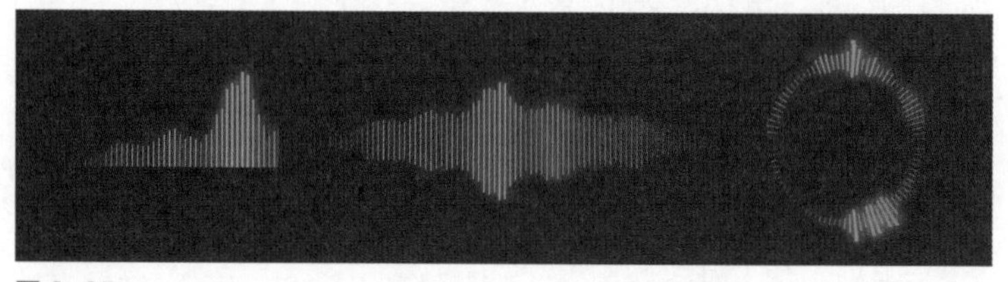

图 2-65

如图 2-65 所示（动效详见【效果文件 / 第 2 章 /2-65.mp4】），声音动效将竖线的高度变化与波峰波谷的起伏变化相结合，单根竖线的高度变化动画融合在整体的波峰波谷起伏中；竖线阵列的排列方式又可以设计成多种方式。图 2-65 中的案例演示了线性排列和环形排列，而线性排列又分为单向高度变化起伏与双向高度变化起伏。其实，即使采用一种动画样式，结合不同的布局设计，也可以发散出多种多样的动效方案。

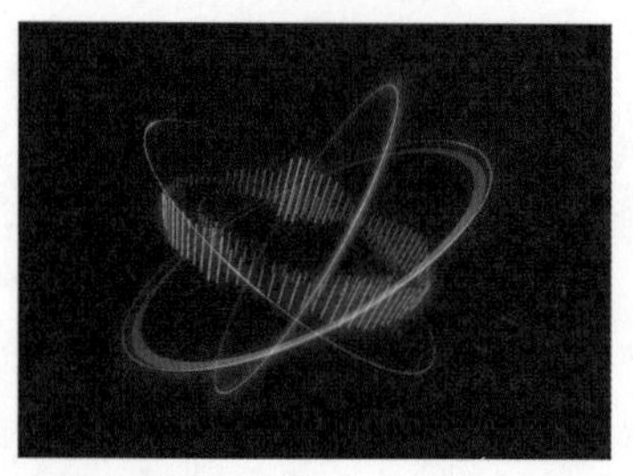

图 2-66

前面介绍的所有音波动效都是二维平面形式的，为何不将其扩展到 3D 空间中呢？如图 2-66 所示（动效详见【效果文件 / 第 2 章 /2-66.mp4】），将环形竖线排列成一个 3D 环，音波动效更加立体且兼具动感。

3. 响应其他特殊输入方式的动效

除了手指触控输入和声音输入这两种输入方式，在 VR/AR 设备的人机交互中还有手势识别和眼动追踪的输入方式。

在手势识别输入方式下，手势识别的反馈动效包含“手势识别中”的动效，“手势识别成功 / 失败”的反馈提示动效，手势悬停在目标对象上的反馈动效，以及手势确认操作的反馈动效等几种。与手指触控相比，手势识别更加复杂，设计难度更大。但在VR/AR设备中，有时手势识别交互有无法替代的优势。另外，手势识别相应的设计创作空间也大得多。由于手势识别有一定的难度和失败概率，在响应速度上也不能与即刻生效的手指触控交互相比，因此手势识别输入的反馈动效应当在样式效果上更加明显、强烈，对比鲜明。要让用户尽快地及时感知到自己操作的反馈，这对于优化整体体验至关重要，而适度的夸张有时是很有必要的。

眼动追踪属于一种辅助性的输入手段。在一些内容很少且布局简单的页面上，当需要快速聚焦单一目标时，眼动追踪的效率非常高，速度极快，并且能完全解放双手，不需要占用用户太多的注意力，尤其适用于开车这样的场景中。眼动追踪输入的反馈更需要对比鲜明、效果强烈的动效，因为需要让用户尽快获得及时的成功/失败反馈。在具体的效果样式上，笔者认为眼动追踪动效可以设计成类似于能够持续显示轨迹的效果，有点像残影拖尾，方便用户持续追踪自己的输入状态：当前的聚焦点在哪里，移动轨迹从何处来，以及即将前往何处去等。眼动追踪完全脱离用户双手，持续根据轨迹跟踪反馈，笔者认为是很有必要的。

第3章

统一的韵律：智能手机系统的动效设计规范

3.1 动效设计规范概述

一套智能设备的系统界面，交互和视觉的设计规范是不可或缺的。设计规范不仅确定了整套系统统一的宏观层面的视觉语言、微观层面的控件样式，以及交互层级框架、操作流程规范等设计要素，还为第三方开发者提供了完整且严谨的设计参考。在开发系统第三方应用时也遵循一定的统一规范，从而保证系统原生应用与第三方应用的用户体验是尽量统一的。

动效设计决定了某套界面的动态风格及用户的动态体验，所以和视觉与交互一样，是决定统一、完整的用户体验的关键影响因素。动效设计规范对于一套系统来说是不可或缺的。因为设计规范决定了系统是否具有统一的动态风格，包括统一的动态语言、统一的动态节奏、统一的转场规则等。

基于笔者的从业经历来看，一套完整、细致且具有充分指导意义的动效设计规范必须包含以下几个要素。

（1）动效设计的核心设计语言，或者称为“设计 DNA”。从宏观上来看，核心设计语言决定了系统的动效风格，甚至可以在很大程度上影响整体设计风格。系统动效设计 DNA 对后续各类 UI 控件各自的动效设计具有重要的指导意义。

（2）统一的动效曲线规范与时长规范，在微观上决定了系统的动态节奏，如图 3-1 所示。

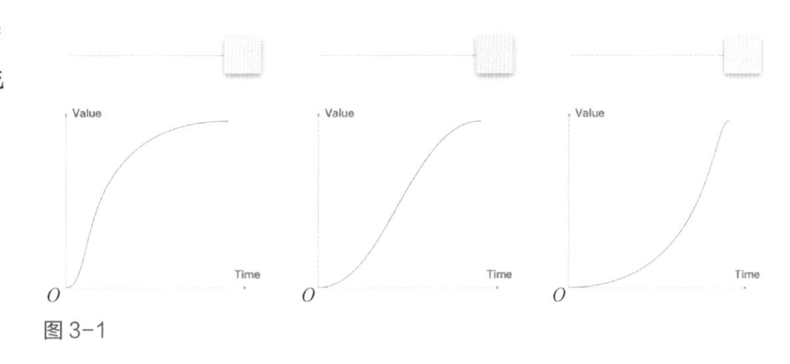

图 3-1

（3）系统各个应用模块、页面、控件的层级规范。系统的层级规范决定了动效的层级规范，涉及转场动效中各类 UI 元素的动态层级关系、动效顺序等。例如，以智能手机系统为例，首先，定义的信号栏和底部虚拟控制栏（Android 系统特有）位于最高层级，在任何转场动效中都不能被其他 UI 元素覆盖；其次，定义的下拉通知栏位于第二高层级，在任意应用场景中都能覆盖其他页面（信号栏和底部虚拟控制栏除外）；最后，定义的弹窗为第三高层级，除了可以被下拉通知栏覆盖，在弹出动效中可以覆盖在任意应用页面上，如图 3-2 所示（动效详见【效果文件 / 第 3 章 /3-2.mov】）。关于系统层级的相关内容请参考 3.1.2 节。

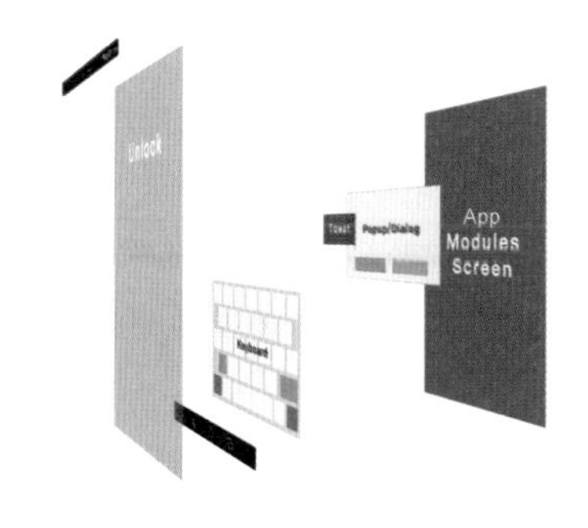

图 3-2

（4）各类公共UI控件各自所属统一动效规范。这里的UI控件，颗粒度从大到小包含页面、Widget（组件）、按钮，乃至图标。同一类场景和同一类控件必须严格应用各自所属的规范动效，以保证系统动态体验的统一性。

以上规范不仅要全面覆盖系统的原生应用，还要有充足的扩展性和灵活性。一套动效设计规范不仅可以充分指导系统后续迭代升级中扩展的新模块、新控件的动效设计，还能有效指导第三方设计开发者开发应用的设计。

3.1.1　定义设计DNA

图3-3

1. 设计DNA与设计风格

DNA在生物学上决定了生物的外表特征和内在结构。同样，设计DNA也能赋予一套系统界面设计鲜明的风格特征。如图3-3所示（动效详见【效果文件/第3章/3-3.mp4】），界面的设计语言是"点与线"，通过观察动效视频可以发现，"点与线"的动效富有秩序和节奏，并且"点与线"视觉元素的局部动态小细节较多。

在视觉体验层面上，不仅要包含GUI（静态的视觉界面设计），还应当包含动态的界面动效设计，当时在华为设计团队中，我们将其称为MUI（Motion UI）。也就是说，界面视觉与界面动效共同赋予了用户在与一套系统交互时完整的视觉感官体验。

在视觉体验的设计中，一套设计语言，或者说设计DNA，是贯穿整套设计的一个核心要素。有了明确的设计DNA，不但可以使系统的各个应用模块拥有统一的视觉传达，而且能够充分指导后续迭代中扩展的新模块、新控件的设计，使之始终不脱离现有的视觉体系，从而避免视觉体验的割裂。所以，要制定一套好的动效设计规范，明确的设计DNA是不可或缺的。

2. 寻找动效设计的设计DNA

当开始着手设计一套系统界面时，笔者建议从定义明确的设计DNA开始，不仅可以用来指导和确定风格特征，还便于后续的设计。

在为系统的界面动效设计定义设计DNA时，可以从视觉设计DNA衍生或直接沿用，有时也可以另行定义一个动效的设计DNA。如果一套系统的视觉设计语言自身包含鲜明的动态特征，那么可以直接沿用。例如，前面提到的"水"、"光影"和"磁力贴"这类设计语言自身已经包含风格鲜明的动态特征，足以充分指导动效设计。在这种情况下，应当沿用并严格遵循已有的设计语言，以打造统一的静态和动态视觉体验；另一种情况是，已有的设计语言并未体现出明显的动态特征，如iOS 7的"磨砂玻璃"的视觉语言，此时要么另行定义动效的设计DNA，要么从该视觉设计语言中衍生出动效设计语言。例如，

Organic（有机物）、生命力这样的设计语言，有可能从词汇中衍生出相协调的动态特征：Organic 的动态特征是柔软、弹性；生命力的动态特征则可能是有微妙的细节，具有多元素的有机联动，体现出与非生命体相对机械化的动作的区别等。

Organic 是当年笔者在华为工作期间参加的一个动效设计研习会中，笔者所在的小组提炼的设计语言。现在回忆起来，当时的理解还是略显浅薄。Organic 绝不能只包含柔软、弹性等这些表面的动态特征，还应当包含生命力这样的设计 DNA 所蕴含的特征。在生命演化中，Organic 代表生命出现的信号。作为设计语言，Organic 应站在更高的角度审视整个系统设计，应将一个系统、一个应用模块，乃至一个页面看作一个有生命的有机体，在动效设计中注重整个 UI 场景各元素细节的有机联动，从而创建出一种会呼吸的动态感。

在当年笔者参与的华为智能手机系统版本 EMUI 3.0 和 EMUI 4.0 的开发中，设计团队都是先定义清晰且富有设计指导意义的设计 DNA。EMUI 3.0 的动效设计语言继承自其视觉设计语言“点与线”：“点”的精准，“线”的细腻与优雅。

EMUI 4.0 在视觉风格上变化不大，主要是重新定义了一套动效设计语言：Magnetic（磁力），汲取 Magnetic 的动态风格，以迅速、高效为核心，动效节奏干脆利落。图 3-4 所示（动效详见【效果文件 / 第 3 章 /3-4.mp4】）是一个滚轮式选择器的交互动效案例。用户在拨动滚轮时，体现的是带有“磁力吸引”感觉的动效，轻轻拨动一下，“啪”地一下快速自动移动到定位的位置上。

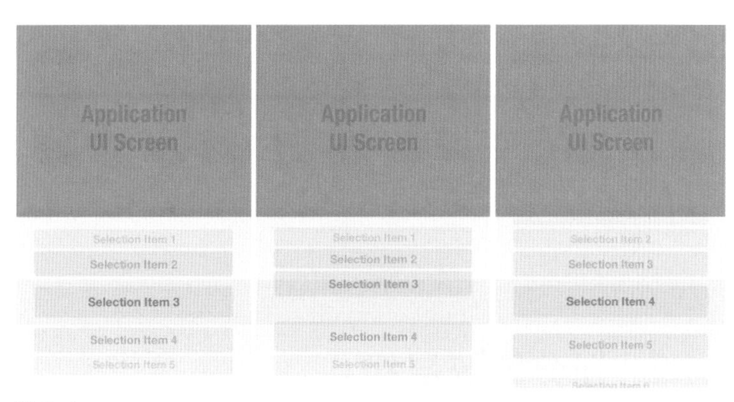

图 3-4

3. 动画曲线：动效设计语言的第一传达者

视觉设计语言贯穿于一系列有相应风格特征的视觉元素中。动效设计语言是通过什么体现的呢？笔者认为主要是通过动画曲线来体现的。就如前面提到的，设计语言决定宏观风格，动画曲线就在微观层面体现这种风格。还是以“水”为例，这样的设计语言下的系统动效会有怎样的动画曲线呢？示例动效与其对应的动画曲线如图 3-5 所示（动效详见【效果文件 / 第 3 章 /3-5.mp4】），笔者认为动效应当是节奏平缓、优雅、柔和的，曲线形状像水波一样起伏。

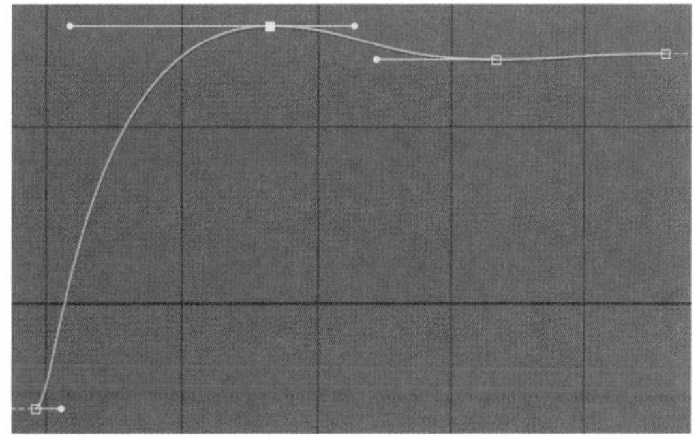

图 3-5

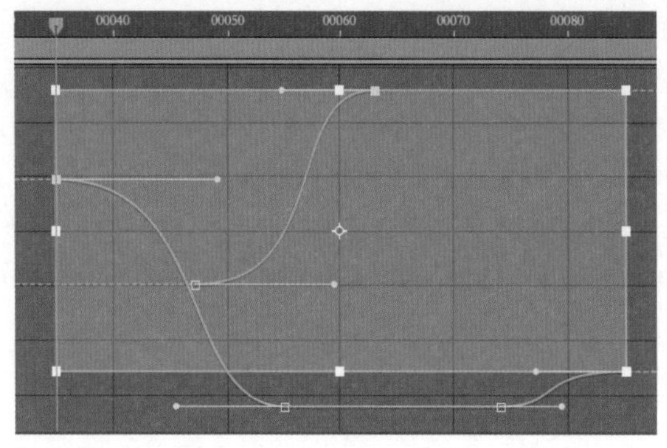

图 3-6

Magnetic 动效设计语言下的系统动效风格如图 3-6 所示（动效详见【效果文件 / 第 3 章 /3-6.mp4】），动画曲线具有鲜明的节奏变化（其实就是两端的关键帧节点的【关键帧速度】和【影响】的值都比较大，节点手柄都比较长），并且动效时长比较短（不超过 400 毫秒），像“磁力吸引”一样，干净利落且注重高效，曲线形状变化剧烈。

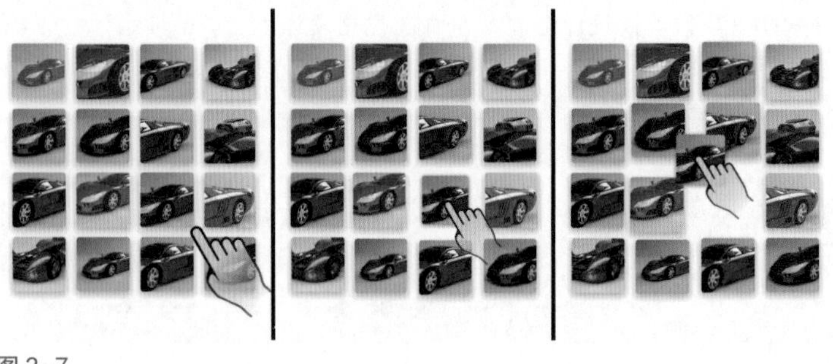
图 3-7

另外，还可以体现“互斥磁力场”的联动影响。例如，当点击一张小图片时，将用户的手指看作“带磁力的物体”，其他小图片就会像受到磁斥力影响一样被微微推开，创建一种恰到好处的、有趣味的微妙动态细节，如图 3-7 所示（动效详见【效果文件 / 第 3 章 /3-7.mp4】）。

3.1.2 划分系统层级

系统层级对 UI 动效的影响主要体现在系统使用的各个转场动效中，以及不同层级的 UI 元素，即各类页面、面板、Widget（组件）、图标等相互之间的覆盖关系。系统层级不仅与动效样式有关，还与转场动效中系统交互逻辑、交互路径与交互框架的可视化有关。在此，笔者以智能手机系统（Android）为例展开介绍。

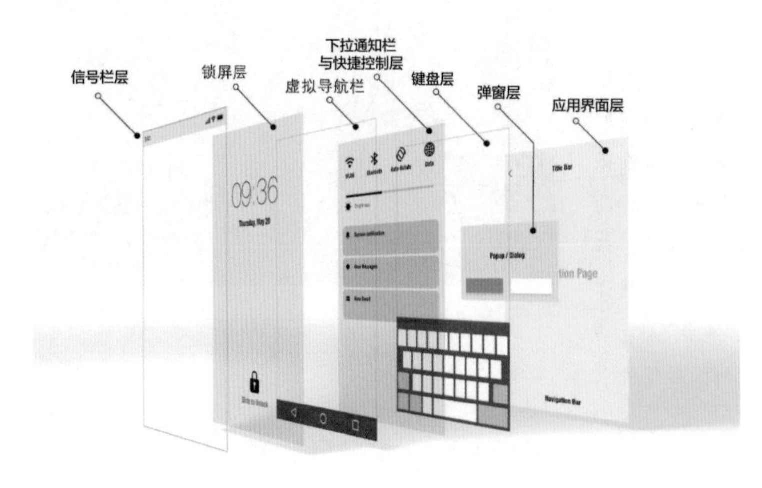

图 3-8

图 3-8 所示为智能手机系统的界面层级，从上到下大致上可以分为信号栏层、锁屏层、虚拟导航栏层、下拉通知栏与快捷控制层、键盘层、弹窗层、应用界面层。

上述层级是按照实际交互操作产生的转场中合理的覆盖关系排列的。一套动效设计规范必须将这些层级关系定义清楚。各个 UI 元素如果隶属于各自的某个层级，那么它们的动效关系不能轻易跨越层级。例如，弹窗提示框在弹出动效中不能覆盖到键盘上，否则就很奇怪。又如，在解锁之后，下拉通知栏在下拉过程中必须能够覆盖在除信号栏、虚拟导航栏之外的任意界面与面板上。如图 3-9 所示（动效详见【效果文件 / 第 3 章 /3-9.mp4】），错误案例的下拉通知栏在下拉过程中，下半部分先被键盘挡住，之后键盘消失，这样的转场动效显得拖沓且画面不流畅，恰当的案例可参考正确案例。这些都是动效的小细节，但整套系统动效设计的品质、完成度和流畅性往往都是由这些不起眼的细节决定的。

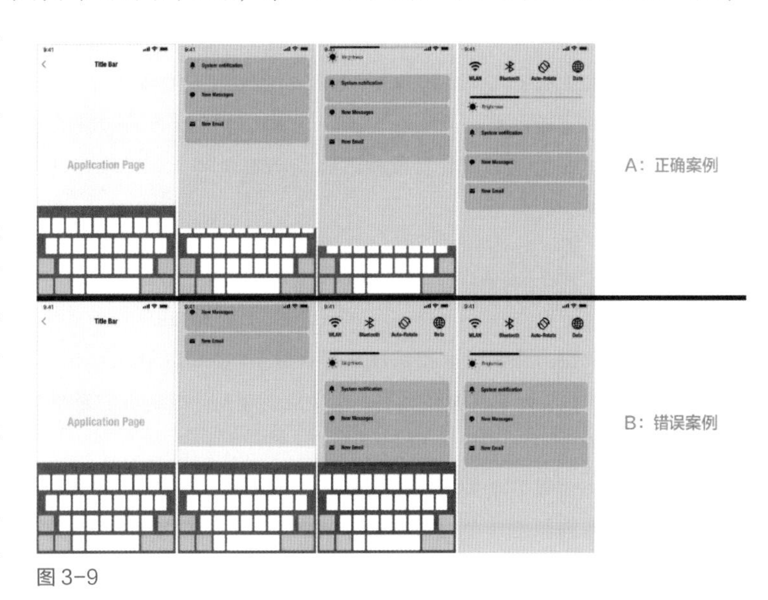

图 3-9

在应用界面层中还可以对一些通用的公共控件层级进行划分：绝大部分系统应用都有的应用内部最上层的标题栏、导航栏等，以及应用内部不同页面、面板的上下层级。在设计应用内部的页面转场动效时同样需要注意层级覆盖关系。例如，在切换页面时，标题栏和导航栏一般不动，以体现其较高的交互层级；而在发起【新建】操作时，弹出的新建面板一般位于其他所有控件之上；在有些情况下，部分 UI 元素会跨页面存在，如从通讯录联系人列表转场到某个具体的联系人详情页，可以将联系人头像作为贯穿两个页面的共同元素，那么联系人头像在整个转场动效中就必须位于最上层，不能被页面的其他元素覆盖，如图 3-10 所示（动效详见【效果文件 / 第 3 章 /2-6.gif】）。动效设计规范应清楚地定义这些应用的内部层级，这样才能保证系统动效的基本规范性与逻辑合理性。

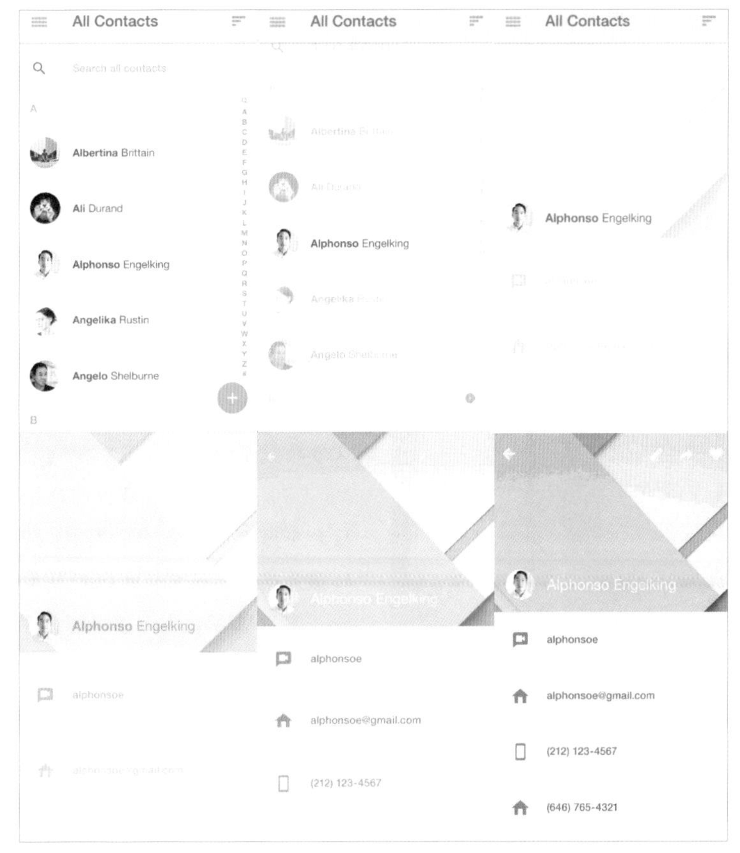

图 3-10

动效设计规范不仅可以提供给动效设计师，还应当共享给负责动效设计落地的动效开发工程师。因为动效设计落到系统最终的体验，在很大程度上需要依赖动效开发工程师的实现，并且以笔者的经验来看，动效设计中与动效开发工程师的沟通成本要高于界面视觉设计还原。这些系统层级动效样式的规范，能够指导动效开发工程师在开发过程中，除了功能实现与前端界面设计还原，还能关注动效是否符合要求，从而降低后期的沟通成本。

如果动效设计规范将这些层级细节定义得很清楚，就可以为动效设计师和测试工程师在设计与走查两个阶段提供充分的指导。

3.1.3 划分动效设计的颗粒度

所谓的颗粒度，在设计上可以理解为分解 UI 动效的构成大小，或者宏观与微观。越大的颗粒度即越宏观层级上的构成，如系统整体风格、整个应用模块；而越小的颗粒度即越微观层面的构成，如小的图标、字符等视觉元素。

与视觉设计分解出页面、Widget（组件）和图标等不同颗粒度相似，动效设计的指导（Guide）也需要分解出动效的颗粒度。动效基本上可以分解为模块应用级动效、页面级动效、面板 /Widget（组件）级动效、控件级动效和图标级动效几大颗粒度。在动效设计规范中将颗粒度划分清楚，并且分门别类地设计不同颗粒度的动效，有助于提升设计规范的正规性、严谨性、可读性和可用性。制作一套设计规范，本身就是在设计一个产品，研究其用户使用体验。只是这个产品的用户比较特殊，主要是 UI 设计师和 UI 开发工程师。

提到最宏观的颗粒度，首先想到的应是动效设计的风格和设计语言，也就是前面提到的设计 DNA。下面从相对微观的颗粒度开始介绍。

1. 模块应用级颗粒度的动效

所谓的模块应用级颗粒度的动效，也就是应用模块之间的切换。在智能手机系统中，可以将模块应用级颗粒度的动效分为三大类。

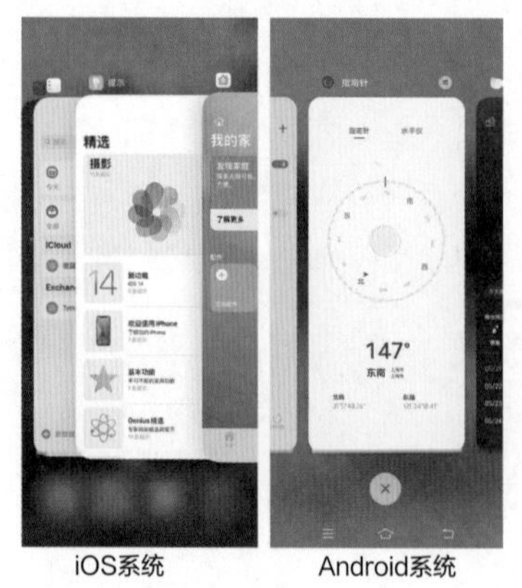

图3-11

（1）解锁动效，可以看成从“锁屏”模块到桌面 / 其他应用模块的转场动效。

（2）模块间的跳转动效，如从短信链接跳转至默认浏览器，或者从任意模块的地址类链接跳转至默认地图应用，或者从任意模块共享文件跳转至带共享发送功能的应用模块（如邮件、信息等应用）。

（3）应用后台管理中的模块间跳转动效。智能手机系统都有一套后台应用管理系统，可以用来打开、切换和关闭后台应用，其中的跳转动效也属于模块应用级颗粒度的动效。

图 3-11 所示为 iOS 系统和 Android 系统的后台多任务管理。

在上述三大类模块应用级动效中，“解锁”场景应当是单独设计的一类，并且“解锁”动效不仅具有非常广阔的创意空间，还具有优雅、高效等多种风格。值得注意的是，在贯彻设计 DNA 这一点上，“解锁”动效作为一个系统界面用户体验的起点与门户，更应当起到点睛之笔和门面担当的重要作用。例如，一套系统的 UI 设计以“光”为设计 DNA，那么“解锁”动效势必应成为最能体现这个设计 DNA 的场景，如三星 Galaxy S4 的“阳光光晕解锁”动效。

模块间的跳转动效在绝大部分情况下应当统一规范样式，无论是从【短信】跳转至【浏览器】，还是从【照片】跳转至【邮件】，抑或跳转至地图，都应当有共同的规范动效样式。另外，作为颗粒度最大的动效，以及在交互框架层级上跨度最大的转场动效，动效设计师在设计模块应用级动效时，应当考虑体现“交互框架层级”的“大跨度”，可以在空间深度和动效运动范围上体现。图 3-12 所示（动效详见【效果文件 / 第 3 章 /3-12.mp4】）是两个模块间的跳转动效，展示的是一个模块内部的页面层级跳转，明显可以看出案例 A 的动效在空间上有更大的跨越，体现出模块的层级更高；而案例 B 在空间上跨越较小，比较扁平，体现出交互层级更低一些。

图 3-12

2. 页面级颗粒度的动效

页面级颗粒度的动效基本上出现在应用模块内部的页面切换，最典型的就是类似于【设置】和【通讯录】这样的带有经典树形层级结构的应用模块。从首页到第二级页面再到第三级页面递进转场，如图 3-13 所示（动效详见【效果文件 / 第 3 章 /3-13.mp4】）。

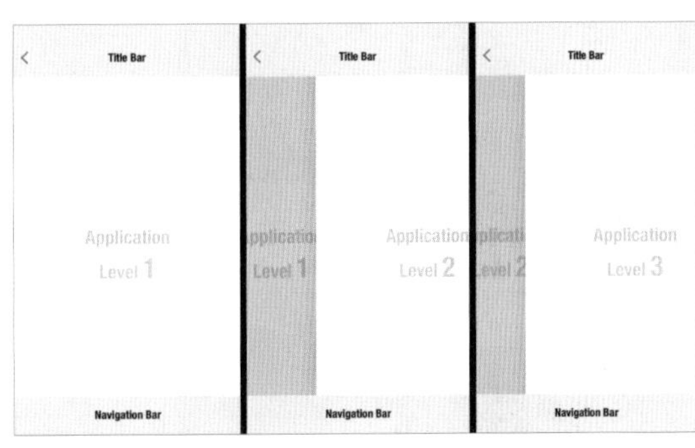

图 3-13

这类页面级动效可以说是智能手机系统中比较常见、比较基础的动效。对于此类动效设计，主要的要求是高效、简洁、层级清晰，尤其是要体现出“层级”的概念。图 3-14 所示（动效详见【效果文件 / 第 3 章 /3-14.mp4】）是几种常见的页面级动效样式，有进场页面与退场页面均移动的“推移式”覆盖的动效样式 A，也有退场页面不动仅进场页面覆盖的动效样式 B，还有时长更短、更高效的进场页面“移动 + 渐显”的动效样式 C。

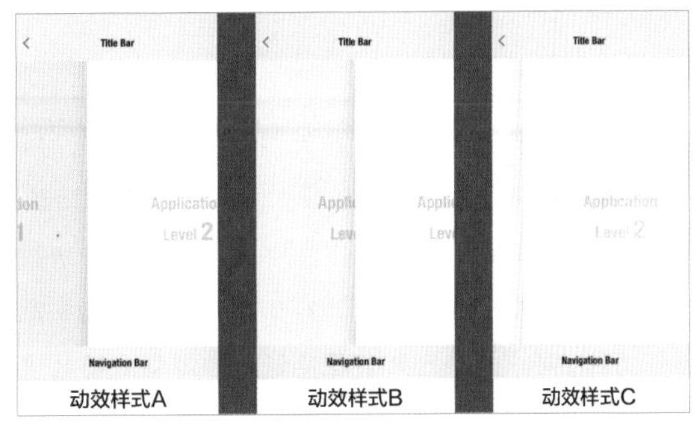

图 3-14

应用模块内除了上下层级的页面转场，还包括发起新的【新建】类操作的页面或面板，如新建一封邮件、新建一条短信、新建一个标签页等。此类页面动效应尽量与一般的页面级动效在样式上有明确的区分，使用户清楚地知道自己所在页面场景的层级关系与路径。

虽然此类动效样式非常简单，设计发挥空间很小，但在动效设计规范中依然有若干细节需要定义清楚。例如，页面完成转场的精确动效时长、动画曲线形状、页面移动变化幅度的确切参数，都需要有精确、统一的定义，设计师与开发工程师应严格遵循。

图 3-15

3. 面板 /Widget（组件）级颗粒度的动效

在 Android 系统中，此类动效主要体现在桌面快捷功能组件的相关动效上，如桌面上天气 Widget（组件）、日历 Widget（组件）等应用的内部切换与转场动效。如今，iOS 系统也有了与此类似的桌面快捷功能组件。

此外，目前页面中大量出现的综合信息卡片类组件（卡片上包含文字、图片、图标和按钮等多种类型的元素），也可以归属于面板 /Widget（组件）级颗粒度的动效，如卡片间的切换动效，卡片内部元素的生成、切换与消失动效，以及卡片自身的扩张、缩放动效等，如图 3-15 所示（动效详见【效果文件 / 第 3 章 /3-15.mp4】）。

4. 控件级颗粒度的动效

此处的控件级颗粒度是比图标、文字更大的颗粒度，如包含多组文字和图标的标题栏、导航栏就可以归为控件级。关于此类动效，控件自身的动效形式相对比较简单，但控件内部的元素（如图标、文字等）的动效依然有较大的设计定义空间。设计控件级颗粒度的动效的要点有以下两个。

（1）控件自身动效要与其自身的交互层级相对应。

（2）控件内部的元素要做好统一规范的动效设计样式定义。

例如，导航栏的动效，在导航标签切换内容的动效中，导航栏自身是不动的，并且覆盖在页面中间的内容上，但导航栏内部的若干标签图标的切换动效可以做单独的统一定义。如图 3-16 所示（动效详见【效果文件 / 第 3 章 /3-16.mp4】），当单击导航栏标签切换内容时，页面内容在横向切换的同时，导航栏的标签图标也有相应的动态切换效果。在如图 3-16 所示的案例中，图标的“颜色变化 + 大小变化 + 局部细节的动态”是一套统一的动效组合规范样式。

图 3-16

在这个动效场景中，标题栏采用相似的机制。虽然标题栏自身不动，但标题栏内部的图标、文字、内容的细节动效可以有多种设计样式。在同一套系统中，不同控件内部元素的细节动效应当遵循一致的宏观设计 DNA，以及相对统一的微观设计样式。例如，导航栏的标签图标切换动效是“颜色变化 + 大小缩放”的组合，如果标题栏的图标切换做成“透明度变化 + 大小缩放”的组合就不统一了。

控件级颗粒度的细节动效，往往能够见微知著，虽然看起来小，但在很多时候最能体现设计“性格”，并且是体现系统设计 DNA 的点睛之处。

5. 图标级颗粒度的动效

控件级颗粒度的动效内也有图标级颗粒度的动效，在一套智能手机系统中存在大量的相对独立的图标级颗粒度的元素，如下拉通知栏的快捷操作区中的各类开关图标，如 Wi-Fi、蓝牙、移动数据、自动旋转等的开关图标。这里的图标动效设计也有很大的创作空间，同样是见微知著的关键之处，如图 3-17 所示（动效详见【效果文件 / 第 3 章 / 3-17.mp4】）。

图 3-17

在一套系统中，在做图标级颗粒度动效的规范定义时，可以与视觉设计规范相配合。视觉设计规范中有一套非常完整的系统图标样式定义，一般还会细分到大、中、小 3 个尺寸，可以针对这些已有的图标样式规范进行一对一、点对点的动效设计。在大部分情况下，不同尺寸的图标动效样式是共用的；在少数情况下，大尺寸的图标也可以比最小尺寸的图标有更多的动效细节，甚至可以直接精减最小尺寸的图标的动效。Wi-Fi 图标和自动旋转图标的大、中、小 3 个尺寸的动效规范定义如图 3-18 所示（动效详见【效果文件 / 第 3 章 /3-18.mp4】）。

图 3-18

3.2 动效设计规范在华为智能手机 EMUI 3.0 设计中的应用

3.2.1 点线之美：EMUI 3.0 的动效设计 DNA

华为的 Mate 7 与 EMUI 3.0 是互相成就的。如今，华为手机已经在高端市场站稳脚跟，甚至将售价定为万元级别依然畅销。当年，在苹果和三星的多重夹击之下，华为成功进入高端市场可谓激动人心，笔者认为其反击转折点始于 2014 年 Mate 7 的发布。Mate 7 的工业设计、硬件性能与人机体验达到了当年华为智能手机的全新高度，而 EMUI 3.0 则使华为高端智能手机软件用户体验也得到了明显且全面的提升。

随着华为手机长年持续热销，华为智能手机系统 EMUI 如今已有亿万个终端用户，这些用户每天不断地使用，成为华为手机用户体验的关键环节。在这个过程中，笔者认为 EMUI 3.0 是一个具有里程碑意义的关键版本。

（1）EMUI 3.0 是从前几个 EMUI 版本的拟物化视觉设计转向扁平化设计的关键转折点。这绝不仅仅是视觉风格的转折，更是用户体验向更轻便、灵活、简约、易用性至上等理念的转变。从 EMUI 2.0 厚重、细致的拟物化视觉设计到 EMUI 3.0 的扁平化视觉风格的转变，带来了更轻量化、更加聚焦信息内容的用户体验提升，使用户从厚重、细腻的视觉风格中走出来，轻装上阵，真正在扁平化视觉风格界面中聚焦自己与系统交互的真正目标、任务。同时，EMUI 3.0 的动效配合了扁平化视觉风格，做出了较大的改进与提升，更加聚焦动态交互过程，助力于交互流程体验流畅性的优化和提升，而不是只在视觉的细节中做锦上添花的工作。

（2）EMUI 3.0 初步建立了华为第一套动效设计规范。跟随扁平化视觉风格，动效设计转向了更准确的轨道，即聚焦交互流程体验流畅性的提升。动效设计规范的建立使这种转向更加规范、严谨、统一，使系统的动态体验更加一致。EMUI 3.0 的动效设计规范是在实践摸索中从无到有创建起来的，基本上就是按照设计 DNA、系统层级规范、动效颗粒度划分等几大部分组织起来的。

（3）EMUI 3.0 提炼了明确的设计 DNA：“点与线”，不仅可以指导整套系统所有应用模块的视觉设计，还可以指导后续新增功能与模块的设计，同时保持了高度的界面一致性，从而打造一致的用户体验。在视觉设计之外，动效设计也从“点与线”中提炼出自己的设计 DNA，从而打造 EMUI 3.0 的个性动效风格：“点与线”的动效体现在细节之处，不喧宾夺主，不打扰用户，并且具有点线动态的细腻、精准的特点。

“点”是一个微小的视觉元素，可以作为标签切换的指示点、时间轴的节点、代替指针的时间指示点、天气应用温度的指示点等，在各类交互动效中起串联作用；而“线”不仅可以串联时间轴，还可以用在时钟、天气、录音、FM 收音机等凸显视觉风格的应用的各类信息可视化场景中，以“线圈”的视觉形态承担核心视觉元素的作用。如图 3-19 所示（动效详见【效果文件 / 第 3 章 /3-19.mp4】），A 和 B 两个案例都用“点”和“线”共同串联各界面的动态转场。

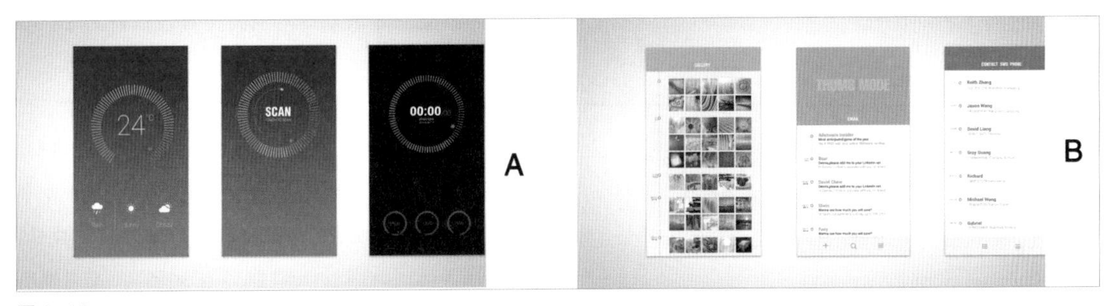

图 3-19

2013 年，作为 EMUI 3.0 动效设计的主设计师，以及踏入用户体验设计领域工作仅一年多的新人设计师，笔者所感受到的其实并不是设计师在“设计与创造”作品，而是和 EMUI 3.0 共同成长、互相成就。因为在为 EMUI 3.0 设计动效和制定动效设计规范的过程中，笔者也是第一次在扁平化、轻量化的视觉风格下，以“轻、快、易”为用户体验之宗，尝试以“提升交互体验的流畅性”的视角来看待动效设计，从视觉设计语言中提炼动效的设计 DNA，并从中摸索具有指导价值的系统动效设计规范。直至现在，笔者仍然觉得 EMUI 3.0 动效设计是自己设计道路上最有意义的作品。图 3-20 所示（动效详见【效果文件 / 第 3 章 /3-20.mp4】）是笔者作为主设计师和另一位团队设计师配合完成的动效作品（该作品在 2014 年 9 月 12 日年度旗舰机 Mate 7 的中国区发布会上展示过，同时向业界诠释 EMUI 3.0 的设计理念）。该短片以一个小小的视觉元素“点”穿越智能手机系统虚拟空间的动态旅程为核心内容，将界面视觉设计风格、核心交互理念和动效设计语言有机融合在一起。

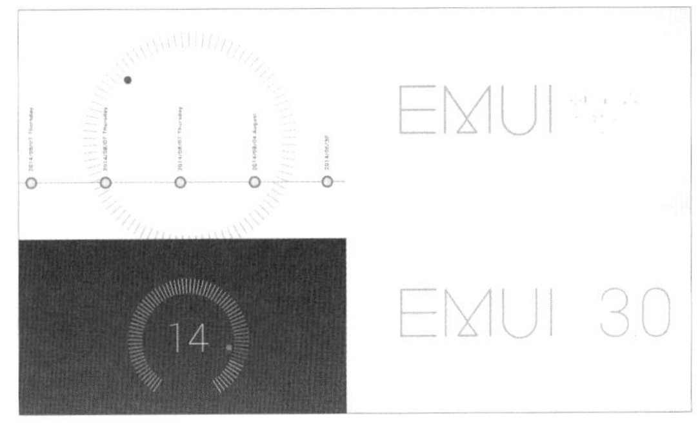

图 3-20

3.2.2　EMUI 3.0 动效设计规范

为 EMUI 3.0 制定动效设计规范是一个从无到有、从 0 到 1 摸索创建的过程。笔者与视觉设计团队和交互设计团队一起，按照从总到分、从大到小的顺序，逐层定义动效设计的各项规范。作为华为智能手机系统的第一套动效设计规范，选择以视觉设计规范和交互设计规范为骨架，并在其中添加交互动态属性，从而衍生出动效设计规范。

EMUI 3.0 动效设计规范定义了设计语言、主要动画曲线及系统层级这几大块内容，又以颗粒度大小分级定义动效设计规范，并且详细定义了“模块级”和“页面级”颗粒度的动效，划分了几大类主要的模块与页面转场动效（如应用内层级切换、应用间跳转等）。这类动效也是 EMUI 中最常见、最主要的动效类型。

（1）以“点与线”为动效设计 DNA，与视觉设计相呼应。

（2）定义了两种动画曲线。如图 3-21 所示（动效详见【效果文件 / 第 3 章 /3-21.mp4】），Example1 为主动画曲线，是绝大部分转场动效所使用的“快进—慢出”动画曲线。这类曲线能够保证在足够的动效时长之下（页面的切换转场、内容的加载在客观上必须有一定的等待时长），以快节奏给用户以高效、

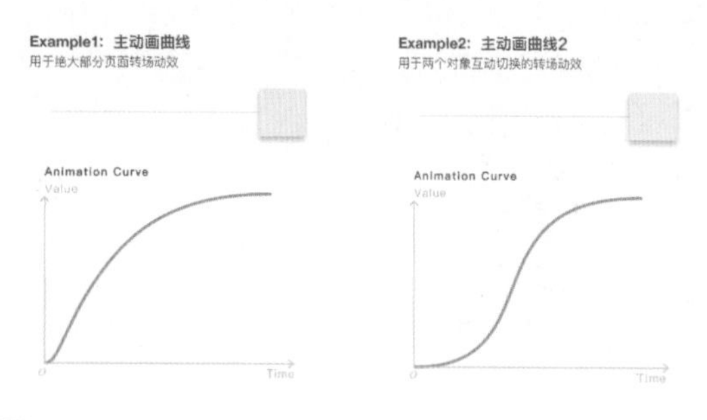

图 3-21

快速的感受，好像系统的流畅性与性能得到了“提升”。动画时长定义了 500 毫秒的基准线，在绝大多数场景下，动效时长在此基准线上加（或减）几十毫秒。之所以在 EMUI 3.0 动效设计规范中把动效曲线时长定义得如此严格，是为了尽可能统一整个系统的动画节奏，从而打造统一的动态交互体验。统一的节奏，即将交互动效“轻量化”，使用户在交互过程中“忘记”动效的存在，反而能够聚焦自己原本的交互任务与目标。如果视觉设计的扁平化与极简风格突出了信息内容本身并降低了视觉感知负担，提升了易用性，那么动效的快节奏动画曲线及整体节奏的统一同样是为动效“做减法”。而 Example2 为主动画曲线 2，只应用于少数场景，如两个页面或两个 UI 元素之间的互相切换动效，大致是“慢进—快—慢出”的节奏。

（3）划分了七大系统层级及其在动效中的运行规则，七大系统层级分别为信号栏层、锁屏层、虚拟导航栏层、下拉通知栏与快捷控制层、键盘层、弹窗层和应用界面层。在 EMUI 3.0 中还定义了部分跨不同系统层级之间的转场动效的基本形式，即“纵深空间方向的进退动效”（这里所说的“纵深空间方向”是指与屏幕垂直的方向），这既是基于系统层级在虚拟空间上纵深排列的框架，又是与应用内部横向上的层级切换动效做出空间上的显著区别，以动效直观地体现交互框架结构。例如，从锁屏层解锁进入桌面的动效样式如下：“纵深方向上，锁屏放大退出，桌面及其图标由大到小落入”。又如，从桌面进入应用内界面，同样使用“应用图标放大至应用界面”的纵深方向转场动效。再如，弹窗的弹出，如图 3-22 所示（动效详见【效果文件 / 第 3 章 /3-22.mp4】），案例 A 为“纵向放大”的动效，案例 B1 和案例 B2 为不跨层级的同层级动效（整体的空间运动方向是横向的）。

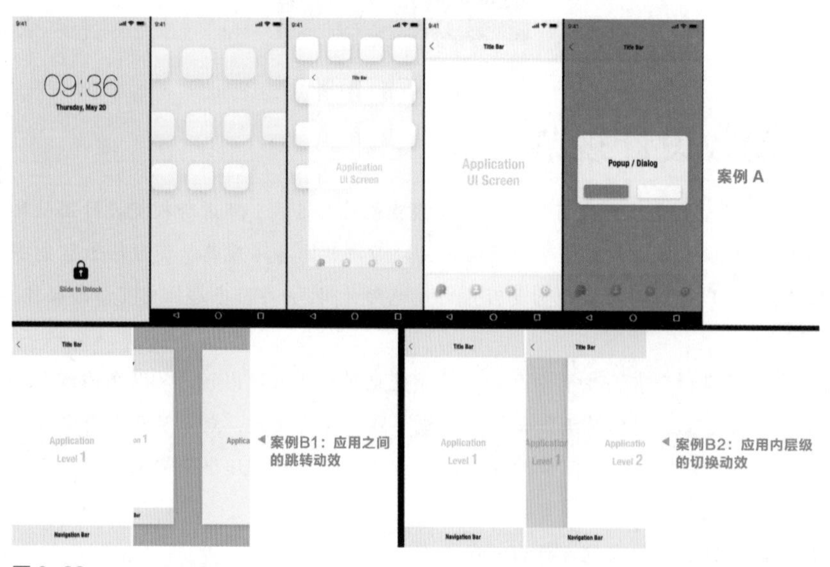

图 3-22

（4）划分动效颗粒度。EMUI 3.0 的动效颗粒度主要划分为模块级、页面级、面板级、控件级、图标级（详细的描述和定义请参考动效设计规范）。整个 EMUI 3.0 的动效设计以模块级、页面级和面板级为核心内容，按颗粒度从大到小分解。

- 模块间跳转动效。
- 锁屏与解锁动效。
- 桌面进入应用以应用返回桌面的转场动效。
- 应用内层级切换页面动效。
- 新建类操作页面动效。
- 下拉通知面板动效。
- 键盘弹起动效。
- 弹窗弹出动效。

以上 8 类动效的设计样式与使用规范构成了 EMUI 3.0 动效设计规范的核心内容，如图 3-23 所示（动效详见【效果文件 / 第 3 章 /3-23.mp4】）。

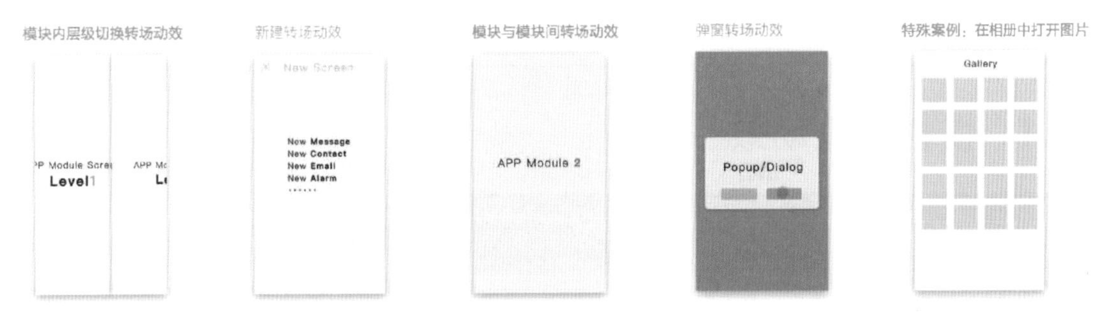

图 3-23

其中，每类动效均清楚地定义了设计样式、严格的动画时长规范、严格的动效曲线规范，以保证整套系统的几十个应用模块、上百个场景具有统一的动态特征与体验，也为后续的扩展设计定下指导基调。动效设计师在后续设计、走查及验收时，以这套动效设计规范为准也有据可查。例如，EMUI 3.0 的弹窗的弹出动效，在具体的应用开发中可能会有开发工程师调用其他的动效样式。

3.3　案例：动画曲线精进

动画曲线是动效设计规范中重要的组成部分，也是展现一套系统界面动态性格的决定性因素，所以精通动效曲线是对动效设计师的一项基本要求。本节专门针对 After Effects 的动效曲线编辑展开介绍。

本节包括多个不同的案例，介绍几种运用了比较复杂的动画曲线的动效设计，如弹性动画曲线，一组多个 UI 元素依次错落进场的动画曲线，以及“压缩 -3D 翻转回弹”动效的动画曲线，并结合案例着重详解 After Effects 的动画曲线编辑操作，如图 3-24 所示。

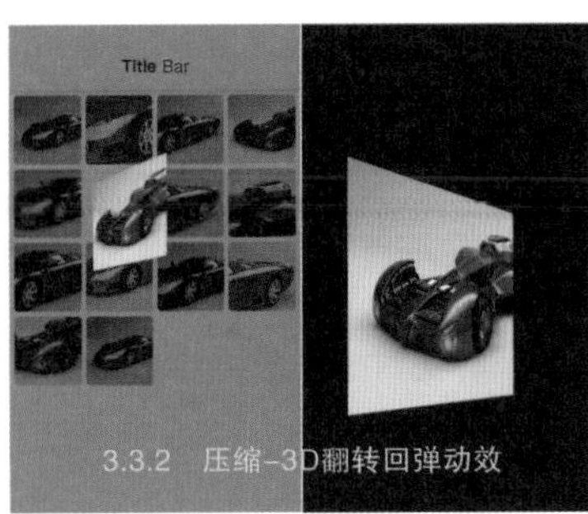

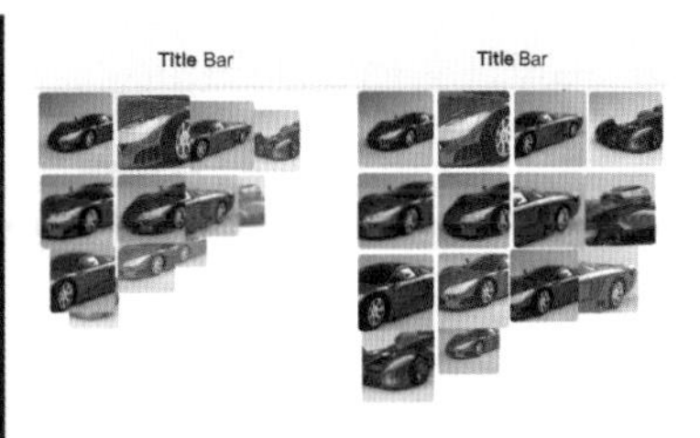

图 3-24

学习目标

掌握并熟练使用多种节奏类型的动画曲线。

资源位置

效果文件	效果文件 / 第 3 章
素材文件	无
案例文件	案例文件 / 第 3 章 / 案例：动画曲线精进
视频教学	视频教学 / 第 3 章 / 案例：动画曲线精进 .mp4
技术掌握	复制、粘贴关键帧，手动编辑动画曲线

3.3.1　惯性往复动效

1. 打开场景

打开 After Effects 工程文件【案例文件 / 第 3 章 / 案例：动画曲线精进 / 案例：惯性往复动效 .aep】，可以看到已经搭建好界面场景，如图 3-25 所示。接下来直接从动画制作开始着手。

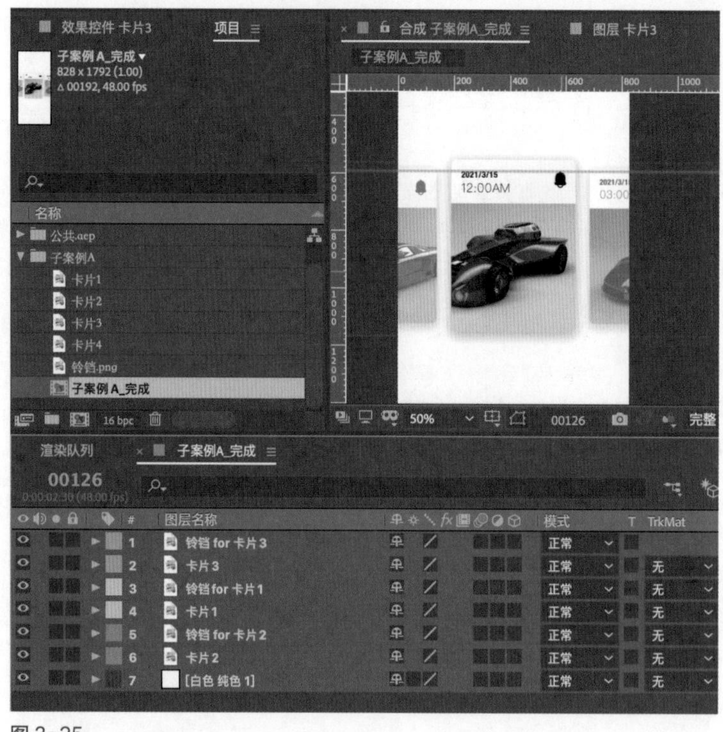

图 3-25

2. 为卡片添加基础的切换动画

首先分解本案例的这套卡片切换动效的组成。

第 1 组细分动效：卡片的基础移动。上一张卡片和下一张卡片之间存在运动延迟，当上一张卡片开始移动之后，下一张卡片隔一小段时间才开始移动。

第 2 组细分动效：卡片的大小变化。两侧的卡片的尺寸比较小，中间的卡片的尺寸比较大。若下一张卡片移动到中间，则由小变大；若当前中间卡片移动出去，则由大变小。

第 3 组细分动效：铃铛的惯性摇晃。这组动效模拟了运动中的物体因惯性在停止时向前继续移动并摇晃几次之后停下来。

接下来分组制作。

（1）分离【位置】属性并添加关键帧。在【项目】面板中通过双击打开【案例】合成，先选中最左侧的卡片，【时间轴】面板上的对应图层是【卡片3】，再按快捷键【P】单独展开【位置】属性并右击，在弹出的菜单中选择【单独尺寸】命令，将【位置】属性分离为【X位置】和【Y位置】，并在第20帧和第60帧为【X位置】属性添加关键帧，如图3-26所示。

图 3-26

（2）创建最左侧的【卡片3】的移动动效。将【卡片3】移动到屏幕外，并修改该卡片的两个关键帧的【关键帧速度】参数，如图3-27所示。

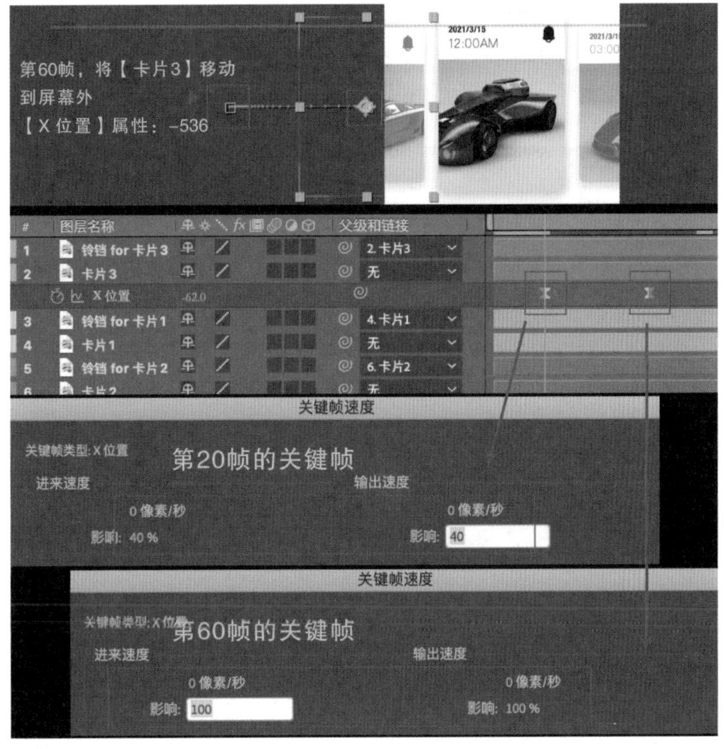

图 3-27

图3-28

（3）为第2张卡片添加移动动效及缩小动效。选中第2张卡片，即【卡片1】图层，同样将其【位置】属性进行单独尺寸分离，并将时间指示器移动到第24帧，为其添加第一个关键帧，也就是【卡片1】的移动比【卡片3】的移动晚了4帧。所以，第2个关键帧顺延到第64帧，如图3-28所示。将【卡片1】移动到原先最左侧卡片的位置，这两个关键帧的【关键帧速度】参数设置为与【卡片3】的关键帧的【关键帧速度】参数完全相同。

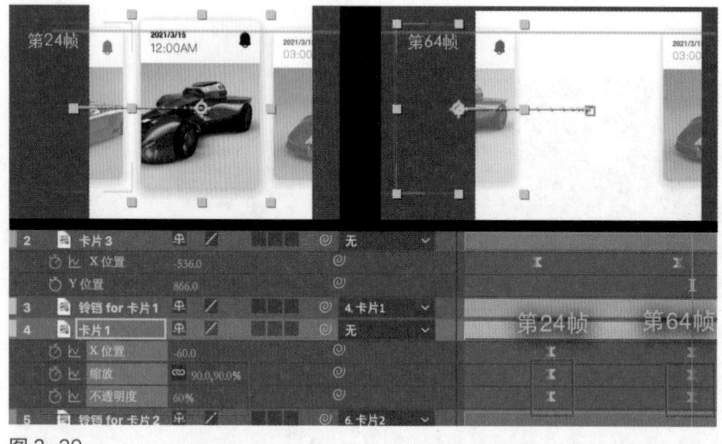

图3-29

（4）在第24帧为【缩放】属性和【不透明度】属性分别添加一个关键帧；将时间指示器拖曳到第64帧，将【缩放】属性设置为【90.0，90.0%】，将【不透明度】属性设置为【60%】，如图3-29所示，所有关键帧的【关键帧速度】参数保持一致。

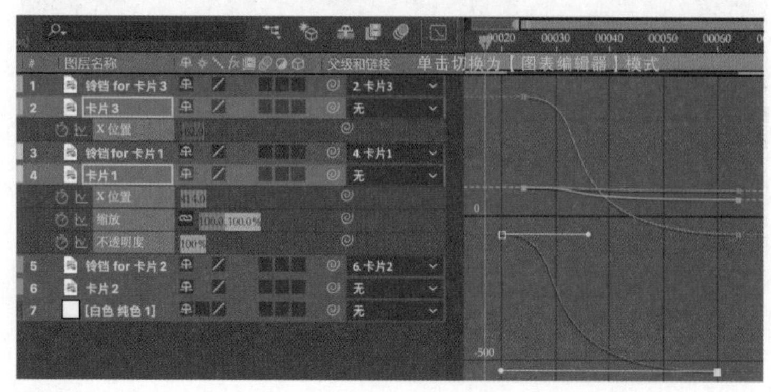

图3-30

（5）此时可以切换为【图表编辑器】模式，查看目前两张卡片的动画曲线，如图3-30所示。大致是“慢进—慢出”的节奏，动画的启动和结束都比较平缓，中间的节奏很快。使用这种节奏的动画曲线的UI元素，有一种类似于受磁力场影响的感觉：一开始慢慢地移动，之后受到力场的影响迅速移动，最后依靠惯性和摩擦慢慢停下来。相比常见的“快进—慢出”的动画节奏（动画曲线解析可以参考3.1.1节），这种动画曲线不但更加富有动感，而且节奏感更鲜明。

（6）在【图表编辑器】模式下也可以使用黄色手柄进行曲线形状的调整，相当于手动调整【关键帧速度】参数。如果使用手柄，那么可以同时选中多个关键帧，调整其中任意一个关键帧的手柄即可对所有选中的关键帧曲线进行调整，如图3-31所示。

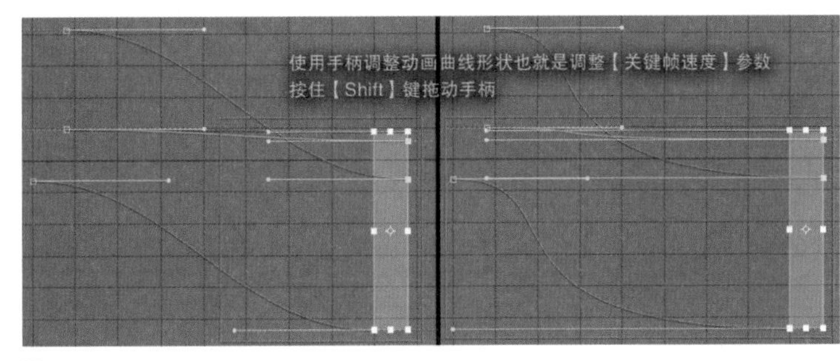

图3-31

后面笔者将混合切换使用【关键帧速度】对话框和曲线手柄调整这两种方式，读者也可以根据自己的习惯和喜好选择任意一种。需要注意的是，当平行移动手柄时，建议先按住【Shift】键再拖曳手柄，类似于使用【钢笔工具】绘制曲线调整手柄的操作。

（7）为第3张卡片添加动效。选中第3张卡片，即【卡片2】图层，同样将其【位置】属性进行单独尺寸分离，第3张卡片比第2张卡片的移动又晚了4帧，所以在第28帧和第68帧分别为【卡片2】的【X位置】属性添加关键帧。而在第68帧，第3张卡片将代替现有居中卡片的位置，移动到中间并放大，所以还需要为其【缩放】属性和【不透明度】属性也设置关键帧，只是与【卡片1】图层相反：【缩放】属性的值从原来的【90.0，90.0%】改为【100.0，100.0%】，【不透明度】属性的值从原来的【60%】提高到【100%】，如图3-32所示。当然，这里所有关键帧的【关键帧速度】参数依然和前面的关键帧的【关键帧速度】参数保持一致。

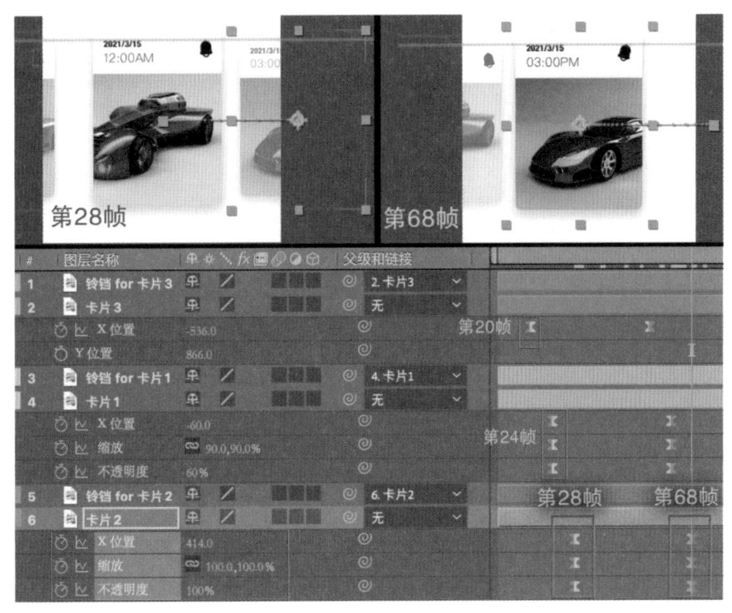

图3-32

（8）卡片的切换动效如图 3-33 所示。

图 3-33

3. 制作第 1 个铃铛的动效

最左侧的卡片很快就会移出屏幕，所以可以不必为其铃铛图标添加摇晃动效，重点是为第 2 张和第 3 张卡片的铃铛图标添加摇晃动效。

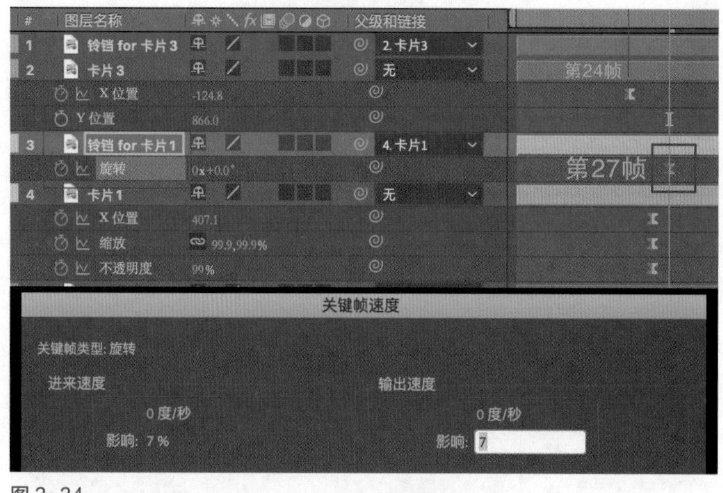

图 3-34

（1）当卡片启动时，铃铛因惯性导致滞后摇晃。选中【卡片 1】所属的铃铛图层【铃铛 for 卡片 1】，按快捷键【R】单独展开【旋转】属性，在第 27 帧为其添加一个关键帧，并将【关键帧速度】参数设置为如图 3-34 所示的形式。铃铛的摇晃动效比卡片的移动晚了 3 帧，这是为了真实地模拟惯性运动中静止物体在突然启动时的滞后性动态。

在如图 3-34 所示的【关键帧速度】对话框中，将【输出速度】的【影响】设置为【7%】，使动效以非常快的速度启动，也意在模拟一个物体开始运动时，它的附带物体因静止惯性而导致的启动的突然性。

小提示

与现实中的惯性运动相比，3 帧的时长或许比较夸张，但是动画在表现现实运动时，按照经典动画运动规律，应该要进行适度的夸张。与现实运动相比，适度夸张的动画表现反而能使模拟动效看起来更加真实可信。

（2）在第 37 帧（基本上是卡片移动速度最快的时候）和第 53 帧（卡片快要停止移动的时候）分别为【旋转】属性添加一个关键帧。在第 37 帧，将铃铛的【旋转】属性设置为【0x-24.0°】，也就是在卡片移动速度最快的时候，铃铛因惯性向反方向摇晃至最大幅度；在第 53 帧，将铃铛的【旋转】属性设置为【0x-12.0°】，也就是在卡片运动即将停止的时候，铃铛的惯性作用逐渐渐弱，铃铛往回旋转，如图 3-35 所示。

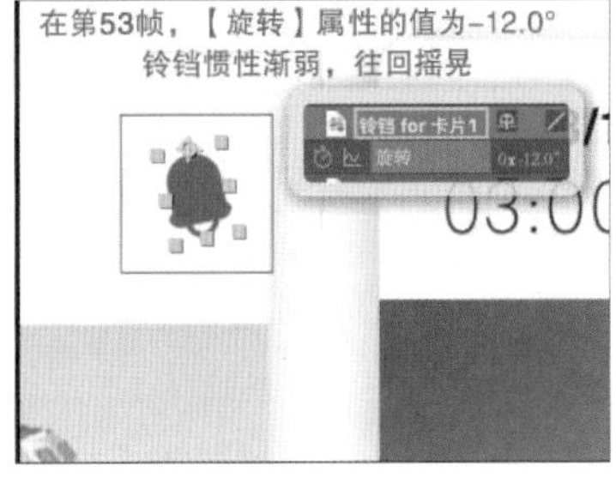

图 3-35

（3）单击【图表编辑器】图标，切换为【图表编辑器】模式。默认的【线性】关键帧是没有编辑手柄的，需要将其【关键帧辅助】转换为【缓动】，每个关键帧节点会出现两个黄色的手柄，移动手柄便可编辑动画曲线形状，将曲线形状编辑为如图 3-36 所示的形式。

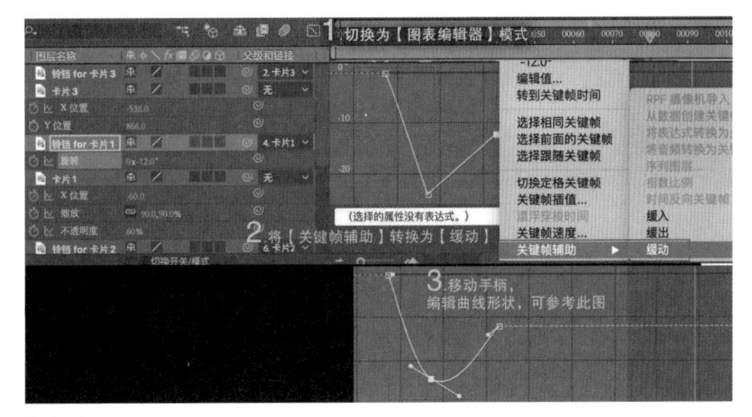

图 3-36

需要注意的是，第 2 个手柄不像之前制作的绝大部分关键帧曲线节点的手柄是水平的，而是倾斜的，所以在过了这个关键帧节点之后的一段时间内，铃铛会继续往右倾斜，直到达到最大幅度。这样的曲线形状可以相对更真实地模拟现实运动中物体因惯性而摇晃的动态。

（4）当卡片停止时，铃铛因惯性而继续摇晃。在第 61 帧、第 68 帧、第 75 帧、第 82 帧再添加关键帧，即为铃铛的【旋转】属性再设置 4 个关键帧，用来制作铃铛来回摇晃直至完全停止的动效，如图 3-37 所示。

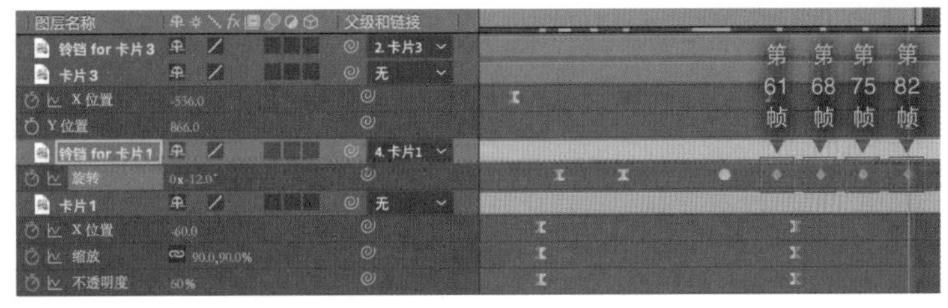

图 3-37

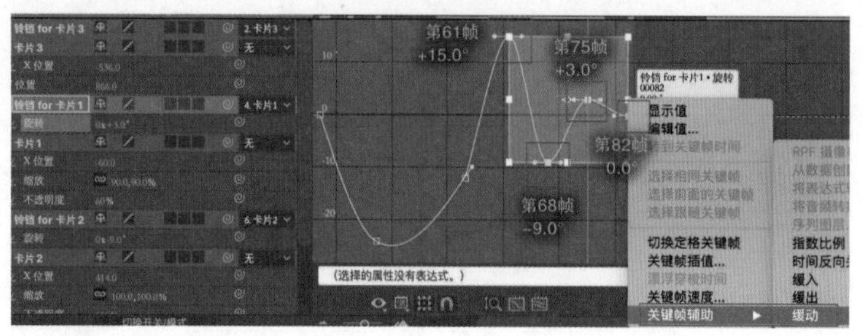
图 3-38

（5）将第 61 帧、第 68 帧、第 75 帧、第 82 帧的【旋转】属性分别设置为【0x+15.0°】、【0x−9.0°】、【0x+3.0°】和【0x+0.0°】，也就是来回摇晃两次最后停止，将这 4 个关键帧的【关键帧辅助】全部设置为【缓动】，如图 3-38 所示。

小提示

将【关键帧辅助】设置为【缓动】之后，【关键帧速度】参数默认的【影响】的值为 33.3333%，在制作这类往复回弹、振动、摇晃之类的动效时，这个默认值基本上可以满足效果要求，不必再手动编辑。

图 3-39

（6）播放预览动效，如图 3-39 所示。

4. 制作第 2 个铃铛的动效

第 2 个铃铛就是进场的【卡片 2】图层上的铃铛图标。其实制作这个铃铛的摇晃动效可以直接复制上一个铃铛的摇晃动效的关键帧。

（1）复制关键帧。在【时间轴】面板的时间线区框选【铃铛 for 卡片 1】图层的所有【旋转】属性的关键帧，按快捷键【Ctrl+C】复制。

图 3-40

（2）将关键帧粘贴到【铃铛 for 卡片 2】图层上。选中【铃铛 for 卡片 2】图层，按快捷键【R】单独展开【旋转】属性，将时间指示器移动到第 32 帧，也就是比【卡片 2】的启动时间晚 4 帧，此时再按快捷键【Ctrl+V】粘贴，如图 3-40 所示。

（3）手动二次编辑，增加第2个铃铛的动态细节。将时间指示器移动到第94帧，也就是在原先复制的那一串关键帧的最后一个关键帧往后加7帧，为当前【铃铛 for 卡片2】图层的【旋转】属性添加一个关键帧，并将其【关键帧辅助】切换为【缓动】，如图3-41所示，这里是想让铃铛多摇晃一次。

> **小提示**
>
> 在复制关键帧的时候，时间指示器停留在哪一帧，复制的一串关键帧就会从哪一帧开始往后排列。

图3-41

（4）修改最后面2个关键帧的值。将最后面2个关键帧（也就是第80帧、第87帧）的【旋转】属性的值修改为【0x+6.0°】和【0x-3.0°】，如图3-42所示。

图3-42

如果在最后一个关键帧之后再设置一个关键帧，那么新的关键帧会继承前面的关键帧的值。所以，最后一个新添加的关键帧的值也是0.0°，不需要修改。

（5）至此，案例的动效已基本制作完成。可以播放预览动效，如图3-43所示。

图3-43

本节重点讲解了关键帧的复制、粘贴，以及动画曲线的手动编辑。这种多次往复的动效细节，不仅可以用在惯性运动上，还可以用在弹跳、振动等动效上。

3.3.2　压缩-3D翻转回弹动效

下面制作一个“按压”UI元素，并且一边回弹放大一边3D翻转的转场动效。

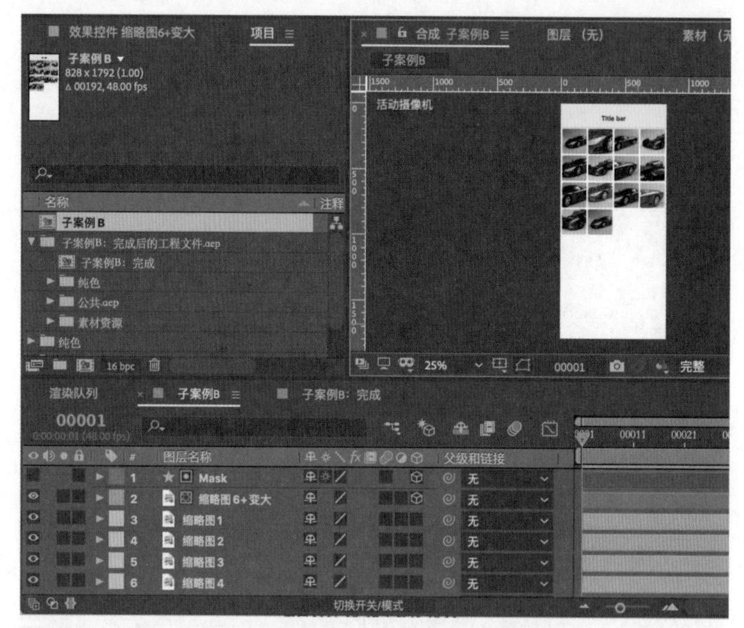

图 3-44

1. 打开场景

打开 After Effects 工程文件【案例文件 / 第 3 章 / 案例：动画曲线精进 / 案例：压缩 -3D 翻转回弹动效 .aep】，可以看到已经搭建好界面场景，如图 3-44 所示。接下来直接从动画制作开始着手。

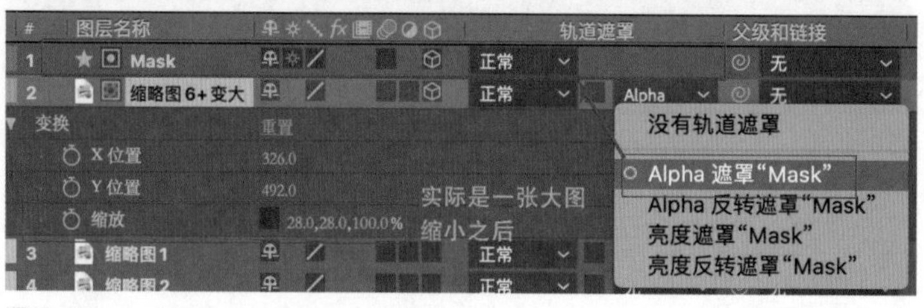

图 3-45

2. 制作"单击—变大"转场动效的缩略图对象及其图层轨道遮罩

（1）演示"单击—变大"交互动效的第 2 排第 2 张缩略图【缩略图 6+ 变大】图层，其实就是一张大图缩小之后以【Mask】图层的形状为 Alpha（透明）图层遮罩。这也是为了方便之后制作由小变大的连贯转场动效，如图 3-45 所示。

（2）因为要制作 3D 立体翻转动效，所以将【缩略图 6+ 变大】图层及其轨道遮罩图层【Mask】都设置为 3D 图层，并且把该图层的【缩放】属性的小链条图标（即【约束比例】锁定功能）取消，这意味着 X 轴、Y 轴、Z 轴的【缩放】属性可以分别设置，不会像默认链接锁定的那样，X 轴、Y 轴、Z 轴等比例缩放，如图 3-46 所示。

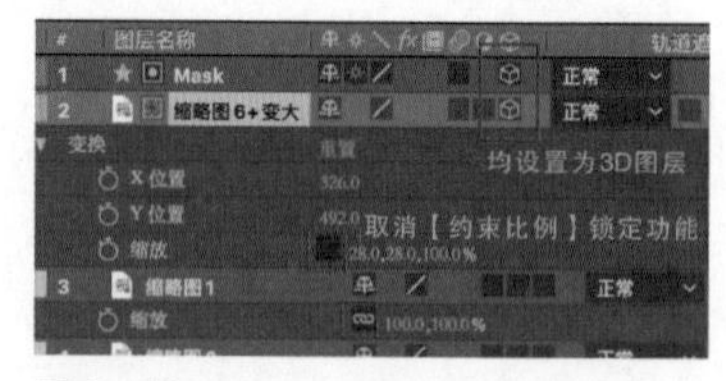

图 3-46

（3）为了省略动效制作的步骤，将轨道遮罩图层【Mask】作为【缩略图 6+ 变大】图层的子物体，两个图层其实是完全绑定在一起运动的，所以只需制作其中一个图层的属性变化关键帧动画即可，如图 3-47 所示。

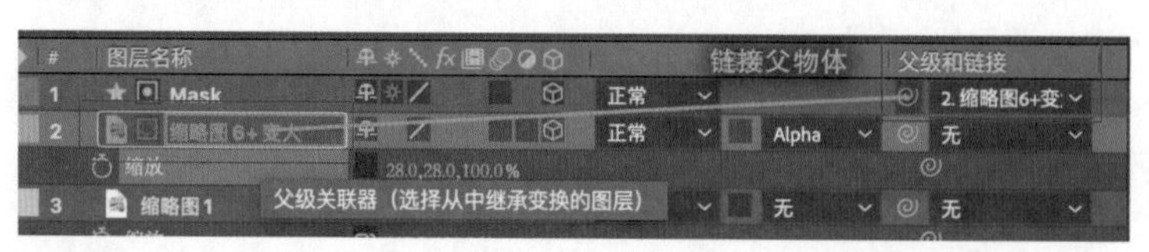

图 3-47

3. 制作缩略图由小变大 + 立体翻转的连贯转场

（1）为【缩放】属性添加关键帧。选中【缩略图 6+ 变大】图层，按快捷键【S】单独展开【缩放】属性，在第 30 帧和第 45 帧各添加一个关键帧，添加这两个关键帧是为了制作在点击动作之后，缩略图被【按压】下去的动画，如图 3-48 所示。

图 3-48

（2）在第 45 帧，将【缩略图 6+ 变大】图层的【缩放】属性的值进一步修改为【24.0，24.0，100.0%】。因为在 Z 轴上缩放值保持不变，所以不需要改动，同时修改第 30 帧和第 45 帧的关键帧的【关键帧速度】参数，如图 3-49 所示。

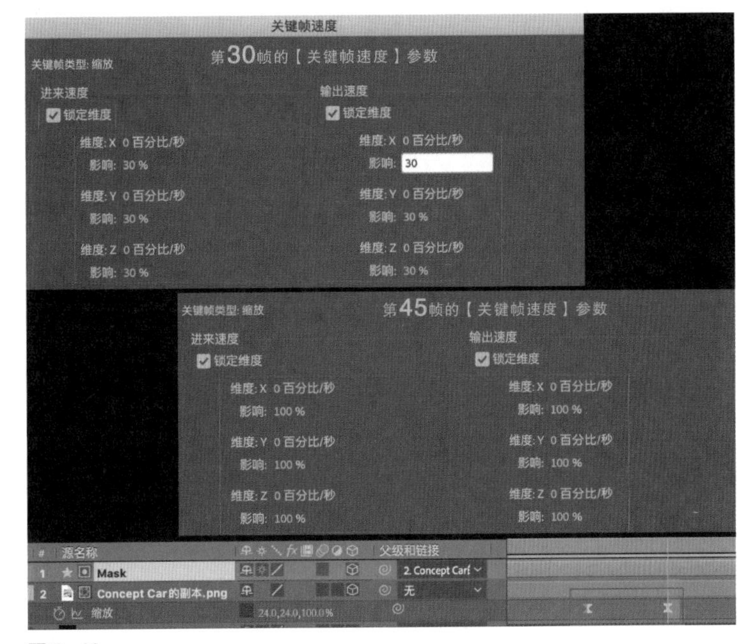

图 3-49

小提示

对于【缩放】这种多维度的属性，在【关键帧速度】对话框中，可以看到每个维度都可以单独设置【速度】和【影响】的值。若勾选【锁定维度】复选框，则只需要修改其中任意一个维度的值即可联动其他维度的值一起变更；若取消勾选【锁定维度】复选框，则可以为同一个属性的关键帧的不同维度分别独立设置【速度】和【影响】的值，这在制作某些特殊动效时是有用的。例如，“X 轴维度上的变形节奏要慢于 Y 轴维度上的变形节奏”的动画效果。

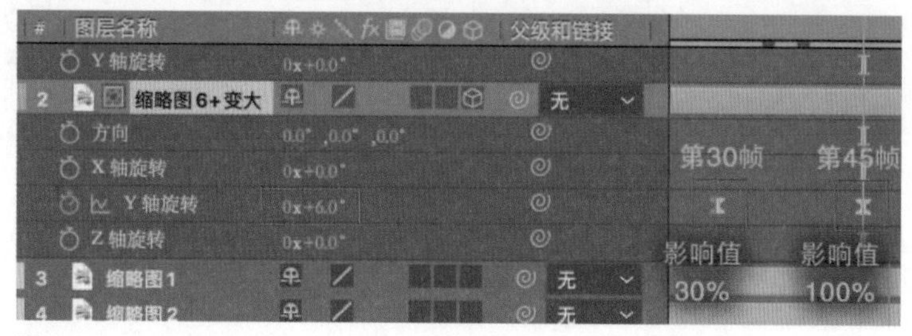

图 3-50

（3）按快捷键【R】单独展开【旋转】属性，同样在第 30 帧和第 45 帧为【Y 轴旋转】属性设置关键帧，并在第 45 帧将【Y 轴旋转】属性的值修改为【0x+6.0°】，如图 3-50 所示。这两个关键帧的【关键帧速度】参数的设置与前面的【缩放】属性的关键帧相同。

图 3-51

（4）至此，完成一个缩略图被“按压”下去并略微倾斜的动效，如图 3-51 所示。

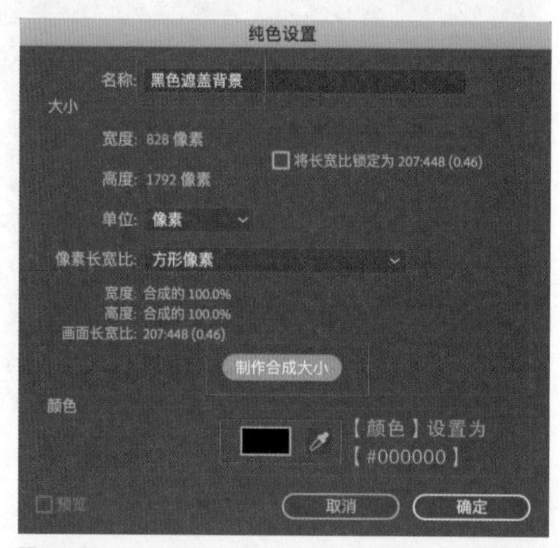

图 3-52

（5）添加转场到大图模式时的黑色遮盖背景。在制作缩略图放大的动画之前，需要先增加一个黑色遮盖层作为新的大图背景，并挡住底下的其他缩略图和标题栏（Title Bar）等 UI 元素。按快捷键【Ctrl+Y】，新建一个【颜色】为【#000000】的纯色图层，并重命名为【黑色遮盖背景】，宽度和高度分别为 828 像素和 1792 像素，如图 3-52 所示。

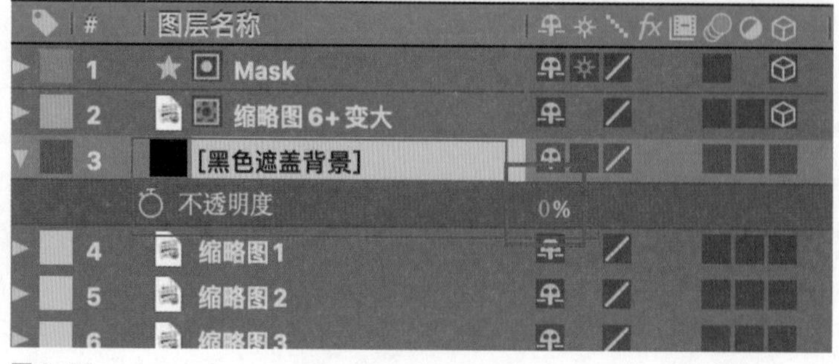

图 3-53

（6）将新建的纯色图层在【时间轴】面板的图层区中拖曳到【缩略图 6+ 变大】图层之下，并将【不透明度】属性设置为【0%】，如图 3-53 所示。

在制作缩略图放大的动画时，为了让“单击—变大”交互动效更真实，需要在缩略图被按压下去之后先保持一段时间的静止，再启动回弹放大。

（7）将时间指示器移动到第51帧，为【缩放】属性和【Y轴旋转】属性分别添加一个关键帧，按住【Shift】键，同时按快捷键【P】，在保留展示【缩放】属性和【旋转】属性的同时，增加展示【位置】属性，单击鼠标右键，在弹出的菜单中选择【单独尺寸】命令，为【X位置】属性和【Y位置】属性设置关键帧，如图3-54所示。

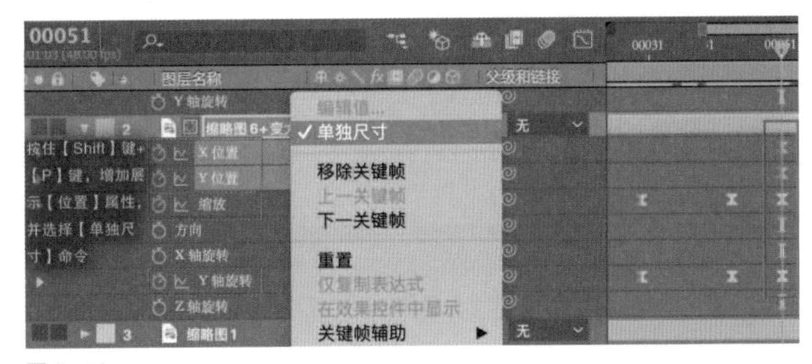

图 3-54

（8）由于缩略图以圆角矩形矢量形状图层【Mask】为轨道遮罩，并且缩略图状态是正方形，在放大以后是长方形，既有大小的变化又有长宽比例的变化，所以在放大的时候，相应的矢量形状图层【Mask】的大小和形状也需要设置合适的关键帧动画。展开矢量形状图层【Mask】的属性组，选中【大小】属性，在第51帧设置一个关键帧，如图3-55所示。

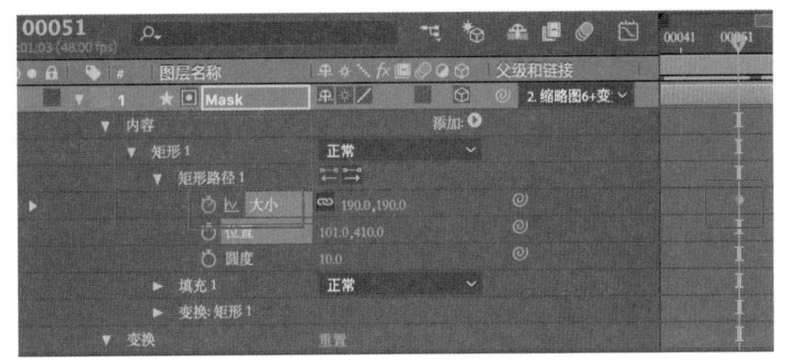

图 3-55

（9）为【黑色遮盖背景】图层的【不透明度】属性也设置一个关键帧，如图3-56所示。

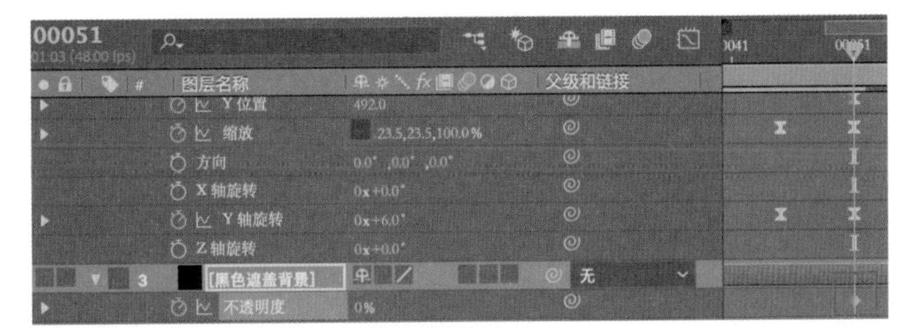

图 3-56

图 3-57

（10）将时间指示器移动到第 81 帧（也就是整段放大动效在 30 帧的时长内），为矢量形状图层【Mask】的【大小】属性添加一个关键帧，并且将该属性的值修改为【300.0，300.0】；为【缩略图 6+ 变大】图层的【缩放】属性、【Y 轴旋转】属性、【X 位置】属性和【Y 位置】属性均添加关键帧，设置的值如图 3-57 所示。

图 3-58

小提示

【Y 轴旋转】属性的值从 0.0° 到 180.0°，意味着缩略图在放大的同时做了一个立体翻转动画，由于翻转了 180° 而不是 360°，因此作为 3D 图层的【缩略图 + 变大】图层，在自身旋转 180° 的情况下，图像镜像也翻转，如图 3-58 所示，如果【缩放】属性的值为【100.0，100.0，100.0%】，那么图片位置也不正确。

因此，需要将【缩放】属性的值的 *X* 维度设置为 -100.0 而不是 100.0，这样 2 次水平镜像翻转抵消，图像就会正常。

图 3-59

（11）将时间指示器拖曳到第 69 帧，为【黑色遮盖背景】图层的【不透明度】属性也添加一个关键帧，并且将该属性的值设置为【100%】，挡住下方的其他缩略图和标题栏等其他 UI 元素，如图 3-59 所示。

至此，转场动效的制作基本完成。最后一步是优化动画曲线形状，从而达到较好的动画节奏。既可以手动调整动画曲线形状，又可以通过直接修改【关键帧速度】参数来调整。如果需要同时调整数量较多的关键帧，那么手动调整动画曲线形状更高效。

4. 优化动画曲线形状

（1）调出曲线手柄。框选上面添加的所有关键帧并右击，在弹出的菜单中选择【关键帧辅助→缓动】命令，如图3-60所示，调出曲线手柄。

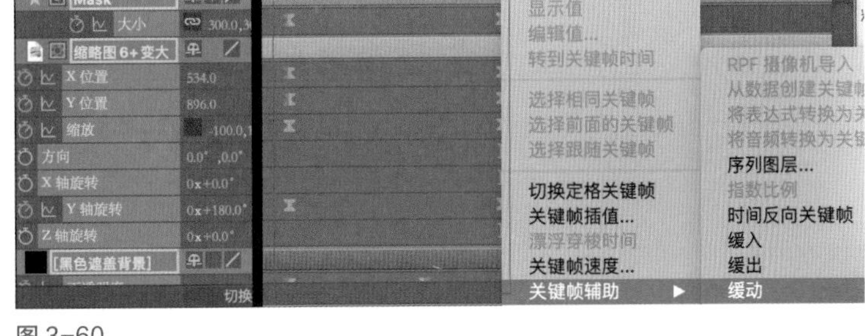

图3-60

（2）调整第1排关键帧的手柄的长度。先选中第51帧的那一排关键帧，也就是前面的3个图层的所有关键帧，切换为【图表编辑器】模式，如图3-61所示，按住【Shift】键，调整手柄的长度，直至大约占整条动画曲线水平宽度的1/6，换算到【关键帧速度】对话框中的【影响】的值为16%～17%。

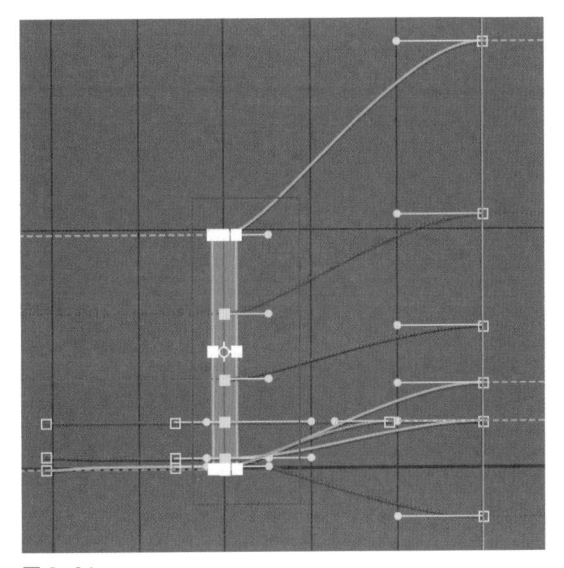

图3-61

（3）调整第2排手柄的长度。选中后面一排的关键帧，也就是第69帧【黑色遮盖背景】图层的【不透明度】属性的第2个关键帧，以及第81帧【Mask】图层和【缩略图6+变大】图层的所有关键帧，同样按住【Shift】键将手柄的长度调整至最长，即第2排所有【关键帧速度】参数的【影响】的值均为【100%】，如图3-62所示。

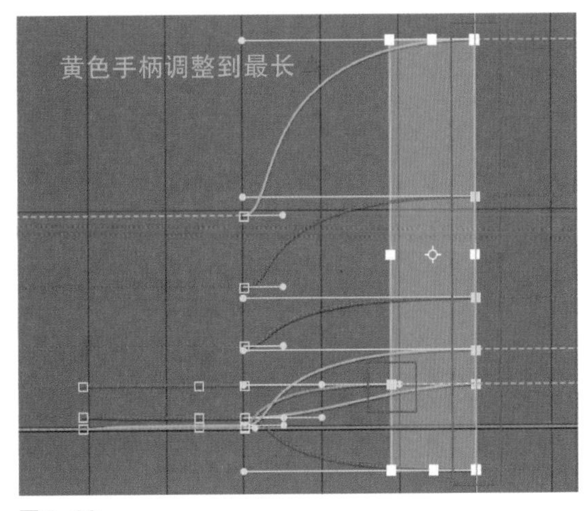

图3-62

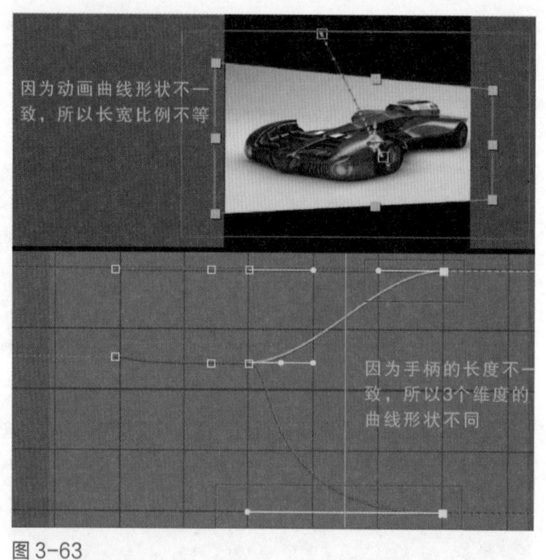

图 3-63

（4）修正【缩放】属性的动画曲线形状。此时播放预览会发现，【缩略图 6+ 变大】图层在变大时，Y 维度上的高度变化节奏和 X 维度上的宽度变化节奏不一致，如图 3-63 所示。

图 3-64

需要注意的是，由于【缩放】属性的值有 X、Y、Z 3 个维度，关键帧也有 3 个节点，因此刚才框选所有关键帧节点并拉动手柄调整长度时，不能同时调整 Y 维度和 Z 维度的关键帧节点的手柄的长度。可以通过【关键帧速度】对话框将【影响】设置为【100%】。

（5）至此，整个转场动效方才制作完成，可以预览现在的动效，如图 3-64 所示。

3.3.3 依次错落进场的组合动效

1. 打开场景

打开 After Effects 工程文件【案例文件 / 第 3 章 / 案例：动画曲线精进 / 案例：依次错落进场的组合动效 .aep】，可以看到已经搭建好界面场景，如图 3-65 所示。接下来从动画制作开始着手。

这是一个单击相册封面后，相册中的所有图片缩略图依次错落进场的转场动效。可以将这组动效分解为两部分。

第 1 部分：在单击相册封面之后“按压”下去再回弹的动效类似于 3.3.2 节中的按压动效。

第 2 部分：相册中的 14 张缩略图依次错落进场，每张缩略图都有各自独立的动效，均为【缩放】属性的值的变化结合【不透明度】属性的值的变化，每张缩略图的独立动效以一定的时间间隔依次展开。

图 3-65

2. 为相册封面添加“按压—回弹消失”的动画

“按压—回弹消失”的动画和前面的缩略图“按压—回弹”的动画的制作过程基本相同，只是多了【不透明度】属性的值的变化，在放大画面的同时淡出消失。

（1）制作按压动效，为相册的【缩放】属性添加关键帧。选中【相册 1】图层，按快捷键【S】单独展开【缩放】属性，分别为第 30 帧和第 42 帧添加关键帧，并在第 42 帧将【缩放】属性设置为【85.0，85.0%】，在【关键帧速度】对话框中将这两个关键帧的【影响】分别设置为【15%】和【80%】，如图 3-66 所示。

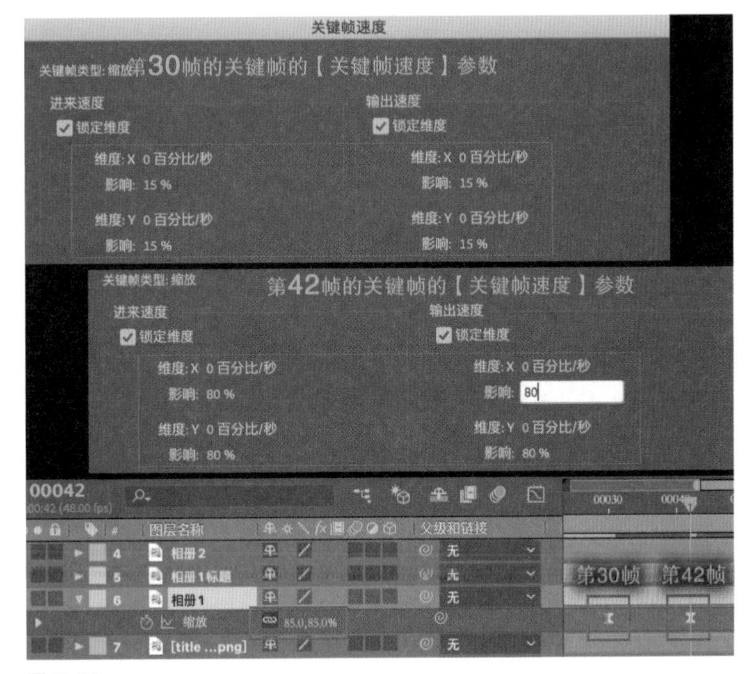

图 3-66

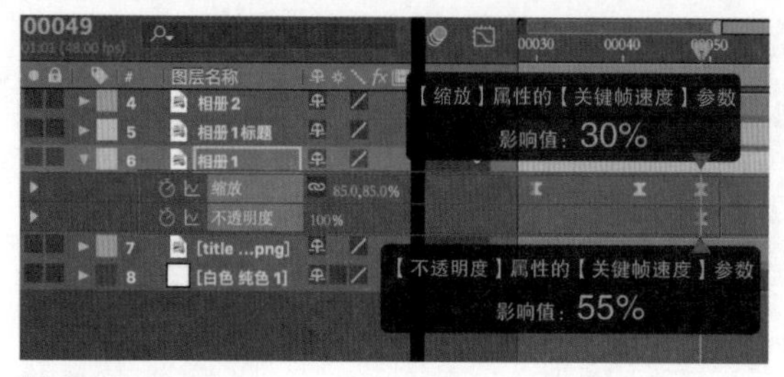

图 3-67

（2）为相册的【不透明度】属性添加关键帧。将时间指示器拖曳到第 49 帧，为【缩放】属性再设置一个关键帧，也就是让相册封面在按压状态下保持 7 帧的时长后再回弹，第 49 帧也就是相册封面开始回弹动画的启动时间点。在此处按住【Shift】键的同时按快捷键【T】，增加显示【不透明度】属性，为【不透明度】属性也设置一个关键帧，如图 3-67 所示。此处【缩放】属性的关键帧和【不透明度】属性的关键帧的【关键帧速度】参数的设置同样可参考图 3-66，将【影响】分别设置为【30%】和【55%】。

小提示

需要注意的是，在相册封面回弹放大且淡出消失的过程中，回弹的加速度是比较大的，也就是【关键帧速度】参数的【影响】的值比较小，动画曲线起步很陡峭；而【不透明度】属性的值变化得不能太快，也就是动画曲线的起步不能很陡峭，否则在动画前期很短的时间内【不透明度】属性的值就会变得很低，也就是看不清楚。这样的动画效果并不好。所以，在第 49 帧需要为【缩放】属性的关键帧和【不透明度】属性的关键帧设置不同的【关键帧速度】参数。这与之前制作的多属性【关键帧速度】参数设定的通常做法不同。

在实际的动画设计制作过程中，当涉及多属性关键帧动画时，动画曲线形状编辑必须结合实际效果灵活变通，并且随时调整。

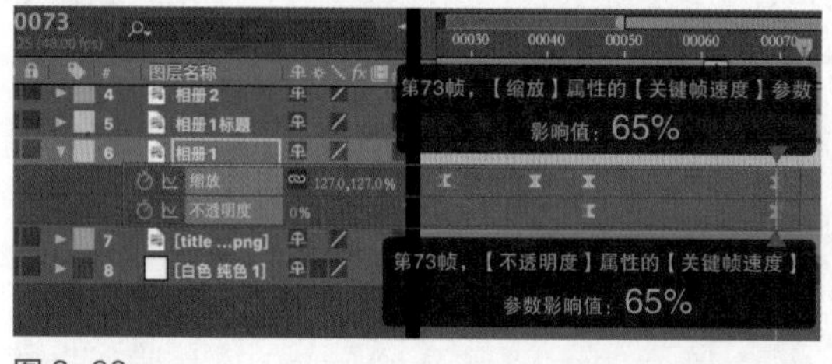

图 3-68

（3）制作“回弹 + 消失”动效。将时间指示器拖曳到第 73 帧，再次为【相册 1】图层的【缩放】属性和【不透明度】属性添加关键帧，并且将【缩放】属性设置为【127.0，127.0%】，【不透明度】属性设置为【0%】，在动效收尾处，这两个关键帧的【关键帧速度】参数的设置可以相同，如【影响】均设置为【65%】，如图 3-68 所示。

小提示

当然，这些都只是参考值，读者也可以根据自己的喜好来设置，收尾处的【关键帧速度】参数的【影响】的值越小，动画越接近结束越会加快节奏。

（4）如图 3-69 所示，当前被单击相册封面的“按压—回弹消失”动画由红色的【缩放】动画和蓝色的【不透明度】动画两条动画曲线共同组成，可以直观地看到，在第 42 帧，【缩放】属性的第 3 个关键帧节点手柄的长度（下面较短的黄色手柄）和同在此处的【不透明度】属性的关键帧节点手柄的长度（上面较长的黄色手柄）是不同的。

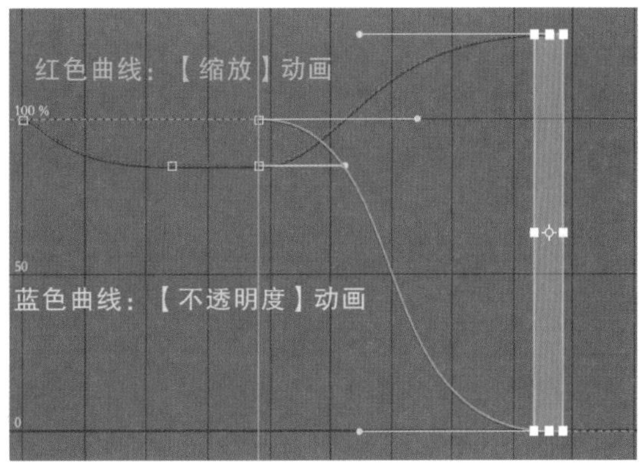

图 3-69

（5）预览当前动画效果。此时可以先播放预览完整的相册封面被单击后“按压—回弹消失”的动效，如图 3-70 所示。

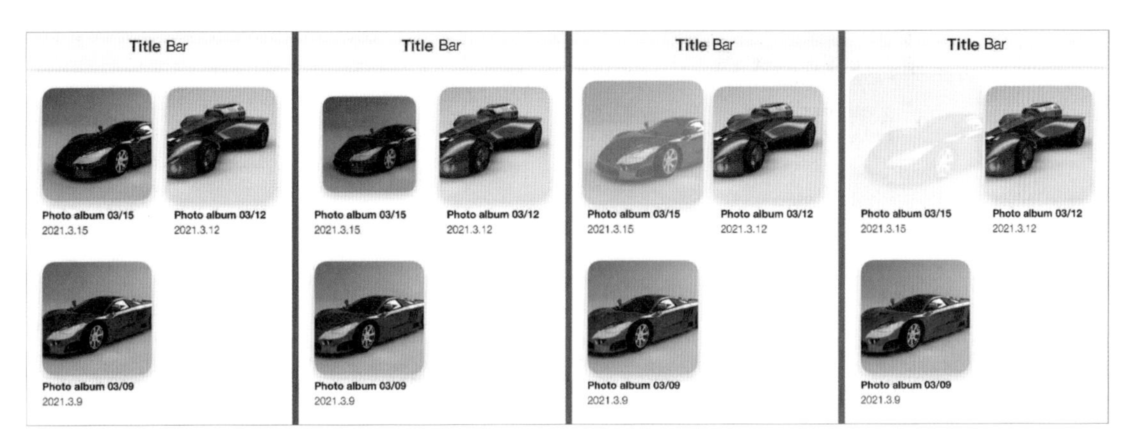

图 3-70

3. 导入所有缩略图素材并完成网格界面布局

（1）将缩略图素材导入合成中。在【项目】面板中，打开【素材资源】文件夹下的【缩略图】文件夹，选中 14 张图片素材，即【缩略图 1】~【缩略图 14】，将它们拖曳到【时间轴】面板的【案例】合成中，如图 3-71 所示。

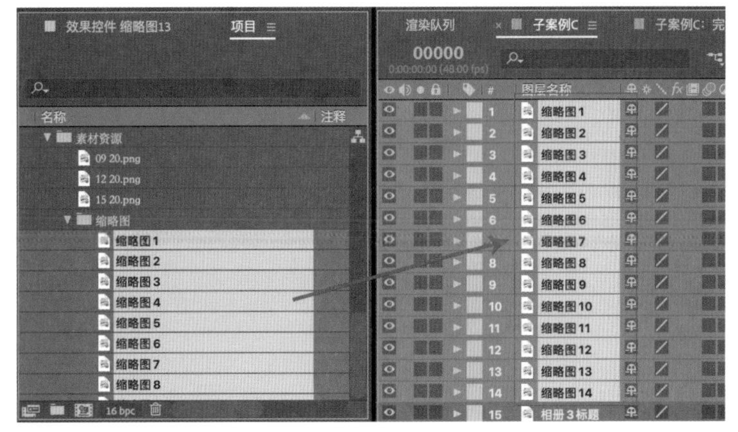

图 3-71

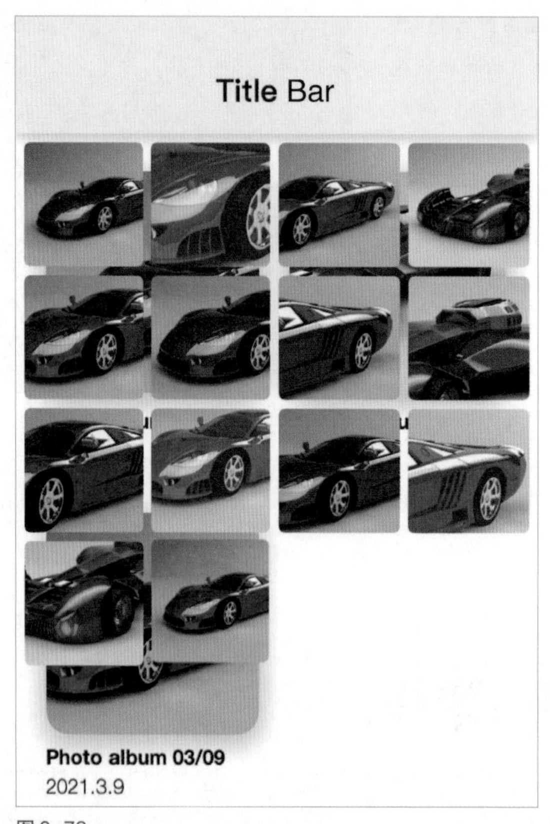

图3-72

（2）将缩略图进行排列布局。将时间指示器拖曳到第0帧，将缩略图排列成如图3-72所示的整齐网格布局（和图3-72中的样式大致相同即可，精确的【位置】属性的值不必完全一致）。

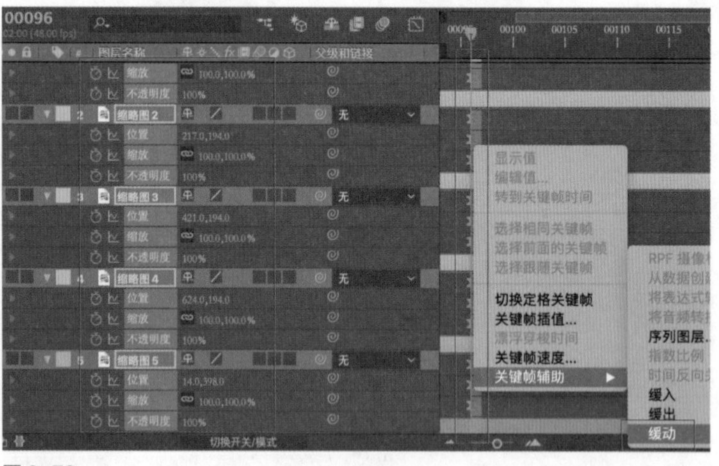

图3-73

4. 制作缩略图散落的动画

（1）当前缩略图的位置实际上是整个转场完成后（缩略图散落完成）的状态。为了方便操作，可以先为缩略图的【缩放】属性、【不透明度】属性和【位置】属性添加关键帧，再在动画起始处修改这些缩略图的样式状态，这样也可以得到完整的过渡动画。此时添加关键帧的时间线不需要很严格，在相册封面的“按压—回弹消失”动画完成后的任意一个时间线位置均可以，因为后面还可以手动移动关键帧。如图3-73所示，需要把这些关键帧的【关键帧辅助】都设置为【缓动】。

小提示

在一般情况下，制作动画都是从前往后添加关键帧，但在某些情况下以倒过来的顺序制作关键帧动画更方便快捷。

（2）在动画节奏方面，笔者建议将缩略图开始散落的动画启动时间放在相册封面被按压开始回弹动画的若干帧之后，如可以放在第 53 帧（相比相册封面启动动画的第 49 帧，晚了 5 帧），将所有缩略图的【缩放】属性设置为【13.2，13.2%】，这个值可以由读者自己定义，此处仅为参考值（建议将【缩放】属性设置为 10.0% ~ 15.0%），将【不透明度】属性设置为【0%】。

（3）在【合成】面板中，通过手动方式将所有的缩略图均移动到被单击的相册封面的中心区域。因为之前已经为【缩放】属性、【位置】属性和【不透明度】属性添加了关键帧，所以一旦在其他的时间线位置修改属性的值，就会自动生成关键帧，如图 3-74 所示。实际上，在动画起始位置，所有缩略图都聚集到同一个点上，也就是所有缩略图的【位置】属性的值在此处均相同。

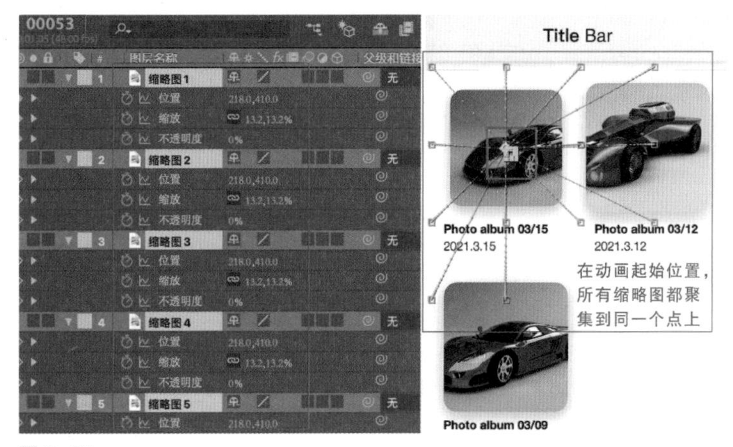

图 3-74

小提示

如果将一个属性的关键帧的【关键帧辅助】设置为【缓动】，那么在其他时间线再添加关键帧，或者修改属性自动生成的关键词，【关键帧辅助】同样是【缓动】，无须再设置。

（4）选中所有缩略图的【位置】属性的关键帧并右击，在弹出的菜单中选择【单独尺寸】命令。因为只有将【位置】属性分离为单独尺寸，才能激活曲线的调节手柄，如图 3-75 所示。

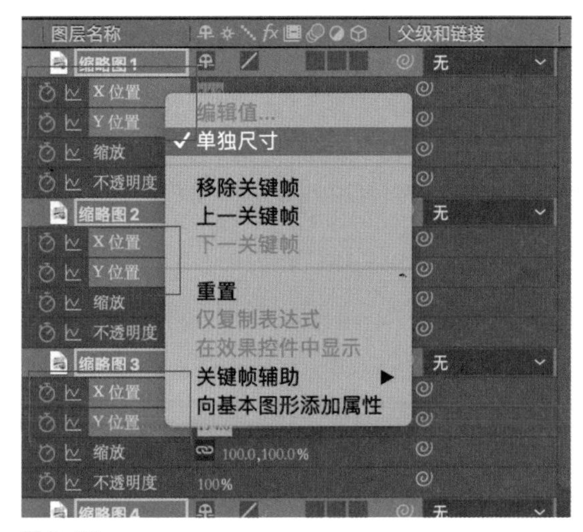

图 3-75

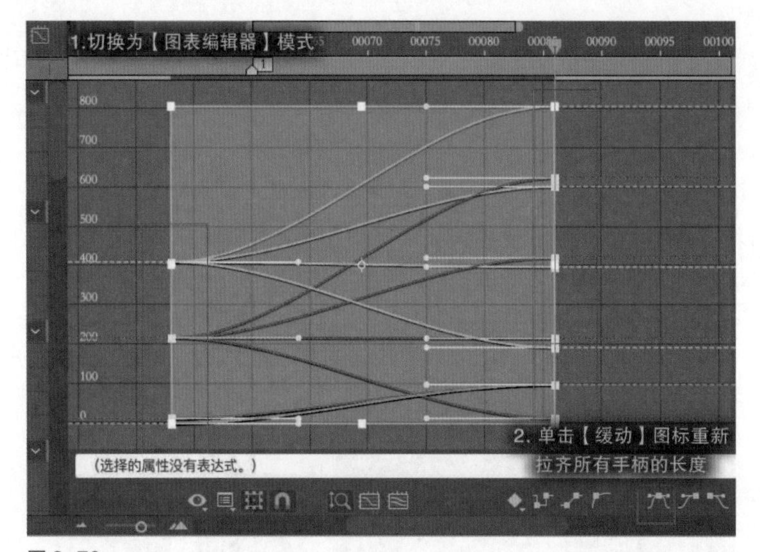

图 3-76

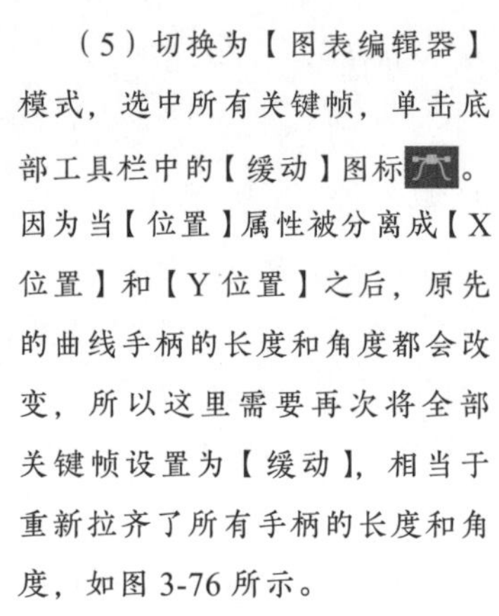

（5）切换为【图表编辑器】模式，选中所有关键帧，单击底部工具栏中的【缓动】图标。因为当【位置】属性被分离成【X位置】和【Y位置】之后，原先的曲线手柄的长度和角度都会改变，所以这里需要再次将全部关键帧设置为【缓动】，相当于重新拉齐了所有手柄的长度和角度，如图 3-76 所示。

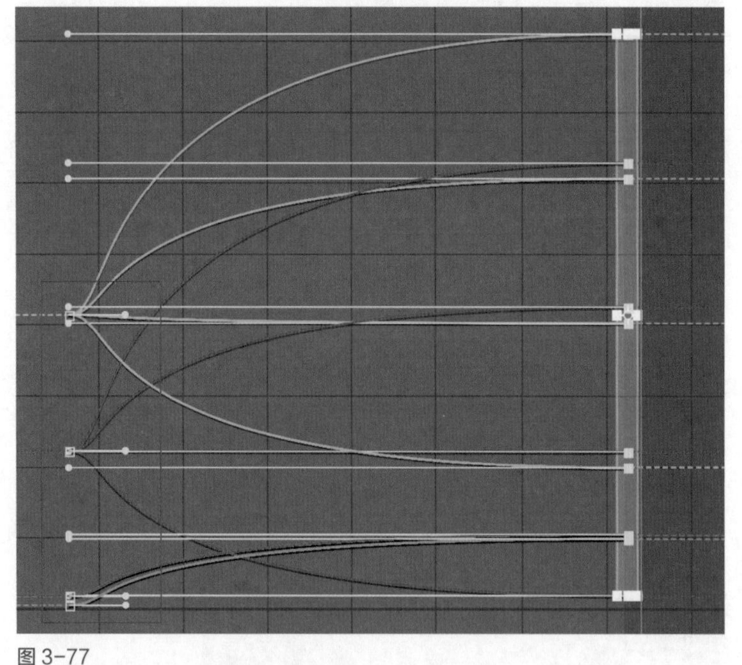

图 3-77

（6）手动调整所有关键帧的曲线手柄的长度，如图 3-77 所示，第 1 排动画起始关键帧手柄的长度缩短到整个曲线水平宽度的大约 1/10，也就是【关键帧速度】参数的【影响】的值约为 10%；第 2 排动画结束关键帧手柄的长度则直接拉到最长，即【关键帧速度】参数的【影响】的值为 100%。

至此，所有缩略图的动画都是整齐划一的，但是还需要手动进行时间上依次错开的排列，这样才能实现最终“依次散落”的动画效果。在这之前，需要先补充完成其他两个相册封面的退场动画。

5. 制作其他相册封面与标题消失的退场动画

在单击相册打开释放所有缩略图的同时，其他相册封面和标题应当淡出消失。

（1）链接相册标题与相册封面的【不透明度】属性。选中 3 个相册标题图层【相册 1 标题】、【相册 2 标题】和【相册 3 标题】，以及 3 个相册封面图层【相册 1】、【相册 2】和【相册 3】，按快捷键【T】单独展开这 6 个图层的【不透明度】属性。

同时选中 3 个相册标题图层【相册 1 标题】、【相册 2 标题】和【相册 3 标题】下的【不透明度】属性，按住【Alt】键单击属性前面的码表图标，创建表达式，并将表达式链接到各自所属的相册封面图层，也就是将相册标题与相册封面的【不透明度】属性同步，这样就可以减少关键帧的数目，方便管理，如图 3-78 所示。前面已经设置过【相册 1】图层的【不透明度】属性的关键帧动画，【相册 1 标题】图层与【相册 1】图层在链接【不透明度】属性之后就不必再设置关键帧动画。

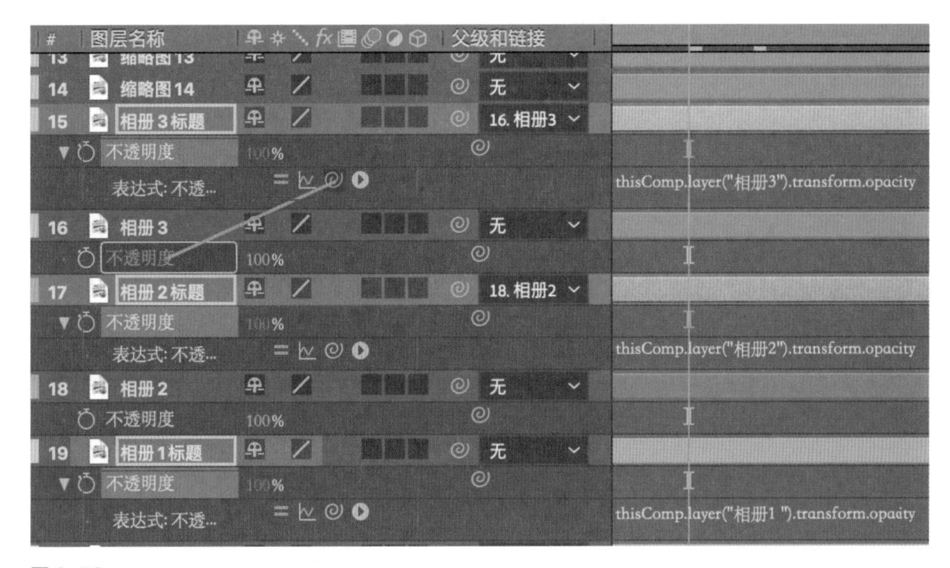

图 3-78

小提示

在制作一些场景非常复杂、UI 元素很多的动效时，往往有大量的关键帧，这会为设计师的制作管理带来较大的不便，也更容易出错，并且出错时也不易快速定位问题。此时，笔者认为应尽量减少设置的关键帧数目，也就是减少需要设置关键帧的属性参数类目。将一些属性通过表达式链接到可以同步参数值的属性上是常用的办法，这也是表达式的一个常用小技巧。

（2）链接相册标题与相册封面的父子关系。将【相册 2 标题】图层作为【相册 2】图层的子物体，【相册 3 标题】图层作为【相册 3】图层的子物体，如图 3-79 所示。

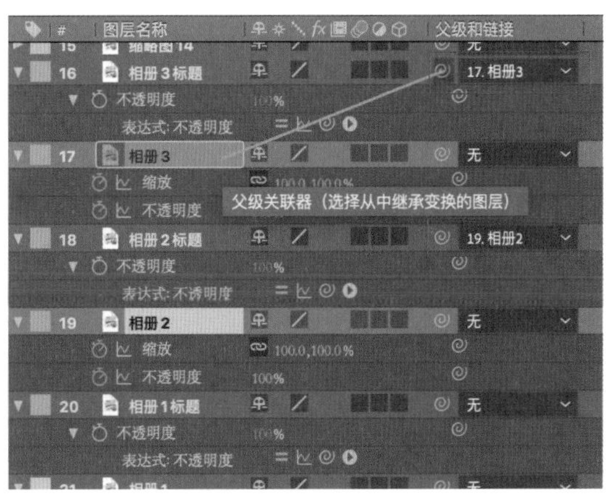

图 3-79

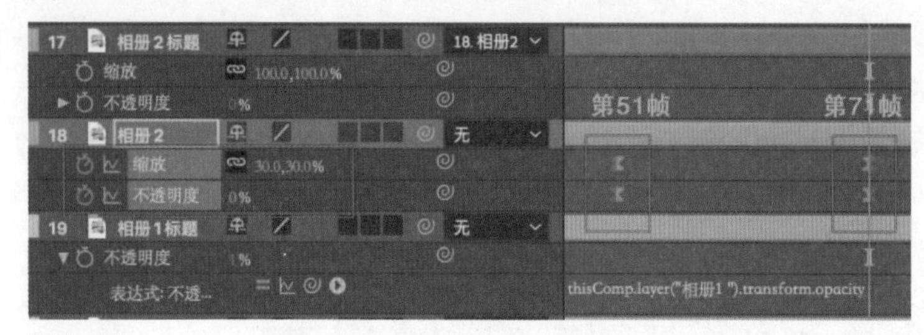

图 3-80

（3）设置其他两个相册封面消失的关键帧动画。将时间指示器定位到第 51 帧，就是比【相册 1】图层的【不透明度】属性的关键帧动画启动晚 2 帧，为【相册 2】图层的【缩放】属性和【不透明度】属性分别添加一个关键帧；在第 71 帧也就是 20 帧后，将【缩放】属性设置为【30.0，30.0%】，【不透明度】属性设置为【0%】，自动生成关键帧。两组关键帧的【关键帧辅助】都设置为【缓动】，如图 3-80 所示。

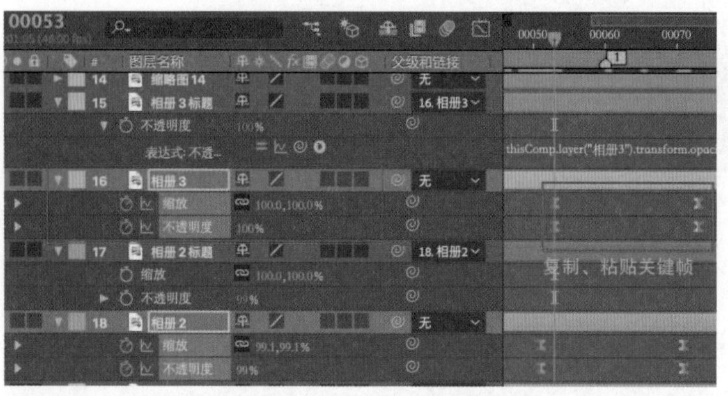

图 3-81

（4）同时选中这两组关键帧，按快捷键【Ctrl+C】，并将时间指示器从第 51 帧往后拖动到第 53 帧，选中【相册 3】图层，按快捷键【Ctrl+V】，如图 3-81 所示。

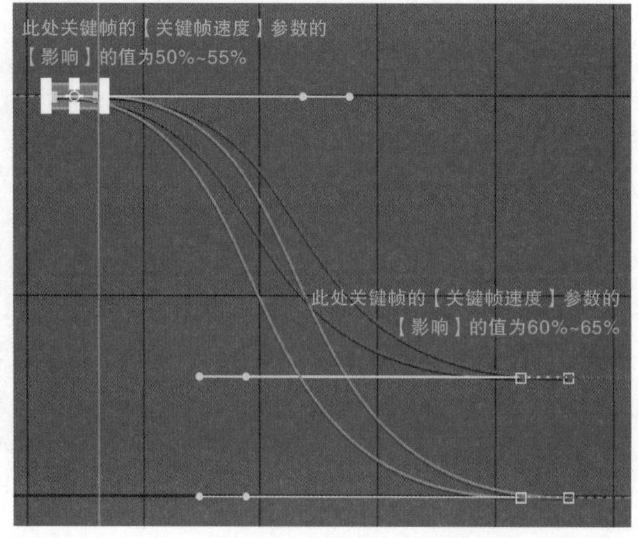

图 3-82

（5）同时选中【相册 2】图层和【相册 3】图层的所有（共 4 组）关键帧，切换为【图表编辑器】模式，将曲线两端节点的手柄的长度调整为如图 3-82 所示的状态，差不多是曲线水平宽度的一半多一点，前面的关键帧节点的手柄比后面的略短一些，这里只需要大概接近即可。

至此，3 个相册封面及其标题的退场消失动画已制作完成。

6. 有序排列 14 张缩略图的关键帧，实现依次散落的动画效果

（1）将 14 张缩略图排成 4 行。出于方便，先以“行”为单位，错开 4 行缩略图的动画顺序。将时间指示器拖曳到第 52 帧（比被单击的【相册 1】图层的退场动画启动晚 3 帧），将第 1 行缩略图（就是黄色标记的缩略图，图层名称为【缩略图 1】~【缩略图 4】）的所有关键帧拖曳到以第 52 帧为开始的位置，如图 3-83 所示。

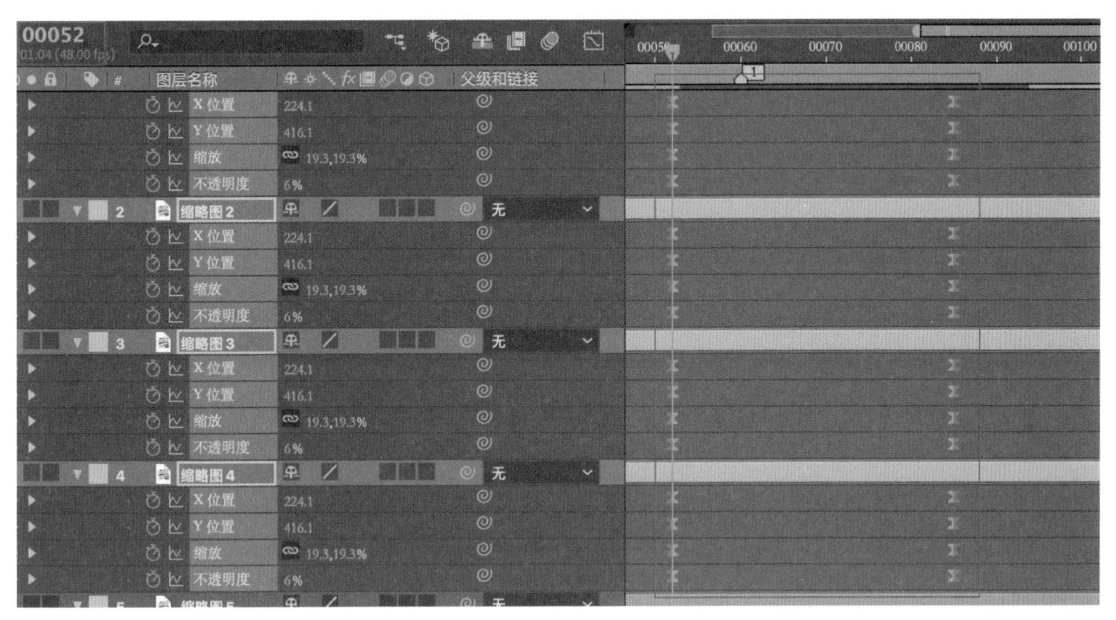

图 3-83

小提示

当图层很多时，可以利用图层颜色进行管理，如图 3-84 所示，单击图层序号前面的正方形色块，此时会弹出一个菜单，在这个菜单中可以选择图层颜色。

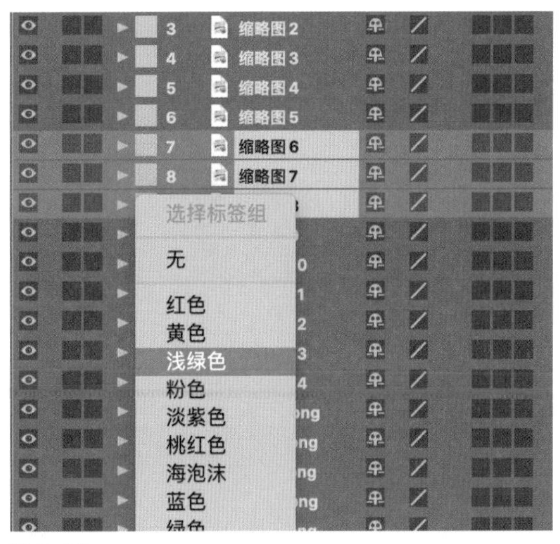

图 3-84

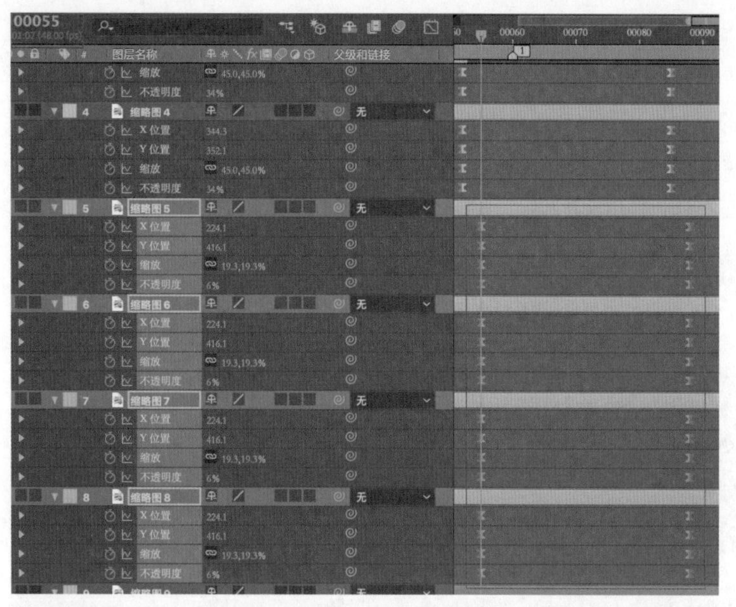

图 3-85

（2）将时间指示器再往后拖3帧（拖到第55帧），将第2行浅绿色标记的缩略图（图层名称为【缩略图5】~【缩略图8】）的所有关键帧移动到此处，如图3-85所示。

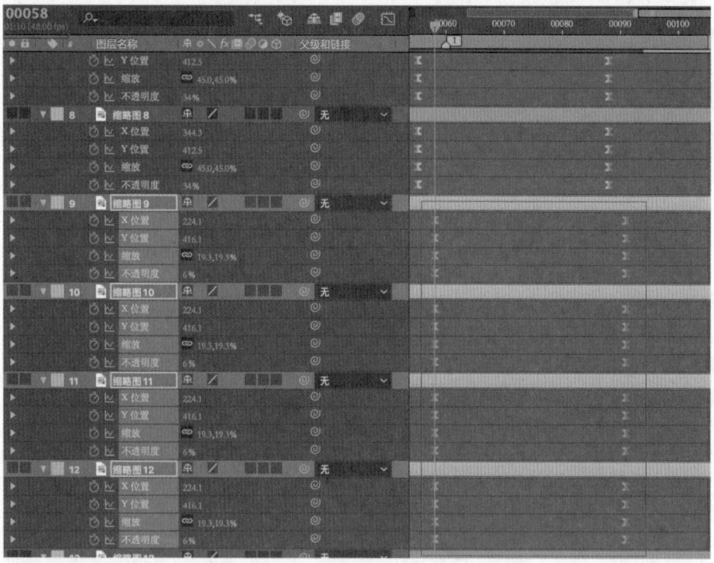

00058
01:10 (48.00 fps)
00060 00070 00080 00090 00100
图层名称
父级和链接
Y 位置 412.5
缩放 45.0,45.0%
不透明度 34%
8 缩略图 8 无
X 位置 344.3
Y 位置 412.5
缩放 45.0,45.0%
不透明度 34%
9 缩略图 9 无
X 位置 224.1
Y 位置 416.1
缩放 19.3,19.3%
不透明度 6%
10 缩略图 10 无
X 位置 224.1
Y 位置 416.1
缩放 19.3,19.3%
不透明度 6%
11 缩略图 11 无
X 位置 224.1
Y 位置 416.1
缩放 19.3,19.3%
不透明度 6%
12 缩略图 12 无
X 位置 224.1
Y 位置 416.1
缩放 19.3,19.3%
不透明度 6%

图 3-86

（3）将时间指示器往后拖3帧（拖到第58帧），将第3行肉粉色标记的缩略图（图层名称为【缩略图9】~【缩略图12】）的所有关键帧移动到此处，如图3-86所示。

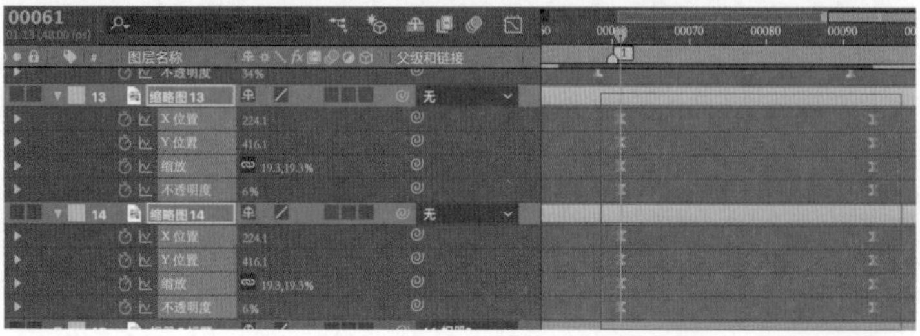

00061
01:13 (48.00 fps)
00070 00080 00090
图层名称
父级和链接
不透明度 34%
13 缩略图 13 无
X 位置 224.1
Y 位置 416.1
缩放 19.3,19.3%
不透明度 6%
14 缩略图 14 无
X 位置 224.1
Y 位置 416.1
缩放 19.3,19.3%
不透明度 6%

图 3-87

（4）将时间指示器往后拖3帧（拖到第61帧），将第4行橙色标记的缩略图（图层名称为【缩略图13】和【缩略图14】）的所有关键帧移动到此处，如图3-87所示。

（5）每行的缩略图依次错开关键帧。将第1行缩略图（图层名称分别为【缩略图2】、【缩略图3】和【缩略图4】）的关键帧依次往后延迟2帧，如图3-88所示。

图 3-88

（6）第2～4行也一样，第2～4张缩略图依次延迟2帧。至此，整个“打开相册—缩略图散落”的转场动效基本制作完成，可以播放预览，如图3-89所示。

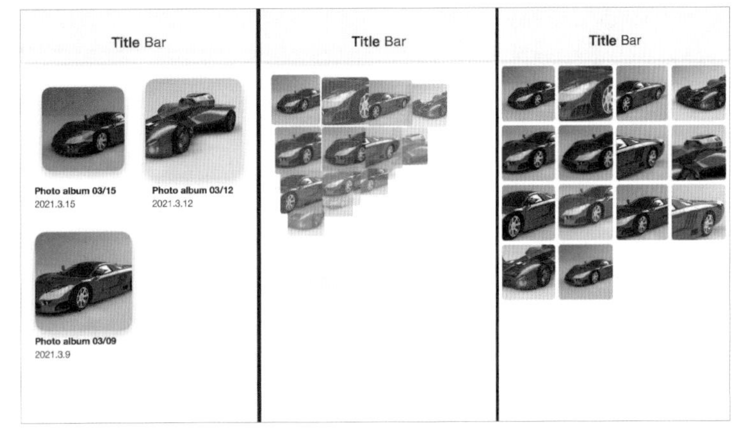

图 3-89

如果读者觉得散落的感觉不够强烈，那么可以让各缩略图进一步错开更多帧，以实现更加错落的依次散落效果。

第4章

智能感知动效在智能汽车 UI 设计中的应用

4.1 智能感知与智能汽车用户体验

4.1.1 智能汽车：新的浪潮之巅

在 iPhone 所引发的新一轮智能设备浪潮之后，历经 10 余年的发展，从最初的惊艳与震撼，以手机为代表的移动智能设备无论是软件用户体验设计，还是硬件形态工业设计，都已慢慢地进入稳定成熟期，各家的新产品都不再那么激动人心，目前的 AR/VR 和可穿戴设备也仅仅是锦上添花。下一个能像当初的 iPhone 一样撼动人心的科技产品会是什么呢？

智能汽车无疑是目前新一轮科技浪潮中最突出的浪尖。无论如何，众多科技巨头及传统汽车企业大力加码投入智能汽车是不争的事实，并且仍在继续加码。笔者认为，这源于科技巨头对于用户时间和空间（从本质上来说则是用户数据）的新一轮争夺，谁能抢占用户的车内时间和空间，谁就拥有了新的巨大的用户数据来源，这无疑充满了无限的想象空间。

对于体验设计师来说，智能汽车的时代已经到来，智能汽车的用户体验就是绕不过去的一道未来之门。

4.1.2 智能汽车的用户体验与 UI 设计

1. 一切“表面”，皆可是交互界面

严格来说，智能汽车的用户体验绝不仅仅是那一块已成标配的中控屏（通常还包括仪表屏），还应包含方向盘的人机交互、中控屏的硬按键组人机交互、座椅、中央扶手区人机交互，以及车内氛围灯组、车内音响系统、内 / 外后视镜信息显示，甚至包含 HUD 功能的前挡风玻璃、具备信息显示功能的侧门玻璃等。整个封闭的座舱空间都是人机交互与用户体验的舞台，是所有车内可交互的软 / 硬件整合而成的一套综合用户体验体系。

甚至可以说，车内的一切“表面”都可能是人机界面的一部分，从而产生用户体验。

由于本书篇幅和主题所限，因此所介绍的动效设计仅仅是针对屏幕类人机界面的 GUI（Graphical User Interface，图形用户界面）上的动效，智能汽车的用户体验的其他部分暂不涉及，以后有机会再与读者进行更深入的分享。

智能汽车内的屏幕硬件基本上可以分为仪表屏和中控屏两部分。目前，部分量产车型（如特斯拉 Model 3、Model Y，以及纳智捷 URX）或在研车型取消了仪表屏，有的增加了一块副驾专用屏（如理想 ONE）。

关于智能汽车的 UI 设计与动效设计，仪表屏和中控屏在体验上最大的区别在于：仪表屏往往是单向传达信息，大多通过方向盘硬件控制互动；中控屏的交互模式与体验则相对比较接近手机、平板电脑等触控屏类智能设备。仪表屏的信息有时是中控屏的补充，有时与中控屏又是重复的，更多的时候是独立的信息。这意味着，设计师在设计智能汽车的 UI 时必须考虑多屏联动，眼前不再只是那一块孤立的小屏幕。

图4-1

小鹏P7的座舱除了中控屏，还包含方向盘前方相对较小的仪表屏，如图4-1所示。

2. 身处车流，如何不被信息“淹没”

和手机类移动设备不同，智能汽车应具有更强大的环境感知能力，因为它的使用环境更复杂。想象一下，身处时速为几十千米的车流之中，或者在“人流＋车流”混杂的道路上前行，需要与其他车、道路、行人多方联动，方可安全行驶。智能汽车需要获得、更新和传递的信息量远超过手机，还需要用户同时关注多方面信息并快速做出决策。

从某种意义上来看，笔者认为UI设计也是信息的设计——以合适的方式组织、提炼、传递和呈现信息，使用户做出适当的操作与决策，以达成目的。虽然智能汽车面对的信息流更多，但幸亏还有动效设计这一工具。笔者认为，动效设计天然适合智能汽车的UI设计。

这是因为，汽车的使用环境（含其他车、道路、行人）具有快速实时变化的特点。智能汽车依赖强大的感知体系，可以为用户更好、更安全地驾驶提供丰富的辅助信息，这些信息同样是实时动态更新的。动效本身所具有的“连续性”、“动态变化”和“实时反馈”等特点恰好可以为智能汽车的用户体验服务。

3. 线性交互与点状交互

不仅如此，智能汽车与手机等移动设备的用户，在使用体验上最大的差异在于交互模式的迥异：一般的移动设备的用户的注意力始终聚焦在屏幕上，一边看屏幕一边操作，是高度连续的线性交互体验；智能汽车的用户的注意力绝大部分要集中在道路环境上，不能像手机用户那样一边看屏幕一边交互，往往由无数个快速、短暂的点状交互过程组成一段用户体验旅程。人的注意力更容易被动态信息所吸引，所以动态信息更能及时被用户获取。相比静态视觉元素，动态信息蕴含着更丰富的内容，可以在短时间内瞬间传达更完整的信息。

4. 成为用户的“眼”

车辆传统的后视镜是有盲区的，并且用户的视野也是有限的（顾前失后，顾左失右），如果将前、后、左、右360°的环境动态信息集成在一处显示，通过动效设计进行重构梳理再传达出来，就能有效弥补盲区，赋予用户360°的全景视野，这对提升行车安全具有重要意义。与手机不同，“安全”是智能汽车用户体验设计的终极宗旨，任何可能影响行车安全的设计都要慎之又慎。

4.2 智能汽车的感知体系与车机动效设计

4.2.1 智能汽车的感知体系

为了帮助读者更好地理解后面的内容，下面先简要介绍当前智能汽车的感知体系。

倒车雷达和倒车影像算是较早出现在汽车上的并为用户所熟知、常用的感知系统。历经多年发展，激光雷达、毫米波雷达、超声波传感器和高清摄像头等众多高性能传感部件逐渐出现在智能汽车上，使智能汽车具有比其他智能设备强大得多的环境感知能力，如 Model 3 装备了 8 个摄像头、12 个超声波传感器和 1 个毫米波雷达，小鹏 P7 装备了 12 个超声波雷达、5 个毫米波雷达和 13 个摄像头。

如此强大的感知系统，辅以日新月异的算法（典型的如机器视觉算法，可以识别不同车辆、行人），将行车环境中的车流速度、车辆位置、道路状况和周边环境等信息源源不断地输入汽车中央计算机，在人机界面上可以为用户呈现远比手机丰富得多的信息流。其中有些是需要传达给用户的，有些则仅供中央计算机进行计算。如何很好地组织这些信息流，辅助用户驾驶并给予用户更好的行车体验是一大考验。小鹏汽车自动驾驶能力的可视化展示如图 4-2 所示。

图 4-2

传感系统的发展为汽车赋予了 V2X（Vehicle-to-Everything，车与环境）。V2X 囊括了之前的 V2V（车与车）、V2I（车与基础设施）、V2P（车与行人）、V2N（车与网络）等功能并合为一体。

4.2.2 动效——理想的实时动态信息传递方式

1. 智能汽车 UI 设计

如前所述，智能汽车能够感知并获取大量实时动态变化的信息，其中一些信息对于用户行车体验非常关键，而动效不仅具有“连续性”、“动态变化”和“实时反馈”等特点，还具有“能承载比静态视觉元素更丰富的意义”的特点，恰好可以成为一种理想的动态信息传递方式。

下面举例说明。图 4-3 所示是用户自车与后方车辆不断接近时中控屏显示的一组动效（也可以在仪表屏上显示）。

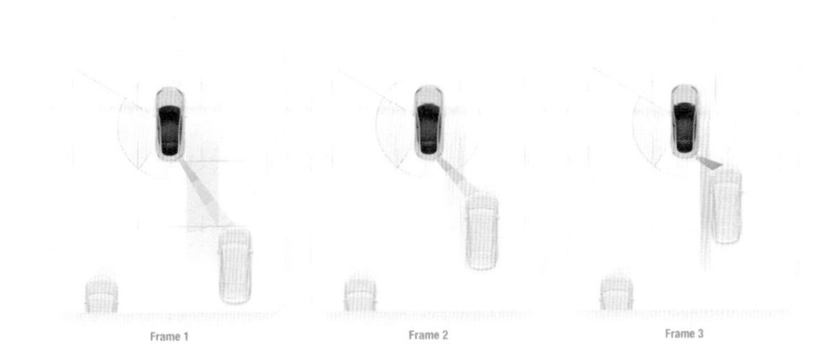

图 4-3

这组动效可以为用户传达以下信息。

（1）以自车为中心的两个同心圆雷达扫描动效：红色圆和绿色圆分别表示危险区域和安全区域，如图 4-4 所示。

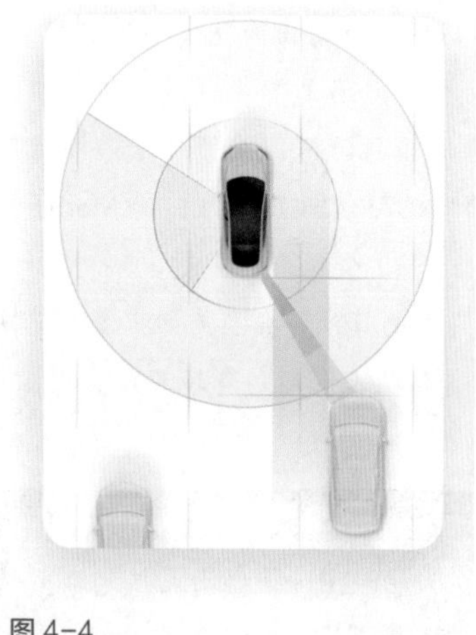

图 4-4

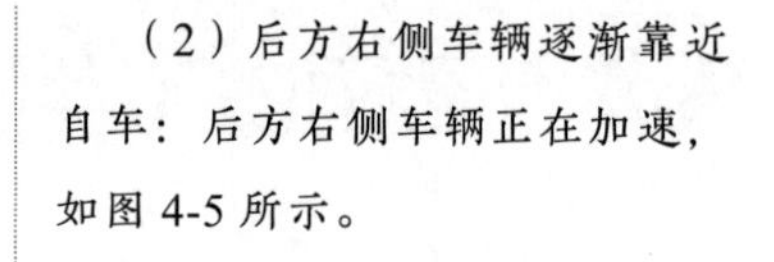

（2）后方右侧车辆逐渐靠近自车：后方右侧车辆正在加速，如图 4-5 所示。

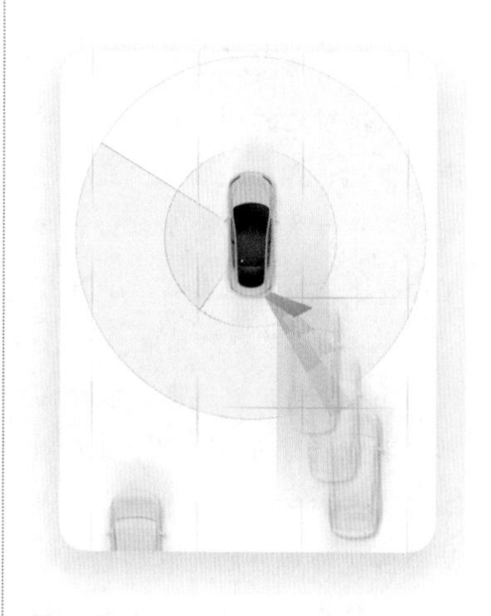

图 4-5

（3）自车尾部与后方右侧车辆前侧连接的窄扇形色块动效：以由绿变红、扇形多层次流动来表现两辆车的前后距离在持续接近，如图 4-6 所示。

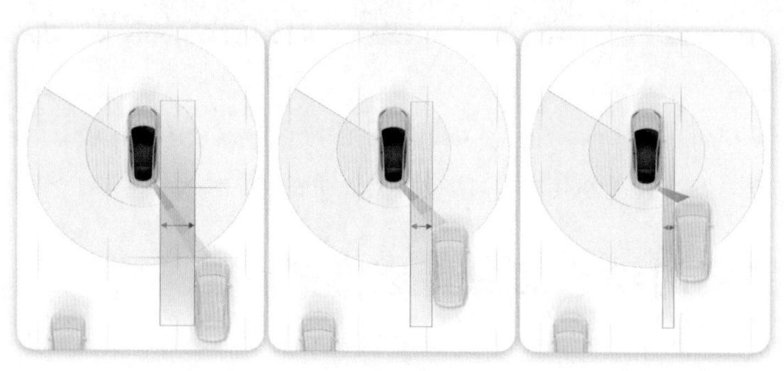
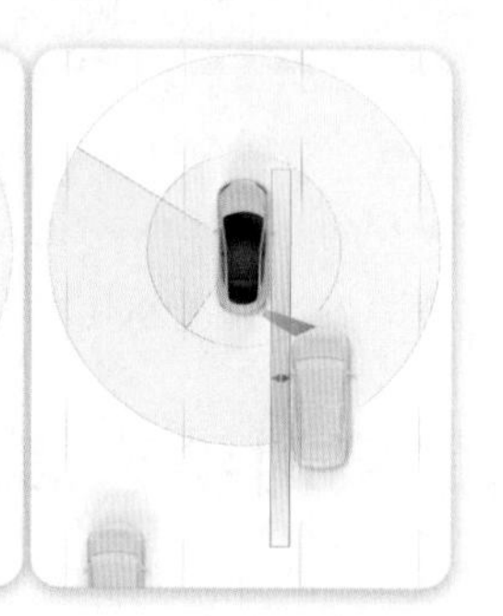

图 4-6

（4）自车右侧与后方右侧车辆左侧之间的矩形色块动效：由绿变红且宽度持续变窄，表现为两辆车的左右距离也在持续接近，如图 4-7 所示。

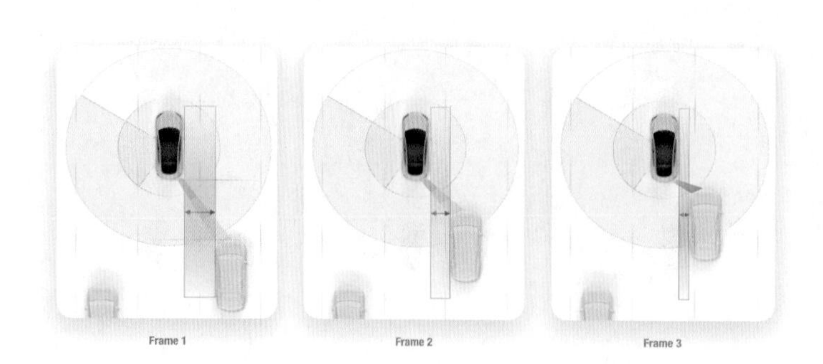

图 4-7

（5）表现前后距离的扇形动效的流动节奏持续加快，同时左右距离的矩形色块加上呼吸动效，整体动画节奏加快，以此表现将超过危险阈值，提示警告。

将以上信息通过一组动效来表现，即可在短时间内同时被用户理解，辅助用户做出更安全的行车操作。这只是动效设计在智能汽车体验设计领域大展拳脚的冰山一角。

从汽车传感系统的发展历史来看，倒车雷达和倒车影像在中控屏/仪表屏上呈现的“动态距离可视化”是用户最早接触且最熟悉的感知系统信息的传达方式，如图4-8所示。

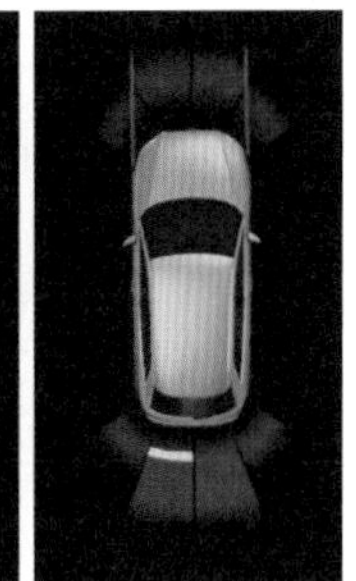

图4-8

从很早开始，就已经将动效设计引入汽车的人机界面设计中。当距离越来越近时，屏幕界面会用动态变化的颜色、示意距离的弧形分段的不断减少、节奏不断加快的声效等持续提醒用户车身与障碍物的距离，以辅助用户安全且准确地行车、驻车、泊车。这是一种非常典型的用动态数据可视化实时传达信息的设计手段。

2. 智能汽车的空间距离类信息

以前的汽车在信息传达方面的动效设计比较粗糙、简陋，没有流畅性、节奏感可言，体验自然也谈不上有多好。相信很多会开车的读者对倒车雷达刺耳的警报声反而影响停车安全深有体会，在一些把油门当成刹车的交通事故中，也许正是因为用户接收到了不恰当的信息，而这些体验上的缺憾正是设计师可以大展手脚之处。

为智能汽车的信息传达做动效设计，与其他智能产品一样，视觉样式可以有很多创意，但万变不离其宗：动效的“及时性”、“连续性”、“易理解”和“易感知”是核心。设计动效是为了更有效地为用户传递信息，而用户行车安全是第一目标。

从智能汽车传感系统获得的信息中，重要、基础、常用的是空间类信息。下面以此为例介绍动效设计的诸多用处。空间距离类信息的划分如图4-9所示。

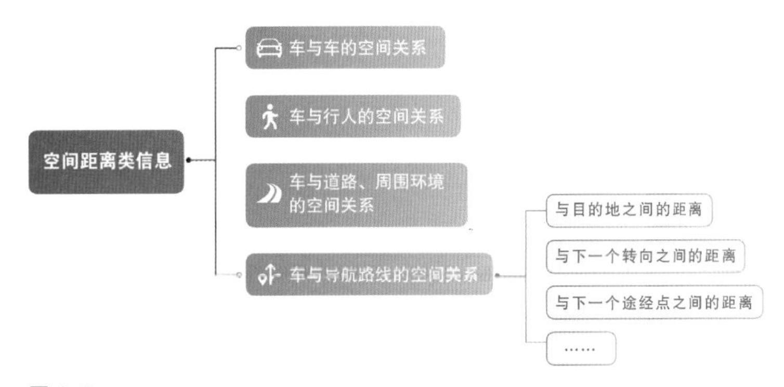

图4-9

因为车始终处于快速移动中，所以上述空间距离类信息始终处于动态变化中，静态的设计是无法满足这类信息的传达的。

3. 空间距离类信息的 UI 设计的作用

空间距离类信息的 UI 设计的作用基本上可以分为两方面：一是当前提示作用，二是预告、模拟作用。

1）当前提示作用

当前提示作用可以告知用户自车与其他车辆的位置关系、相对速度关系。例如，后方的车或隔壁车道的车正在以比自车快的速度驶来，从驾驶安全的角度考虑，可以用什么动效设计提醒用户呢？通过前面介绍的动效设计案例可知，可以兼用色彩变化、形状变化、节奏变化等多种动效。动效设计师应根据自己的经验协调各种不同动效的节奏，从而使总的节奏处于合理、舒适的状态，如图 4-10 所示。

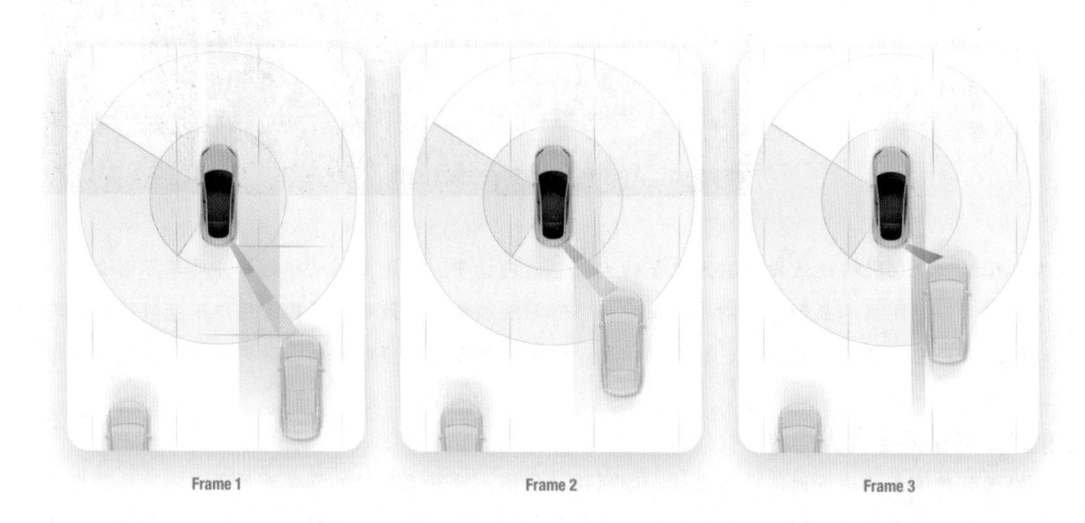

图 4-10

而具有高清后视摄像头和高智能机器视觉算法的智能汽车，甚至可以将识别到的车型（轿车、巴士、卡车、特种工程车等）、车辆大小（小型车、大型车）等信息在适当设计提炼和可视化之后传达出来，如图 4-11 所示。动效设计师还可以通过超声波、雷达等技术计算后方严重超速车辆的速度，以最高级别警示动效提示用户特别注意。

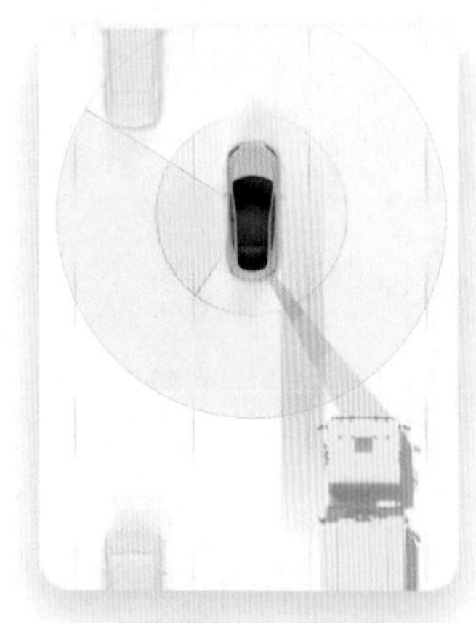

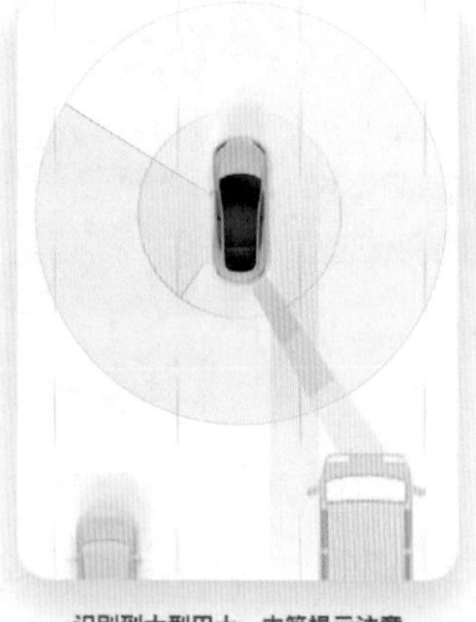

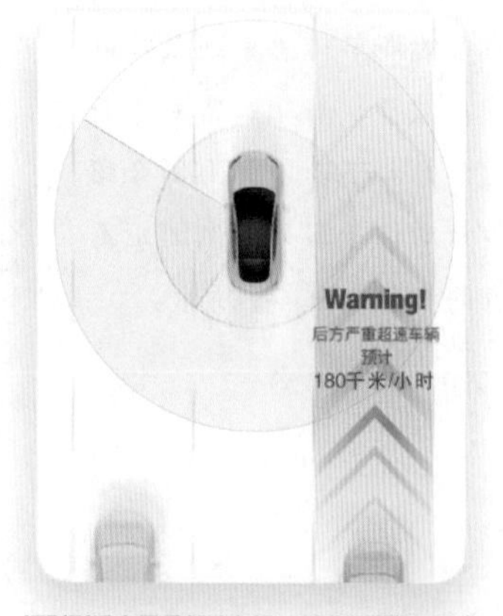

图 4-11

在驾驶汽车时需要高度集中注意力，但人的注意力是有限的，而机器视觉能够很好地发挥辅助作用。尤其是在大雨、大雾这种肉眼视觉受限的天气下，或者正好在后视镜盲区，又或者超出肉眼观察的能力范围（如肉眼尚无法分辨后方一两百米的车辆是否严重超速，但机器可以），机器视觉算法提供的信息就尤为重要，经过合理设计和传达能有效提升驾驶安全。

如果出于当前提示目的设计动效，那么重点在于如何利用动效进一步提炼、聚焦和突出重要信息，过滤、弱化次要的多余信息，尽可能不做复杂的动效，只将用户需要的信息传达出来即可。

2）预告、模拟作用

（1）超车、变道预告模拟。

如果用户正打算超车或变道，那么应该如何利用感知系统获得的信息辅助用户更安全地驾驶呢？

在车流量较大的道路上，变道是一件危险的事情，用户可能只顾着隔壁车道的车辆，或者只顾着后面的车辆，或者速度不合适，又或者后车正好在后视镜盲区，这些均有可能造成车祸。

此时的UI设计需要具有预告、模拟的作用，如用户打开转向灯，汽车知悉用户变道意图，当通过后视系统获得后方车辆的速度、相对位置信息之后，加上自车的车速等信息，通过中央计算机的计算，快速得出预判，当前变道是否安全，变道过程中是否应当加速或减速等。在自车图示与隔壁车道、后方车道的车辆图示之间，可以通过变道轨迹模拟的动效和表现后车是否在变道安全区域的动效来提示用户在当前路况下变道是否安全，如图4-12所示。

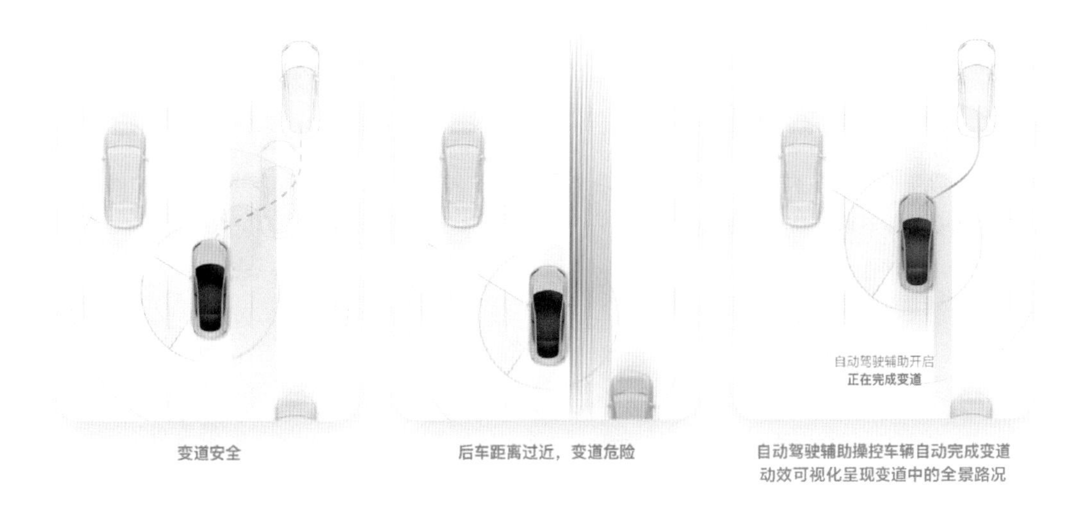

图4-12

拥有L2级及以上自动驾驶技术的智能汽车，通过自动辅助驾驶系统、机械系统还可以为方向盘提供或轻或重的转向辅助力，或者直接干预帮助完成变道。

因此，当出于预告、模拟目的设计动效时，重点关注动效是否能准确、清晰地将动态轨迹模拟出来，并且表现形式流畅、易懂，不能为了视觉效果而过于抽象化、概念化。优秀的动效设计师会亲自体验，以总结问题和需求做设计。

（2）导航预告模拟。

导航信息也是“预告作用”的空间类信息。

车载导航在汽车中的应用由来已久，并且大多以独立的模块或后装产品的形式出现。但在智能手机兴起之后，又贵又难用的车载导航纷纷被手机支架和手机地图的组合所代替。地图更新快、使用体验佳、导航指引详尽清晰、内容丰富的手机导航可以充分满足用户对于汽车导航的基本需求。但是到了智能汽车时代和自动驾驶时代，仅靠手机的定位功能已经无法满足车道级高精度导航和自动驾驶导航的要求。

依赖4G乃至5G高速网络技术，以及高性能处理器、高精度感知系统、高智能机器视觉算法与自动驾驶算法等技术，真正的超高精度导航与自动驾驶导航已经来到我们身边。目前，特斯拉、蔚来、小鹏均已推出自己的高精度自动驾驶导航，特斯拉的AP（Autopilot Navigation，自动驾驶导航）、蔚来的NOP（自动辅助驾驶导航）、小鹏P7上XPILOT的高速自主驾驶导航均已投入量产。至此，车载导航已真正超越手机导航。

如果说以往的手机导航是“十米级”或“米级”的精确度（即仅能定位在哪条道路或哪个路口），那么智能汽车的高精度导航已经精确到厘米级，能够精确定位车辆在哪条车道，如果再配合地图数据就可以给出更加快速、合理、精确的导航指引。

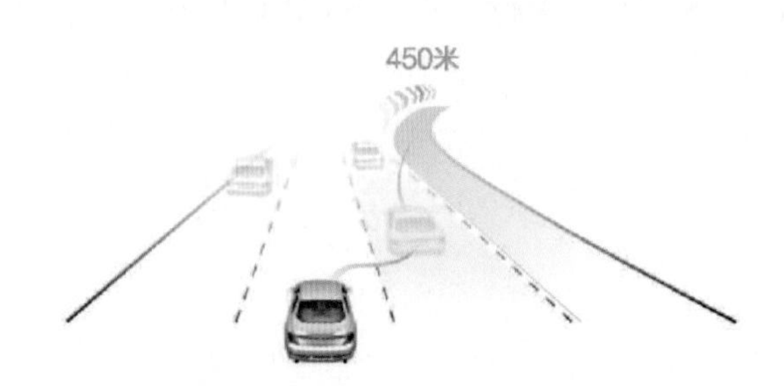

图4-13

如图4-13所示，如果定位车辆在左侧第2条车道，前方450米即将靠右出匝道，那么高精度导航可以建议在当前尽快变道到最右侧车道；如果定位车辆已经在最右侧车道，就不需要很重要的信息提示，给出保持当前车道即可的建议。

当面临相同的导航路线指引时，车辆在距离导航转向点不同的距离、不同的车道、不同的速度和不同的路况下，可以运用不同的动效与视觉设计指引用户，如图4-14所示。

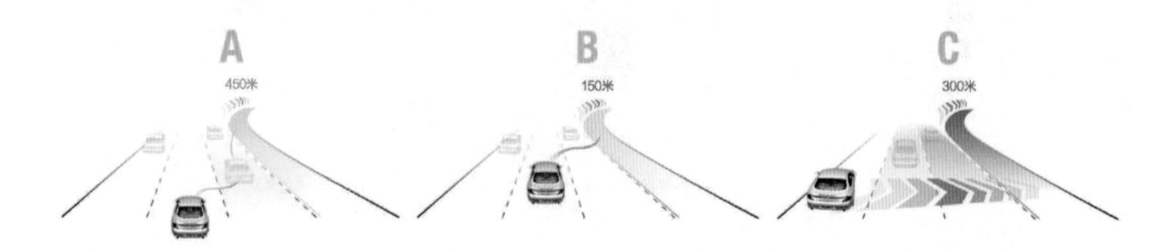

图4-14

如图4-14的A图所示，当车辆距离转向点较远时，模拟行驶路径变化的循环动效，可以采用较浅的非警示类颜色（蓝色或绿色）和较柔和的动画，提示用户即将转向建议变道。

如图4-14的B图所示，当距离较近时，即将错过变道时机，就加快动画节奏，并逐渐过渡到黄色、红色等警示类颜色，加强提示。

如图4-14的C图所示，若车辆在最左侧车道，即将转向最右侧车道，则通过更强烈的动效指引用户尽快、安全地变道，并根据周围车辆的位置和速度给出精确的依次变道建议，以动态可视化的方式传达给用户。

具体的动效设计样式可以有更多创意，笔者列举的只是其中一种设计方案，但其宗旨始终要围绕“及时”、“准确”、“精练”和“易理解”，尤其是“易理解”。

在上面的案例中，如果在合适的场景下介入自动驾驶，那么可以由车辆自主完成超车、变道、转向等。当汽车将四周360°全景路况信息和自车驾驶动态变化集成到一起，以动态、可视化方式呈现时，用户可以更安心地享受自动驾驶的乐趣。

4.3 畅想：HUD是否是车机最理想的模式

4.3.1 HUD与智能汽车

1. HUD的特点

HUD是一种利用某些技术手段将信息显示在驾驶员前方的挡风玻璃上的信息显示系统（见图4-15），也称为“平视显示”或“平行显示”等，顾名思义，就是不需要低头，平视即可获取信息，所以又被称为“以驾驶员为中心”的设计。已经将“以用户为中心的设计”理念烂熟于心的用户体验领域的设计师对此应当非常熟悉。

图4-15

尽管近些年来HUD在汽车上仍然属于一项豪华高端的配置，但在20世纪50—60年代就已经应用于飞机驾驶舱。在飞机上，HUD的应用可谓是水到渠成，因为天空的背景相对来说单调、简洁，当信息叠加到前挡风玻璃上时，不容易被外部的环境干扰，所以驾驶员读取信息比较容易。将HUD应用到汽车上会遇到一个非常现实的困难：汽车的驾驶环境大多数极其复杂。

2. 汽车车机的使用环境与HUD在其中的应用

HUD叠加在汽车的前挡风玻璃上时，一个必须首要解决的问题是，如何让信息不被无限复杂的现实环境干扰就被驾驶员快速读取、理解。

这是关乎HUD使用体验、应用前景乃至用户生命安全的问题。

当然，HUD在汽车上的运用，也有其他信息显示与交互系统无法比拟的优势，那就是“不需要低头”，这在很大程度上提升了安全性。一辆以时速为60千米行驶的汽车，在驾驶员低头的那1秒或2秒内，这个“钢铁巨兽”就已经飞速移动了十几米甚至三十几米，这期间可能会发生非常可怕的事故。所以，“不需要低头”这个特点让设计师有足够的动力尽可能完善HUD的体验，这也是设计师的一项责任。

3. HUD的三大矛盾

HUD的体验最重要的要素是如何不让相对弱的HUD信息不被现实环境所干扰。从HUD的设计样式来说，与丰富多彩的界面不同，HUD的设计往往非常简洁、单一、轻量和扁平，具体有以下几方面的特点。

（1）一般采用极少的颜色，往往是一个主体色占据极大的比重（甚至有的HUD只有一种颜色）。

（2）图文样式极度轻量化、扁平化。

（3）较少出现文字信息，尽可能以图示传达信息（细小、复杂的文字字符会更容易混入外部环境中）。

（4）信息设计极度精练、简洁，所以能传达的信息量实际上比较受限。

图4-16

（5）因为是显示在前挡风玻璃上，不能影响驾驶员的视野，所以HUD的显示区域往往比较小。与动辄十几英寸甚至20英寸的超大宽屏界面形成了鲜明的对比，如图4-16所示。

这些特点是由HUD的使用环境决定的。在现实环境已经非常复杂的情况下，不可能再把HUD的图文信息设计得比较复杂，所以必须采用非常简洁的形式。然而，驾驶汽车的环境信息不但十分复杂，而且时刻在变化，需要传递给驾驶员足够丰富的信息。由上述特点可以发现，HUD的设计存在3个矛盾。

矛盾1：HUD与环境叠加的干扰。

矛盾2：HUD样式必须简洁，但需要传递的信息又相对丰富、多变。

矛盾3：HUD的显示区域比较小，与显示信息的易读性、易感知和丰富性存在矛盾。

只有解决了这3个矛盾，才能让HUD代替需要低头的传统车机界面，真正成为安全、好用的驾驶员信息显示与交互系统。

动效在其中具有很大的发挥空间。在当前的技术条件和成本限制下，HUD大多仍然以静态信息为主。但设计师应当站在更前沿，认真思考在未来的技术条件下，应如何利用动效设计的优势为HUD带来体验的巨大提升。

4.3.2 浅谈HUD与动效设计

HUD的动效设计同样应当基于动态信息感知。

智能汽车在行驶过程中，时刻在获取大量的路况环境信息。HUD显示的也是从这些大量数据信息中提取出来的对驾驶员有用的部分，并以恰当的组织设计呈现。

最早的汽车HUD，大多只能显示速度、转速等基础信息，之后加入了简易的导航转向信息。其中，导航信息是HUD能真正发挥作用的部分。驾驶员不需要低头或转头看中控屏/仪表屏，就可以保持视线在不离开道路的情况下获取导航信息。随着机器视觉技术、自动驾驶技术的发展，路况、行人、车辆警示类信息也非常适合以HUD的形式呈现，甚至在引入AR和MR（Mixed Reality，混合现实）技术之后，还可以把信息与现实环境相结合，综合且整体地呈现，如图4-17所示。

图4-17

1. 不让信息在环境中消失——动效应起关键作用

通过V2V、V2I、V2P和V2N等，智能汽车在行驶过程中会感知获取各类动态信息，如来自自车的信息（车辆状况）、道路环境信息、其他车辆信息、行人信息、来自互联网的信息等。

使用动效是如何解决HUD设计上的矛盾的呢？实际上都是基于两个基础且重要的前提：一是人的注意力更容易被动态、变化的东西吸引，二是人的注意力更容易被从无到有的东西吸引。

当HUD叠加在复杂的现实环境中时，适时出现的动效使信息更加突出，更容易被驾驶员获取。例如，提示前方600米，第2个路口即将右转。这是非常基础的HUD导航提示信息。图4-18所示是传统的静态HUD设计。

图4-18

这是比较典型的车载HUD设计样式，即一个白色的右转箭头+标识距离的数字字符+转向距离进度条。采用这种设计样式非常容易混入外部道路环境中，不易被驾驶员快速感知。但如果做得太过粗重、显眼，那么势必本末倒置，反而影响驾驶员的观察视野。另外，“第2个路口”也难以用静态图示清楚、快速地呈现出来。运用动效便可以设计成如图4-19所示的形式。

图 4-19

图 4-20

下面分解这个动效设计的分镜头。

（1）如图 4-20 所示，当距离尚远时，HUD 上以直行道路图示为背景，叠加一根示意直行的导航线，右侧是表示距离的文字信息。

（2）当播报转向提示时，由以下几组动效共同组成。

- 直行道路图示通过一个变形动效转换为带转弯分叉的道路形状，如图 4-19 所示。

图 4-21

- 将导航线变形为在第 2 个转弯路口右转的弯曲形状，并在转向完成前持续叠加这个变形过程，以加强提示，如图 4-21 所示。

- 进一步加强“右转”的提示。在道路图示上方从无到有生成一个立体的、与道路透视一致的3D右转动态箭头，并且叠加箭头持续流动的动效，如图4-22所示。

图4-22

- 加强“在第2个路口”的提示，也就是传达“不要在第1个路口转向”的信息，在第1个路口区域从无到有“生长”出一面红色的虚拟墙提示“不要走这个路口”，如图4-23所示。

图4-23

通过第1组动效中的两个转弯分叉道路图示，结合叠加的第2组动效的弯曲导航线动效，还附带加强了“在前方第2个路口转向”的提示，在两个转弯路口相距很近的道路上，可以有效防止驾驶员提前拐弯走错道路。在第3组动效中，3D箭头的“从无到有”进场动效和立体的块状箭头流动动效都是非常吸引人的注意力的信息提示方式，因为人眼更容易快速捕捉“从无到有”的变化和“立体的图像”。

在这组动效中，不需要任何文字提示就能在非常有限的空间区域内达到提示效果的最大化，从而实现平衡，解决HUD的三大矛盾。

由这个动效设计案例可以举一反三，对HUD的动效设计进行总结。

（1）利用“从无到有”的动效设计，提高新信息的易感知程度。

（2）利用持续循环变化的动效设计（如流动、闪烁、缩放和旋转等动画），提高信息的提示强度。

（3）将信息含义进行可视化，并结合过渡动画提升有限时间和有限区域内信息的可读性、易读性。

2. 未来的HUD——结合AR/MR技术的HUD

在未来的万物互联时代，现实的物理世界被数字化之后，真正与虚拟网络联通，通过AR/MR技术可以看到隐藏在现实世界物理表面下的庞大信息，可以使智能汽车的HUD真正大放异彩。

想象这样一个场景：用户开车准备去商场，前方就是目的地，已经可以看见商场大楼，通过挡风玻璃上的HUD，用户可以看到商场大楼上弹出了一个虚拟画框，显示的是其当前的停车楼层、车位数量、空余充电位、是否有车辆排队、进出车库是否拥堵等可视化信息。用户不再需要一边开车一边确认车位是否已满、是否需要排队，或者操作手机、中控屏查找附近的其他停车场。如果需要，甚至可以通过HUD看到商场当前是否有活动、优惠等，或者直接通过语音交互在HUD上完成预约等操作。

在AR/MR HUD中，动效设计更加有用武之地。在万物互联的情况下，现实世界传递出来的信息量成倍增长，其实归根到底就是各类信息的出现、保持、消失的合理节奏与布局。静态的界面设计已经无法满足这样的信息量，只有掌握动效设计，才能对它们在有限的区域内进行动态的组织、呈现。

但这对动效设计师的要求也极大地提高了。动效设计师不仅需要精通3D设计与3D动画、空间设计、信息可视化设计、可视化动态设计等，还需要有良好的3D空间感，无异于UI设计师+环境设计师+动效设计师的合体。

4.4　智能汽车创意UI动效实战

4.4.1　案例：使用Particular效果制作下雪与雪花堆积动效

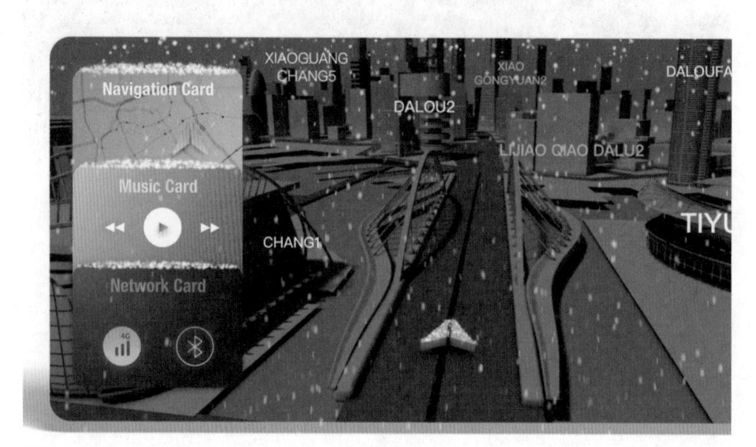

图4-24

本节主要介绍下雪与雪花堆积动效的制作。该案例的效果如图4-24所示。

学习目标

- 掌握Particular效果的基础功能，包括调节粒子的数量、速度、大小、透明度、随机度等。
- 掌握Particular效果的Physics（物理）系统，包括Gravity（重力）和Bounce（弹跳）。

资源位置

效果文件	效果文件/第4章/案例：使用Particular效果制作下雪与雪花堆积动效.mp4
素材文件	素材文件/第4章/案例：使用Particular效果制作下雪与雪花堆积动效
案例文件	案例文件/第4章/案例：使用Particular效果制作下雪与雪花堆积动效.aep
视频教学	视频教学/第4章/案例：使用Particular效果制作下雪与雪花堆积动效.mp4
技术掌握	Particular效果的Physics（物理）系统

1. 新建合成

执行【合成→新建合成】命令，打开【合成设置】对话框。在该对话框中将【合成名称】设置为【下雪与雪花堆积】,【宽度】和【高度】分别设置为【2160px】和【1280px】,【帧速率】设置为【48帧/秒】,【持续时间】设置为【00960帧】(即20秒)，其他属性设置如图4-25所示，单击【确定】按钮。

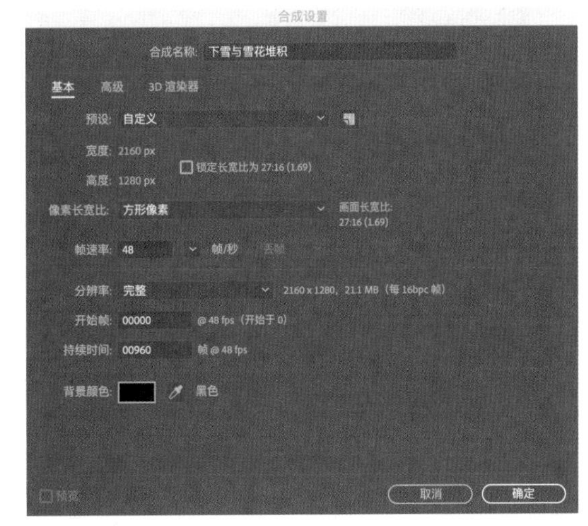

图4-25

2. 新建纯色图层

新建一个纯色图层，用来添加Particular效果。在【时间轴】面板图层区的空白处右击，在弹出的菜单中选择【新建→纯色】命令，打开【纯色设置】对话框。在该对话框中将【名称】设置为【下雪粒子层】,【宽度】和【高度】分别设置为【2160像素】和【1280像素】，如图4-26所示，单击【确定】按钮。

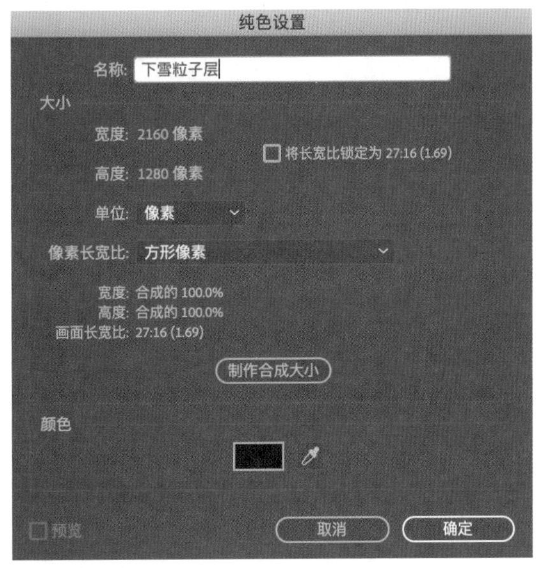

图4-26

3. 添加Particular效果

为纯色图层【下雪粒子层】添加Particular效果。

（1）在【时间轴】面板中选中纯色图层【下雪粒子层】，在【效果和预设】面板的搜索框中输入【particular】（不区分大小写），双击搜索到的【Particular】效果即可为纯色图层【下雪粒子层】添加Particular效果，如图4-27所示。

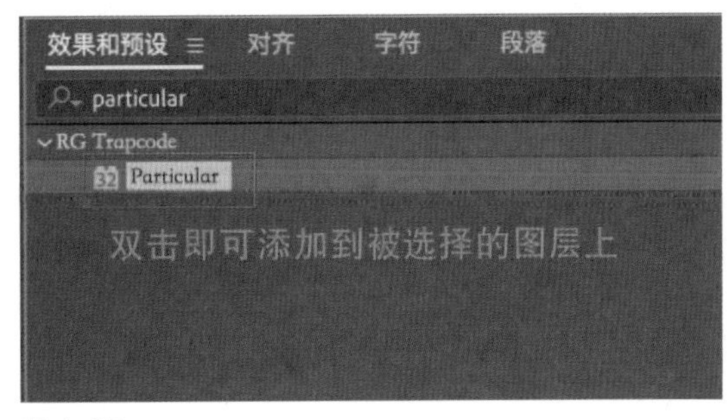

图4-27

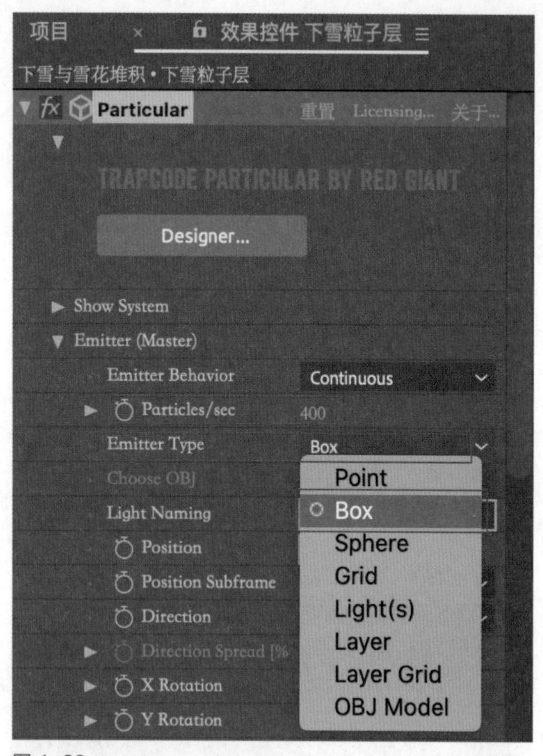

图 4-28

（2）打开【效果控件】面板，展开【Particular】属性组，将【Emitter (Master)】（主发射器）属性组下的【Particles/sec】（粒子发射速率）属性设置为【400】，并将【Emitter Type】（发射器类型）属性设置为【Box】（盒子），如图 4-28 所示。

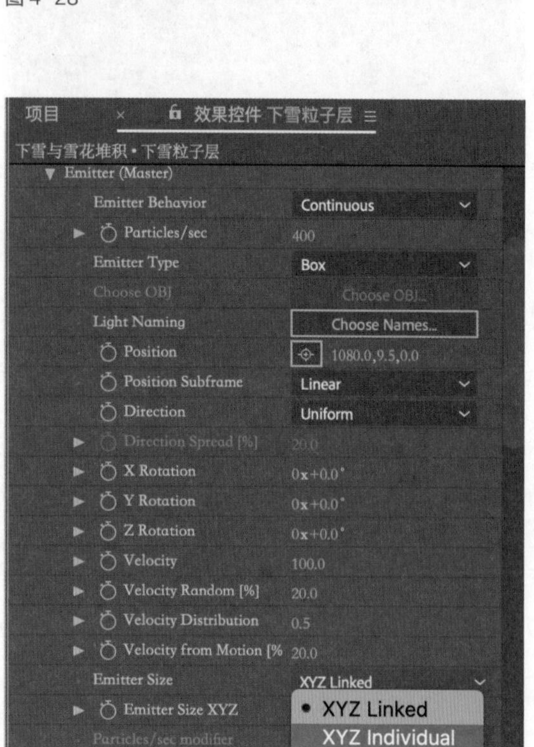

图 4-29

4. 调整 Particular 效果的粒子发射器的大小

（1）在【Emitter Size XYZ】（发射器尺寸）属性组的下拉菜单中选择【XYZ Individual】命令（X、Y、Z 分离），即使发射器的 X、Y、Z 3 个维度均可独立调节不同大小，如图 4-29 所示。

（2）将【Emitter Size】（发射器尺寸）属性组下的【Emitter Size X】属性、【Emitter Size Y】属性和【Emitter Size Z】属性分别设置为【2000】、【100】和【100】，如图4-30所示。

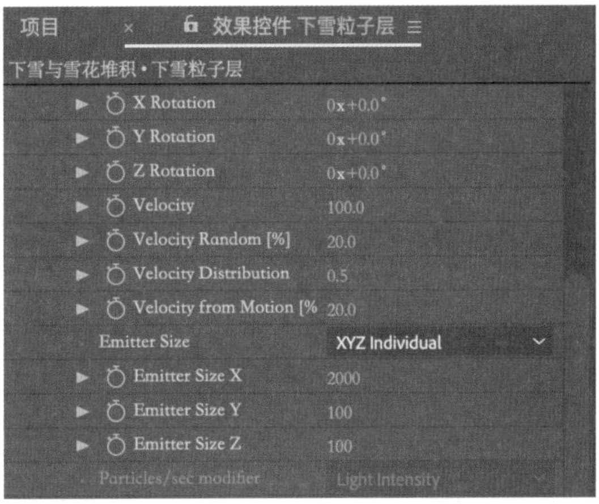

图4-30

5. 调整Particular效果的粒子的形态

将粒子的形态调整为接近雪花的样式。

展开【Particle(Master)】（主粒子）属性组，将【Life[sec]】（粒子生命，以秒为单位）属性设置为【18.0】，【Sphere Feather】（球体羽化）属性设置为【100.0】，【Size】（粒子大小）属性设置为【5.0】，【Size Random[%]】（大小随机值）属性设置为【100.0】（最大随机），【Opacity】（不透明度）属性设置为【100.0】，【Opacity Random[%]】（不透明度随机）属性设置为【100.0】，如图4-31所示。

图4-31

现在的效果是，一片片大小、不透明度随机的粒子漫天飞舞，并且已经有了雪花的样子，如图4-32所示。

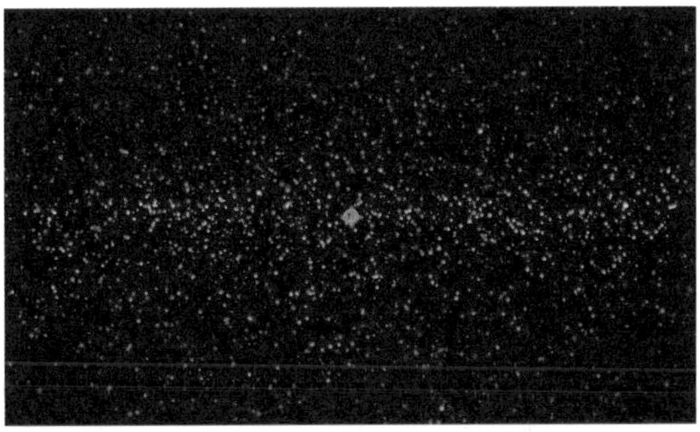

图4-32

接下来为它添加Gravity效果，使其自然飘落，就好像自然界中的雪花一样。

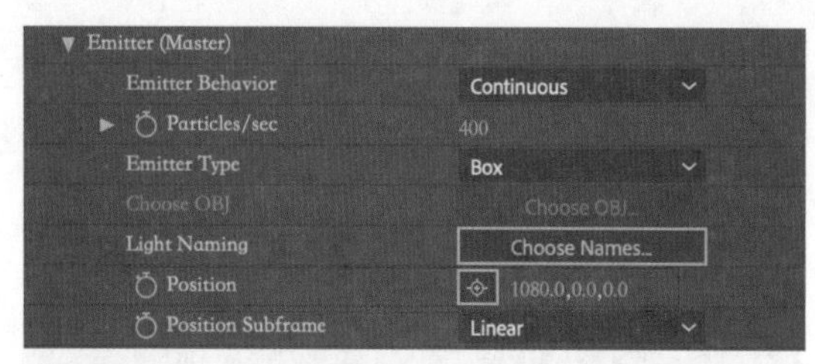

图 4-33

6. 让粒子像雪花一样飘落

（1）调整粒子发射的位置。将【Emitter(Master)】（主发射器）的【Position】（粒子发射器的位置）属性调整为【1080.0，0.0，0.0】，向上移动到顶部，如图 4-33 所示。

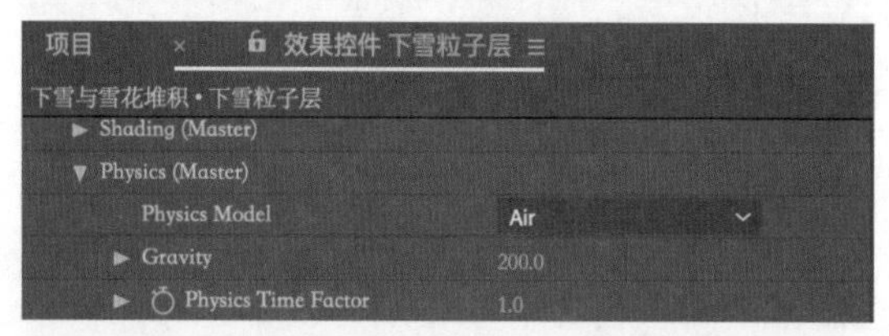

图 4-34

（2）在【效果控件】面板上，将【Particular】属性组向下滚动到【Physics(Master)】（主物理系统）属性组中，将【Gravity】（重力）属性设置为【200.0】，这样就可以为粒子整体施加一个向下的强度值为 200 的力，如图 4-34 所示。

此时的粒子具有雪花飘落的效果，如图 4-35 所示。

图 4-35

如果读者觉得强度值为 200 的重力太大（雪花飘得太快），那么可以随意调整，直到调到自己觉得合适为止。

7. 让粒子堆积起来

【Particular】属性组下还有【Bounce】（弹跳）属性组，可以自由设置弹跳的弹性、弹跳地板、摩擦力等物理参数，使粒子落到一个弹跳地板（弹跳地板可以是任意形状、大小的 3D 图层）上就会弹起来。如果将弹力设置为 0，是否就相当于粒子在弹跳地板上堆积起来了呢？顺着这个思路，接下来制作雪花的堆积效果。

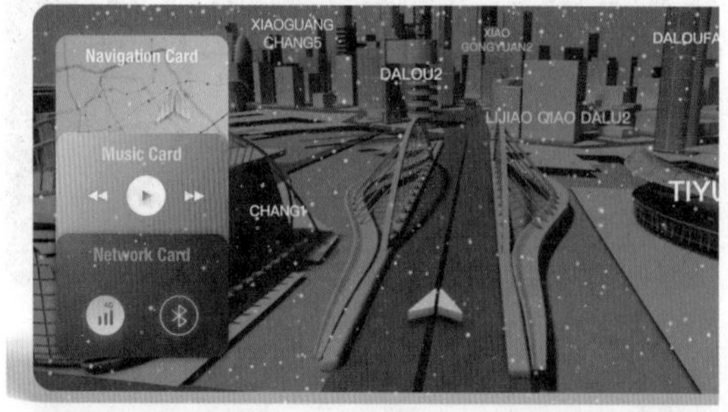

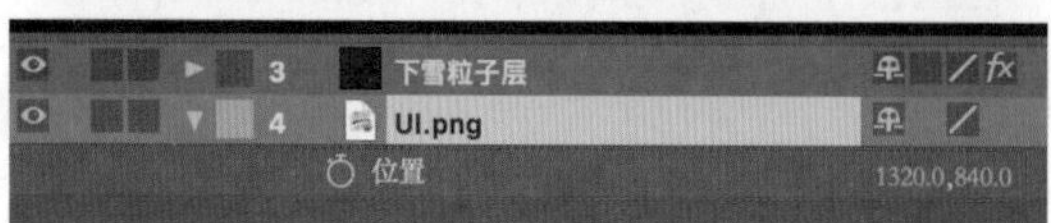

图 4-36

（1）导入【素材文件 / 第 4 章 / 案例：使用 Particular 效果制作下雪与雪花堆积动效 /UI.png】图片，拖曳到合成【下雪与雪花堆积】中，并放到合适的位置，如图 4-36 所示。

（2）将【Physics(Master)】（主物理系统）属性组下的【Physics Model】（物理学模型）属性设置为【Bounce】（弹跳），如图4-37所示。

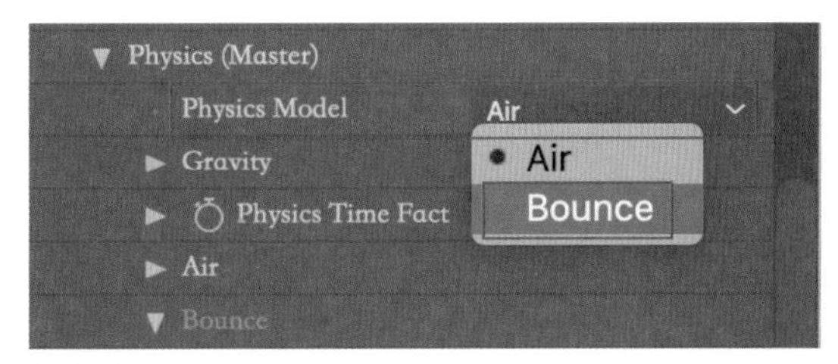

图 4-37

（3）展开【Physics(Master)】（主物理系统）属性组下的【Bounce】（弹跳）属性组，将【Bounce】（弹跳）属性、【Bounce Random】（弹跳随机值）属性和【Slide】（滑动性，即摩擦力的相反含义属性）属性全部设置为【0】（见图4-38），这样在粒子落到弹跳地板上以后，既不会弹跳，又不会滑动。

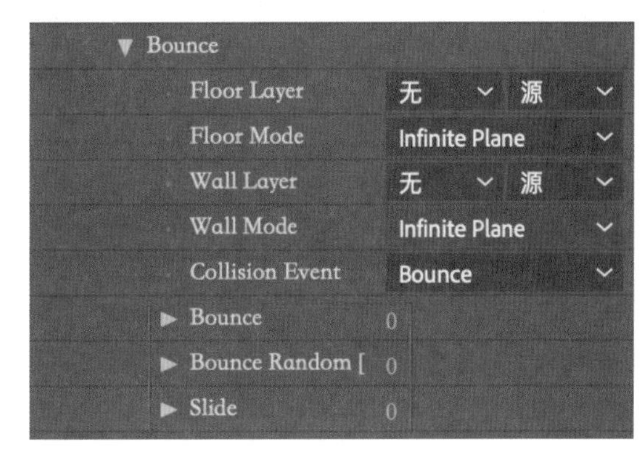

图 4-38

（4）创建弹跳地板。按快捷键【Ctrl+Y】新建一个纯色图层，在【纯色设置】对话框中，将【名称】设置为【堆积雪花】，【宽度】设置为【500像素】，【高度】设置为【200像素】，如图4-39所示，单击【确定】按钮。

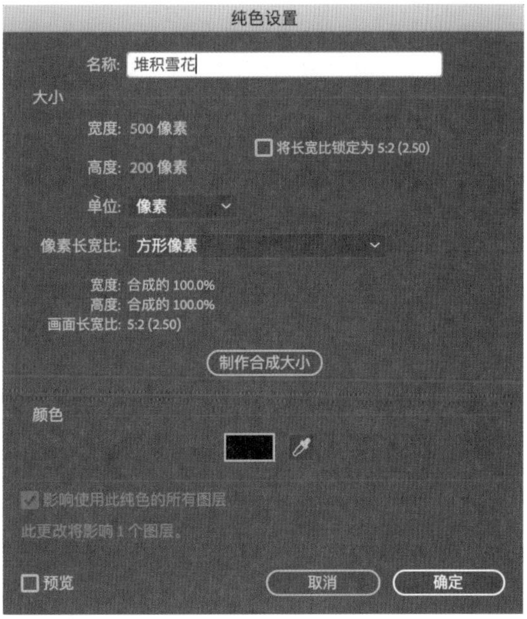

图 4-39

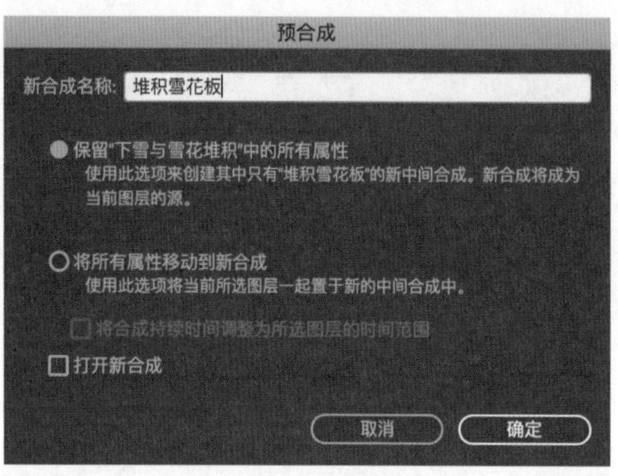

图 4-40

（5）在【时间轴】面板中选中上面创建的纯色图层【堆积雪花】并右击，在弹出的菜单中选择【预合成】命令（或者在菜单栏中选择【图层→预合成】命令），将这个纯色图层打包到一个合成中，同时新创建的合成会留在主合成【下雪与雪花堆积】中。在弹出的【预合成】对话框中，将【新合成名称】设置为【堆积雪花板】，并选中【保留“下雪与雪花堆积”中的所有属性】单选按钮，如图 4-40 所示，单击【确定】按钮。

小知识：预合成参数概述

下面对【预合成】对话框中的两个单选项进行介绍。

若选中第 1 项【保留“……”中的所有属性】单选按钮，则被打包预合成的原图层添加的所有效果、遮罩均被保留到新建的预合成图层中。例如，为纯色图层添加一个圆形遮罩或发光效果，在选中此单选按钮新建预合成之后，遮罩或发光效果会被留在当前新建的预合成中，双击进入预合成，就会发现被打包的纯色图层并没有遮罩或发光效果，而是原始的纯色图层。

若选中第 2 项【将所有属性移动到新合成】单选按钮，则遮罩和效果均会跟随原图层一起被打包到预合成中，预合成图层中是没有任何遮罩和效果的。双击进入预合成，就会发现原先的遮罩和效果仍然在被打包的原图层中。

因此，在具体实践过程中，需要根据实际情况设定选中第 1 项还是第 2 项。

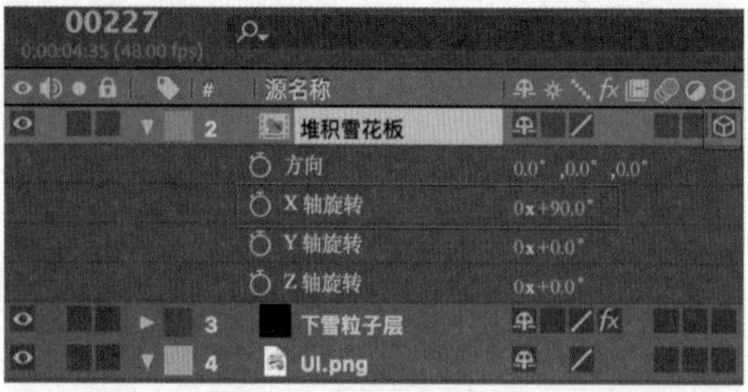

图 4-41

（6）在【时间轴】面板上，将新建的预合成【堆积雪花板】右侧的 3D 开关打开，并设为 3D 图层，同时将其【X 轴旋转】属性设置为【0x+90.0°】，如图 4-41 所示。

（7）返回纯色图层【下雪粒子层】的【Particular】属性组下，将【Bounce】（弹跳）属性组下的【Floor Layer】（弹跳地板层，地板即粒子弹跳碰撞的板）属性设置为刚创建的预合成【2. 堆积雪花板】，并将【Floor Mode】（地板模式）属性设置为【Layer Alpha】（即图层的 Alpha 值，这样弹跳地板就可以是任意的图形形状），如图 4-42 所示。

图 4-42

（8）此时拖曳时间指示器已经可以看到雪花在中间的那一小块地板上堆积起来，如图 4-43 所示。

图 4-43

8. 让雪花的堆积与界面 UI 元素相结合

先将预合成【堆积雪花板】的内容拖曳到左上角【Navigation Card】（导航卡）的顶部恰好合适的位置（参考值为【418.0, 138.0, 0.0】），再单击【时间轴】面板上预合成图层最前面的眼睛图标将其隐藏，可以看到堆积的雪花的位置也会改变，转移到了【Navigation Card】（导航卡）的顶部，如图 4-44 所示。

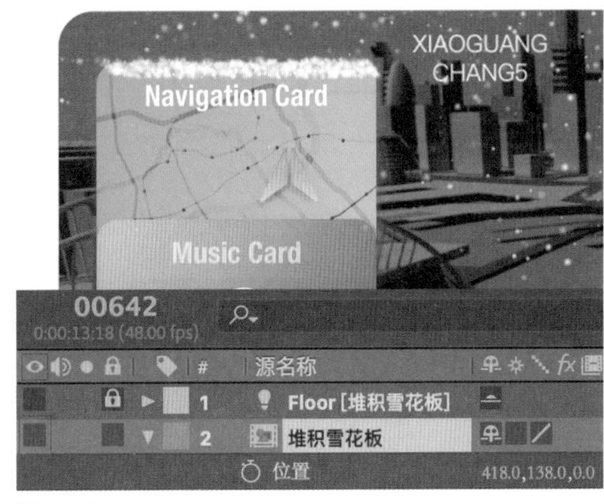

图 4-44

9. 调整堆积雪花板的图形形状

接下来需要使用形状工具添加遮罩并调整堆积雪花板的图形形状，也就是改变其 Alpha（透明）值，使雪花的堆积效果更加自然。

（1）双击预合成【堆积雪花板】，选中纯色图层【堆积雪花】，将形状工具切换为【椭圆工具】并双击该工具，这样就可以自动添加一个与纯色图层大小刚好一致的椭圆遮罩，如图 4-45 所示。

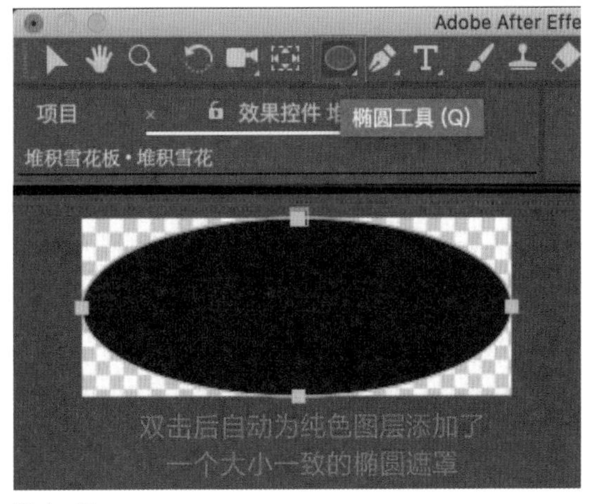

图 4-45

（2）将椭圆遮罩编辑为如图 4-46 所示的形状。

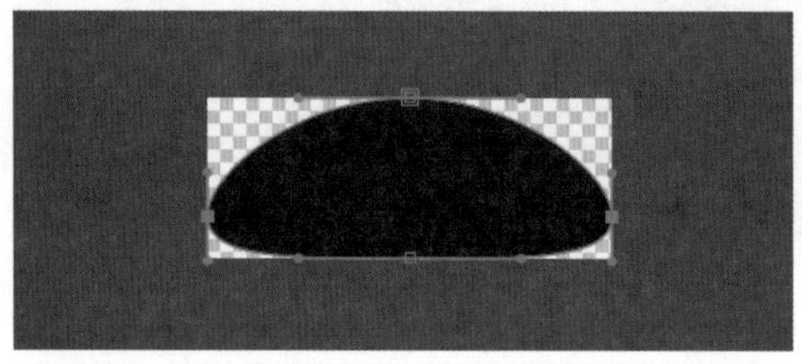

图 4-46

（3）返回主合成【下雪与雪花堆积】，可以看到雪花堆积的形状已经随着弹跳地板的 Alpha（透明）值发生变化，如图 4-47 所示。

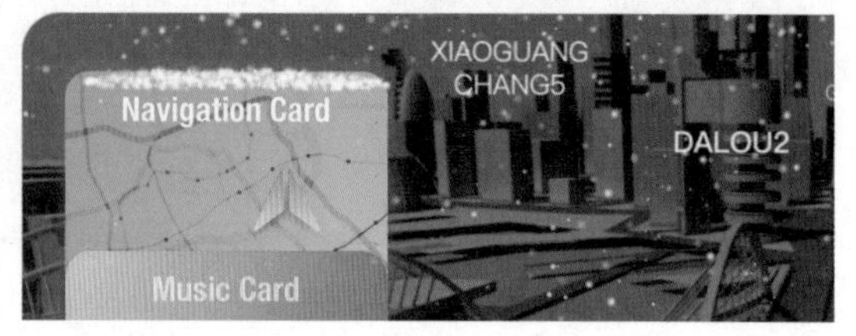

图 4-47

10. 再创建两个雪花堆积层

接下来需要让下方的【Music Card】（音乐卡）和【Network Card】（网卡）也堆积上雪花。

（1）先在【时间轴】面板上同时选中 3 个图层，再按快捷键【Shift+Ctrl+C】将它们打包到一个预合成中，在弹出的【预合成】对话框中，将【新合成名称】设置为【雪花堆积 1 for Navigation card】（若同时选中多个图层进行预合成打包，则默认且只能选中【将所有属性移动到新合成】单选按钮），如图 4-48 所示，单击【确定】按钮。

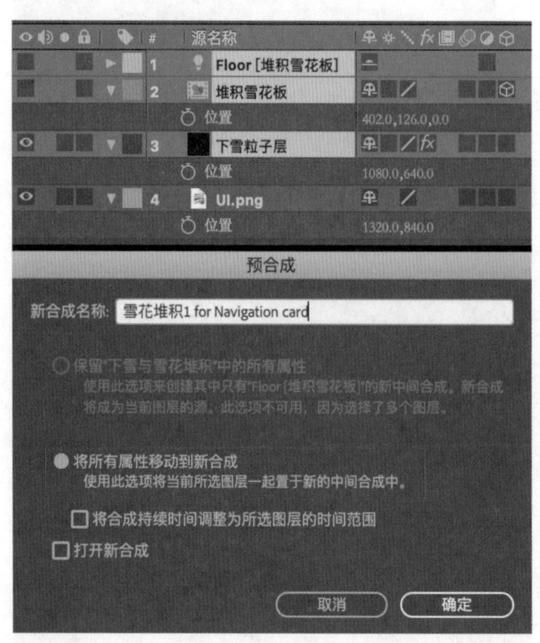

图 4-48

（2）在【项目】面板中选择刚刚创建的预合成【雪花堆积 1 for Navigation card】，执行两次【编辑→重复】命令，或者按两次快捷键【Ctrl+D】，复制出两个预合成，并且分别命名为【雪花堆积 2 for Music card】和【雪花堆积 3 for Network card】，如图 4-49 所示。

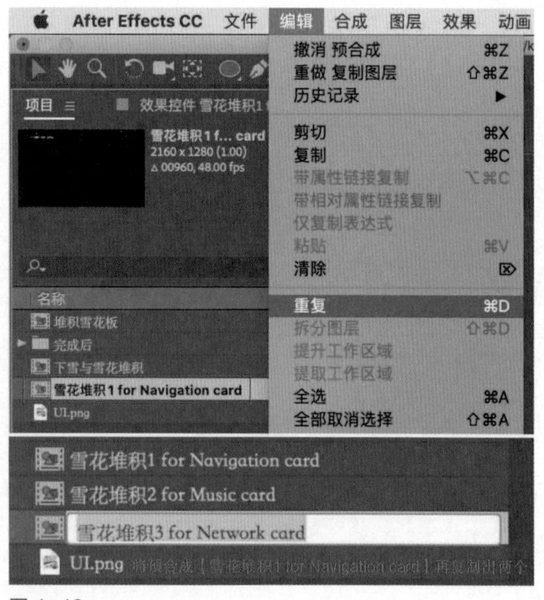

图 4-49

11. 将雪花堆积覆盖到其他的界面元素上

（1）将刚复制的两个预合成拖曳到【时间轴】面板的主合成【下雪与雪花堆积】中，如图 4-50 所示。

图 4-50

（2）为了方便在修改预合成中的图层时，能够同步观察外面主合成中的效果变化，可以将【合成】面板分裂成两个。单击【合成】面板，按快捷键【Shift+Ctrl+Alt+N】，将【合成】面板分裂成两个，其中右侧的面板默认是锁定的，即无论【时间轴】面板切换为哪个合成，锁定的【合成】面板始终是分裂时的那个合成，如图 4-51 所示。

图 4-51

（3）在【时间轴】面板上双击合成【雪花堆积 2 for Music card】，【时间轴】面板也切换成该合成，如图 4-52 所示。

图 4-52

图 4-53

（4）选中【堆积雪花板】图层并向下移动到合适的位置，即刚好位于界面中【Music Card】（音乐卡）的顶部。除了位置，还需要适当调整【X 轴旋转】属性的值，如图 4-53 所示。

图 4-54

（5）把合成【雪花堆积 3 for Network card】中的【堆积雪花板】图层的【位置】属性和【X 轴旋转】属性也调整为合适的值，如图 4-54 所示。

12. 细节优化

至此，已经完成了整个下雪与雪花堆积动效。但现在还有一个细节问题，那就是雪花堆积的图层在叠加了 3 层之后，下雪粒子也叠加了 3 层，这样就显得雪花透明度太高、太浓，会影响界面的可读性。在进行 UI 动效设计时，需要严格遵循“动效不能喧宾夺主，不能影响 UI 可读性体验”的准则。

（1）双击进入合成【雪花堆积 2 for Music card】，在【时间轴】面板的图层区的空白处右击，在弹出的菜单中选择【新建→纯色】命令。在弹出的【纯色设置】对话框中，将【名称】设置为【雪花遮罩】，【宽度】设置为【2160 像素】，【高度】设置为【1280 像素】，如图 4-55 所示，单击【确定】按钮。

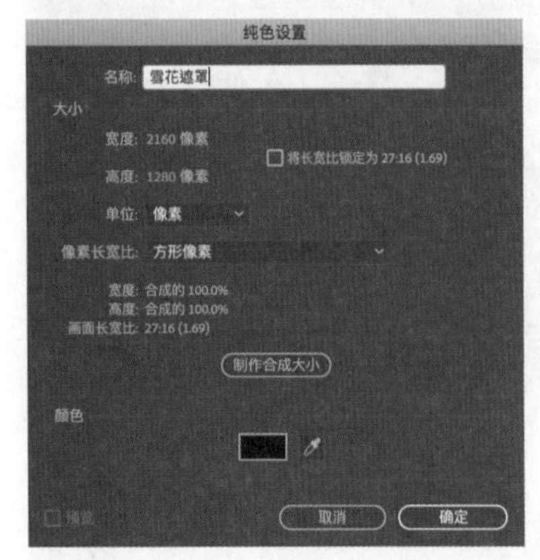

图 4-55

（2）选中【雪花遮罩】图层，使用【椭圆工具】绘制一个如图 4-56 所示的遮罩形状，其大小比堆积起来的雪花更大一圈。

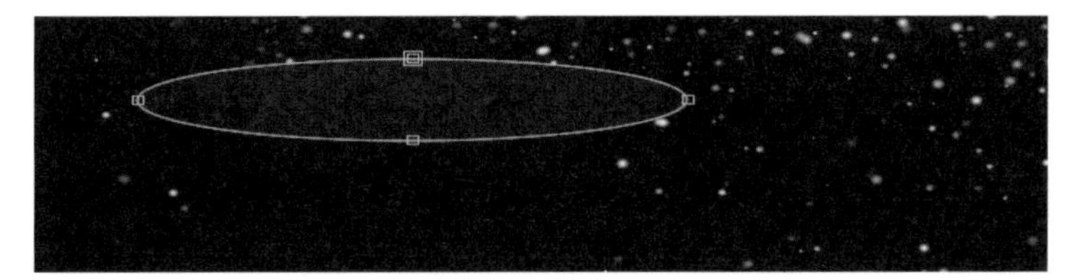

图 4-56

（3）在【时间轴】面板中，如图 4-57 所示，先将【雪花遮罩】图层隐藏，再把【蒙版 1】属性组下的【蒙版羽化】属性设置为【60.0，60.0 像素】，最后展开【时间轴】面板中【下雪粒子层】的【T TrkMat】栏的下拉菜单（红色矩形 3 框选处）。

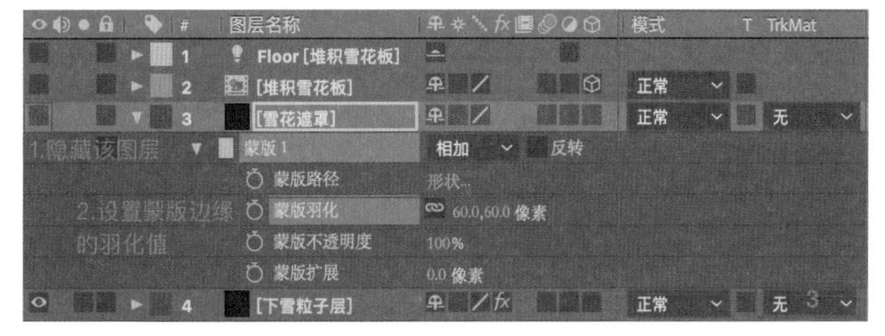

图 4-57

（4）在弹出的下拉菜单中选择【Alpha 遮罩“[雪花遮罩]”】命令，如图 4-58 所示，即【下雪粒子层】会将上一个图层（即【雪花遮罩】图层）的 Alpha（透明）值作为遮罩形状，【下雪粒子层】只会显示【雪花遮罩】图层的 Alpha（透明）值为 1 的部分。

图 4-58

小提示

当单击下拉菜单按钮时，【模式 T TrkMat】栏的名称会切换为【轨道遮罩】。

此时可以看到基本上只显示雪花堆积起来的那个区域，如图 4-59 所示。

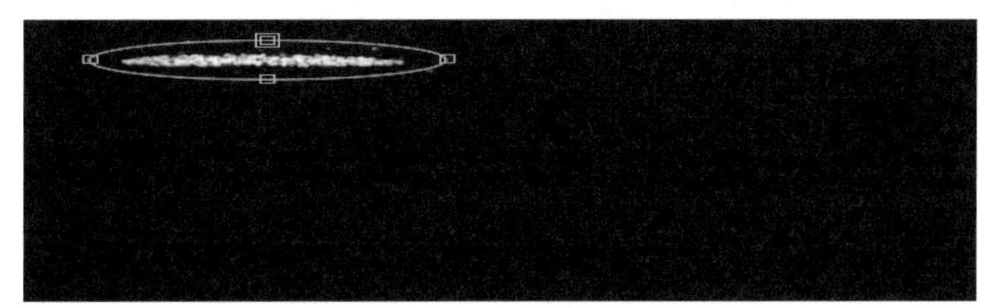

图 4-59

（5）运用同样的方式处理另一个合成【雪花堆积 2 for Music card】中的【下雪粒子层】。需要注意的是，不需要处理第 3 个合成【雪花堆积 3 for Network card】中的【下雪粒子层】，因为仍然需要保留整体雪花飘落的效果，所以不需要将 3 个图层的雪花飘落都用遮罩蒙版隐藏，如图 4-60 所示。

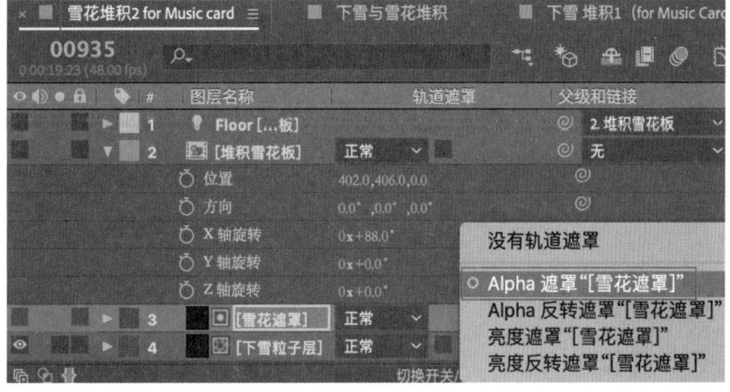

图 4-60

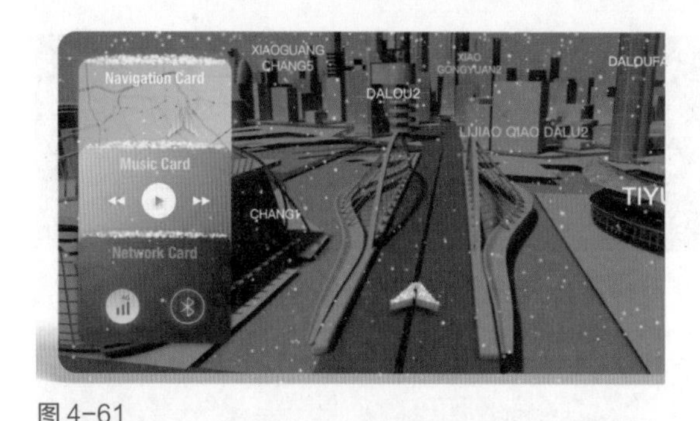

图4-61

最终效果如图 4-61 所示。

图4-62

（6）如果从细节上再进一步，那么可以让地图导航路面上的 3D 立体车标也覆盖上薄薄的一层积雪，感兴趣的读者可以进一步尝试，原理是一样的，此处不再赘述。最终效果如图 4-62 所示。

4.4.2 案例：使用 Particular 效果制作下雨与雨花溅起动效

图4-63

本案例将进一步使用 Particular 效果制作粒子动效。在制作下雪与雪花堆积动效的基础上，改变粒子的下落速度、形态及弹跳效果，模拟下雨与雨花溅起动效，如图 4-63 所示。

学习目标

- 进一步熟悉 Particular 效果的基础功能与 Physics（物理）系统。
- 掌握 Aux System（粒子生成子粒子）系统和 Motion Blur（动态模糊），以及使用粒子弹跳事件生成更多子粒子。
- 使用【偏移】效果初步学习灯光的使用。

资源位置

效果文件	效果文件 / 第 4 章 / 案例：使用 Particular 效果制作下雨与雨花溅起动效 .mp4
素材文件	案例文件 / 第 4 章 / 案例：使用 Particular 效果制作下雨与雨花溅起动效
案例文件	案例文件 / 第 4 章 / 案例：使用 Particular 效果制作下雨与雨花溅起动效 .aep
视频教学	视频教学 / 第 4 章 / 案例：使用 Particular 效果制作下雨与雨花溅起动效 .mp4
技术掌握	Particular 效果的 Aux System（粒子生成子粒子）系统，【偏移】效果，灯光基础，以及摄像机基础

1. 新建合成

新建一个合成。执行【合成→新建合成】命令，打开【合成设置】对话框。在该对话框中，将【合成名称】设置为【下雨与雨花溅起】,【宽度】和【高度】分别设置为【1920px】和【1080px】,【帧速率】设置为【48帧/秒】,【持续时间】设置为【00720帧】，其他属性设置如图4-64所示，单击【确定】按钮。

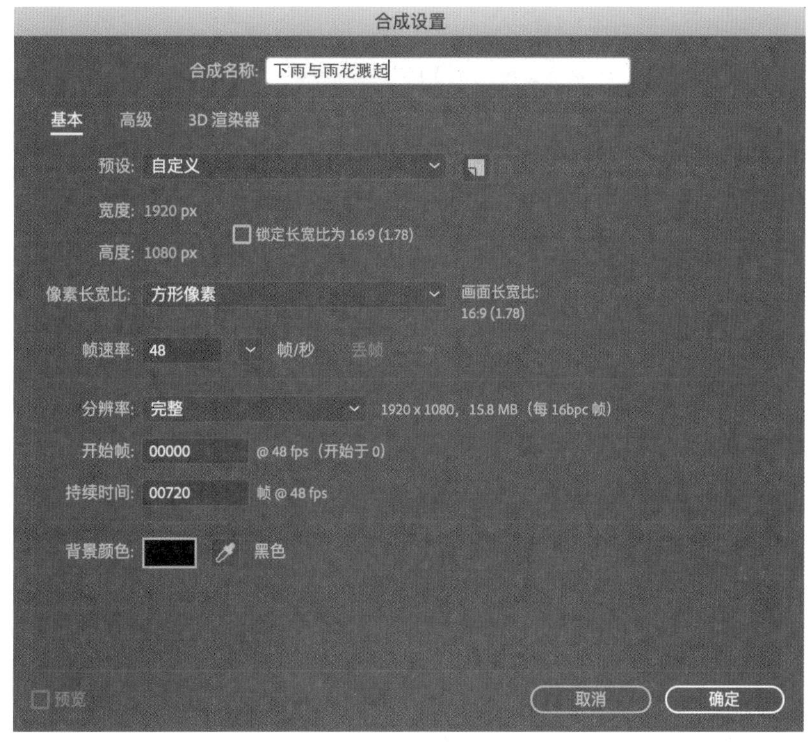

图4-64

2. 搭建界面

（1）先导入【案例文件/第4章/案例：使用Particular效果制作下雨与雨花溅起动效/UI.png】图片，再拖曳到合成【下雨与雨花溅起】中，最后移动到合适的位置，如图4-65所示。

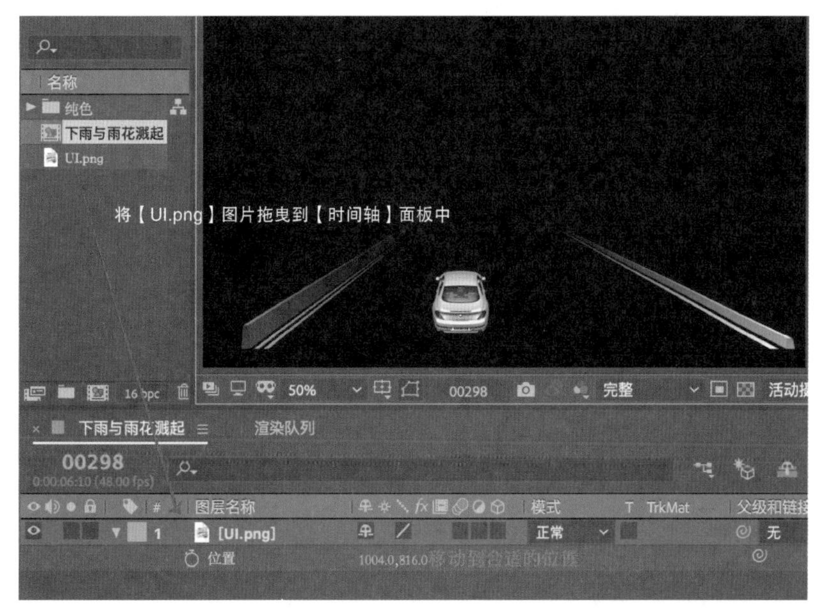

图4-65

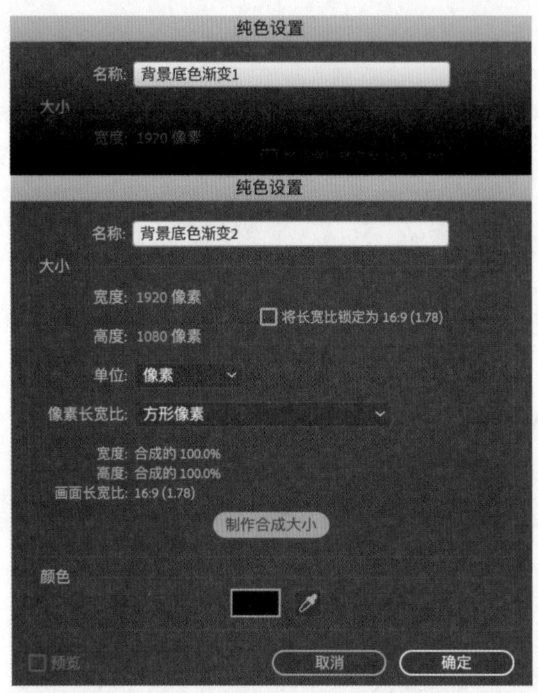

图 4-66

（2）在【时间轴】面板的空白处右击，执行两次【新建→纯色】命令，新建两个纯色图层。在【纯色设置】对话框中，将【名称】分别设置为【背景底色渐变 1】和【背景底色渐变 2】，如图 4-66 所示。

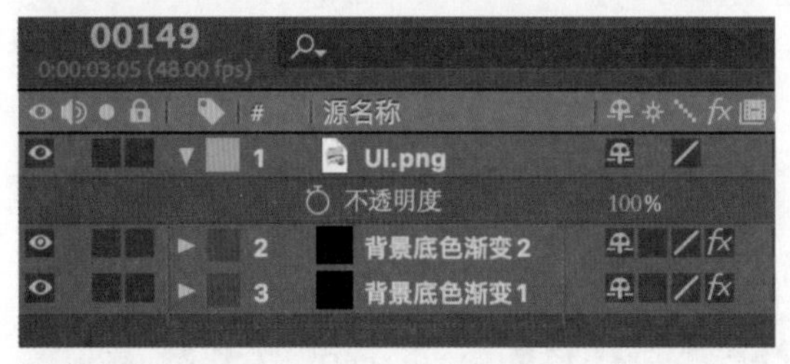

图 4-67

（3）需要注意的是，应将【背景底色渐变 2】图层放在【背景底色渐变 1】图层的上面，如图 4-67 所示。

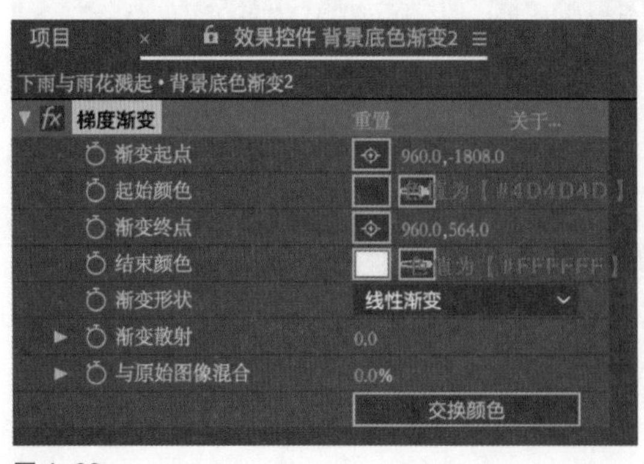

图 4-68

（4）加上背景底色渐变。同时选中新建的两个纯色图层，执行【效果→生成→梯度渐变】命令，为这两个纯色图层均添加梯度渐变效果。将【背景底色渐变 2】图层的梯度渐变颜色与渐变起点和终点的位置编辑为如图 4-68 所示的值。

将【背景底色渐变1】图层的梯度渐变颜色与渐变起点和终点的位置编辑为如图4-69所示的值。

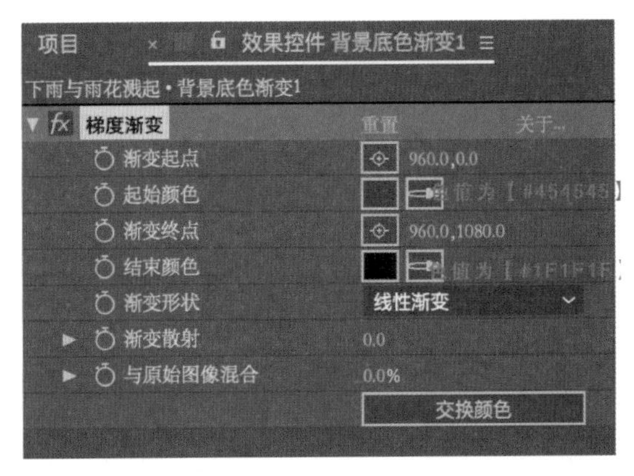

图4-69

3. 创建下雨粒子

（1）在【时间轴】面板的图层区的空白处右击，在弹出的菜单中选择【新建→纯色】命令，新建一个纯色图层。在【纯色设置】对话框中，将【名称】设置为【下雨粒子层】，如图4-70所示。

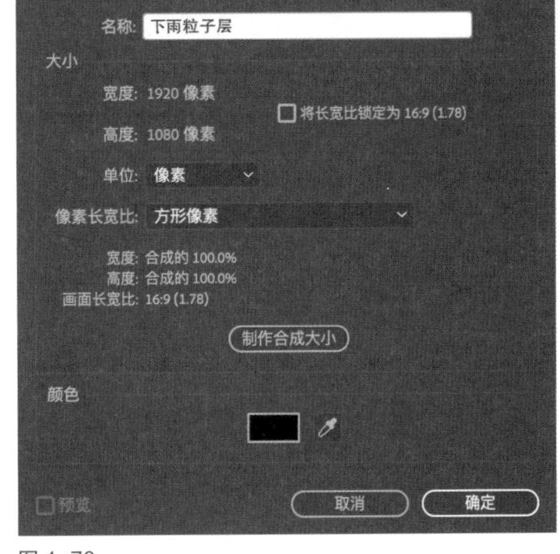

图4-70

（2）在【时间轴】面板中选中【下雨粒子层】，执行【效果→RG Trapcode→Particular】命令，添加Particular效果。在【效果控件】面板中展开【Particular】效果属性组，将【Emitter(Master)】（主发射器）属性组下的【Particles/sec】（粒子发射速率）属性设置为【400】，【Emitter Type】（发射器类型）属性设置为【Box】（盒子），如图4-71所示。

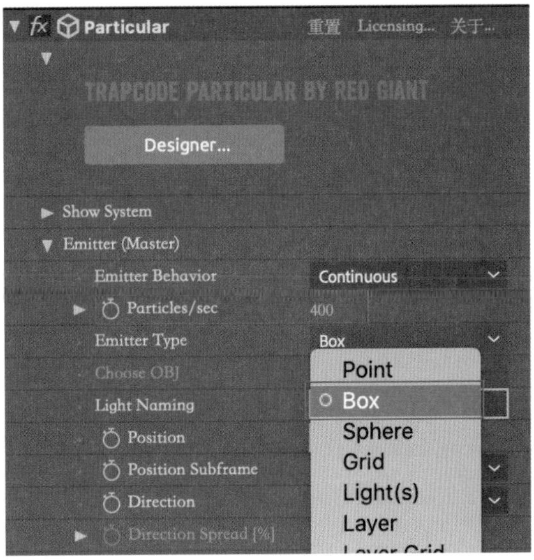

图4-71

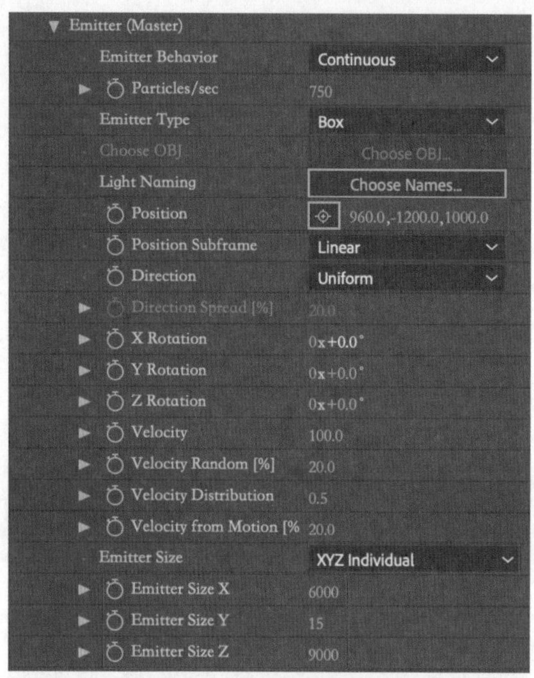

图 4-72

（3）调整发射器尺寸。在【Emitter Size】（发射器尺寸）右侧的下拉菜单中选择【XYZ Individual】命令（将*X*、*Y*、*Z*分离），将【Emitter Size X】属性、【Emitter Size Y】属性和【Emitter Size Z】属性分别设置为【6000】、【15】和【9000】，将发射器的【Position】（位置）属性设置为【960.0，-1200.0，1000.0】，即移动到上方的位置，如图 4-72 所示。

4．模拟下雨效果

（1）展开【Particle(Master)】（主粒子）属性组，将【Size】（粒子大小）属性设置为【3.0】，【Opacity Random[%]】（不透明度随机）属性设置为【100.0】，如图 4-73 所示。

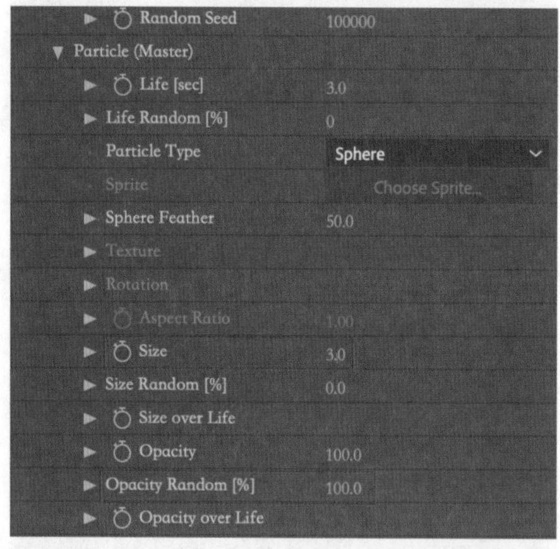

图 4-73

（2）展开【Physics(Master)】（主物理系统）属性组，将【Gravity】（重力）属性设置为【600.0】，如图 4-74 所示。

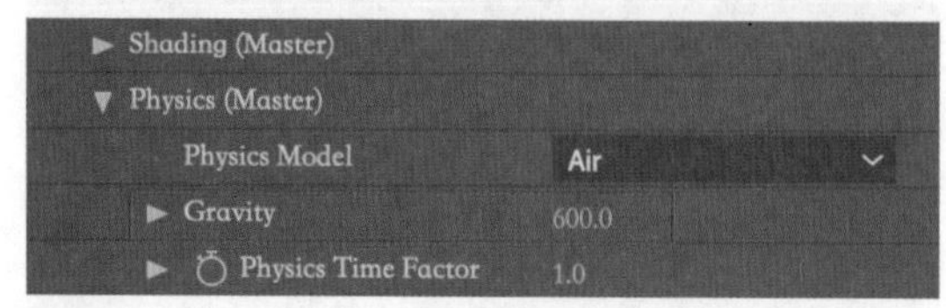

图 4-74

（3）增加【动态模糊】效果，模拟雨滴。先展开【Particular】属性组最下方的【Rendering】（渲染）属性组，再展开【Motion Blur】（动态模糊）属性组，将【Motion Blur】属性设置为【On】（打开动态模糊），如图 4-75 所示。

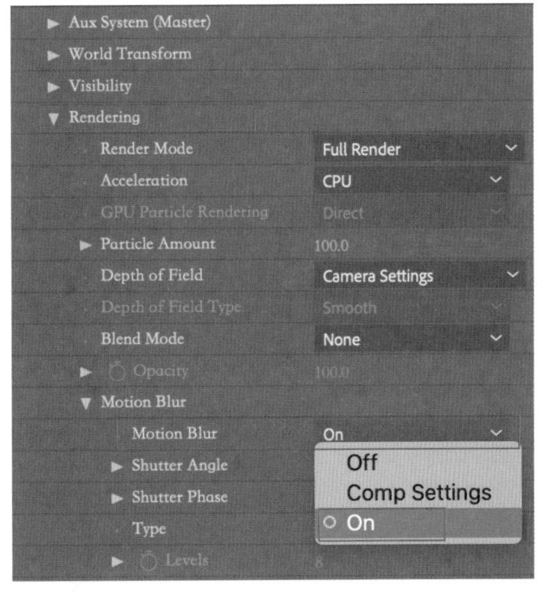

图 4-75

查看当前的粒子效果，并按空格键进行预览，可以看到已经接近下雨的动效，如图 4-76 所示。

图 4-76

5. 增加粒子堆积

与堆积雪花的原理一样，需要新建一个 3D 图层用来当作粒子弹跳地板（此处的这个地板透视需要和道路路面大致一致）。

（1）在【时间轴】面板的图层区的空白处右击，在弹出的菜单中选择【新建→纯色】命令。在【纯色设置】对话框中，将【名称】设置为【雨花溅起】，【宽度】和【高度】分别设置为【4500 像素】和【4500 像素】，如图 4-77 所示，单击【确定】按钮。

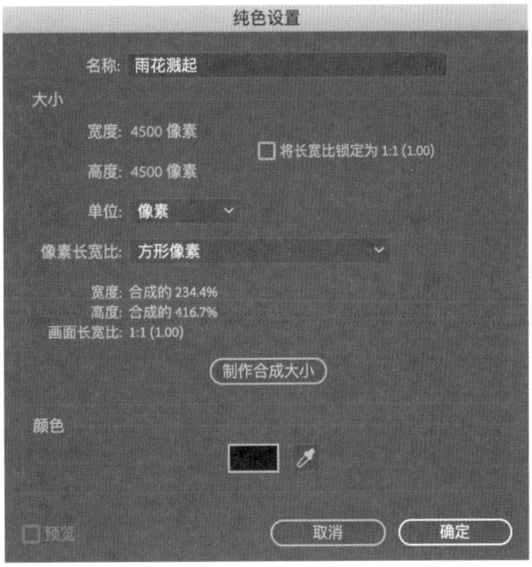

图 4-77

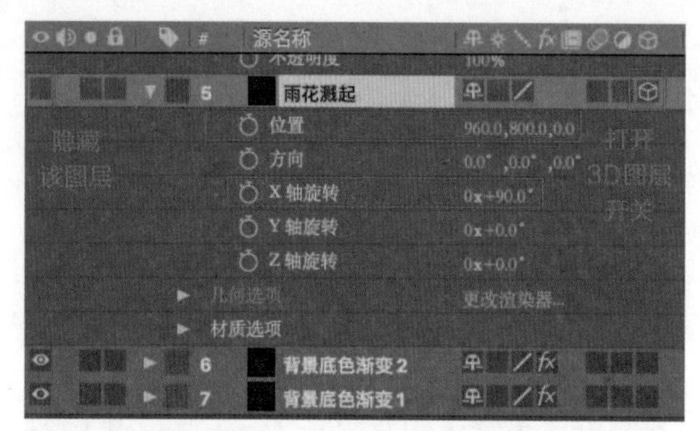

图 4-78

（2）将新建的纯色图层【雨花溅起】拖曳到【UI.png】图层的下方，并设置为3D图层，将【X轴旋转】属性设置为【0x+90.0° 】并向下拖曳到合适位置，【位置】属性设置为【960.0，800.0，0.0】，最后将该图层隐藏，如图4-78所示。

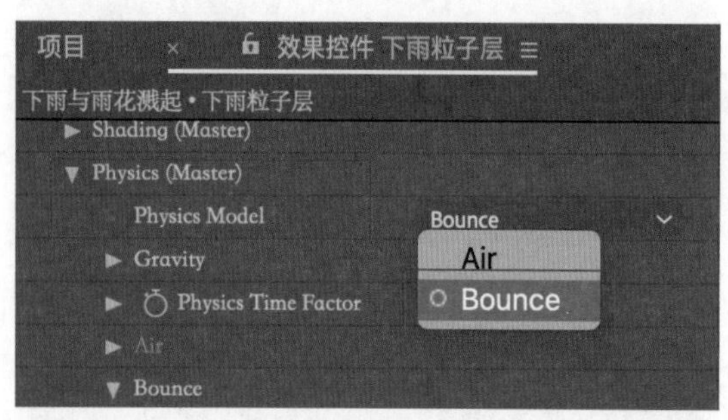

图 4-79

（3）选中【下雨粒子层】，在【效果控件】面板上设置Particular效果，展开【Physics(Master)】（主物理系统）属性组，将【Physics Model】（物理模型）属性设置为【Bounce】（弹跳），如图4-79所示。

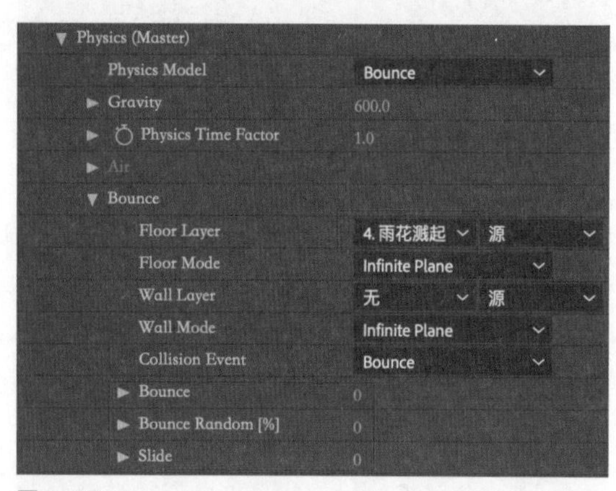

图 4-80

（4）展开【Bounce】（弹跳）属性组，将【Floor Layer】（弹跳地板层）属性设置为新建的纯色图层【雨花溅起】，并将【Bounce】（弹跳）属性、【Bounce Random[%]】（弹跳随机值）属性、【Slide】（滑动性）属性均设置为【0】。需要注意的是，【Floor Mode】（地板模式）属性保持默认的【Infinite Plane】（无限平面）不变，即无限大范围的地板，如图4-80所示。

（5）还需要将下雨粒子和粒子堆积的范围在Z轴空间上延伸得更远，以模拟更真实的大范围降雨动效。

为了将粒子堆积，即溅起雨花的范围延伸到道路地平线的远处，还需要调整Emitter（粒子发射器）的几个属性。

- 将【Particles/sec】（粒子发射速率）属性设置为【750】。
- 将发射器的【Position】（位置）属性为【960.0，-532.0，1000.0】，即将发射器往Z轴空间方向深处拖曳。

- 将【Emitter Size X】属性、【Emitter Size Y】属性和【Emitter Size Z】属性分别设置为【6000】、【15】和【9000】，如图 4-81 所示。

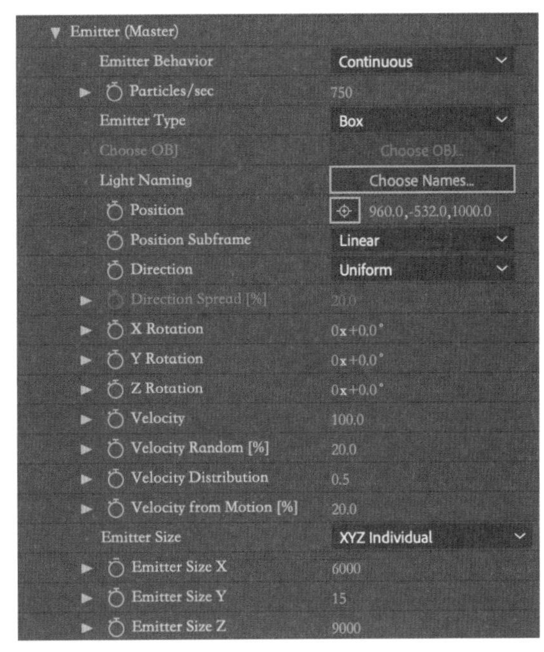

图 4-81

此时基本上已经得到了延伸至地平线远处的大范围的粒子堆积效果，如图 4-82 所示。

图 4-82

6. 制作溅起的雨花动效

此时需要引入一个新的技术知识点：Particular 效果的 Aux System（粒子生成子粒子）系统。

（1）【Physics(Master)】属性组下面的一个属性组就是【Aux System(Master)】粒子生成子粒子）。展开【Emit】（发射）属性右侧的下拉菜单，选择【At Bounce Event】（在碰撞发生时）命令，也就是在粒子发生碰撞时生成新的粒子。新的粒子发射系统和原来的粒子发射系统的发射器、粒子形态等属性相同，如图 4-83 所示。

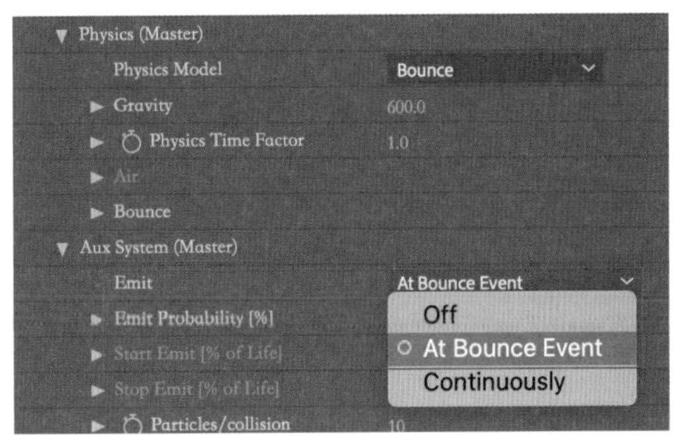

图 4-83

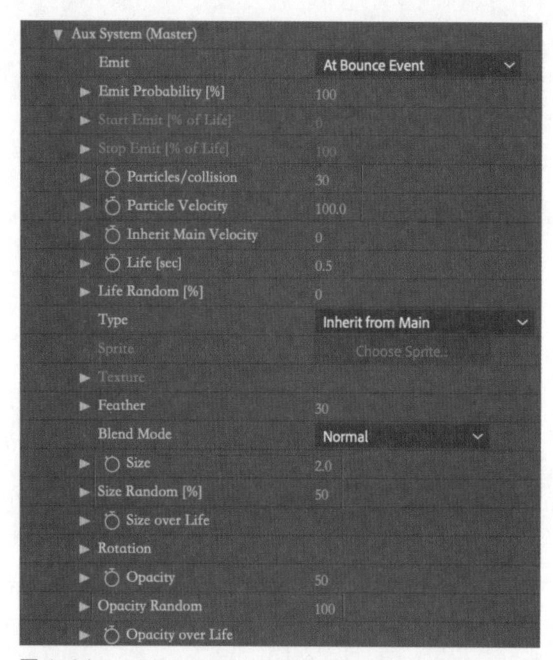

图 4-84

为了方便描述，下面将下落的雨滴粒子称为“父粒子”，将溅起的雨花粒子称为“子粒子”。

（2）调整碰撞生成的子粒子的形态与动态。

- 将【Particles/collision】（碰撞时生成的粒子数）属性设置为【30】，即每个粒子碰撞时会生成 30 个新的粒子。
- 将【Particle Velocity】（粒子速度）属性设置为【100.0】。
- 将【Size】（粒子大小）属性设置为【2.0】。
- 将【Size Random[%]】（大小随机值）属性设置为【50】。
- 将【Opacity Random】（不透明度随机）属性设置为【100】，如图 4-84 所示。

图 4-85

此时已经有溅起的点点雨花的效果，如图 4-85 所示。

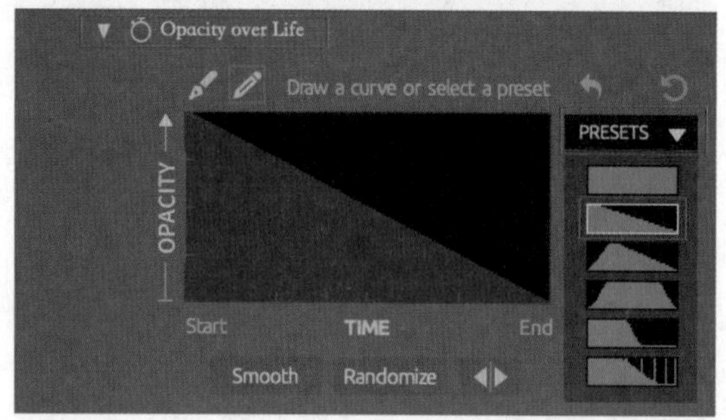

图 4-86

（3）从目前的预览效果来看，滴落到地上的雨滴父粒子和溅起的雨花子粒子消失得都不自然，可以为它们添加渐隐消失的动效。返回 Particular 效果设置父粒子的【Particle】（粒子）属性组，先展开【Opacity over Life】（粒子生命周期内透明度的变化）属性，再展开右侧的【PRESETS】（预设）下拉菜单，选择第 2 种图形，即一个锐角在右侧的直角三角形，其含义是粒子透明度在生命周期内是从大到小的，如图 4-86 所示。

小知识：【Opacity over Life】（粒子生命周期内透明度的变化）属性

由图 4-86 可知，【Opacity over Life】（粒子生命周期内透明度的变化）属性设置是一个带坐标系的图，竖轴是相关属性值（Opacity），横轴则是粒子生命周期，左端点是粒子刚生成时的状态，右端点是粒子刚消失时的状态，所以，从左到右可以通过编辑坐标图上的曲线形状来调整属性值在整个生命周期内的变化。

（4）手动编辑【Opacity over Life】（粒子生命周期内透明度的变化）属性的曲线。单击坐标图左上方的钢笔图标，切换成多控点曲线编辑模式，如图 4-87 所示。

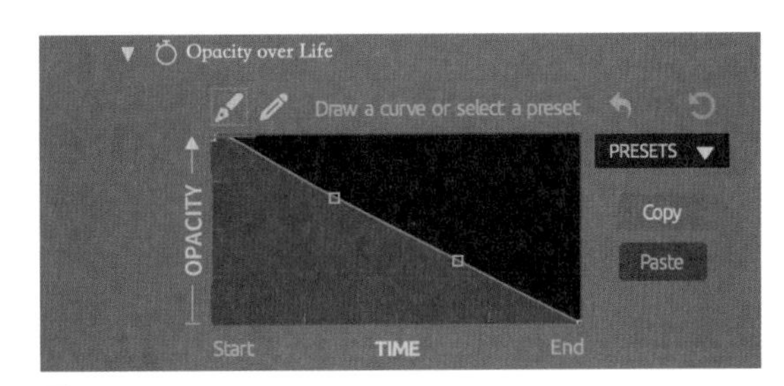

图 4-87

（5）拖曳曲线上的方格状控制点，将曲线编辑成如图 4-88 所示的形状。

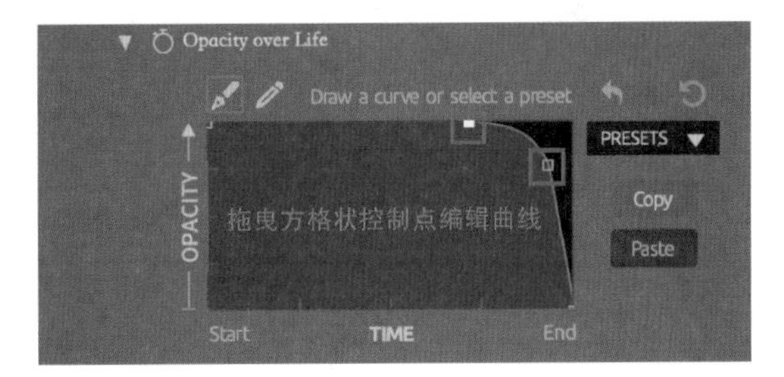

图 4-88

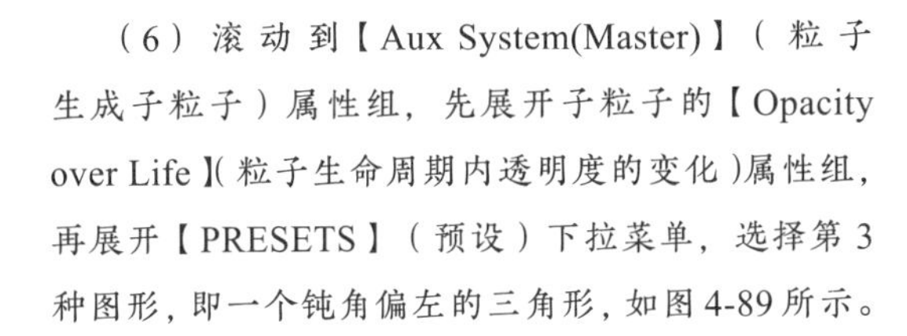

（6）滚动到【Aux System(Master)】（粒子生成子粒子）属性组，先展开子粒子的【Opacity over Life】(粒子生命周期内透明度的变化)属性组，再展开【PRESETS】（预设）下拉菜单，选择第 3 种图形，即一个钝角偏左的三角形，如图 4-89 所示。

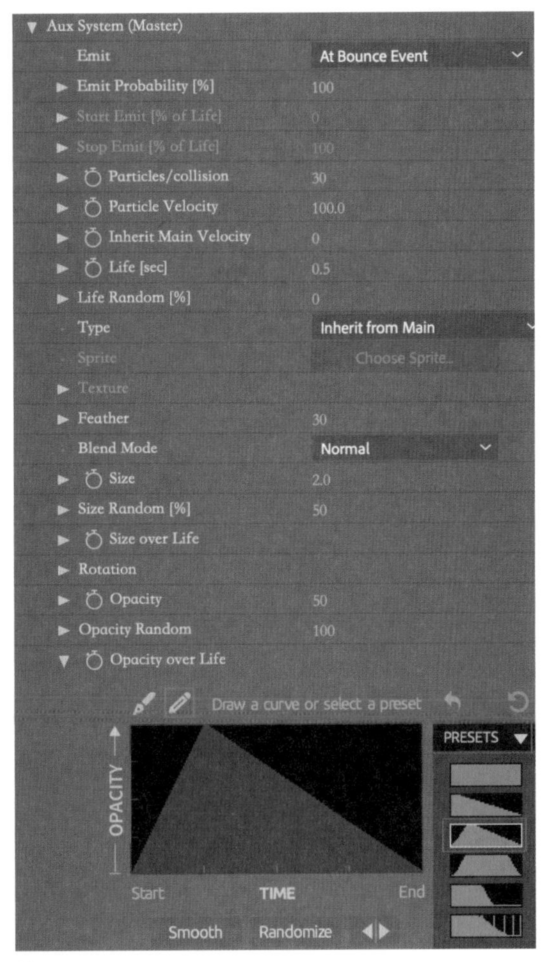

图 4-89

再次进行预览，可以看到现在的雨花消失动效自然了很多。

7. 完善细节

通过预览可以发现，雨花的粒子亮度适合，但是下雨的粒子亮度有些弱，而 Particle（粒子）的 Opacity（透明度）已经调到最大值 100%。其实还有一种处理方式，就是将下雨粒子多复制几个图层，但是这几个图层不需要再生成雨花子粒子。

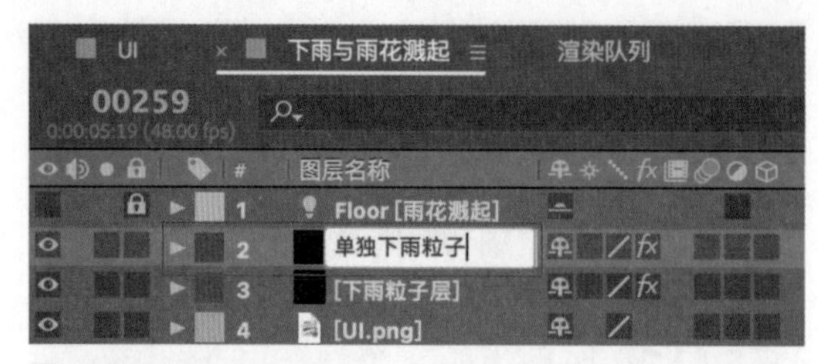

图 4-90

（1）选中【下雨粒子层】，按快捷键【Ctrl+D】，复制一个图层，在选中新复制图层的情况下按【Enter】键重命名，将图层名称修改为【单独下雨粒子】，如图 4-90 所示。

图 4-91

（2）选中【单独下雨粒子】图层，在【效果控件】面板上设置 Particular 效果，先展开【Aux System(Master)】（粒子生成子粒子）属性组，再展开【Emit】（发射）属性右侧的下拉菜单，选择【Off】（关闭）命令，即关闭子粒子的发射，如图 4-91 所示。

（3）返回【时间轴】面板，如果觉得下雨粒子还不够明显，那么可以将关闭了【Aux System (Master)】（粒子生成子粒子）属性的【单独下雨粒子】图层再多复制几个图层，直至觉得效果合适。

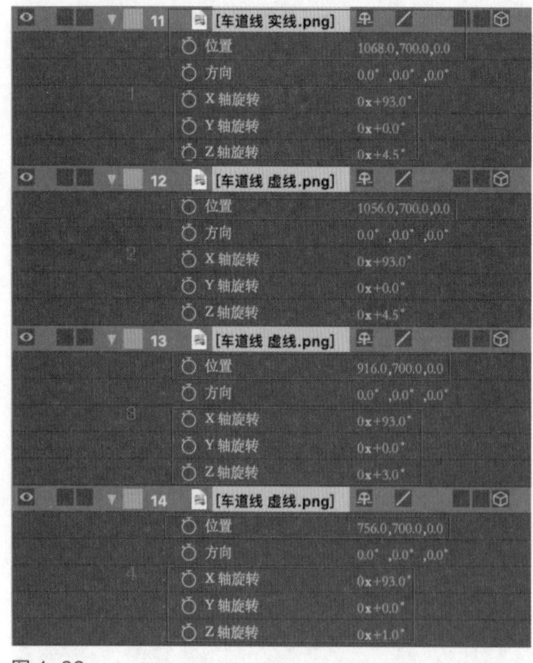

图 4-92

8. 添加车道线

（1）先导入【案例文件 / 第 4 章 / 案例：使用 Particular 效果制作下雨与雨花溅起动效 / 车道线 虚线.png、车道线 实线.png】图片，再拖曳到合成【下雨与雨花溅起】中，全部设置为 3D 图层，并调整到合适的旋转角度与位置，具体的属性设置如图 4-92 所示（仅供读者参考）。

（2）在【时间轴】面板中选中新增的4个图层并右击，在弹出的菜单中选择【预合成】命令（也可以在菜单栏中选择【图层→预合成】命令），将这4个图层打包到一个预合成中。在【预合成】对话框中，将【新合成名称】设置为【预合成 车道线】，如图4-93所示，单击【确定】按钮。

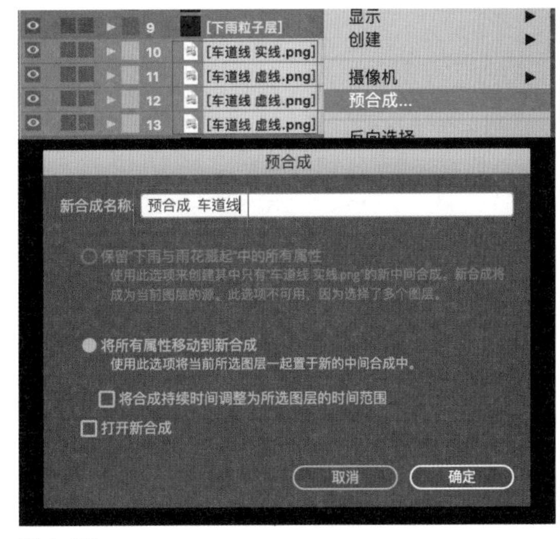

图4-93

（3）为车道线组添加在地平线处渐变消失的效果。先选中刚创建的【预合成 车道线】图层，再为其添加遮罩并编辑为如图4-94所示的矩形（图中的浅绿色矩形）。

图4-94

（4）在【时间轴】面板中展开【预合成 车道线】图层的属性。展开【蒙版1】属性组，单击【蒙版羽化】属性的锁链图标，关闭两个值的关联锁定，并设置羽化值为【0.0, 150.0像素】，如图4-95所示。

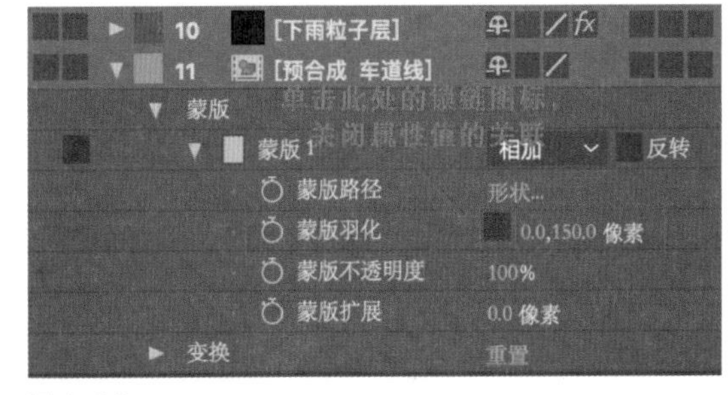

图4-95

最终的调试效果如图4-96所示。

图4-96

9. 创建模拟道路行驶动效

（1）双击进入合成【预合成 车道线】合成，【时间轴】面板也切换为该合成的【时间轴】面板。选中第 2 个图层【车道线 虚线】，在【效果和预设】面板的搜索框中输入【偏移】，通过双击将其添加到刚选中的图层上，如图 4-97 所示。

图 4-97

（2）保持选中当前图层，按快捷键【E】即可使【时间轴】面板只显示【效果】属性组而不展开其他属性组。此时展开【偏移】属性组，并将时间指示器拖曳到起始帧，将【将中心转换为】属性设置为【0.0，0.0】，单击左侧的码表图标，添加一个关键帧，如图 4-98 所示。

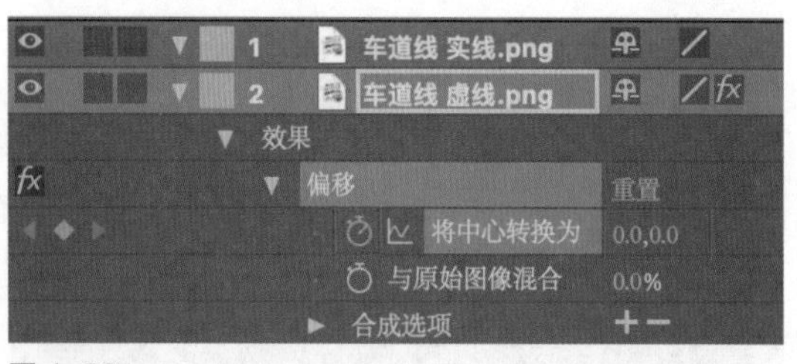

图 4-98

（3）将时间指示器拖曳到最后一帧，并将【将中心转换为】属性设置为【0.0，-18000.0】，如图 4-99 所示。

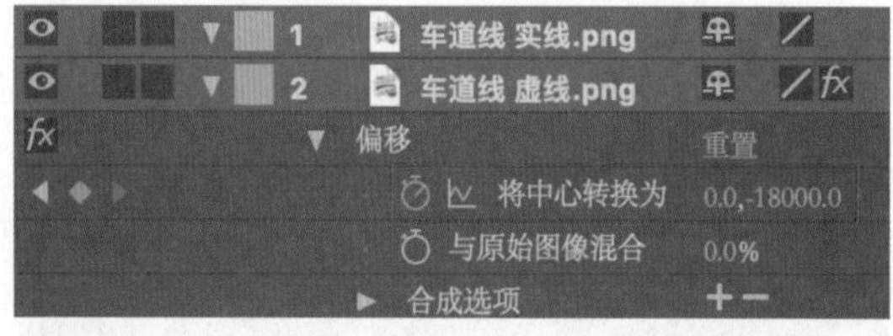

图 4-99

此时预览可以看到，车道虚线呈现倒退移动效果，类似于汽车向前行驶时车道线后退的效果。

（4）将添加关键帧的【偏移】效果复制给另外两个【车道线 虚线】图层。单击选中【偏移】效果，按快捷键【Ctrl+C】，同时选中下面的两个【车道线 虚线】图层，按快捷键【Ctrl+V】，在复制的时候必须把时间指示器拉回到最开始的起始帧，如图 4-100 所示。

图 4-100

此时预览可以看到，所有车道线都有了后退的效果。

10. 创建模拟车灯照明的效果

（1）复制纯色图层【雨花溅起】，将复制的图层重命名为【灯光照射效果】，并为其添加一个遮罩蒙版，编辑为如图 4-101 所示的形状。

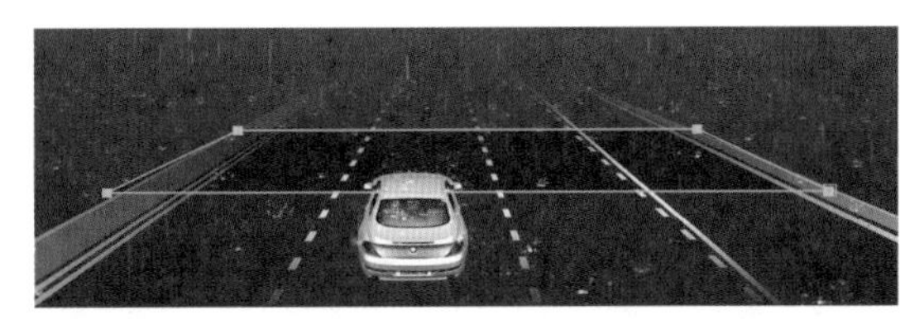

图 4-101

（2）将【蒙版羽化】属性设置为【1000.0，3300.0 像素】，位置和旋转角度的设置可参考如图 4-102 所示的值。

图 4-102

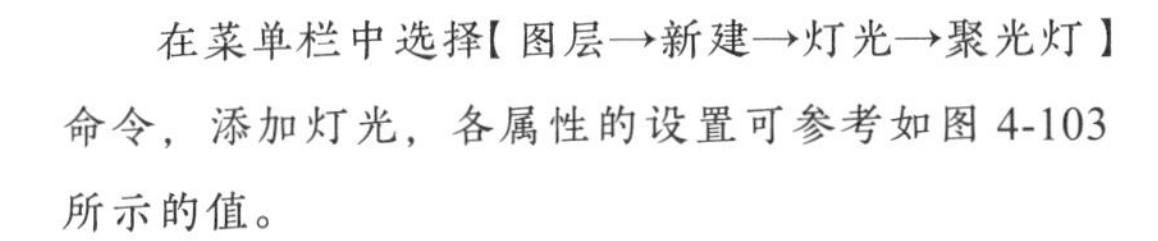

在菜单栏中选择【图层→新建→灯光→聚光灯】命令，添加灯光，各属性的设置可参考如图 4-103 所示的值。

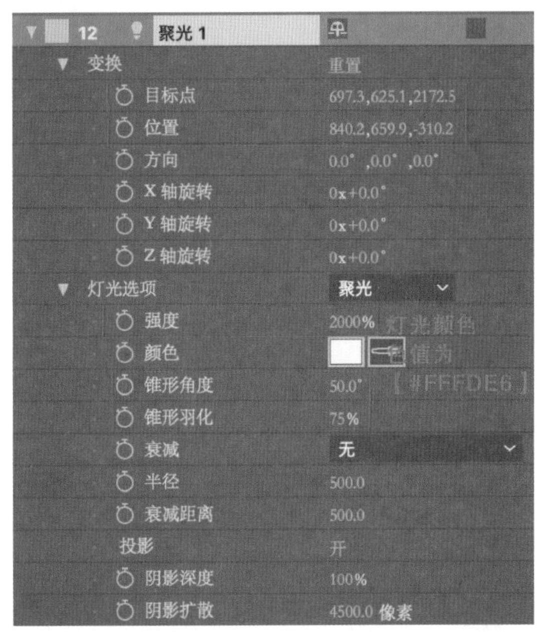

图 4-103

最终的效果如图 4-104 所示。

图 4-104

11. 增加摄像机运动——在雨中穿梭

下面属于本案例的扩展知识，读者可据此初步了解 After Effects 的摄像机运动动画（后面章节的实战案例会更详细地介绍摄像机运动动画）。

（1）在【项目】面板中选中【下雨与雨花溅起】合成，按住鼠标左键将其拖曳到【项目】面板底部的【新建合成】图标上，在松开鼠标左键之后会自动新建一个合成，将【下雨与雨花溅起】合成打包到这个新合成中，如图 4-105 所示。

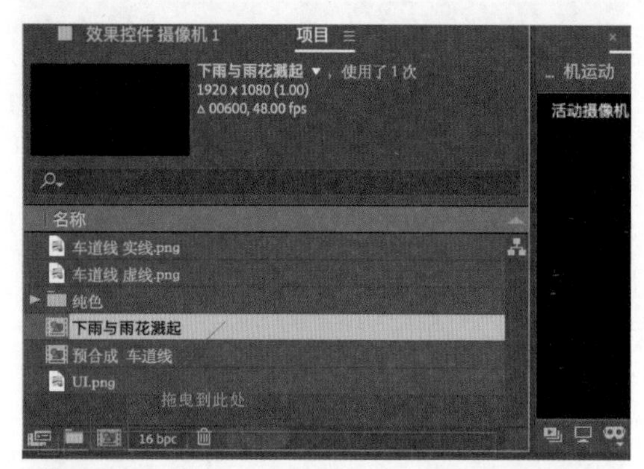

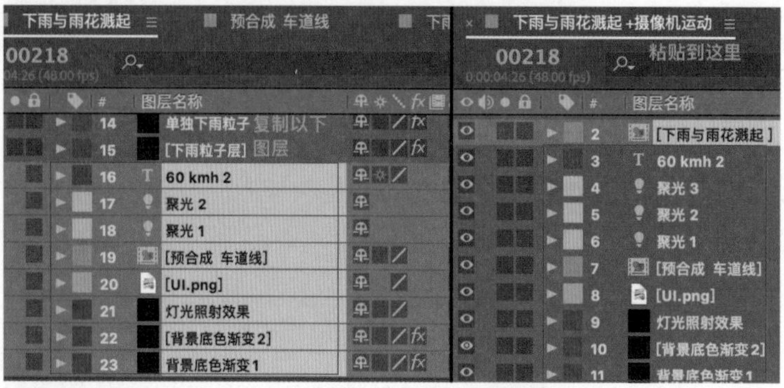

图 4-105

图 4-106

（2）将新合成重命名为【下雨与雨花溅起 + 摄像机运动】，因为摄像机运动只影响下雨粒子，所以需要拆分成下雨和背景视觉元素（车辆、道路和地面等）两部分，原来的【下雨与雨花溅起】合成中只保留下雨效果，而作为背景的车辆、道路和地面等视觉元素则粘贴到【下雨与雨花溅起 + 摄像机运动】合成中，如图 4-106 所示。

具体步骤如下：先双击进入原来的【下雨与雨花溅起】合成，隐藏除图层【单独下雨粒子】和【下雨粒子层】之外的其他所有图层，该合成作为只显示下雨效果的合成；再复制如图 4-106 所示的几个图层，并将其粘贴到【下雨与雨花溅起 + 摄像机运动】合成中。

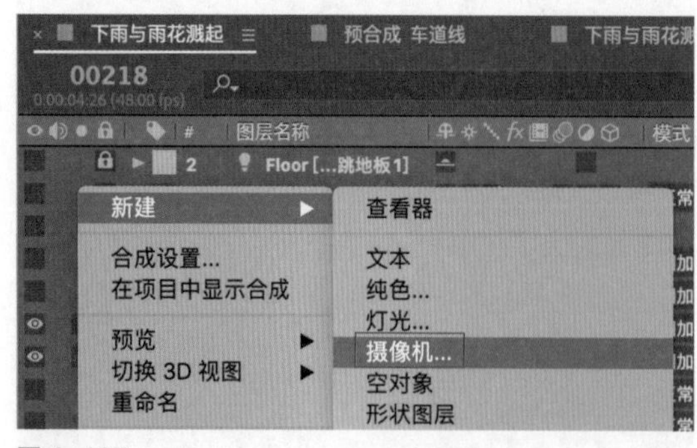

图 4-107

（3）返回【下雨与雨花溅起】合成，在这里创建摄像机运动。在【时间轴】面板的图层区的空白处右击，在弹出的菜单中选择【新建→摄像机】命令，新建一个摄像机，如图 4-107 所示。

（4）在弹出的【摄像机设置】对话框中，将【预设】设置为【50毫米】，也就是摄像机的焦距。其他属性不变，单击【确定】按钮，如图 4-108 所示。

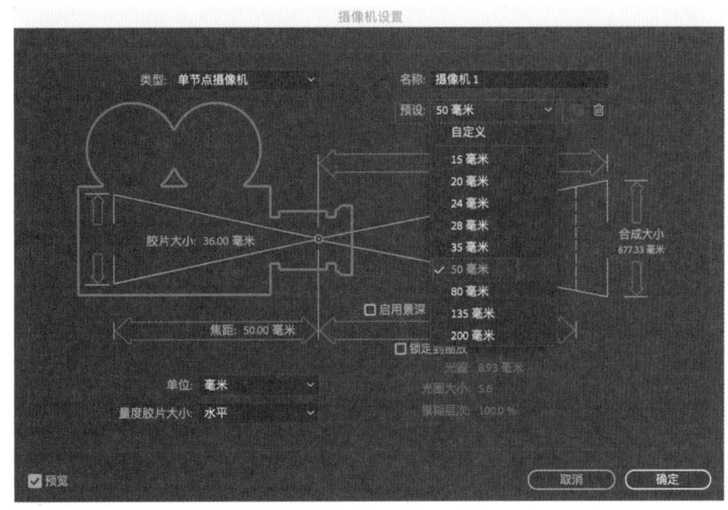

图 4-108

（5）在第 100 帧和第 600 帧分别为摄像机的【位置】属性设置关键帧，两个关键帧的【位置】属性分别为【960.0，540.0，-8000.0】和【960.0，540.0，2400.0】，如图 4-109 所示，其实就是做 Z 轴方向上的移动，从而形成一个在雨幕中往前穿梭的镜头运动效果。

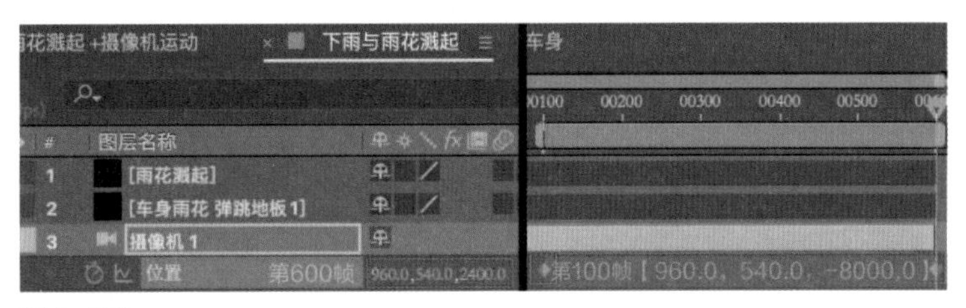

图 4-109

12. 打造更细腻的动效细节

如果让道路上的汽车模型也产生被雨淋到而出现溅起雨花的细节动效，那么应该怎么做呢？其实和 4.4.1 节中的案例复制更多雪花堆积的原理是相似的。

步骤 1：再复制图层【下雨粒子层】。

步骤 2：将下雨粒子的 Opacity（透明度）调整为 0，隐藏下雨粒子，只显示弹起 / 堆积的粒子和新生成的雨花子粒子。

步骤 3：新创建一个纯色图层并设置为 3D 图层，先添加遮罩蒙版并调整其形状与汽车模型的外形大致一致，再调整位置与旋转角度，将其作为新的弹跳地板层。

感兴趣的读者可以将其作为课后扩展作业（可以参考【案例文件 / 第 4 章 / 案例：使用 Particular 效果制作下雨与雨花溅起动效 .aep】工程文件）。

动效在情感化表达上的魅力，正是来自这些细微之处的让用户“会心一笑”的细节。

另外，学习添加灯光之后，感兴趣的同学也可以尝试模拟车灯照明，并添加【聚光灯】改变照明范围的动效，这类似于现实中车灯远光和近光的切换。需要注意的是，模拟远光和近光的切换可以通过改变聚光灯的【目标点】属性和【强度】属性的值来实现。

第5章

突破二维空间——3D 动效在 AR UI 设计中的应用

5.1 3D 动效设计概述

5.1.1 拟物化视觉风格时代的 3D 动效

1. 被“禁锢”于二维平面的早期功能机时代的动效设计

手机的功能机时代是相对于后来的以 iPhone 为代表的触控屏智能手机时代而言的，经典的代表，硬件莫过于诺基亚手机，软件则是 Symbian 系统。当时的UI设计以拟物化风格为主，讲究质感、光影、写实，视觉风格如图 5-1 所示（经历过那个时代的设计师应当有深刻记忆）。

图 5-1

拟物化风格本身就带有“立体”的质感，所以那是一个百花齐放、不拘一格的时代。但那个时代的手机界面与交互基本上被固化为二维平面，动效设计只是依附于立体的拟物化视觉设计“皮毛”之上而存在的平面动效。由于人机交互方式仍然以实体键盘交互为绝对主力，操作输入手段极其有限，另外还受限于硬件性能、前端技术及开发成本，因此手机系统和应用中罕有真正的 3D 动效设计。在手机 UI 设计中，费力不讨好的 3D 动效设计自然也只能成为噱头或可有可无的锦上添花。但 3D 动效设计在游戏 UI 设计中倒是一直大放异彩。游戏以“玩”为本，3D 动效带来的趣味性、设计想象空间也更大。

2. 智能手机时代来临——多点触控的交互革命

这种拟物化风格到全新视觉风格的转折，出现在多点触控在智能手机中的大规模应用。虽然苹果并不是多点触控电容屏技术的发明者，但 iPhone 把这种技术的交互体验带到了用户面前。

多点触控屏为手机交互带来的革命性的变化在于，用户的输入从以往单一的“键盘操作”这种机械性的方式，一下子扩展出点、滑、拖、滚、捏、扩、缩、放、转等多种手段，配合多点触控屏独有的多指交互方式，以趣味、空间感、立体感取胜的 3D 动效设计迎来了初步的释放。

为何多点触控交互能够带来更多 3D 交互动效的可能呢？因为滑、捏、缩、转、拖等交互动作，已经很接近在现实的三维世界中操作控制三维物体的动作。现实中人们是如何快速翻阅一本卡片册子的呢？用手指逐张左右翻动，如果将这个翻动的动作对应到屏幕交互中，就类似于横着“左右滑动”的动作。在常见应用中，“左右滑动”的动作用于做“翻页查看”这类行为，对动效设计师来说是非常有趣的。设计师有可能从人们与实体的三维物体互动中获取更多动效设计的灵感。

1）早期 iOS 系统中 3D 动效设计的经典案例

这种与现实世界操控三维物体相似的 3D 交互动效，非常经典的设计之一就是早期 iOS 系统（iOS 7 之前）的音乐应用中的专辑封面交互动效设计。如图 5-2 所示，依托滑动手势，配合流畅的 3D 卡片滑动动效创建了一种前所未有的交互体验，由于苹果强大的硬件基础加上软件层面的优化，因此手指触控滑动的跟手性、响应速度不是之前那些电阻屏能够比拟的。笔者认为，这种低延迟的流畅跟手性使触控交互能够类比于现实中对三维物理实体的操控，从而带来优异的 3D 交互动效设计的可能性。

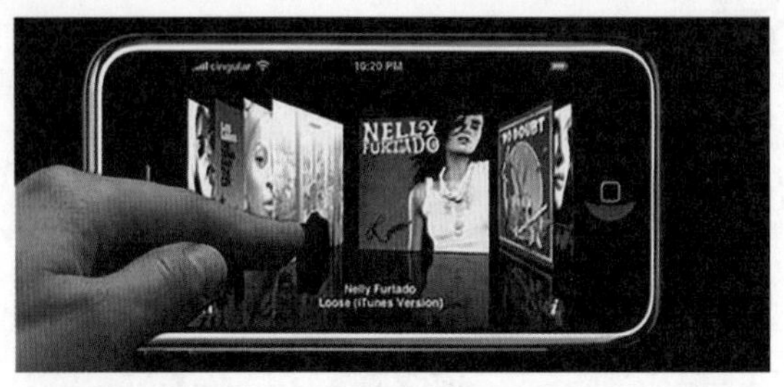

图 5-2

iOS 6 的横屏下音乐专辑封面的 3D 卡片滑动动效的交互体验，与日常生活中人们翻动纸质书籍的体验有异曲同工之妙，因此首次体验智能手机多点触控交互的用户，有一种奇妙且有趣的指尖感受，隔着薄薄的玻璃屏幕，仿佛指尖真的在和那个虚拟世界中的卡片互动，并且是在写实视觉风格下。

2）EMUI 系统早期对 3D 交互动效的有益探索

在智能手机时代的早期，华为曾为智能手机的定制系统 EMUI 1.0 和 EMUI 1.5 探索过一种 3D 桌面，设计方案示意图如图 5-3 所示（因年代较久远，无法找到真实界面截图，所以笔者以重绘的示意图来代替）。

图 5-3

原本作为应用入口的桌面图标都平铺在一个平面的几个分页中，在进入该 3D 桌面模式之后，各个分页转变为一个个像墙一样的立面，并且环绕成一个六角柱或八角柱。用户可以用手指滑动来转动这个多角柱。笔者当时体验的感受是跟手性和流畅性非常好，并且相对于早期 Android 系统比较扁平、简陋、工程化的体验来说是一种非常有趣的设计创新。

3）场景化的 3D 设计与动效

在智能手机时代，多种交互手势动作使设计师开始探索另一种场景化的 3D 设计——把界面当成一个 3D 场景，各种功能入口作为场景中的一个具体的 3D 对象。2012 年，vivo 发布的智能手机 X1 使用了一套名为“场景化 UI”的 3D 场景化桌面主页，一改千篇一律的网格式手机桌面，探索出一种更富有趣味和情感的 3D 动态桌面设计，如图 5-4 所示。

图 5-4

vivo 发布的智能手机 X1 的 3D 场景化桌面，将桌面图标和控件类功能入口全部作为场景中各占其位的一些具体物体，这个场景可以是房间、大厅、花园等各类空间。以“书房”为主题的场景桌面：“时钟”应用可以是一个放在书桌上的小闹钟，可以配合表针嘀嗒走动的动效；“相机”应用可以是摆在书桌上的照相机；“备忘录”应用就是一本笔记本，可以配合微风拂过轻轻翻动纸页的动效；“音乐”应用可以是一台留声机，可以配合唱片缓缓转动的动效，还可以是一架钢琴……设计师可以充分发挥想象力，生活中无数有趣的场景都可以用来参考创作。另外，场景化的桌面也更有助于植入更多情感化的设计。

这种更富情感化、趣味性的场景式 3D 动效设计没有大规模流行，之后以 iOS 7 为代表的扁平化 UI 风格成为主流，“轻量化”、“易用性”和“效率优先”等体验设计更是深入人心。场景式 3D 动效富有情感化，趣味有余但效率易用略显不足。但笔者认为，它将在不久的未来再次回归，并且将是场景式 3D 动效真正的春天——那就是 VR/AR 时代。场景式 3D 动效天然适用于以三维空间为界面框架的 VR UI 和 AR UI，笔者将在后面进一步详述。

5.1.2 “轻 3D”与“2.5D”——扁平化风格下的 3D 动效创新

在 iOS 7 发布之后，一种全新的视觉风格席卷了整个 UI 设计界，在业内有一个通用的名称，即扁平化设计。iOS 14 部分应用的截图如图 5-5 所示，相信读者对此已经非常熟悉。扁平化设计带来了 3D 动效设计风格的全新演变。笔者认为这种演变大致可以分为两个阶段性创新：“轻 3D”和“2.5D”。

图 5-5

1. “轻 3D”——3D 动效的轻量化

在拟物化视觉风格时代，3D 动效设计带有了较强烈的厚重写实感。例如，iOS 系统音乐专辑封面写实的反射倒影，以及滑动时相对较强的“阻尼感”。又如，iOS 6 经典的动效设计，即设置时间日期的金属质感滚轮，如图 5-6 所示。这些 3D 动效的动画运动规律也比较写实，UI 视觉元素是有“重量”的 3D 虚拟对象。例如，华为 EMUI 1.0 和 EMUI 1.5 中 3D 桌面的八角柱，滑动时会有明显且真实的“重量感”和“阻尼感”，当时在技术上加入了物理动力学引擎的计算。

图 5-6

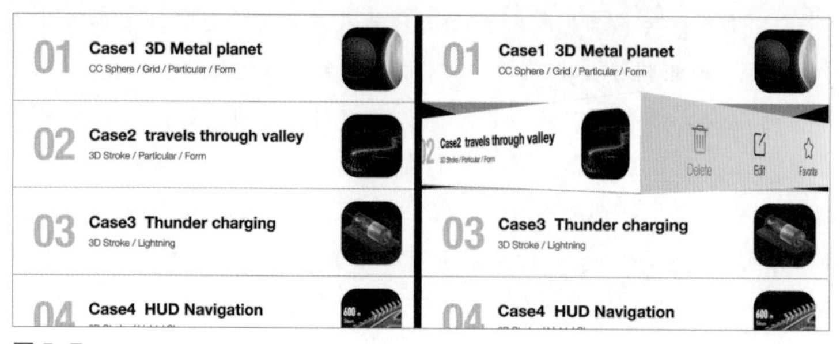

图 5-7

在扁平化设计时代，动效设计师也“轻装上阵”，逐步淡化了物理动力学规律与写实动画运动规律，设计更加自由，以此与扁平化视觉风格相协调（视觉设计和动效设计不宜割裂），如图 5-7 所示（动效详见【效果文件 / 第 5 章 /5-7.mp4】）。

图 5-7 所示是一个典型的扁平化设计风格的列表界面。手指滑动，指尖所在的列表项翻转出来一个立方体，此时用户才会发现完全二维扁平的列表在手指滑动下露出了“本来面目”——列表项原来是一个立方体。当完全滑动到底时，立方体被完全翻转过去（翻转 90°），界面又恢复为二维的扁平化风格，完全没有 3D 立体感，此时立方体的另一面有【Delete】、【Edit】和【Favorite】几个功能按钮。整个交互过程通过一个巧妙的 3D 动效一气呵成：滑动列表，拨转立方体旋转 90° 到另一面进行列表编辑。笔者一直认为动效与交互完美融合是最好的一种动效设计。在这个案例中，3D 动效不再只是视觉上的锦上添花，也不只是炫酷的技术展示，而是交互过程不可或缺的一部分。如果再加入不同方向的滑动手势，那么通过 3D 动效设计还可以让一个列表承载更多的功能且仍能保持逻辑结构简单清晰。例如，图 5-7 中的案例向左滑动是横向 90° 翻转，如果向上拨转这个立方体呢？如图 5-8 所示（动效详见【效果文件 / 第 5 章 /5-8.mp4】），如果向上拨转，那么立方体竖向翻转 90°，有【Share】和【Send】两个功能按钮，用户很容易学习和上手。

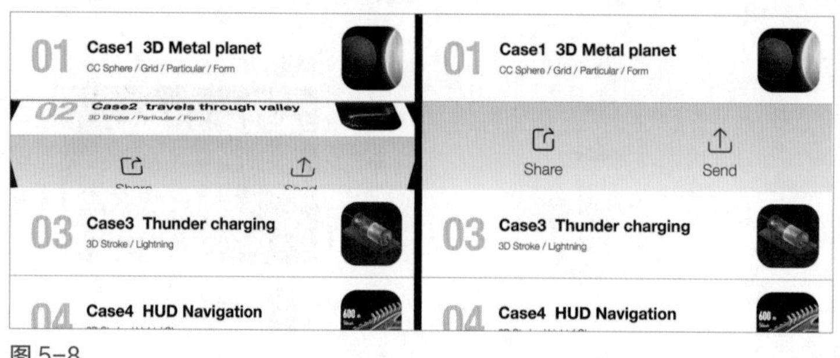

图 5-8

由于 3D 物体自身包含多个平面，可以为每个平面赋予不同但相关联的 UI 元素，这些相关联的 UI 元素集成在一个自然的立体对象中，有时用户更容易理解其中的相互逻辑关系，这样有益于提升整体界面的易用性。这是 3D 动效在一些 UI 设计中独到的优势。

图 5-7 和图 5-8 中的 3D 动效，在拨动立方体时没有明显的“重量感”、“阻尼感”和“惯性”等动力学特性，在轻量、扁平化的视觉皮肤包装下，这套 3D 动效有一种很“轻盈”的感觉。笔者将这种 3D 动效设计风格命名为“轻 3D”——一类扁平化视觉风格，不强调传统动画规律和物理动力学特性，节奏相对轻松、平淡。

2. “2.5D”——3D 动效设计另辟蹊径的微创新

实际上，“2.5D”设计并不是新事物。在游戏设计领域早就有“2D 场景 +3D 角色”这样的“2.5D”设计。不过近几年，“2.5D”设计开始在 UI 设计中流行起来。通俗来说，这里的“2.5D”设计基本上就是不带近大远小透视的 3D 设计。图 5-9 所示的设计案例基本上是一个固定的俯视角度，其中的元素是立体的 3D 设计，几乎没有透视。

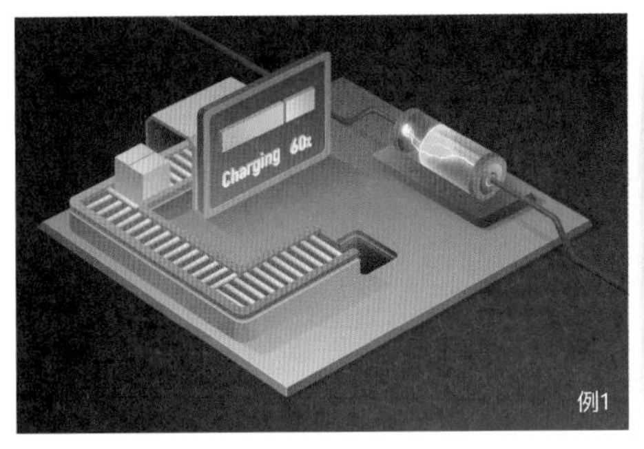

图 5-9

这种明显不符合现实世界物理规则的不真实的 3D 设计，在清新的视觉风格和轻量化动效结合之下，在当前扁平化视觉风格渐渐趋同、渐有审美疲劳之势时，这种奇特的 3D 风格为用户带来了新颖的视觉体验，也算是当前 3D 设计的一个阶段性微创新。

“2.5D”动效与“轻 3D”动效的设计风格基本上是一致的，二者都不强调传统动画运动规律，以轻盈、优雅、平淡的动画风格为主，不常有大幅度、快节奏的动画。“2.5D”动效尤其适合表现局部、微妙、细腻的细节，传递一种轻松、闲适的感受。如图 5-10 所示（动效详见【效果文件 / 第 5 章 /5-10.mp4】），在该案例中，整个场景主体处于相对静止的状态，但在局部细节上有众多丰富细腻的动效：场景上方的小“屏幕”显示的动态数据可视化，右侧的电池内部细小的闪电和充满电的进度条动画，在场景另一头机器传送出来的包装箱的“合上盖子”的打包动画，以及打包完之后的纸箱子传送动画等。

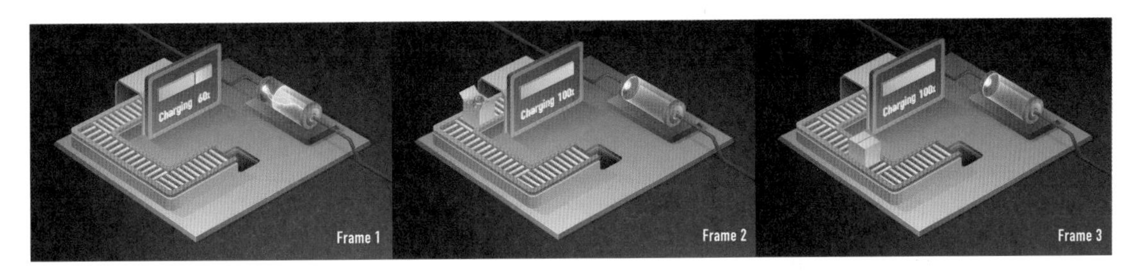

图 5-10

可以将“2.5D”看作“轻 3D”的演变创新，二者在动画动作风格上基本一致——轻快、轻盈、平静、优雅。当然，并不是说“轻 3D”和“2.5D”动效就不能使用传统的动画运动规律来设计，前面所述只是在风格上的一种补充性质的创新，为用户提供不一样的新颖感官体验。传统的动画运动规律仍然没有过时，只是设计师需要开创探索更多的可能性。

下面列举一个“2.5D”和“轻 3D”动效设计的经典案例，一度风靡全球、视觉和动效设计都精美绝伦的游戏：《纪念碑谷》，如图 5-11 所示。其中的一系列人物、建筑及其他游戏元素均采用“2.5D”设计样式，做动画时没有强调“重量感”、“阻尼感”和“节奏感”等传统动画运动规律，尤其是某些关卡中的建筑崩塌、滚石落下这样的动画都没有刻意强调“破坏力”和“重量感”，而是静静地崩塌，缓慢地滚落，这种反常规的动效设计反而使整个游戏的动画风格显得空灵、优雅，节奏也让人感觉十分舒服，随处可见的是精致细腻的细节动画，显示出一种远离尘嚣、悠远、宁静的气质，完美契合整个游戏的风格。笔者认为，这款游戏的动效设计堪称扁平化视觉风格下“2.5D”和“轻 3D”动效设计的巅峰之作，是对经典动画运动规律理论的重大发展和补充，值得动效设计师深入研究和学习。

图 5-11

“轻 3D”和“2.5D”动效不强调遵循动画运动规律这一点并不意味着对动效设计师的要求有所降低，反而要求动效设计师有更细腻的节奏感。笔者认为，这种动效设计风格的难点在于如何让动效“轻盈”但不“轻浮”，平静优雅但又不“乏味寡淡”，超越真实但又要“可信”。下面是笔者总结的几个小技巧。

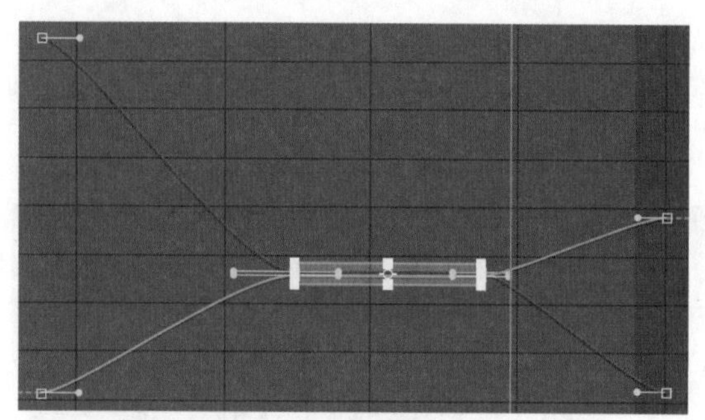

图 5-12

（1）《纪念碑谷》中的动画大多使用了没有明显“重量感”和“阻尼感”的动画曲线，曲线的形状（即动画的节奏）可以相对平缓，但不能用任何节奏变化的直线，可以使用类似于如图 5-12 所示的曲线，起始端和末端都有较小的淡入和淡出缓冲，整体节奏快慢变化不宜过大。

交互行为：点击【播放】按钮，开始播放音频
动效：1 按钮立体翻转；
2 右侧缝隙冒出立体方块音波起伏动效

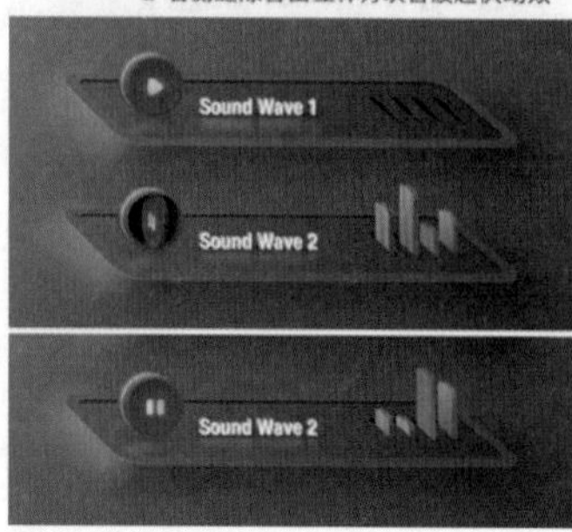

交互行为：滑动解锁
动效：钥匙插入锁孔，锁打开

图 5-13

（2）“轻 3D”和“2.5D”特别适合用于设计局部细节的动效，更生动的立体动效有助于达到令用户“会心一笑”的体验小高潮，并且小范围局部细节动效的节奏把握相对来说更容易。图 5-13 所示是几个设计案例。

（3）关于“轻 3D”和“2.5D”的动效设计，视觉风格越偏向写实，动效越要遵循写实的动画规律。

（4）“轻 3D”和“2.5D”特别适合用于与手势类交互动作紧密绑定的动效，如滑动、拖曳、旋转这类持续性手势动作，让用户有一种“把玩”界面 UI 元素的感觉，如前面提到的立方体列表项的设计（图 5-7 和图 5-8 中的案例）。动效持续跟随手势变化在一定程度上降低了动画规律与节奏的要求。

5.2　3D 动效在 AR UI 设计中的应用

5.2.1　浅谈 AR 眼镜的交互体系

AR 眼镜是当前 AR 技术除智能手机之外的另一个大规模成熟量产落地应用的硬件产品形态，并且被认为可能是未来 AR 技术最适合应用的硬件产品形态之一，可以广泛用于医疗、教育、工程生产、军事和游戏等领域。AR 眼镜也催生了一种前所未有的交互体系的诞生——以广阔的现实物理世界为基础框架舞台，全向 360° 无边界全空间软件交互界面，加上手柄、语音交互、手势交互等多种软 / 硬件交互手段。

AR 眼镜交互体系最具革命性的技术是把现实世界当作交互界面的载体，目力所及，皆是界面。现实世界的三维属性，使 3D 设计和 3D 动效天然地适用于 AR 眼镜的交互界面。首先是“透视”这一项，决定了只有 3D 对象才能与现实世界的物体进行恰当的融合。如果只是一堆二维平面信息悬浮堆叠在现实世界中，那么用户看到的不是“增强现实”而是“混乱现实”，不仅无助于获取信息、进行交互，不当的 AR UI 设计反而可能使用户在现实中遇到危险。

图 5-14 所示是一种 AR 步行导航，3D 设计应用在 AR 中与现实环境的融合更加自然，在方向指引上也更加直观。

图 5-14

笔者认为 AR 眼镜未来最理想的交互界面是“无边界全向 360°”的，目力所及之处都可以自然地进行交互，让用户穿透现实世界的物理表面获得来自云端的更深层的有用信息，即身处一个虚拟与现实混合的世界。对此，业内已经不满足 AR 的概念，并在此基础上发展出了 MR 的概念：虚拟和现实可以互相自由切换，各自发挥在信息表达与交互上的长处。在 MR 中，虚拟的部分不再是对现实的补充和增强，而是与现实混为一体，如此一来，3D 设计当然更加不可或缺和不可替代。

不同于屏幕类设备，用户与交互的对象隔着一层实体的玻璃（当然也可能是其他的介质）。在 AR 眼镜上，用户的双眼直面界面内容本身，没有任何介质阻隔。想象一下，用户从虚拟回到现实，眼前突然面临从三维世界“降维”进入二维世界是什么样的体验呢？或者从现实切换到虚拟，习惯了平面交互的用户，在面临具有深度空间的三维现实世界时又是怎样的体验呢？

或许，长久以来一直在屏幕类设备中占据绝对主导地位的二维交互界面和一直作为配角的 3D UI，将迎来主角和配角互换的转折。

当然，当前的大部分量产 AR 眼镜产品还无法做到真正的“无边界全向 360°”，用户仍然能看到一个比较清晰的屏幕边界。实际上，用户看到的是一个屏幕的投影而已，即使屏幕上的内容是 3D 画面和 3D 动效，也无法真正做到与现实“混合”。另外，大部分 AR 眼镜都需要一个手柄类的实体硬件作为交互输入手段，离混合式的交互体验仍然差了一个层次。

图 5-15

当前比较接近这种“无边界全向 360°”的 MR 的产品是微软的 HoloLens 眼镜。2019 年推出的 HoloLens 2 没有任何其他硬件实体作为交互介质，而是采用手势识别技术，使用户的双手成为输入手段，就像在屏幕上用手直接点击一样，在空气中直接用双手操作、控制交互对象。可以想象一下，相当于用户直接穿过屏幕，进入那个虚拟的数字世界，直接用双手触摸和控制那些图标、文字、按钮、页面等所有的 UI 元素，这已经向混合交互体验前进了一大步。微软官网关于 HoloLens 2 的宣传图如图 5-15 所示。

HoloLens 2 不仅可以识别“点击”、“捏合 / 缩放”和“旋转”等多种手势，还能识别单根手指和多根手指，从而提供比较丰富的交互方式。笔者认为，HoloLens 2 的识别速度和准确性还是不错的，能够提供相当顺畅的体验。

这种多指交互方式对界面的 3D 动效设计的影响，之前在智能手机时代带来多点触控屏交互时已经上演过一遍，这次又将 3D 动效设计从单一硬件交互输入手段的限制中解放出来，回到用户自己的双手之中。

5.2.2 新形态 UI：悬浮在现实空间中的立体界面

不妨设想一下这样一种 UI 形态：全 3D 的立体界面，尝试彻底打破传统的几何形式页面的界面形态。这样的全 3D UI 最适合用在 AR 眼镜中。

1. 真正场景空间化的 3D UI

读者是否还记得前面列举的vivo发布的智能手机X1的场景化UI的例子？在AR眼镜的交互体系中，因为有了一个真正的立体空间作为界面载体，所以场景化UI在这里是非常合适的。智能手机X1的场景化3D UI在当时是非常有创意的设计。但是受限于小小的矩形屏幕和二维交互体系，3D UI并不能发挥其在体验和界面信息架构上的独特优势，所以显得不如常规普通的网格阵列式桌面好用，反而仅仅成为一种有趣的锦上添花而已。

在AR眼镜的交互体系中，所谓的场景化3D UI，与以往常规界面UI的本质区别是它不再有一个明显的“边界”视野，能以合适的设计形式摆放UI元素，搭建内容，所以大幅度拓宽了用户的信息获取范围。面对与现实世界匹配融合的场景化3D UI，用户可以获得前所未有的沉浸感，以及深度自然的交互体验，如图5-16所示。

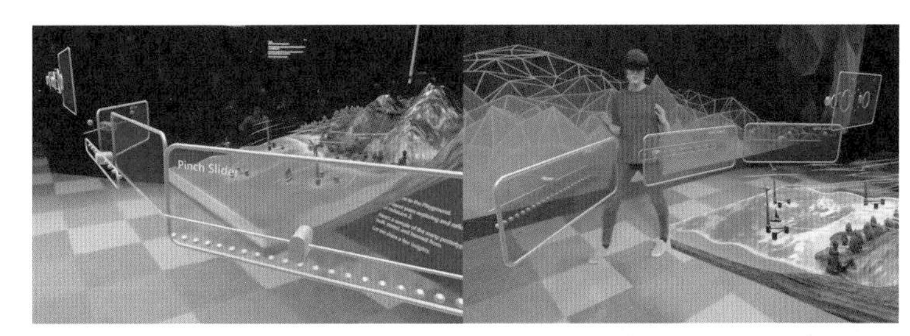

图5-16

2. 随视线而动的自然动效

在理想的3D UI设计中，随着视线移动，3D对象自身的透视和大小变化可以算是一种最自然的3D动效形式。实际上，类似的自然动效，在iOS 7的“视差动态壁纸”上已经出现了——随着手机机身的移动，背景的壁纸和前景的图标会发生错位移动，好像产生了前后空间错开的立体感。保时捷曾为纯电动汽车Taycan发布了一款概念视频，展示了一种“视差动态仪表”，如图5-17所示。当用户移动视线时，仪表上的线圈图样会有相应不同程度的偏差位移和微小角度倾斜，好像仪表的界面元素跟着用户眼球转动而变化，并且呈现一种立体效果。

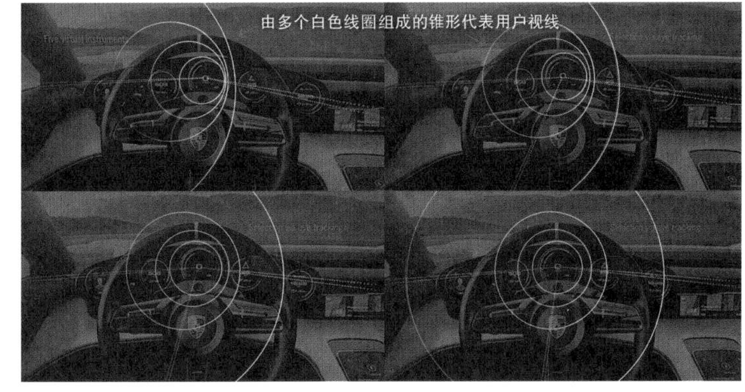

图5-17

而在AR眼镜的UI上，对于理想的3D UI来说，这种自然动效是理所应当的，因为3D UI中3D元素自身的透视和位置与现实世界相融合，跟随用户的视线移动来改变透视角度与大小，这才是一种最自然的“混合”现实方式。否则，不真实感会破坏AR眼镜的使用体验。

3. “把玩”式的动态交互体验

以HoloLens的手势识别交互为例，当伸手“触碰”空中的3D UI时，一个立体的3D图标可以被真正“握”在用户手中，此时相配合的动效可以是一种与用户手势紧密结合的自然动效，再加上虚拟效果的加强。此时用户不是“点击”和“控制”界面，而是在“把玩”界面。

例如，用户要查看一个模型，如果想要看它的细节或局部的内部结构，那么使用缩放手势，可以直接放大这个模型并穿透表面进入内部，用户好像获得了X射线般的超能力，这是否是一种非常“酷”的体验呢？用户还可以用双手在模型表面拉出一个矩形形状，模型表面在相应位置拉开一个“破口”，就像机械剖面图或人体解剖图那样，配合自然过渡的动效来呈现局部的内部结构，用户想看哪个部位的内部结构就可以只看哪个部位，如图5-18所示（医生用双手在人体模型上拉开一个立方体区域，只看其中的内部脏器解剖模型），这在工程机械维修、医疗健康等领域中是非常有用的。

图5-18

4. 虚拟与现实世界的碰撞

悬浮在现实空间中的3D UI还可以与现实世界中的一些因素在某些情况下发生互动和关联，从而产生奇妙的体验。例如，下雨天用户戴着AR眼镜在户外，3D UI的一些元素（如图表、文字等）可以产生“水滴碰撞”、“水花四溅”和“水流”等动效；晴天用户戴着AR眼镜在户外，3D UI的元素可以产生光晕或肥皂泡般的五彩缤纷。其实动效设计师的想象甚至可以再大胆一些。假如未来机器视觉技术发展到能够实现准确识别空中飞舞的蝴蝶等小动物，那么当一只蝴蝶飞过某个3D图标时，这个图标仿佛被蝴蝶轻轻地碰撞了一下，先在空中产生小幅度的旋转，再缓缓停下，这是否是一种非常奇妙的感觉呢？又或者，如果是科技风格，当一只蝴蝶掠过一个3D图标时，图标内部产生一道小小的电流动效，仿佛现实世界中的物体以特殊的方式来影响这个电子化的数字虚拟世界。

此时，动效设计师的想象空间与发挥空间有无限的可能性。

5.2.3 行业案例：“视族”AR智能眼镜的桌面动态图标设计

1. “视族”AR智能眼镜产品简介

“视族”AR智能眼镜是笔者深度参与设计开发的一款AR眼镜产品，由上海北冕信息科技有限公司研发。上海北冕信息科技有限公司由曾是英特尔亚太研发中心技术专家的浙江大学计算机博士于2015年创办成立，主要开发AR智能硬件产品和相关软件，以及其他的软/硬件相结合的解决方案。目前已经推出了两代AR眼镜产品，第二代AR眼镜曾在第52届国际消费类电子产品展览会（International Consumer Electronics Show）上公开发布。

这款AR眼镜与市面上其他量产产品的核心区别在于，它真正采用了深度算法和现实世界建模技术，如图5-19所示。通过计算机视觉技术的一系列算法将用户眼前的现实世界进行识别计算并重新建模，建立一套与现实世界的透视严格一致的虚拟场景，由此使加入的3D元素可以真正与现实世界在透视上匹配起来，这正是“混合现实”的一条技术路径。

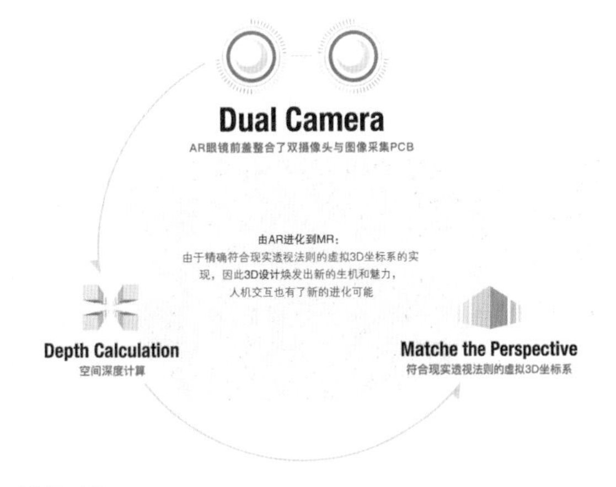

图5-19

笔者为第一代“视族”AR智能眼镜设计了一款AR格斗游戏，如图5-20所示。第一代产品还需要在桌面上放一张特殊的纸（印刷着一幅带有特殊计算识别特征点的图），用来辅助建立与现实世界透视匹配的虚拟世界坐标系。这样就带有使用上的局限：严格限制了用户佩戴眼镜后的视线自由。用户只能看向有参考图的地方并且有角度限制。而第二代产品已经可以完全脱离这样的参考图，可以直接从任意现实环境中取样计算，生成准确的虚拟世界坐标系。如此一来，用户戴上眼镜后的视线就得到了彻底解放。

图5-20

2. 全向观察的3D桌面

当用户的视线自由之后，便需要一套可以全向观察的真正的3D UI，此时与其说是界面，更像是在搭建一个“场景”。开发团队首先开发了一套3D桌面系统（类似于智能手机的桌面Launcher），可以作为各种功能入口的载体。笔者为此设计了一套3D图标，当用户佩戴眼镜移动视线时，这套3D图标会在一定程度上跟随用户视线而改变透视、大小。当然，在技术上还没有做到完全视线百分之百随时匹配，这是技术团队的努力方向，但已经可以在一定程度上实现随视线移动，这就是“跟随视线的自然动效”。

在这套3D桌面中，3D图标的任何一个角度都可能被用户看到，因此在设计时，是把它当作一个真正的“物体”来建模设计的，不再像之前传统的界面设计那样只需要设计呈现给用户的那一面即可。从某种意义上来说，未来的3D UI设计师更需要具备建模设计和空间设计的能力。设计师不是在设计“界面”，而是在“搭建”一个空间。从动效的角度来讲，3D图标的动效不但大幅度扩展了，而且更加丰富了，动效和图标模型本身可以紧密地结合在一起。

3. 全新的创意领域：Hover（悬停）动效的回归

第二代“视族”AR智能眼镜使用了特殊的手柄，发射一束虚拟光束显示在界面上，用来代替鼠标的作用选择和点击界面上的图标、按钮等UI元素。当虚拟光束指向某个图标时，该图标不会立即被点击，但会产生被激活的动效：图标光效加强，自转加快，如图 5-21 所示（动效详见【效果文件 / 第 5 章 / 5-21.mp4】）。这是一种曾经必不可少但在触控屏时代已消失很久的交互动效——Hover（悬停）动效的回归。

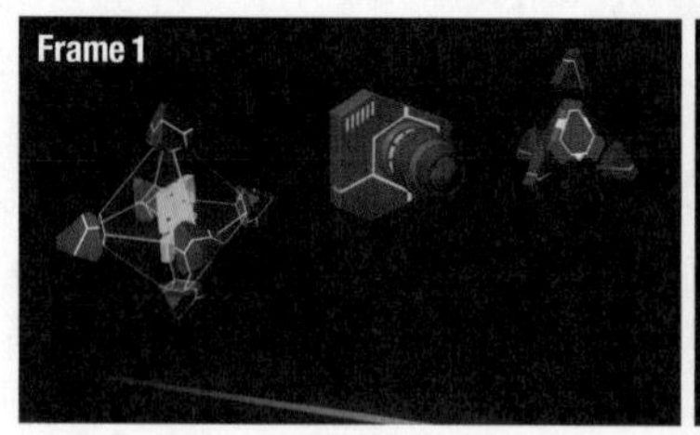

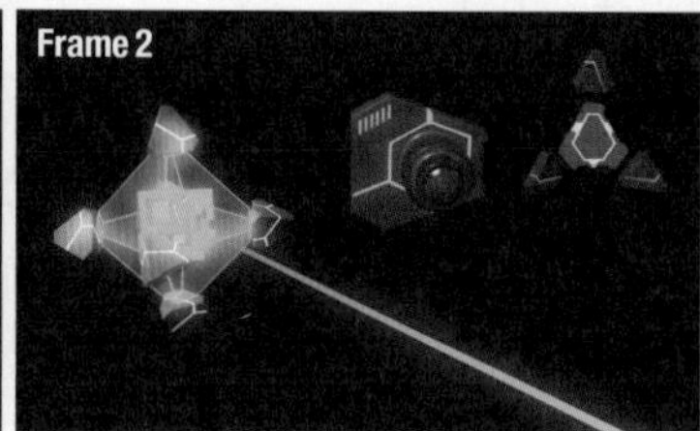

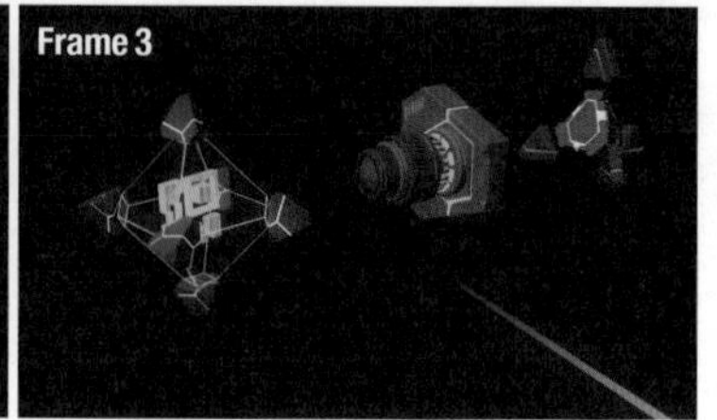

图 5-21

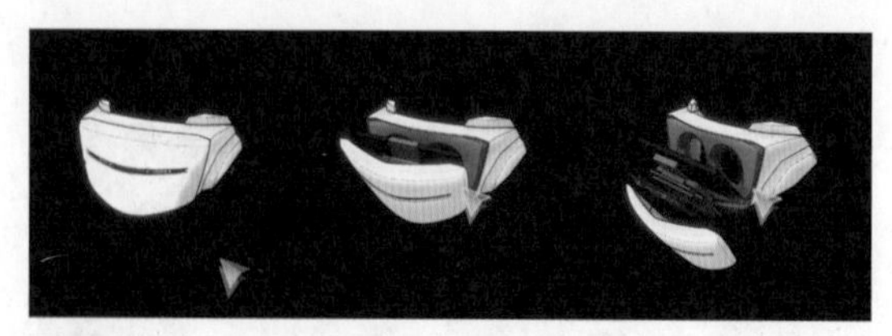

图 5-22

这种鼠标悬停动效在计算机和 Web 端界面中是鼠标交互不可或缺的一环，但在触控交互中，触碰即点击，不再存在这种悬停。笔者认为，在 VR/AR 时代，无论是手柄交互，还是手势交互，Hover（悬停）动效将再次成为不可或缺的一环。在 3D UI 中，这种悬停动效设计创作的空间非常丰富。图 5-21 中的设计案例仅仅是 3D 图标悬停动效的一种设计样式。除了旋转、缩放、发光等比较简单的基础动效，设计师还可以充分发掘 3D 元素的特点，结合科技主题风格，设计更复杂的、更酷炫的动效方案，如悬停状态的“结构爆炸动效”，如图 5-22 所示（动效详见【效果文件 / 第 5 章 /5-22.mp4】）。当光标或手势悬停在图标上时，图标展开类似于结构爆炸图的效果；当光标或手势离开图标时，恢复到完整整合状态。

关于 Hover（悬停）动效的详细内容请参考第 6 章。

总之，“视族”AR 智能眼镜这样的真正空间化的 3D 桌面（非 vivo X1 智能手机那样的二维界面上的 3D 桌面）和 3D 图标，在逐渐变得千篇一律的触控屏类智能产品和扁平化风格的软界面之外，重新为 UI 设计师和动效设计师开创了一个广阔的设计创意空间。其中，笔者认为可以重点发掘 3D 的 Hover（悬停）动效设计。

从键盘交互的非智能手机到触控屏交互的智能手机，再到 AR/MR，通过梳理其中的人机交互发展脉络就会发现，随着技术的发展，用户与机器的交互是一个越来越直接的过程：先去掉了“键盘”这个用来输入的物理介质；到了 AR/MR 中的交互，触控屏也去掉了，用户直面界面，“打通”了现实与虚拟的空间，直接用手来控制界面内容。由于交互变得越来越直接，因此交互界面彻底变成三维空间化，甚至不存在一个所谓的“界面”，所见皆是交互界面。界面的三维空间化意味着 3D 动效设计大有用武之地。

5.3 案例：巧用 3D 图层做 LED 灯箱

本节将深入讲解 After Effects 的 3D 动画，不使用任何 3D 模型，通过 After Effects 自带的灯光系统、摄像机、3D 图层，以及 Particular 效果来打造 3D 动画。完成后的效果如图 5-23 所示，即一组通过一条环绕穿梭的光缆逐个点亮的立体 LED 灯箱。

图 5-23

学习目标

- 进一步精通使用 3D 图层制作相关动画的技巧。
- 学习 Particular 效果的高级技巧：制作一种冻结粒子动态的光缆生长动效。
- 学习 After Effects 的灯光系统，以及摄像机的功能与制作动画的技巧。

资源位置

效果文件	效果文件 / 第 5 章 / 案例：巧用 3D 图层做 LED 灯箱 .mp4
素材文件	素材文件 / 第 5 章 / 案例：巧用 3D 图层做 LED 灯箱
案例文件	案例文件 / 第 5 章 / 案例：巧用 3D 图层做 LED 灯箱 .aep
视频教学	视频教学 / 第 5 章 / 案例：巧用 3D 图层做 LED 灯箱 .mp4
技术掌握	3D 图层，灯光系统，摄像机运动，Particular 效果的高级技巧

5.3.1 搭建基本框架

（1）新建一个合成并命名为【环绕光缆点亮 LED 灯箱】，将该合成的【宽度】和【高度】分别设置为【1920px】和【1080px】，【帧速率】设置为【48 帧 / 秒】，【持续时间】设置为【00960 帧】（即 20 秒），如图 5-24 所示。

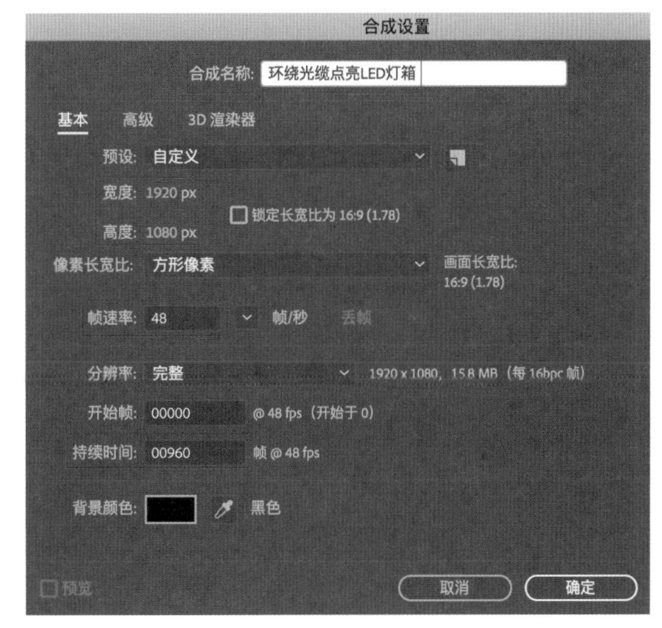

图 5-24

（2）新建一个纯色图层并命名为【BG1 地板】，大小为 9000 像素 ×9000 像素，如图 5-25 所示。

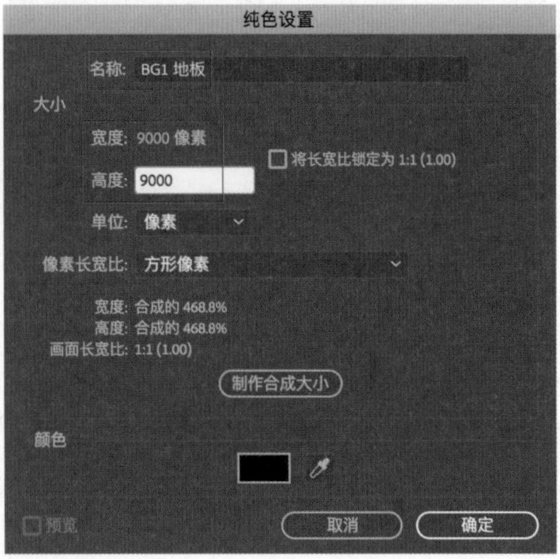

图 5-25

（3）选中新建的纯色图层【BG1 地板】，打开 3D 图层的开关，并将其设置为 3D 图层。在【效果和预设】面板的搜索框中输入【梯度渐变】，双击搜索出来的【梯度渐变】效果，并将其添加到纯色图层【BG1 地板】上，将梯度渐变的两个颜色值【起始颜色】和【结束颜色】分别设置为【#000000】和【#363636】，如图 5-26 所示。

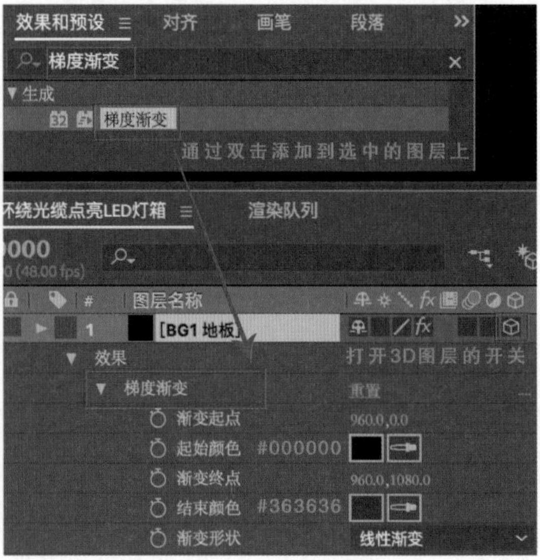

图 5-26

（4）将 3D 图层【BG1 地板】的【位置】属性设置为【960.0，1080.0，1100.0】，【X 轴旋转】属性设置为【0x-90.0°】，如图 5-27 所示，即作为一个地板平放在底部。

图 5-27

（5）新建一个纯色图层并命名为【天空远景】，大小为 1920 像素 ×1080 像素。为该图层添加【梯度渐变】效果，将【渐变起点】属性设置为【960.0，-1576.0】，【起始颜色】属性设置为【#7A96A9】，【渐变终点】属性设置为【960.0，668.0】，【结束颜色】属性设置为【#000000】，如图 5-28 所示。

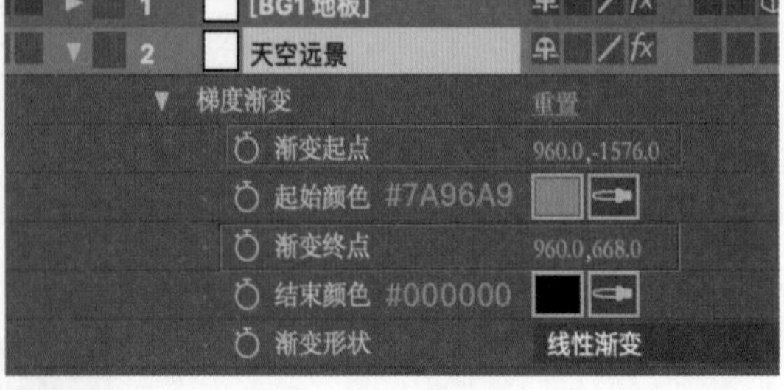

图 5-28

（6）为了便于进行3D场景的调度、摄像机的设置、灯光的摆放等，可以将预览窗口一分为二，一侧为正常渲染视角的画面，另一侧为3D三视图。展开预览窗口底部的【4个视图】的下拉菜单，选择【4个视图－左侧】命令，如图5-29所示。

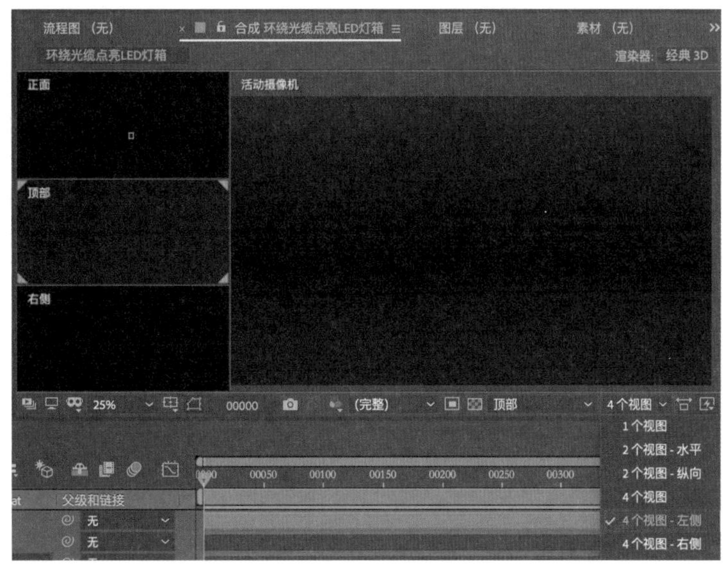

图5-29

可以看到，左侧分别为【正面】视图、【顶部】视图和【右侧】视图，可以模拟Maya、C4D之类的3D软件的操作界面。

（7）在【时间轴】面板的图层区的空白处右击，在弹出的菜单中选择【新建→摄像机】命令，新建一个摄像机。在【摄像机设置】对话框中将【预设】设置为【50毫米】（见图5-30），也就是摄像机的焦距为50毫米，其他属性不变，单击【确定】按钮。

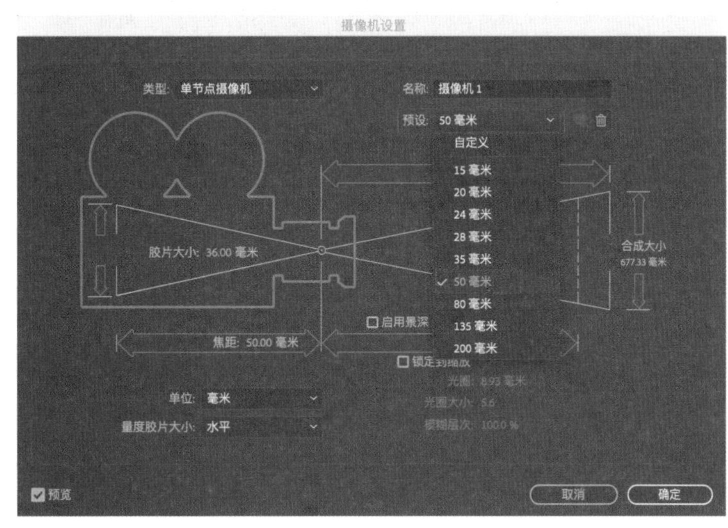

图5-30

（8）通过4个预览视图的配合操作移动摄像机，将其【位置】属性设置为【1292.0，1040.0，-1990.0】，【X轴旋转】属性设置为【0x+4.5°】，【Y轴旋转】属性设置为【0x-15.0°】，如图5-31所示。

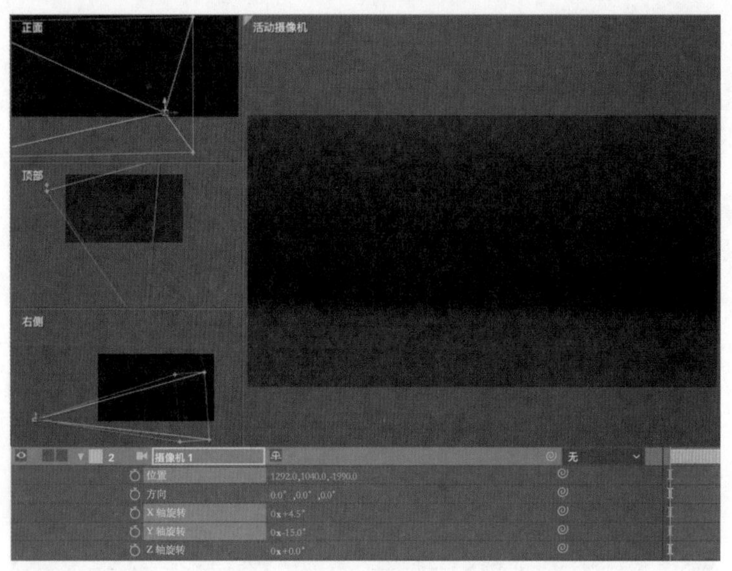

图 5-31

5.3.2 添加 3D 标题

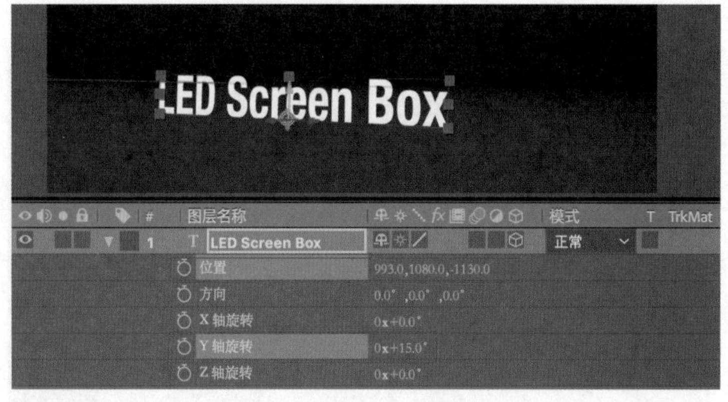

图 5-32

（1）单击工具栏中的【文字】工具，新建一个文本图层，输入【LED Screen Box】（液晶屏箱），将其字号设置为 60 像素，并居中对齐文本。将【LED Screen Box】设置为 3D 图层，并将【位置】属性设置为【993.0，1080.0，-1130.0】，【Y 轴旋转】属性设置为【0x+15.0°】，也就是移动到下方贴着地板放置，并且大致位于镜头前方，如图 5-32 所示。

图 5-33

（2）按快捷键【Ctrl+Shift+C】，将文本图层打包为一个预合成并命名为【标题预合成】，同时将其设置为 3D 图层。打开【对于合成图层：折叠变换；对于矢量图层，连续栅格化】开关。将新建的预合成的【锚点】属性与【位置】属性均设置为【993.0，1080.0，-1130.0】，如图 5-33 所示。

（3）先通过双击进入预合成，再在此绘制更丰富的3D视觉效果。具体的制作过程如下。

第1步：为文本图层【LED Screen Box】添加【梯度渐变】效果。【渐变起点】属性设置为【952.0，100.0】，【起始颜色】属性设置为纯黑色；【渐变终点】属性设置为【956.0，1084.0】，【结束颜色】属性设置为纯白色。

第2步：按两次快捷键【Ctrl+D】将文本图层【LED Screen Box】复制两层，自动重命名为【LED Screen Box 2】和【LED Screen Box 3】，【梯度渐变】属性不变，【位置】属性分别设置为【993.0，1080.0，-1132.0】和【993.0，1080.0，-1134.0】。

第3步：先选中【LED Screen Box 3】图层，再按快捷键【Ctrl+D】复制一层，【位置】属性设置为【993.0，1080.0，-1136.0】，【梯度渐变】效果的【渐变起点】属性设置为【952.0，480.0】，【渐变终点】属性设置为【956.0，1048.0】，【结束颜色】属性设置为【#A4A4A4】。此时的效果如图5-34所示。

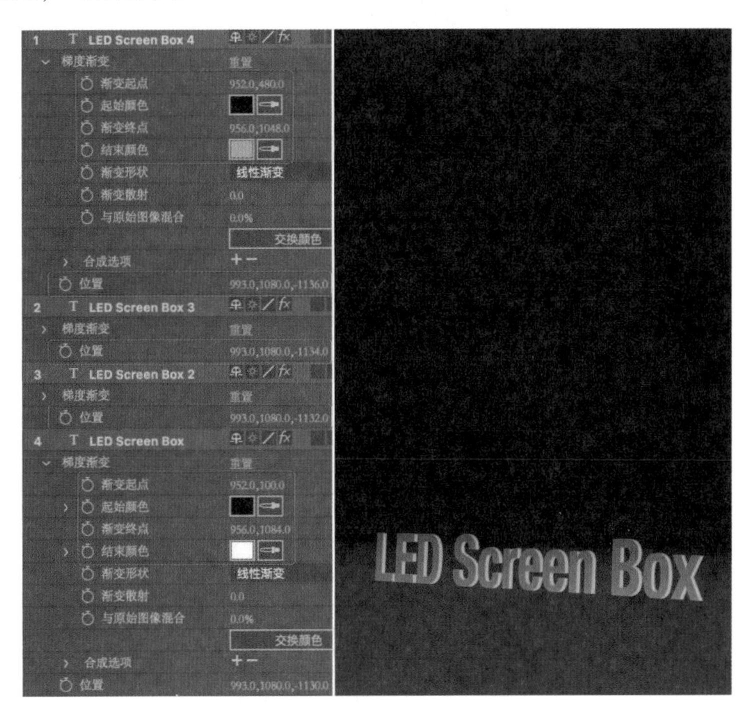

图5-34

第4步：再次复制【LED Screen Box】图层并重命名为【LED Screen Box 白色表面】，【渐变起点】属性设置为【960.0，300.0】，【起始颜色】属性设置为纯黑色，【渐变终点】属性设置为【960.0，884.0】，【结束颜色】属性设置为纯白色，【位置】属性设置为【993.0，1080.0，-1140.0】，如图5-35所示。

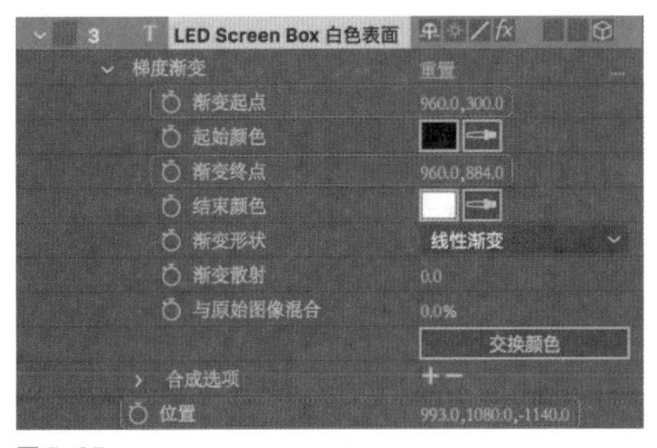

图5-35

第5步：再次复制【LED Screen Box】图层并重命名为【LED Screen Box 表面 勾边】，右击新复制的图层，在弹出的菜单中选择【图层样式】命令，添加【外发光】、【内发光】和【描边】3个图层样式，属性依次修改为如下形式（见图5-36）。

- 将【位置】属性设置为【993.0，1080.0，-1142.0】。
- 将【不透明度】属性设置为【75%】。
- 展开【图层样式→混合选项→高级混合】属性组，将【填充不透明度】属性设置为【0%】。

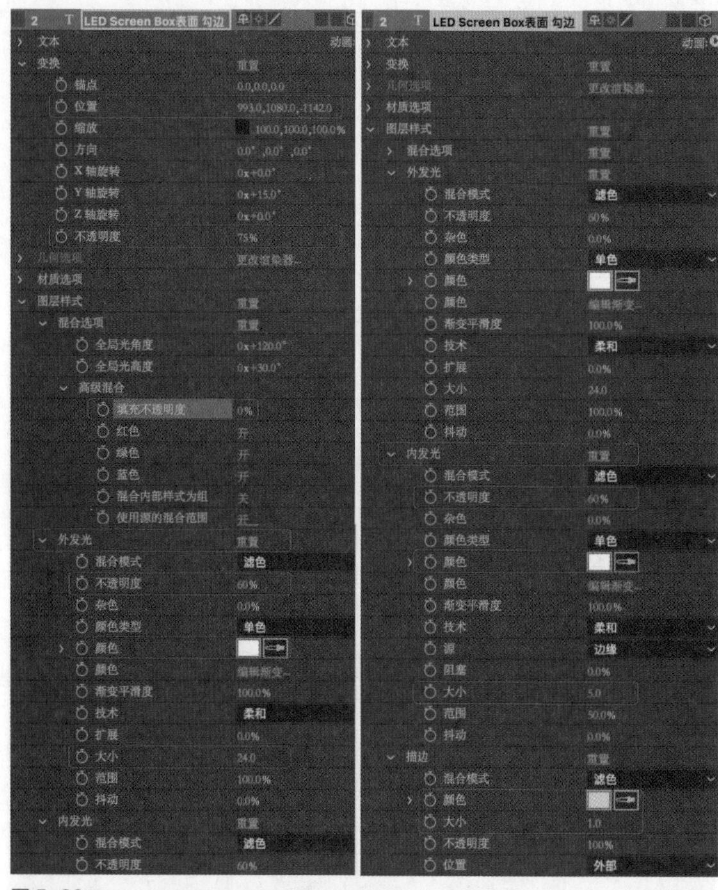

图 5-36

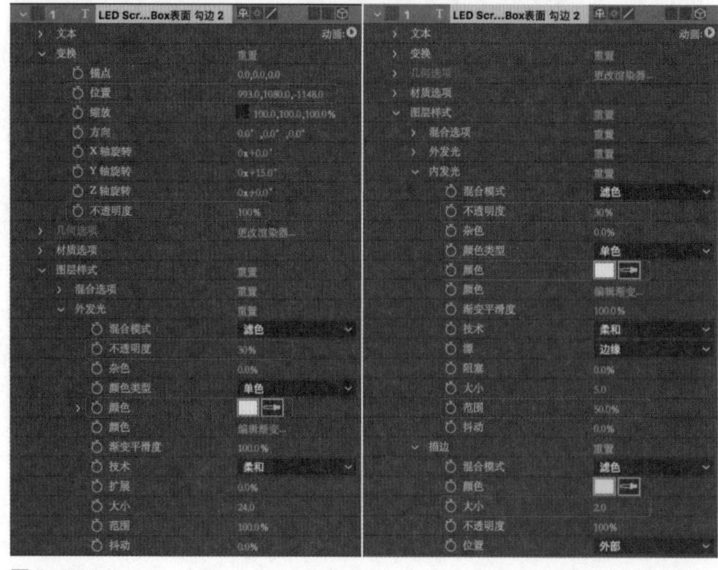

图 5-37

- 将【外发光】属性组下的【不透明度】属性设置为【60%】,【颜色】属性设置为纯白色,【大小】属性设置为【24.0】；将【内发光】属性组下的【不透明度】属性设置为【60%】,【颜色】属性设置为纯白色,【大小】属性设置为【5.0】。
- 将【描边】属性组下的【颜色】属性设置为【#A8F3FF】,【大小】属性设置为【1.0】。

第 6 步：复制【LED Screen Box 表面 勾边】图层，大部分属性保持不变，少部分属性修改为如下形式（见图 5-37）。

- 将【位置】属性设置为【993.0，1080.0，−1148.0】,【不透明度】属性设置为【100.0%】。
- 将【外发光】属性组下的【不透明度】属性设置为【30%】,【颜色】属性设置为【#FFF8B8】；将【内发光】属性组下的【不透明度】属性设置为【30%】,【颜色】属性设置为【#FFF8B8】,【范围】属性设置为【50.0%】。
- 将【描边】属性组下的【大小】属性设置为【2.0】。

（4）返回【环绕光缆点亮LED灯箱】合成，选中【标题预合成】图层进行复制，并将复制的图层重命名为【标题预合成 倒影反射1】，关闭【缩放】属性的锁链图标和【锁定】开关，将【缩放】属性设置为【100.0，-100.0，100.0%】，【位置】属性设置为【993.0，1084.0，-1130.0】，如图5-38所示。

图5-38

（5）在【效果和预设】面板的搜索框中输入【高斯模糊】，双击搜索出来的【高斯模糊】效果，将其添加到新复制的【标题预合成 倒影反射1】图层中，并将【模糊度】属性设置为【12.0】，如图5-39所示。

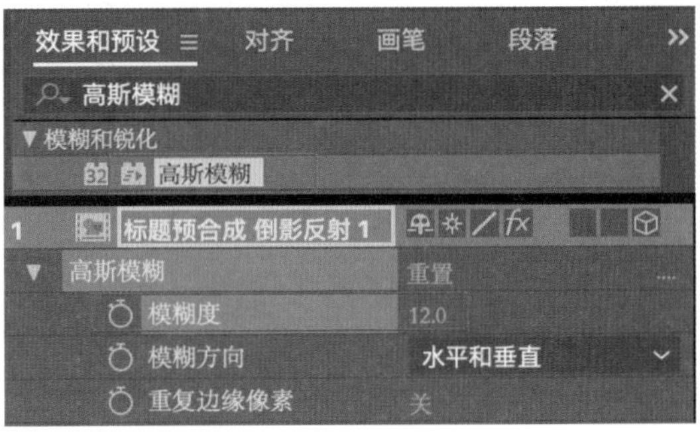

图5-39

（6）添加蒙版路径调整倒影。双击工具栏中的【矩形工具】，自动为【标题预合成 倒影反射1】图层添加一个大小与其图层大小相同的矩形蒙版。选中该蒙版路径，将蒙版路径的【蒙版羽化】属性设置为【0.0，60.0像素】（需要注意的是，应单击锁链图标关闭羽化值锁定开关），同时将该图层的【不透明度】属性设置为【30%】，如图5-40所示。

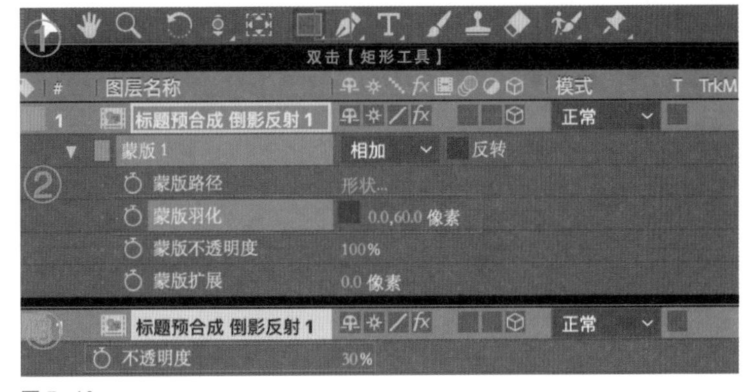

图5-40

（7）按快捷键【Ctrl+T】调出一个带有9个灰色方块手柄的矩形变形控制器框，并且通过控制手柄操作控制器框，将蒙版路径调整至如图5-41所示的形状和位置，此时已经可以看到比较合适的倒影反射效果。

图5-41

图 5-42

（8）优化倒影细节，即再增添一层模糊度更大的倒影。先选中【标题预合成 倒影反射 1】图层进行复制，并将复制的图层命名为【标题预合成 倒影反射 2】。再将复制的图层的【蒙版 1】属性组下的【蒙版羽化】属性设置为【0.0，100.0 像素】，【高斯模糊】属性组下的【模糊度】属性设置为【36.0】。最后将蒙版路径调整为如图 5-42 所示的形状。

图 5-43

（9）最终合成的倒影反射效果如图 5-43 所示。

5.3.3　制作 LED 灯箱

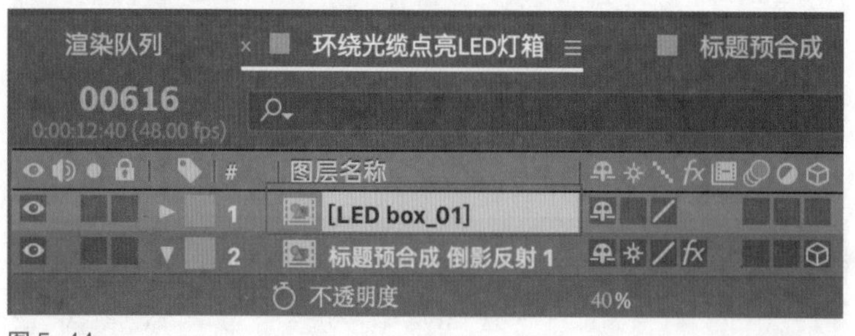

图 5-44

（1）新建一个合成并命名为【LED box_01】，设置合成大小为 1920 像素 ×1080 像素，【帧速率】为 48 帧 / 秒，【持续时间】为 960 帧，并将此合成拖曳到主合成【环绕光缆点亮 LED 灯箱】中，如图 5-44 所示。

（2）新建 4 个纯色图层，将其名称和大小分别设置为如下形式。

将第 1 个纯色图层命名为【正面】，并设置为 3D 图层，将大小设置为 1280 像素 ×800 像素，【位置】属性设置为【960.0，540.0，0.0】。

将第 2 个纯色图层命名为【右侧面】，并设置为 3D 图层，将大小设置为 400 像素 ×800 像素，【位置】属性设置为【320.0，540.0，0.0】，【锚点】属性设置为【0.0，400.0，0.0】，【Y 轴旋转】属性设置为【0x-90.0°】。

将第 3 个纯色图层命名为【左侧面】，并设置为 3D 图层，将大小设置为 400 像素 ×800 像素，【位置】属性设置为【1600.0, 540.0, 0.0】,【锚点】属性设置为【0.0, 400.0, 0.0】,【Y 轴旋转】属性设置为【0x-90.0°】。

将第 4 个纯色图层命名为【底部面】，并设置为 3D 图层，将大小设置为 1280 像素 ×400 像素，【位置】属性设置为【960.0, 940.0, 0.0】,【锚点】属性设置为【640.0, 400.0, 0.0】,【X 轴旋转】属性设置为【0x-90.0°】。

如此便能拼接成一个拥有正面、侧面和底面的 3D 立方体，如图 5-45 所示。

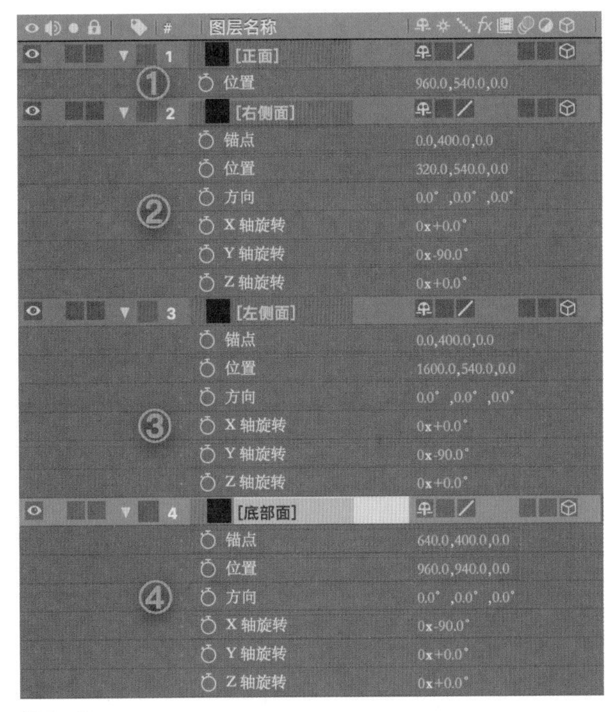

图 5-45

（3）为纯色图层【左侧面】和【右侧面】均添加【梯度渐变】效果，将【起始颜色】属性设置为【#000000】,【结束颜色】属性设置为【#333333】，如图 5-46 所示。其中，纯色图层【左侧面】的【梯度渐变】属性组的【起始颜色】属性和【结束颜色】属性分别被链接到纯色图层【右侧面】的【梯度渐变】属性组对应的【起始颜色】属性和【结束颜色】属性上（链接属性的方法是先按住【Alt】键单击属性旁边的码表图标，再按住螺旋图标将连接线拖曳到要链接的目标属性上）。

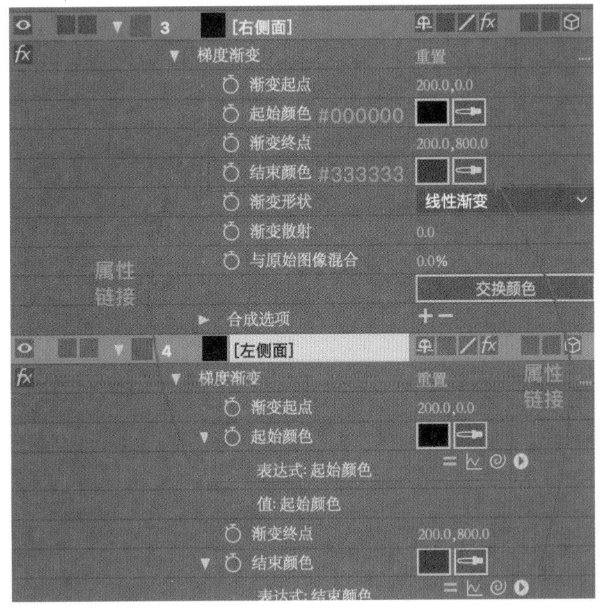

图 5-46

（4）选中纯色图层【正面】，按快捷键【Ctrl+Shift+C】，将纯色图层【正面】打包成一个预合成并命名为【正面+屏幕内容】，在弹出的【预合成】对话框中选中【保留“LED box_01”中的所有属性】单选按钮，单击【确定】按钮，如图5-47所示。

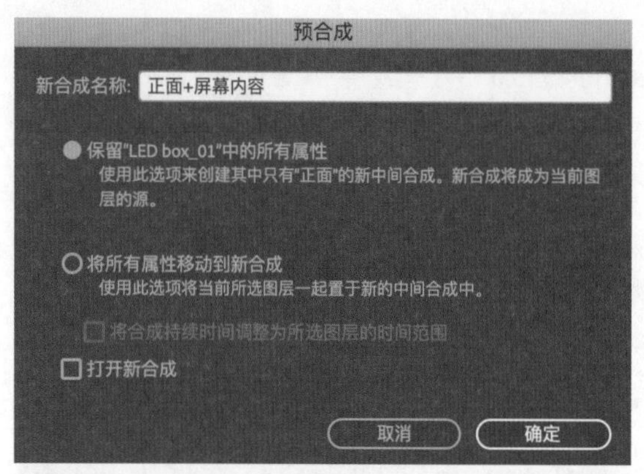

图5-47

（5）双击进入新建的预合成，为纯色图层【正面】添加【梯度渐变】效果，将【起始颜色】属性设置为【#1A1A1A】，【结束颜色】属性设置为【#3D3D3D】，如图5-48所示。

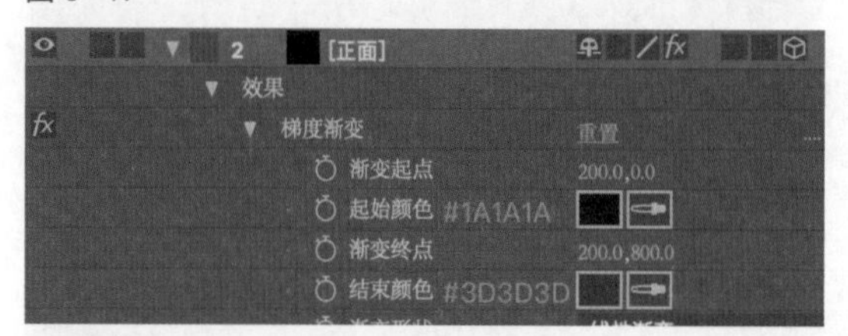

图5-48

（6）仍然保持选中纯色图层【正面】并双击工具栏中的【矩形工具】，自动为其添加一个大小与图层大小一致的矩形蒙版路径，同时将蒙版的模式设置为【相减】，【蒙版扩展】属性设置为【-20.0像素】，如图5-49所示。

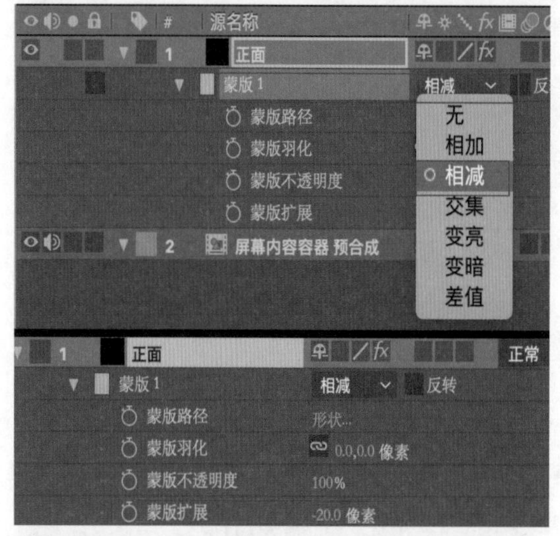

图5-49

（7）创建的边缘宽度为20像素的屏幕如图5-50所示。

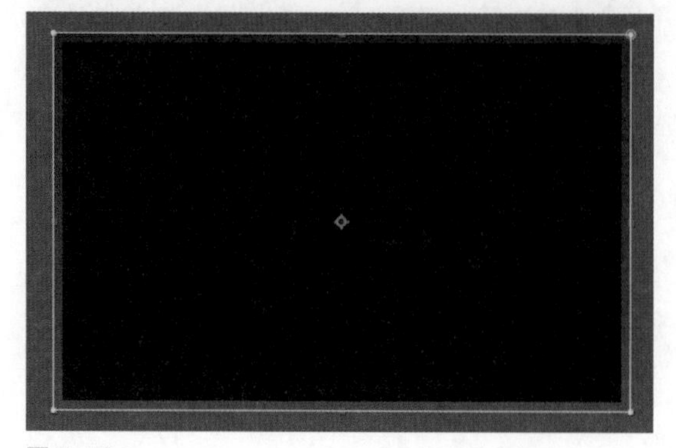

图5-50

（8）按快捷键【Ctrl+N】新建一个合成并命名为【屏幕内容容器 预合成】，将该合成的大小设置为1600像素×800像素，【持续时间】设置为960帧。这个合成将用于放置模拟LED屏幕播放内容的动画视频等素材，如图5-51所示。为了便于后续演示，可以导入【案例文件/第5章/案例：使用After Effects的3D图层与蒙版路径制作HUD动效/（素材）】文件夹中的视频文件【LED屏幕内容素材.mp4】，并将其拖入新建的合成【屏幕内容容器 预合成】（读者也可以自行拖入自己喜欢的任何图片或视频素材）。

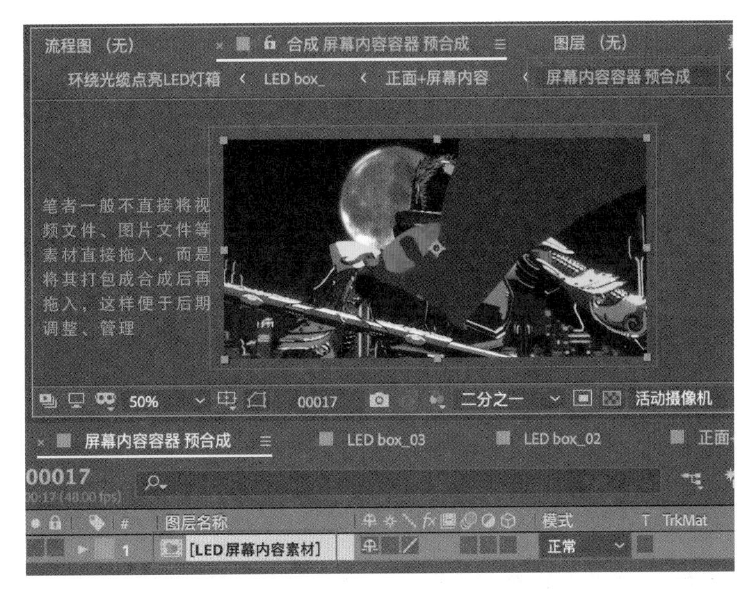

图5-51

（9）在拖入视频素材之后，从【项目】面板中将新建的合成【屏幕内容容器 预合成】拖入【正面+屏幕内容】，并将其拖曳到第2层中，如图5-52所示。

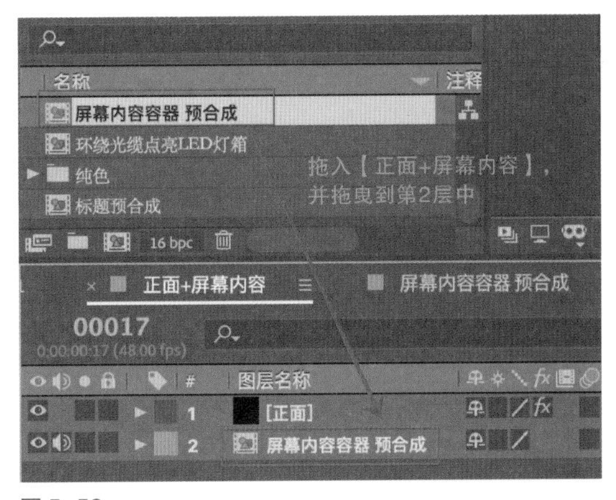

图5-52

（10）返回主合成【环绕光缆点亮LED灯箱】中，选中【LED box_01】图层，单击图标，打开3D图层的开关，并将其拖曳到【标题预合成】图层的下一层，如图5-53所示。

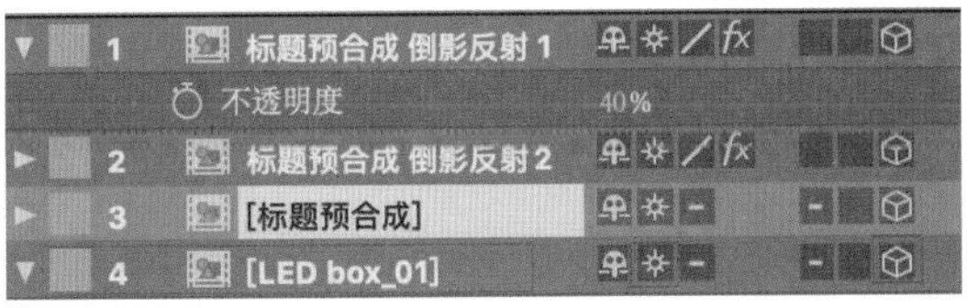

图5-53

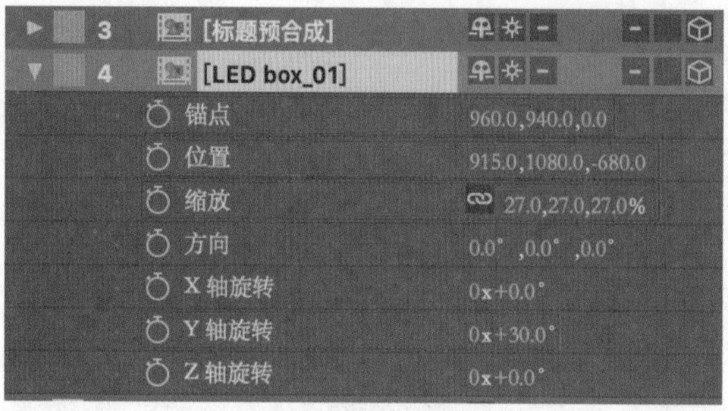

3 [标题预合成]
4 [LED box_01]
锚点 960.0,940.0,0.0
位置 915.0,1080.0,-680.0
缩放 27.0,27.0,27.0%
方向 0.0° ,0.0° ,0.0°
X 轴旋转 0x+0.0°
Y 轴旋转 0x+30.0°
Z 轴旋转 0x+0.0°

图 5-54

（11）拖曳其位置并进行适当的缩放，将【LED box_01】图层的【锚点】属性设置为【960.0，940.0，0.0】，【位置】属性设置为【915.0，1080.0，-680.0】（即放到地板上），【缩放】属性设置为【27.0，27.0，27.0%】，【Y 轴旋转】属性设置为【0x+30.0° 】，如图 5-54 所示。

图 5-55

（12）最终的呈现效果如图 5-55 所示，初步有了 3D 立体的 LED 屏幕盒子的效果。

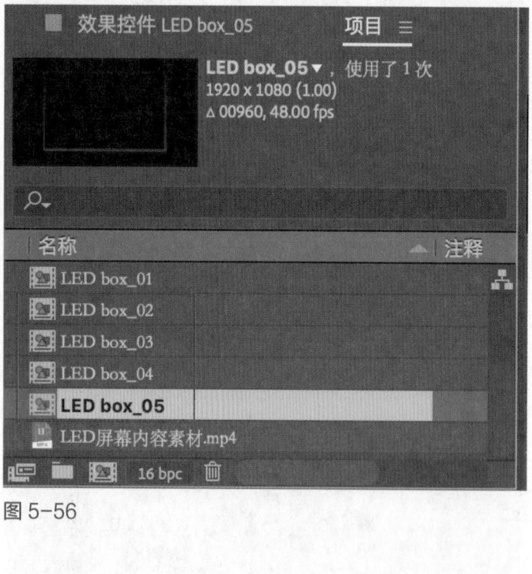

效果控件 LED box_05　项目
LED box_05▾，使用了 1 次
1920 x 1080 (1.00)
Δ 00960, 48.00 fps
名称　注释
LED box_01
LED box_02
LED box_03
LED box_04
LED box_05
LED屏幕内容素材.mp4
16 bpc

图 5-56

接下来需要创建更多的这样的LED屏幕盒子。

（13）切换到预览窗口左侧的【项目】面板中，选中【LED box_01】合成，按 4 次快捷键【Ctrl+D】，在当前面板中生成 5 个该合成（当合成名称的末尾是数字时，按快捷键【Ctrl+D】复制的新合成会自动产生渐进编号），如图 5-56 所示。

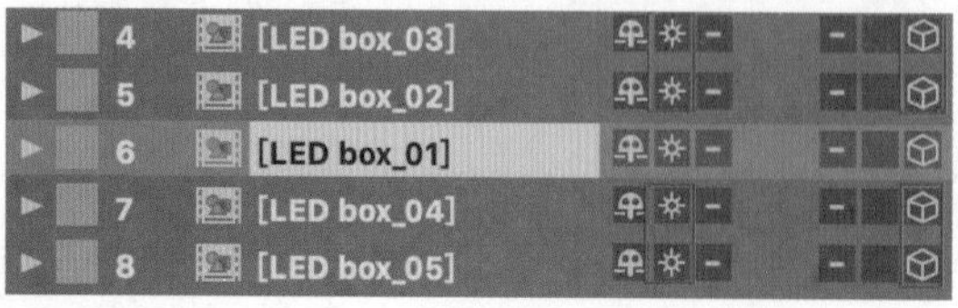

4 [LED box_03]
5 [LED box_02]
6 [LED box_01]
7 [LED box_04]
8 [LED box_05]

图 5-57

（14）将这 4 个新的合成拖曳到主合成【环绕光缆点亮 LED 灯箱】中，分别单击对应图层的图标，并打开 3D 图层的开关，将图层上下顺序按照如图 5-57 所示的形式排列。

（15）4个合成的锚点均设置为【960.0，940.0，0.0】，与第1个屏幕盒子【LED box_01】的相同。可以通过【4个视图 = 左侧】的预览视图模式进行配合，重新调整这4个新的LED屏幕盒子的大小，并在场景中重新拖曳摆放，最终的效果如图5-58所示。

图5-58

（16）4个新的LED屏幕盒子的【缩放】属性、【位置】属性与【Y轴旋转】属性的参考值如下。

- 【LED box_02】屏幕盒子：将【缩放】属性设置为【27.0，27.0，27.0%】，【位置】属性设置为【590.0，1080.0，-545.0】，【Y轴旋转】属性设置为【0x+27.0°】。
- 【LED box_03】屏幕盒子：将【缩放】属性设置为【21.0，21.0，21.0%】，【位置】属性设置为【1187.0，1080.0，-811.0】，【Y轴旋转】属性设置为【0x+48.0°】。
- 【LED box_04】屏幕盒子：将【缩放】属性设置为【16.0，16.0，16.0%】，【位置】属性设置为【1034.0，863.0，-722.0】，【Y轴旋转】属性设置为【0x-6.0°】。
- 【LED box_05】屏幕盒子：将【缩放】属性设置为【21.0，21.0，2.01%】，【位置】属性设置为【763.0，863.0，-619.0】，【Y轴旋转】属性设置为【0x+42.0°】。

当然，读者也可以按照自己的喜好重新排列这5个屏幕盒子的位置。

5.3.4　为5个LED屏幕盒子分配独立的屏幕内容

为了创建更生动有趣的视觉效果，可以为5个独立的LED屏幕盒子分配不同的屏幕内容，这些内容是同一个视频素材的不同区域，由此实现不同LED屏幕联动播放的效果，拼成一套组合屏幕墙，效果如图5-59所示。

图5-59

（1）目前，5个LED屏幕盒子【LED box_01】~【LED box_05】合成中的屏幕内容图层是同一个合成（即合成【正面 + 屏幕内容】），如果要让5个屏幕播放不同的内容，就需要5个各自独立的【正面 + 屏幕内容】合成。在预览窗口左侧的【项目】面板上，选中【正面 + 屏幕内容】合成，按【Enter】键激活并重命名，将合成名称修改为【正面 + 屏幕内容01】，如图5-60所示。

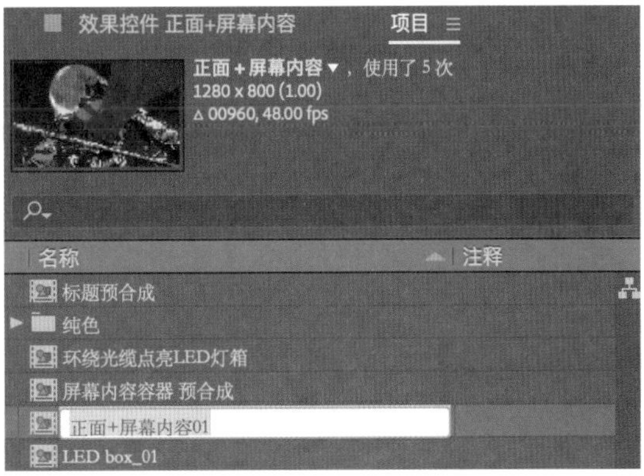

图5-60

图 5-61

（2）按 4 次快捷键【Ctrl+D】，在当前【项目】面板上复制 4 次，这样就有了【正面 + 屏幕内容 01】~【正面 + 屏幕内容 05】5 个合成。接下来需要把除 1 号屏幕盒子【LED box_01】之外的其他 4 个屏幕盒子的屏幕内容替换成新复制的这 4 个屏幕内容合成。这里介绍一个非常实用方便的操作：双击【LED box_02】合成，在【时间轴】面板中选中【正面 + 屏幕内容 01】图层，同时在【项目】面板中选中新复制的合成【正面 + 屏幕内容 02】，按快捷键【Ctrl+Alt+/】执行图层替换操作，这样就可以将【时间轴】面板中的【正面 + 屏幕内容 01】图层替换为新的【正面 + 屏幕内容 02】图层，如图 5-61① 所示。

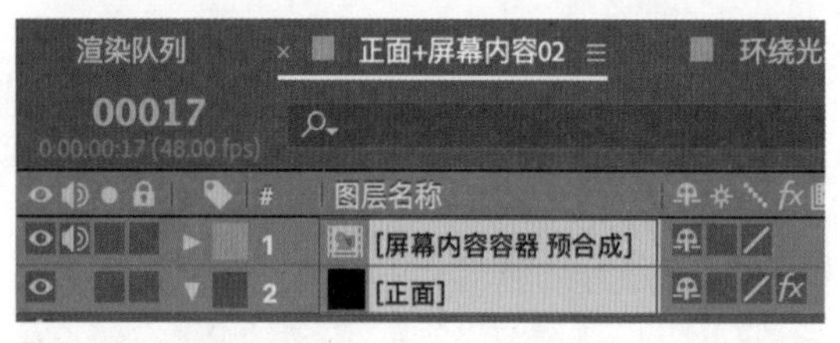

图 5-62

（3）将合成【LED box_03】、【LED box_04】和【LED box_05】执行同样的操作，将各自的屏幕内容合成替换为新的合成。【正面 + 屏幕内容 01】~【正面 + 屏幕内容 05】中共有 2 个图层：合成图层【屏幕内容容器 预合成】（用于放视频素材）和纯色图层【正面】（即外框边缘），如图 5-62 所示。

目前【正面 + 屏幕内容 01】~【正面 + 屏幕内容 05】5 个合成还是共用【屏幕内容容器 预合成】，所以需要把【屏幕内容容器 预合成】重命名为在末尾加数字序号，即【屏幕内容容器 预合成 01】，并将其复制 4 次。运用与上一步同样的方法进行替换，如【正面 + 屏幕内容 02】合成替换为【屏幕内容容器 预合成 02】合成，【正面 + 屏幕内容 03】合成替换为【屏幕内容容器 预合成 03】合成，以此类推。

至此，准备工作已然完成，接下来需要移动【屏幕内容容器 预合成 01】~【屏幕内容容器 预合成 05】中每个合成的视频内容素材的位置，从而使 5 个独立的 LED 屏幕盒子共同拼接成一个大的屏幕墙。

（4）分离预览窗口（即按住快捷键【Shift+Ctrl+Alt+N】），以方便一边移动视频素材内容，一边实时观察最终的合成拼接效果，如图 5-63 所示。

① 在 Windows 系统中，按快捷键【Ctrl+Alt+/】执行图层替换操作；在 Mac 系统中，按快捷键【option+command+/】执行图层替换操作。

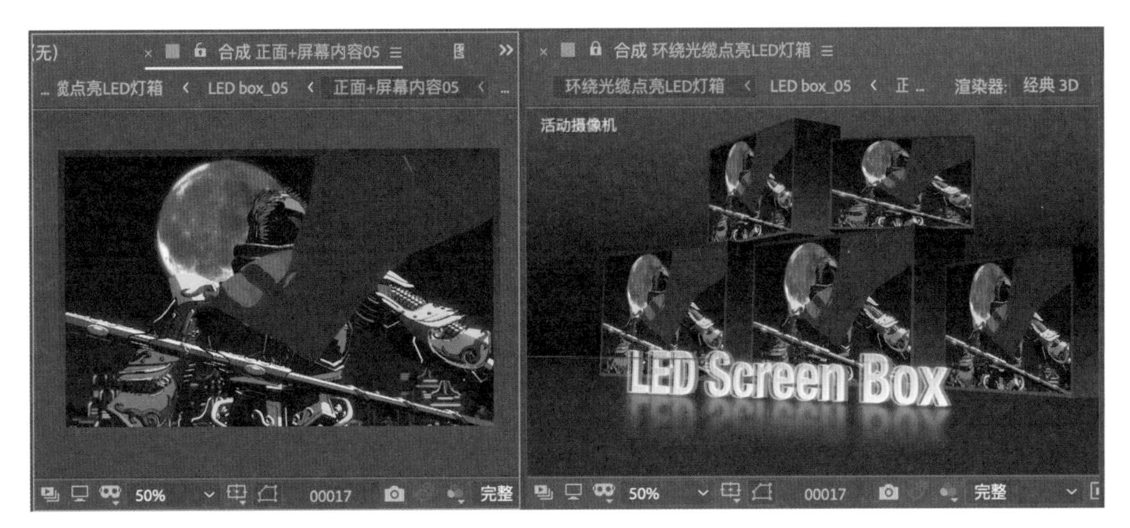

图 5-63

（5）在最终的主合成【环绕光缆点亮LED灯箱】的【时间轴】面板中，双击【LED box_05】合成，在【LED box_05】合成中双击【正面+屏幕内容05】图层，将【屏幕内容容器 预合成05】图层的【缩放】属性设置为【200.0，200.0%】，【位置】属性设置为【872.0，804.0】，如图5-64所示。

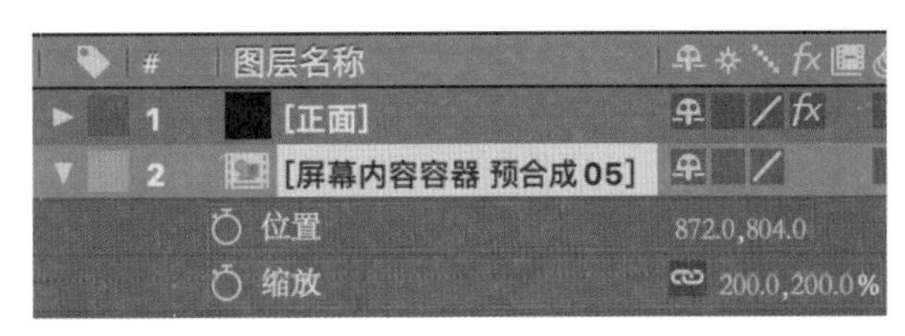

图 5-64

（6）在其他几个LED屏幕盒子的正面屏幕内容合成（即【正面+屏幕内容01】~【正面+屏幕内容04】）中进行屏幕视频素材层的缩放和移动，其参考值如图5-65所示。

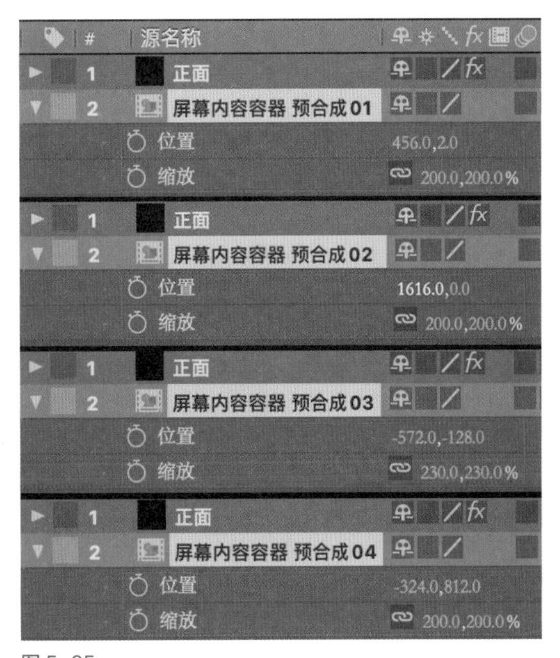

图 5-65

图 5-66

（7）最终的效果如图 5-66 所示。

LED 屏幕墙的效果已经初步创建完成，更多的细节会在之后的步骤中介绍，接下来开始搭建本案例动效的另一大部分：流动生长且穿梭在 5 个 LED 屏幕之间的发光光缆。

在本案例中会分享一个关于 Particular 效果的技巧：用灯光做粒子发射器，将粒子的所有动态冻结可以创建出一条生长的光缆。

5.3.5　添加 Particular 效果

（1）保持当前主合成【环绕光缆点亮 LED 灯箱】打开的状态，新建一个纯色图层并命名为【生长粒子光缆】，将其大小设置为 1920 像素 ×1080 像素。在【效果和预设】面板的搜索框中输入【particular】，双击搜索出来的【Particular】效果，为新建的纯色图层添加 Particular 效果。在菜单栏中选择【图层→新建→灯光】命令，新建一个灯光层。在【灯光设置】对话框中将【名称】设置为【Emitter】（发射器），【灯光类型】设置为【点】（即点光源，如一个灯泡就是一个点光源，一个带锥形灯罩的台灯就是一个聚光光源），取消勾选【投影】复选框，如图 5-67 所示。

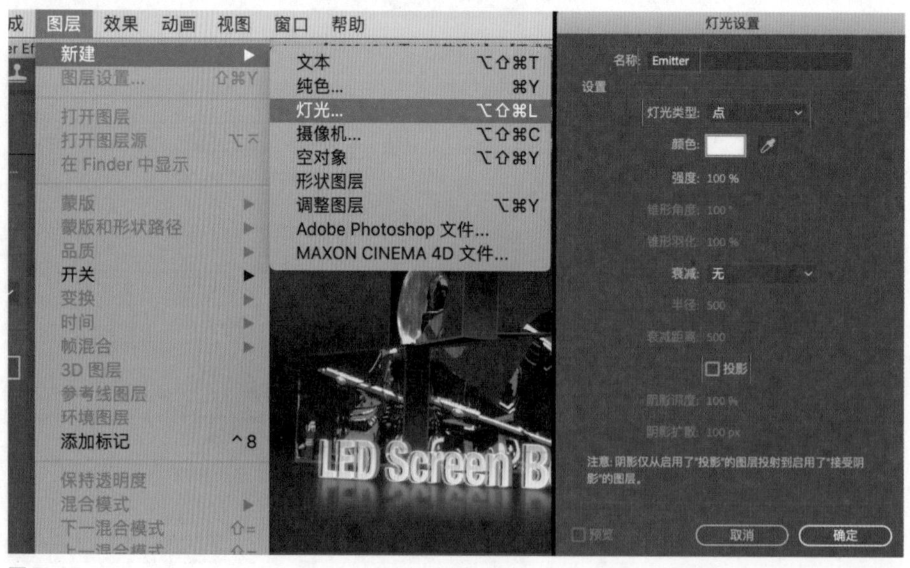

图 5-67

（2）切换到左侧的【效果控件】面板中，展开【Particular】效果，将【Emitter(Master)】（主发射器）属性组下的【Emitter Type】（发射器类型）属性设置为【Light(s)】（灯光），如图 5-68 所示。

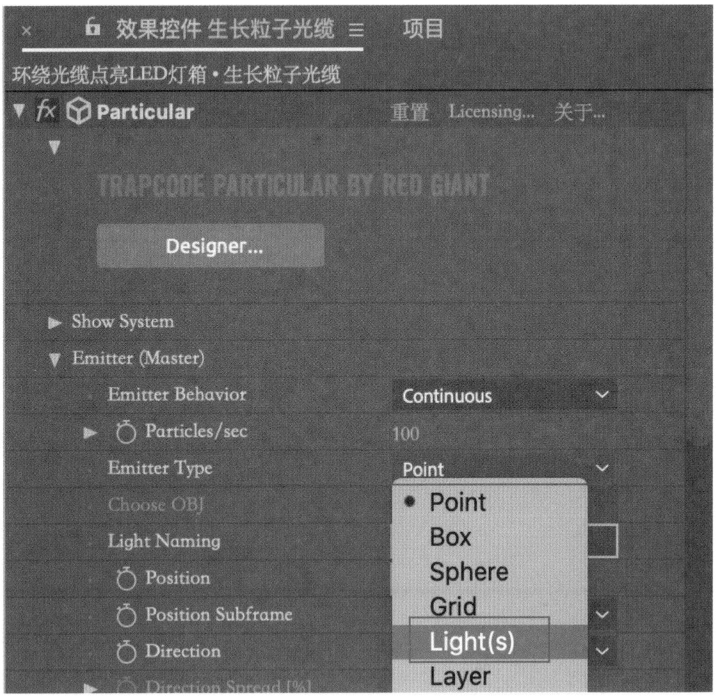

图 5-68

（3）此时通过观察预览窗口可以发现，原来粒子是从默认位置的点发射出来的，将【Emitter Type】（发射器类型）属性设置为【Light(s)】（灯光）之后，粒子从新建的灯光 Emitter（发射器）所在的位置发射出来，如图 5-69 所示。

图 5-69

小知识：关于 Particular 效果使用灯光做发射器类型

如果将【Particular】效果的【Emitter】（发射器）属性组下的【Emitter Type】（发射器类型）属性设置为【Light(s)】（灯光），那么用作发射器的灯光图层可以是任意名称，不一定是 Emitter（发射器），但是必须在【Particular】效果的【Emitter】（发射器）属性组下的【Light Naming】（灯光命名）属性中操作。单击【Light Naming】（灯光命名）属性右侧的【Choose Names】（选择名称）按钮，弹出【Light Naming】对话框，在【Light Emitter Name Starts With】（发射器名称以……开头）文本框中输入自定义的灯光图层名称，如图 5-70 所示。

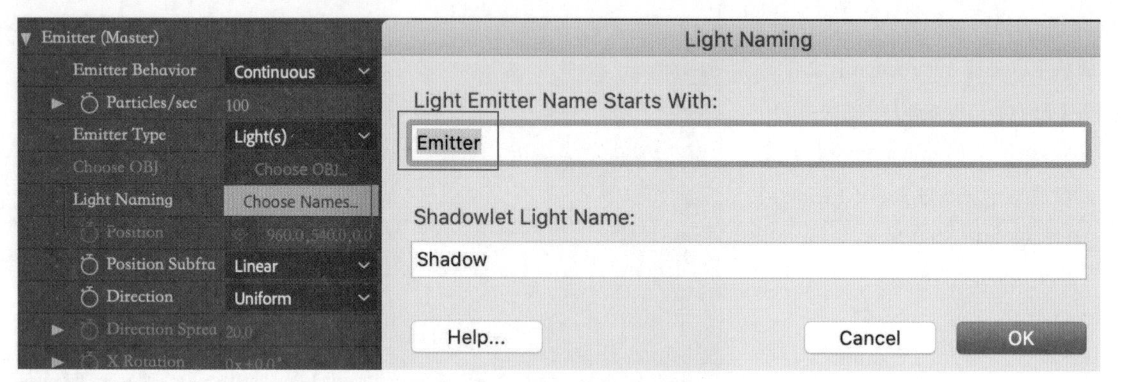

图 5-70

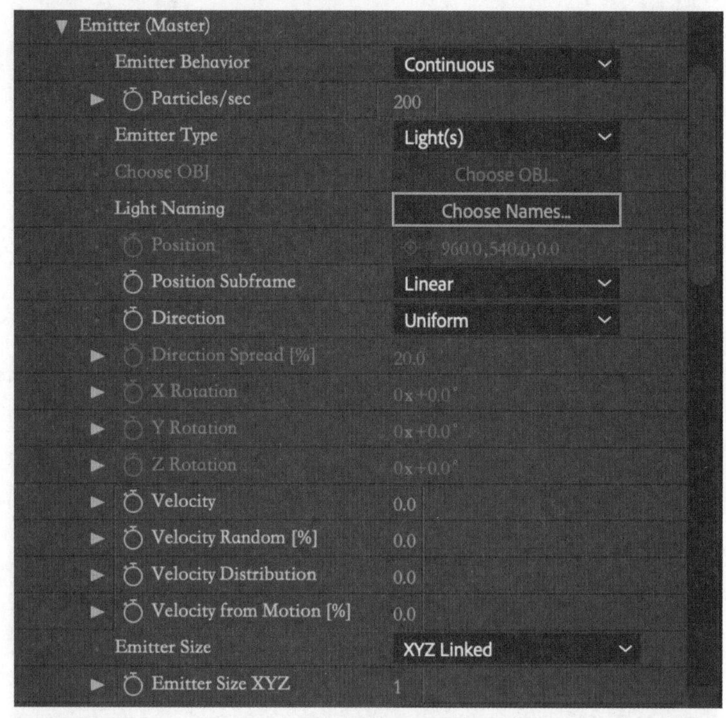

图 5-71

（4）将【Particular】效果的【Emitter (Master)】（主发射器）属性组下的【Particles/sec】（粒子发射速率）属性设置为【200】,【Velocity】(粒子速度)、【Velocity Random[%]】（粒子速度随机）属性、【Velocity Distribution】（粒子速度散布）属性和【Velocity from Motion [%]】（粒子速度跟随运动）属性全部设置为【0.0】（相当于完全冻结粒子动态）,【Emitter Size XYZ】（发射器尺寸）属性设置为【1】，如图 5-71 所示。

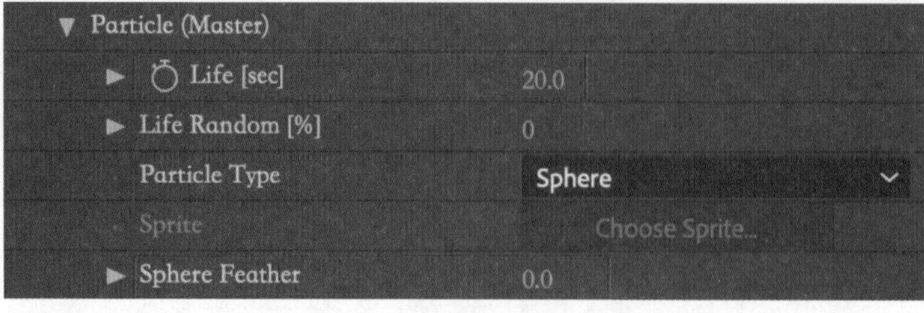

图 5-72

（5）展开【Particle(Master)】（主粒子）属性组，将【Life[sec]】（粒子生命）属性设置为【20.0】，即粒子在整个合成持续时间内（960 帧）都不会消失。将【Sphere Feather】（球体羽化）属性设置为【0.0】（即粒子无羽化效果），如图 5-72 所示。

（6）通过创建灯光的位置移动动画，发射的粒子跟随灯光移动，这样就可以得到一条穿梭生长的粒子光缆，如图 5-73 所示。白色曲线即粒子一边发射一边跟随灯光移动留下的轨迹（因为粒子的速度已经完全冻结，所以是一条静态的条状粒子轨迹）。

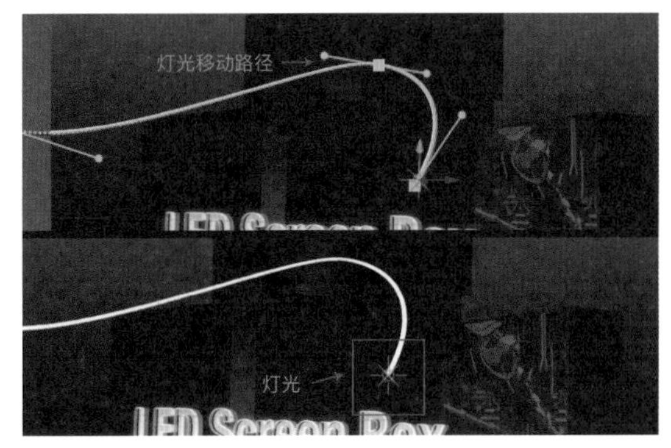

图 5-73

（7）适当编辑灯光的移动路径，使其从画外穿入，先穿过几个 LED 屏幕盒子，再穿出画外（灯光位置的若干关键帧形成的路径，也可以被工具栏中的【钢笔工具】编辑）。参考灯光路径如图 5-74 所示，左侧和右侧分别是创建的摄像机视角（即渲染视角）和顶部视角。

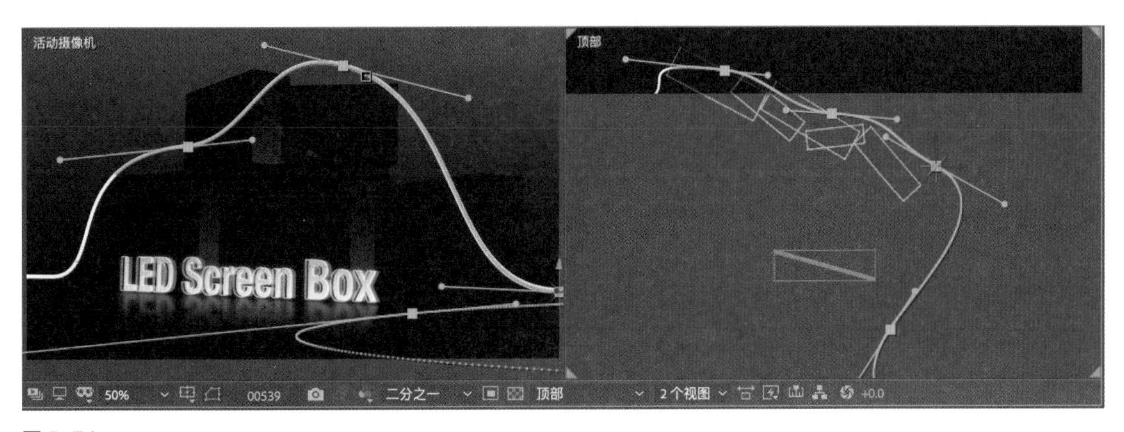

图 5-74

（8）曲线的每个节点都是一个灯光位置的关键帧节点。需要注意的是，本案例中的光缆是在 400 帧内全部生长完成的，这个速度仅供参考。读者可以自行选择生长速度，但生长速度如果加快，就需要增大【Particles/sec】（粒子发射速率）属性的值，否则粒子数量不足，光缆会呈现为点状虚线。最终所形成的光缆（即粒子的移动轨迹）为如图 5-75 所示的白色曲线。

图 5-75

图 5-76

（9）在此过程中会发现，当使用点光源作为粒子发射器时，在灯光移动路过3D图层时会照亮3D图层上的3D对象，这在某些情况下也是非常有用的一个特性，会产生一些意想不到的效果（后面会介绍3D图层在灯光照明、阴影等方面的属性），如图5-76所示。

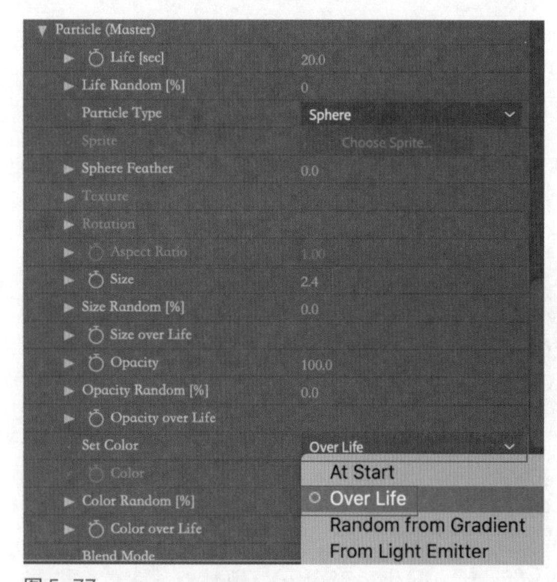

图 5-77

（10）返回【Particular】效果的【Particle(Master)】（主粒子）属性组，将【Size】（粒子大小）属性设置为【2.4】，【Set Color】（设置粒子颜色）属性设置为【Over Life】（粒子颜色随着粒子生命周期而变化），如图5-77所示。

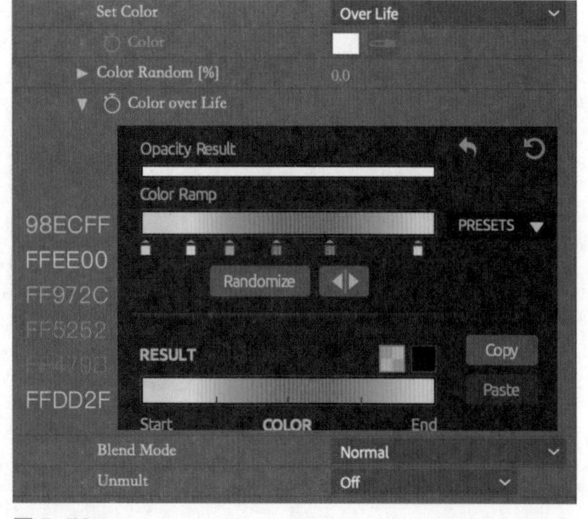

图 5-78

（11）展开【Color over Life】（粒子颜色随着粒子生命周期而变化）属性，编辑的颜色如图5-78所示。

（12）在【效果和预设】面板的搜索框中输入【发光】，双击搜索出来的【发光】效果并将其添加到粒子光缆层【生长粒子光缆】上，将【发光阈值】属性设置为【75.0%】，【发光半径】属性设置为【24.0】，如图 5-79 所示。

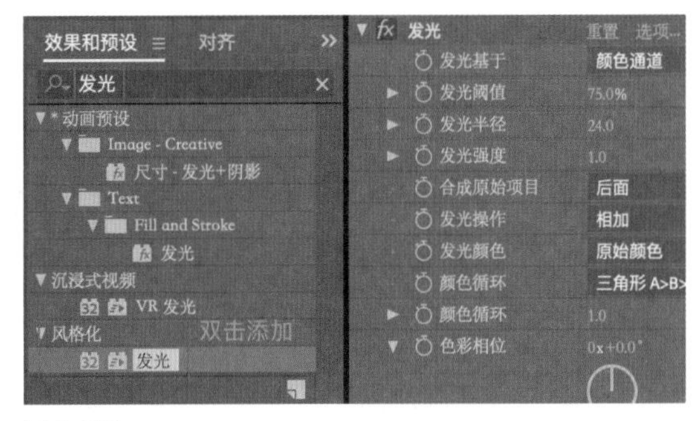

图 5-79

（13）粒子光缆的效果如图 5-80 所示。

图 5-80

（14）先将粒子光缆层【生长粒子光缆】拖曳到【LED box_03】图层的下一层，再将【LED box_04】图层和【LED box_05】图层均按快捷键【Ctrl+D】各复制生成一层，分别重命名为【LED box_04 遮挡】和【LED box_05 遮挡】（在【时间轴】面板的图层区重命名的方法如下：选中图层，按【Enter】键），并拖曳到【LED box_03】图层的上一层，如图 5-81 所示。

图 5-81

（15）选中【LED box_04 遮挡】图层并双击工具栏中的【矩形工具】，自动添加一个矩形蒙版，将蒙版形状编辑为如图 5-82 所示的形式（图中的紫色矩形）。

图 5-82

（16）在【LED box_05 遮挡】图层上执行相同的操作，即添加一个矩形蒙版，并将蒙版形状编辑为如图 5-83 所示的形式（图中的绿色矩形）。

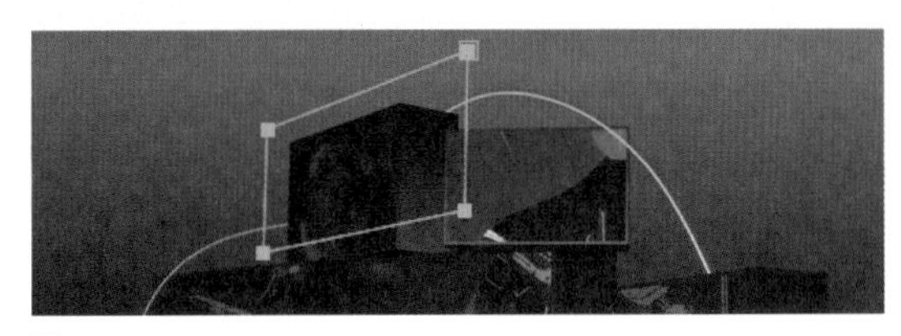

图 5-83

接下来创建粒子光缆在地板上的反射。

（17）先新建一个点光并将其命名为【Reflection】（反射）；再新建一个纯色图层并将其命名为【生长粒子光缆 反射】，同时为该纯色图层添加 Particular 效果，如图 5-84 所示。

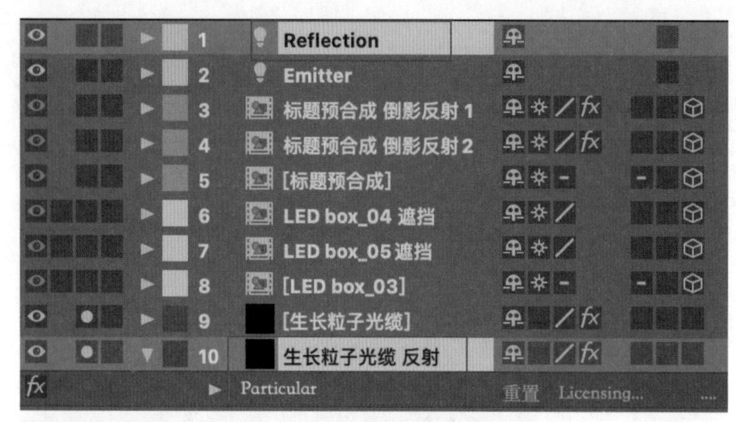

图 5-84

（18）展开【生长粒子光缆 反射】图层的【Particular】效果，单击【Emitter (Master)】（主发射器）属性组下的【Light Naming】（灯光命名）属性右侧的【Choose Names】（选择名称）按钮，在弹出的【Light Naming】对话框的【Light Emitter Name Starts With】（发射器名称以……开头）文本框中输入新建灯光图层的名称【Reflection】（反射），也就是将新的灯光 Reflection（反射）作为反射的新粒子光缆的发射器，如图 5-85 所示。

图 5-85

（19）选中原灯光 Emitter（发射器）下的所有位置关键帧，先按快捷键【Ctrl+C】复制，再粘贴到新的灯光 Reflection（反射）下，并将所有位置关键帧的 Y 轴的值全部改为 1085.0，也就是在 Y 轴上灯光 Emitter Reflect（发射器反射）没有变化，一直在地板略靠下的高度上移动。使用【钢笔工具】编辑预览窗口中的移动路径曲线，并将曲线节点的手柄尽量调到水平，如图 5-86 所示。

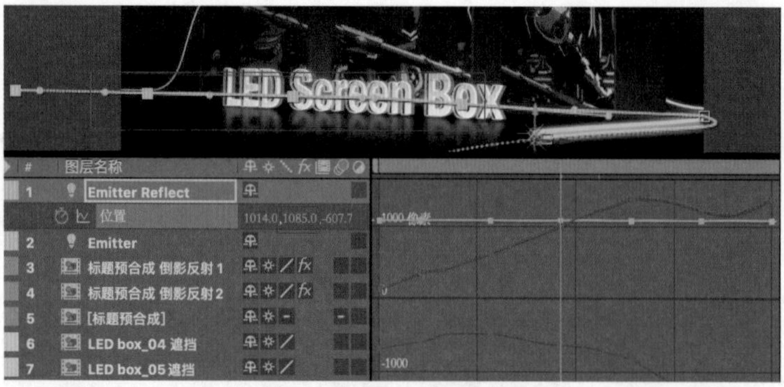

图 5-86

将【生长粒子光缆 反射】图层的Particular效果设置为与原粒子光缆层【生长粒子光缆】的Particular效果完全相同。为了方便统一操作和保持属性与样式的统一，可以通过表达式链接的方式，将【生长粒子光缆 反射】图层的Particular效果的部分属性与原粒子光缆层【生长粒子光缆】的Particular效果的部分属性用表达式进行链接。

【Emitter】（发射器）属性组下的【Particles/sec】（粒子发射速率）属性、【Velocity】（粒子速度）属性、【Velocity Random [%]】（粒子速度随机）属性、【Velocity Distribution】（粒子速度散布）属性、【Velocity from】（粒子速度跟随）属性，以及【Particle】（粒子）属性组下的【Life[sec]】（粒子寿命）属性和【Size】（粒子大小）属性可以通过表达式与原粒子光缆层【生长粒子光缆】的相同属性进行链接。

部分属性则必须手动修改，具体有以下几项。

- 【Emitter】（发射器）属性组下的【Emitter Size XYZ】（发射器尺寸）属性。
- 【Particle】（粒子）属性组下的【Set Color】（设置粒子颜色）属性和【Color over Life】（粒子颜色随着粒子生命周期而变化）属性。

（20）在【Color over Life】（粒子颜色随着粒子生命周期而变化）属性下，不仅可以复制颜色条图信息，还可以粘贴到另一个Particular效果的【Color over Life】（粒子颜色随着粒子生命周期而变化）属性下。操作方式如下：先展开【生长粒子光缆】图层的【Particular】效果下的【Color over Life】（粒子颜色随着粒子生命周期而变化）属性，再单击颜色条图中的【Copy】（复制）按钮，如图5-87所示。

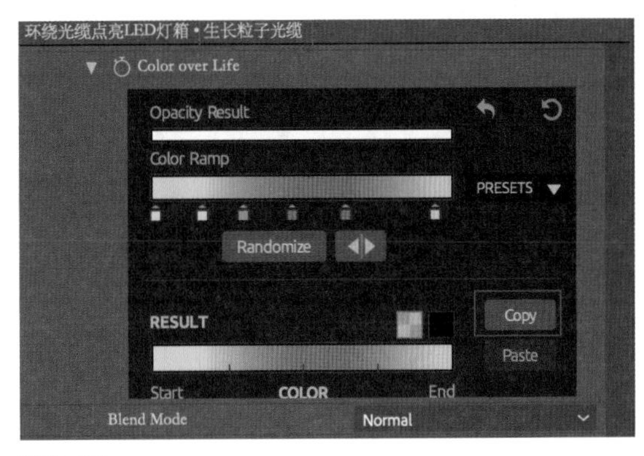

图5-87

（21）先展开新的粒子发射图层【生长粒子光缆 反射】的【Particular】效果，再展开【Particle】（粒子）属性组下的【Color over Life】（粒子颜色随着粒子生命周期而变化），单击颜色条图右侧的【Paste】（粘贴）按钮进行粘贴，如图5-88所示。

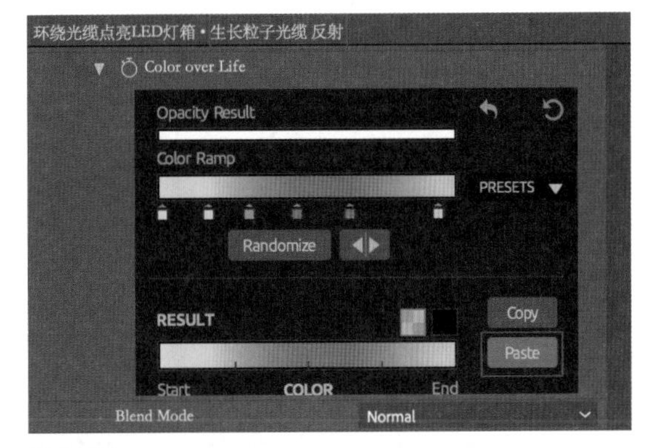

图5-88

小知识：关于Particular效果的图形化属性的复制与粘贴

Particular效果的各类图形化属性［如Size over Life（粒子大小随着粒子生命周期而变化）、Opacity over Life（粒子透明度随着粒子生命周期而变化）的曲线图，以及Color over Life（粒子颜色随着粒子生命周期而变化）的颜色条图］都可以通过【Copy】（复制）按钮和【Paste】（粘贴）按钮复制和粘贴到其他的Particular效果上。

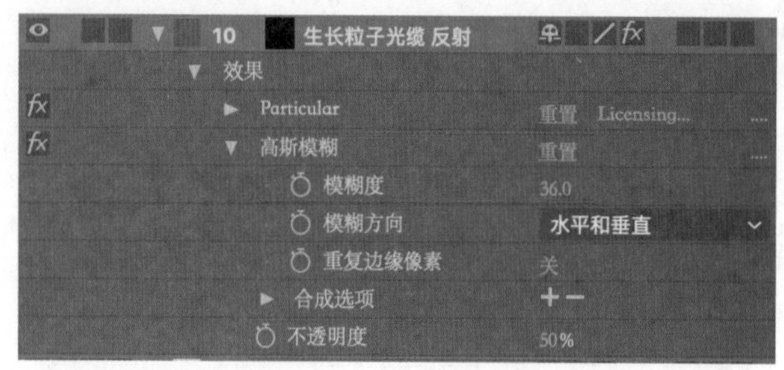

10
生长粒子光缆 反射
效果
Particular
重置 Licensing...
高斯模糊
重置
模糊度
36.0
模糊方向
水平和垂直
重复边缘像素
关
合成选项
不透明度
50%
图 5-89

（22）将新的粒子发射图层【生长粒子光缆 反射】的【不透明度】属性设置为【50%】，并为其添加【高斯模糊】效果，将【模糊度】属性设置为【36.0】，如图 5-89 所示。

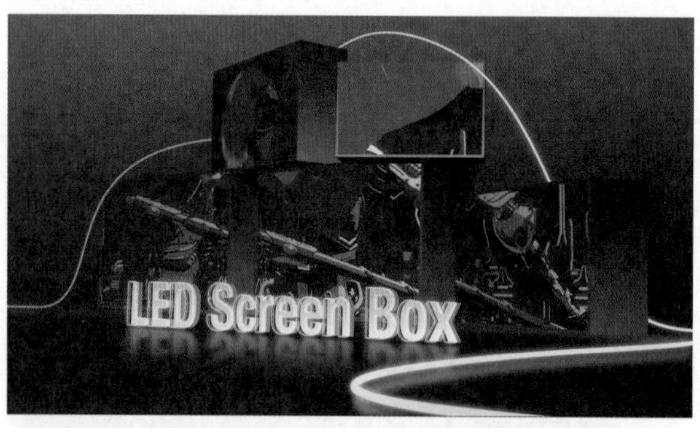

LED Screen Box
图 5-90

（23）此时粒子光缆和反射效果如图 5-90 所示。

5.3.6　为 5 个 LED 屏幕盒子创建反射

#
图层名称
8
[LED box_03]
9
[LED box_03]
位置
1187.0,1082.0,-810.8
缩放
21.0,-21.0,21.0%
10
[LED box_02]
位置
584.6,1082.0,-555.5
缩放
27.0,-27.0,27.0%
11
[LED box_01]
位置
915.0,1082.0,-679.8
缩放
27.0,-27.0,27.0%
12
[生长粒子光缆]
13
生长粒子光缆 反射
图 5-91

为 LED 屏幕盒子创建反射和前面为标题 3D 文字创建反射的方法基本上相同。

（1）在【时间轴】面板的图层区同时选中屏幕盒子图层【LED box_01】、【LED box_02】和【LED box_03】，按快捷键【Ctrl+D】进行复制，将复制的图层分别重命名为【LED box_01 反射】、【LED box_02 反射】和【LED box_03 反射】（必须在粒子光缆图层的上面），全部在缩放的 Y 轴上进行垂直翻转，并移动到下方重新摆放其位置。关于【缩放】属性和【位置】属性的设置如图 5-91 所示。

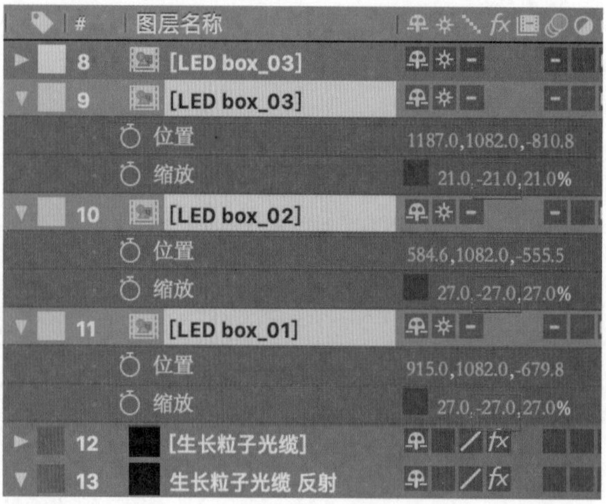

（2）将3个新的反射图层的【不透明度】属性均设置为【45%】，并且为它们分别添加【高斯模糊】效果，【模糊度】属性均设置为【24.0】，如图5-92所示。

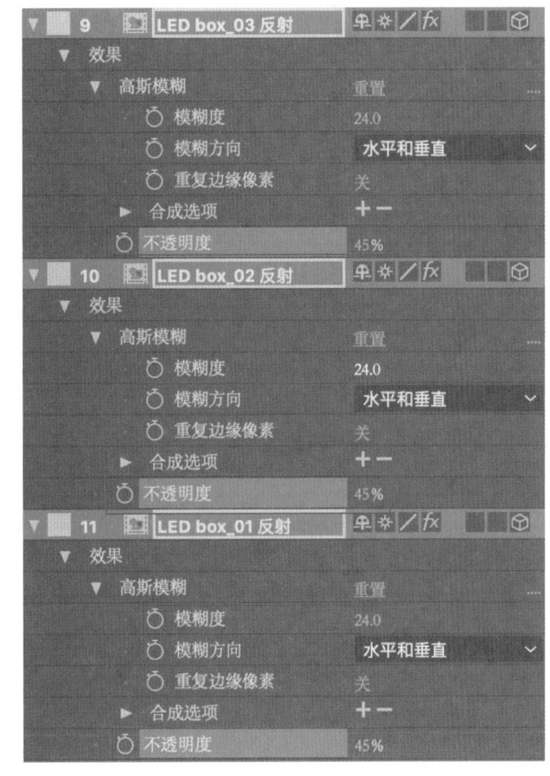

图5-92

（3）选中【LED box_03 反射】图层，双击工具栏中的【矩形工具】，为其自动添加一个矩形蒙版，并将该蒙版调整为如图5-93所示的形状，将【蒙版羽化】属性设置为【0.0，200.0像素】。

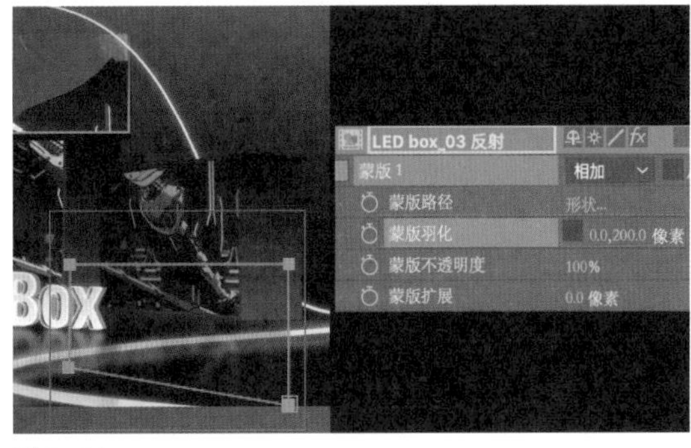

图5-93

（4）将这个蒙版复制、粘贴到另外两个反射图层【LED box_02 反射】和【LED box_01 反射】上（在复制蒙版时，将一起复制【蒙版羽化】和【蒙版扩展】等属性），最终的效果如图5-94所示。

图5-94

如果读者觉得标题3D文字的反射和LED屏幕的反射效果混在一起，那么可以适当调整【标题预合成 倒影反射1】图层和【标题预合成 倒影反射2】图层的【不透明度】属性的值。

图5-95

（5）相比其他普通材质，对于自己能够发出亮光的屏幕来说，基本上是不受外部光源照明影响的，在目前的照明效果中，屏幕的亮度非常低，需要调整屏幕3D图层中的材质属性。双击合成【LED box_01】，展开【正面+屏幕内容01】图层的属性，通过单击展开其中的【材质选项】属性组，关闭【接受灯光】的开关，相当于不再受场景中灯光照明的影响，如图5-95所示（右侧的预览画面中的红色实线矩形框内是不受灯光照明影响的3D图层，虚线矩形框内是受灯光照明影响的3D图层）。

图5-96

（6）将步骤（5）在其他4个LED屏幕盒子合成【LED box_02】~【LED box_05】中重复执行，所有屏幕都不再受灯光照明的影响，最终的效果如图5-96所示。

5.3.7 模拟低分辨率LED屏幕的颗粒效果

目前的LED屏幕效果还是过于扁平，所以显得细节不足，接下来为其增添更丰富的细节。导入素材文件夹中的【LED颗粒模拟.png】。

（1）这里挑选一个LED屏幕盒子作为示范来讲解创建模拟低分辨率LED屏幕的颗粒效果的实现方法。先将刚导入的图片素材拖曳到【屏幕内容容器 预合成01】合成中，再为其新建一个颜色为黑色的纯色图层作为不透明底放在底层，最后将视频内容素材【LED屏幕内容素材】图层的【TrkMat】模式（单击后该标题变成【轨道遮罩】）设置为第1项【Alpha遮罩“[LED颗粒模拟.png]”】（【TrkMat】模式的第1项【Alpha遮罩“[xxx]”】表示当前图层只显示上一个图层中Alpha为1的区域），如图5-97所示。

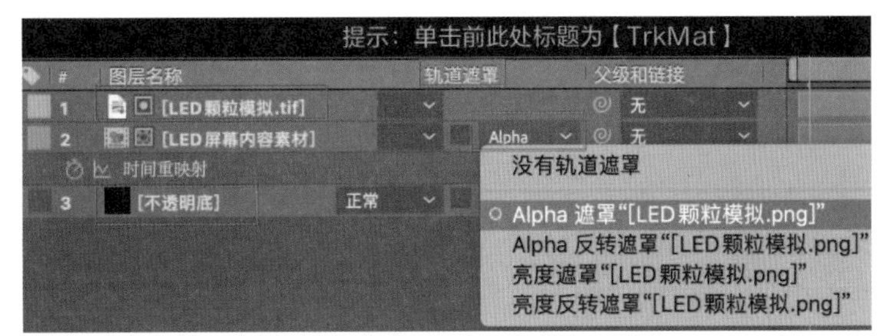

图 5-97

（2）返回当前合成的上一个合成，即【正面+屏幕内容01】，选中【屏幕内容容器 预合成01】图层并按快捷键【Ctrl+D】复制一层。将复制的图层的叠加模式设置为【相加】，并为其添加【发光】效果，将【发光半径】属性设置为【24.0】，如图5-98所示。

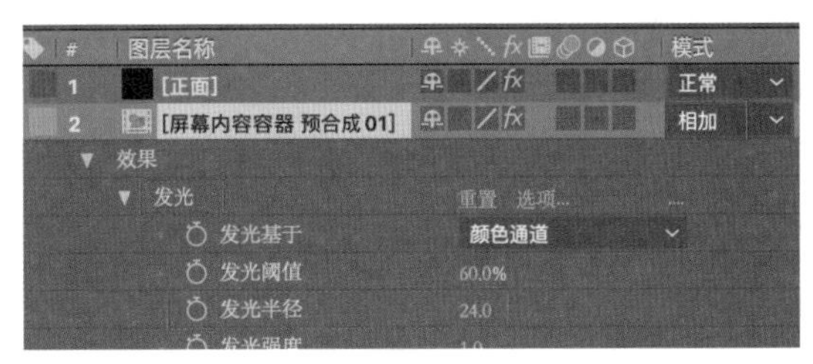

图 5-98

（3）此时屏幕亮度仍显不足，将刚添加了【发光】效果、叠加模式设置为【相加】的新图层再复制2层，并为其中一层再添加【高斯模糊】效果，将【模糊度】属性设置为【30.0】，【不透明度】属性的值降低至【60%】，并将添加了模糊效果的图层拖曳到倒数第2层，最终的设置如图5-99所示。

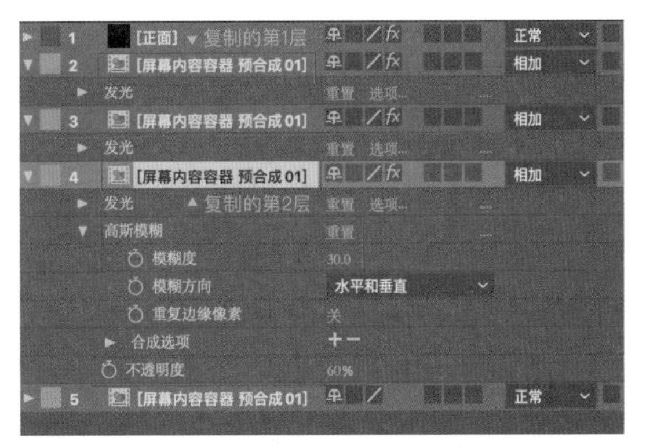

图 5-99

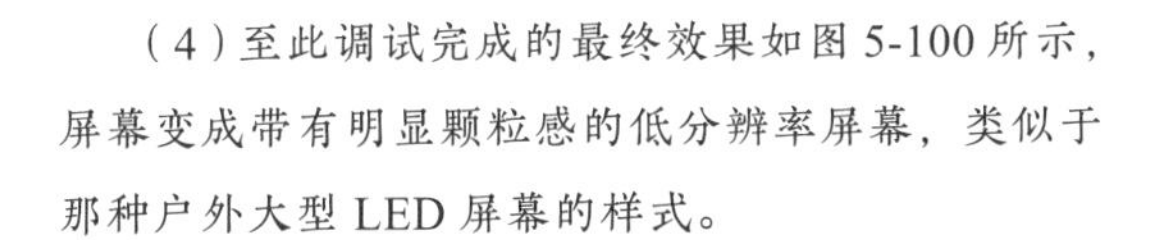

（4）至此调试完成的最终效果如图5-100所示，屏幕变成带有明显颗粒感的低分辨率屏幕，类似于那种户外大型LED屏幕的样式。

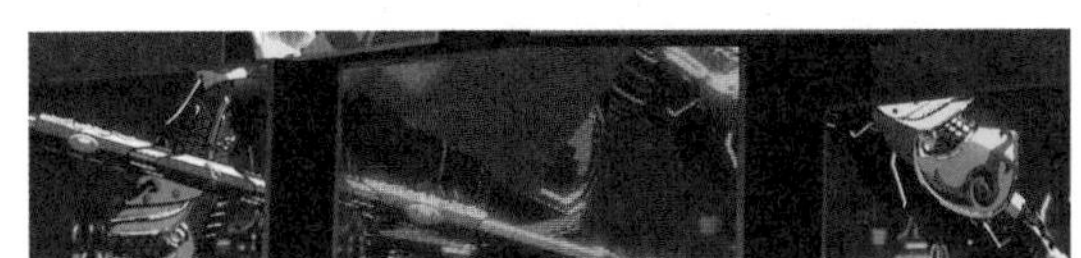

图 5-100

笔者在此设置的属性值仅供参考，读者可以根据自己的喜好调整模拟颗粒的大小、疏密，以及发光效果的强弱等，以获得不同的合成效果。

（5）重复以上步骤，将其他4个LED屏幕盒子均调整成相似的低分辨率屏幕。最终的合成效果如图5-101所示。

图 5-101

5.3.8 创建光缆生长逐个点亮 LED 屏幕的动画

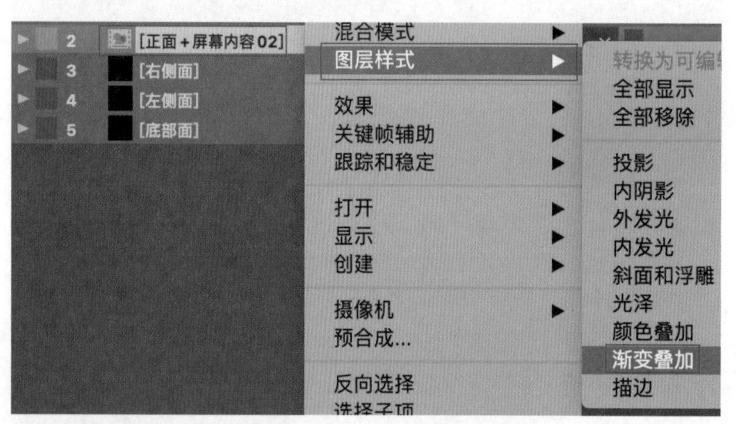

图 5-102

（1）先双击进入合成【LED box_02】中（也就是在场景中光缆生长时到达的第一个 LED 屏幕盒子），再选中【正面＋屏幕内容 02】图层并右击，在弹出的菜单中选择【图层样式→渐变叠加】命令，为其添加渐变的图层样式（After Effects 的图层样式和 Photoshop 的图层样式基本相同），如图 5-102 所示。

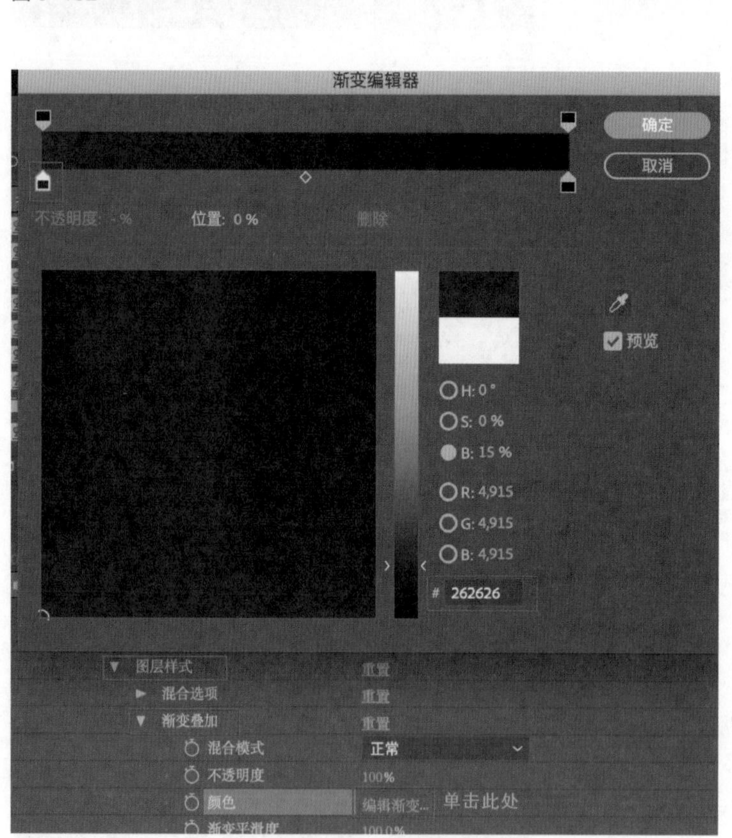

图 5-103

（2）展开【渐变叠加】属性组，单击【编辑渐变】链接，在弹出的【渐变编辑器】对话框中将左端的白色色值设置为【#262626】，如图 5-103 所示。

（3）复制该图层的图层样式（在选中图层样式之后按快捷键【Ctrl+C】），在另外4个LED屏幕盒子合成中为各自的【正面＋屏幕内容0*x*】图层粘贴该图层样式（按快捷键【Ctrl+V】），最终的效果如图5-104所示（这是光缆未生长、屏幕尚未启动点亮时的效果）。

图5-104

（4）在最终的主合成【环绕光缆点亮LED灯箱】中双击第1个屏幕盒子合成图层【LED box_02】，并在第80帧、第83帧、第86帧、第89帧和第91帧为【正面＋屏幕内容02】图层的【图层样式】属性组下的【不透明度】属性分别设置5个关键帧，【不透明度】属性的值分别如图5-105所示。

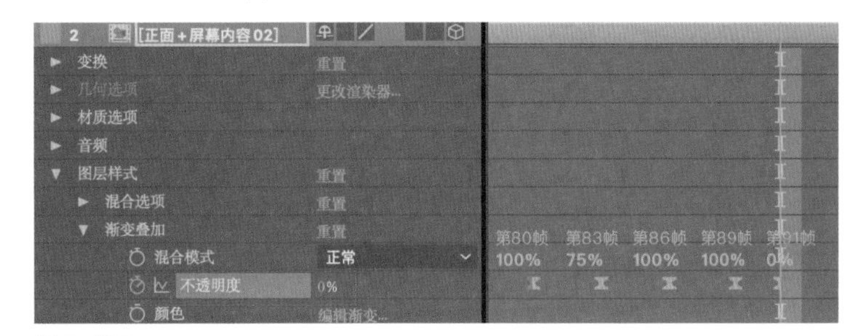

图5-105

需要注意的是，建议把所有关键帧的【关键帧辅助】都设置为【缓动】模式（可参考第1章关于关键帧的基础内容，或者前面的案例中提到过的内容）。

（5）复制这些图层样式关键帧并粘贴到其他几个LED屏幕盒子合成各自的【正面＋屏幕内容0*x*】图层上（先选中所有关键帧按快捷键【Ctrl+C】，再选中目标图层按快捷键【Ctrl+V】即可）。不过这些图层各自的关键帧动画开始启动的时间点不同，需要跟随光缆生长的节奏按照到达LED屏幕盒子的时机来把握。笔者给出的参考建议如下。

- 第2点亮顺序：【正面＋屏幕内容05】图层，【图层样式】属性组下的【不透明度】属性的关键帧动画从第110帧开始。
- 第3点亮顺序：【正面＋屏幕内容01】图层，【图层样式】属性组下的【不透明度】属性的关键帧动画从第127帧开始。
- 第4点亮顺序：【正面＋屏幕内容04】图层，【图层样式】属性组下的【不透明度】属性的关键帧动画从第193帧开始。
- 第5点亮顺序：【正面＋屏幕内容03】图层，【图层样式】属性组下的【不透明度】属性的关键帧动画从第221帧开始，如图5-106所示。

图5-106

5.3.9 增加摄像机运动动画

至此，已经完成了本案例95%左右的动效，本节再次添加摄像机运动动画，用来模拟一个左右平移的摇镜头动画。

（1）配合四视图来控制摄像机运动并创建动画。将当前时间指示器移动到【时间轴】面板的起始位置（即第0帧），选中摄像机图层【摄像机1】并设置【位置】属性和【Y轴旋转】属性，将【位置】属性设置为【1700.0，1040.0，-1900.0】，【Y轴旋转】属性设置为【0x-30.0°】。单击【位置】属性和【Y轴旋转】属性前面的码表图标，设置关键帧。

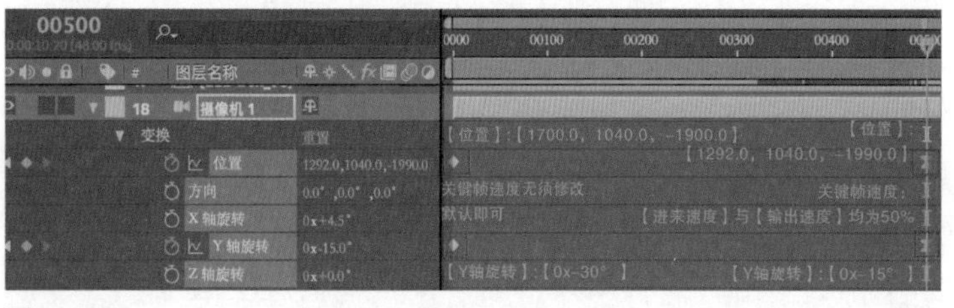

图5-107

（2）将当前时间指示器移动到【时间轴】面板的第500帧，将摄像机的【位置】属性设置为【1292.0，1040.0，-1990.0】，将【Y轴旋转】属性设置为【0x-15.0°】。为【位置】属性和【Y轴旋转】属性设置关键帧，并将这两个属性的关键帧速度的【进来速度】和【输出速度】均设置为50%，如图5-107所示。

图5-108

（3）此时会发现两个标题倒影的蒙版路径的位置发生偏移，如图5-108所示。

这是因为标题倒影合成打开了【对于合成图层：折叠变换；对于矢量图层，连续栅格化】图层的开关。实际上，当前合成中的摄像机视角所覆盖的对象并非标题倒影合成图层本身，而是标题倒影内部的那些字体3D图层；而蒙版路径又是影响的标题倒影合成本身，所以在摄像机移动过程中会产生偏差（修补的方法是使用蒙版路径关键帧）。

图5-109

（4）在第500帧，也就是摄像机动画结束时，标题倒影合成的蒙版路径的位置是正确的，在此设置关键帧，并将关键帧速度设置为和摄像机动画此处的关键帧速度相同（即【进来速度】和【输出速度】均为50%），如图5-109所示。

（5）在起始位置（即第0帧），将标题倒影合成的蒙版路径手动移动到正确的位置（此时会自动生成关键帧），如图5-110所示。

图5-110

小知识：将【缓动】关键帧恢复为默认的【线性】关键帧

当某个属性已经有一个【关键帧辅助】设置为【缓动】的关键帧（或者【缓入】和【缓出】）之后，再为此属性设置新的关键帧时，会发现新的关键帧辅助自动默认是同样的【缓动】（或者【缓入】和【缓出】），但有时只需要默认的【线性】关键帧即可，此时在按住【Ctrl】键的同时单击关键帧即可恢复为【线性】关键帧。

5.3.10 增加细节

本案例的动效部分基本上已全部制作完成。本节主要对3D场景的细节进行完善：创建LED屏幕盒子之间的倒影。

如果After Effects不依靠外部插件［如强大的3D插件Element（元素）］，那么对3D场景的细节塑造远远不如真正的3D设计软件。但是，利用After Effects自身的工具，运用相对简单的方法塑造诸如照明、反射、折射等3D场景细节，也不失为探索After Effects动效设计的一种乐趣。下面以【LED box_05】合成的右侧面来制作隔壁LED屏幕内容（即【LED box_04】的屏幕内容）的反射倒影为例来讲解。

（1）先双击【LED box_05】合成，再单击预览窗口底部栏上的【1个视图】下拉按钮，在弹出的下拉菜单中选择【2个视图-水平】命令，将预览窗口分成2个视图，如图5-111所示。

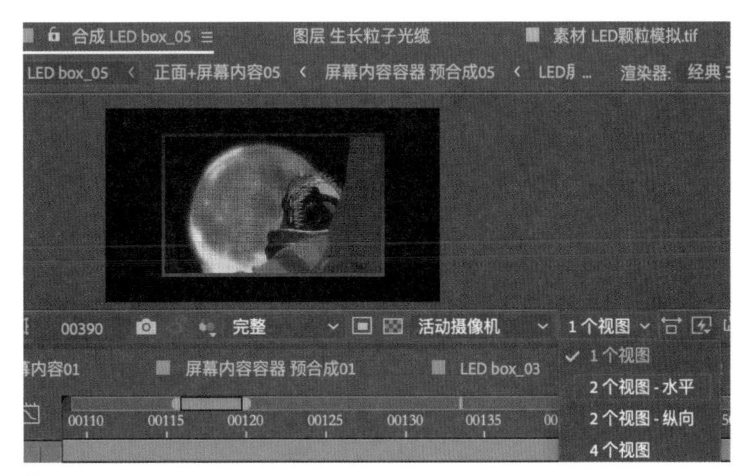

图5-111

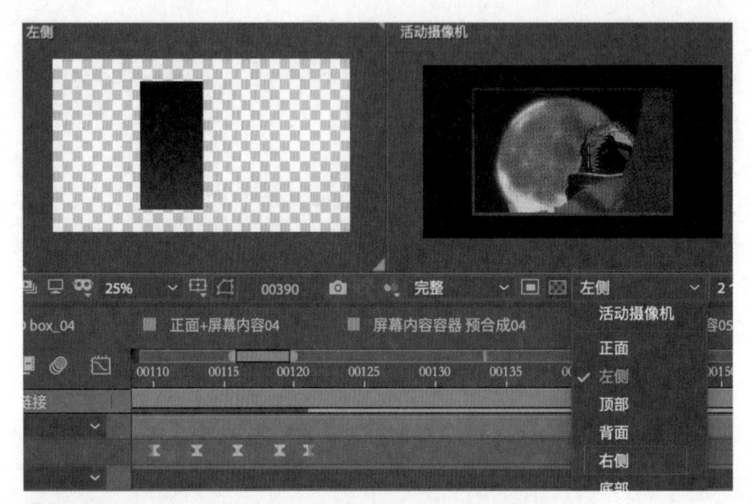

图5-112

（2）如果之前没有使用过该视图并做过更改，那么左侧视图默认是【左侧】摄像机视角。单击左侧的视图激活，展开底部栏上的【左侧】下拉菜单，选择【右侧】命令，切换为右侧视角，如图 5-112 所示。

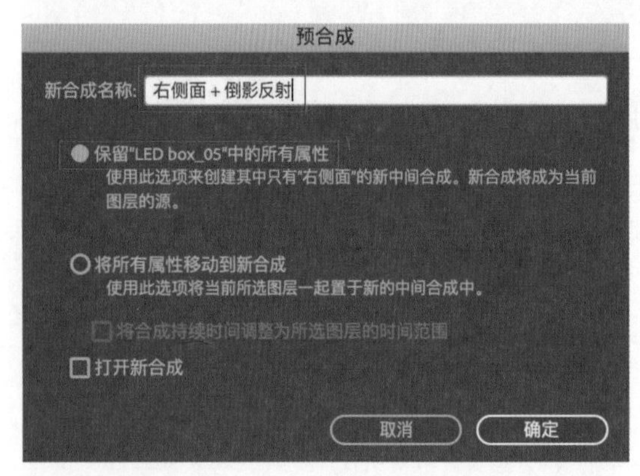

图5-113

（3）在【时间轴】面板的图层区选中纯色图层【右侧面】，按快捷键【Ctrl+Shift+C】将其打包为预合成并重命名为【右侧面 + 倒影反射】，保持选中第 1 个单选按钮，单击【确定】按钮，如图 5-113 所示。

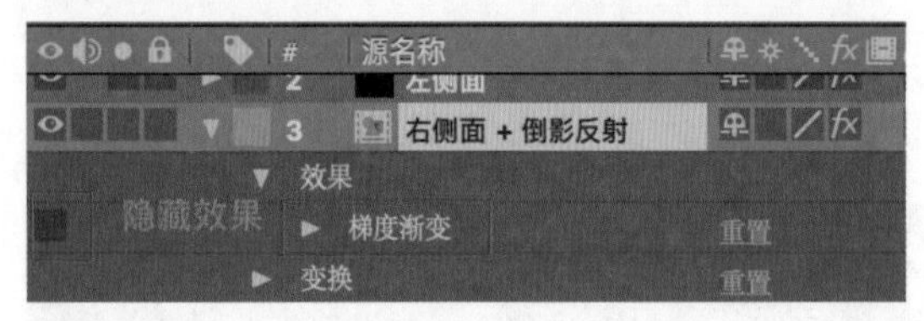

图5-114

（4）在当前合成【LED box_05】中，隐藏新建的预合成【右侧面 + 倒影反射】的【梯度渐变】效果，如图 5-114 所示。

这里预合成的【梯度渐变】效果其实是在打包之前的纯色图层【右侧面】上所添加的，因为在打包预合成时选中的是【保留“LED box_05”中的所有属性】单选按钮，所以在打包预合成之后在新建的预合成上留下了效果。如果新建预合成时选中第 2 个单选按钮，添加的效果就会和纯色图层一起被打包到预合成中，新的预合成不再有任何效果。

这里如果不隐藏，那么对预合成中的图层无论如何编辑修改，效果都会被【梯度渐变】效果所覆盖，所以必须隐藏该效果。

（5）双击预合成【右侧面+倒影反射】，在【项目】面板中将【正面+屏幕内容04】（也就是场景中屏幕盒子【LED box_05】右侧的屏幕盒子的屏幕内容合成）拖入当前预合成，并将【缩放】属性设置为【-70.0，100.0%】［也就是水平翻转并在 X 轴（横轴方向）进行一定程度的压缩］，【位置】属性设置为【40.0，400.0】，如图5-115所示。

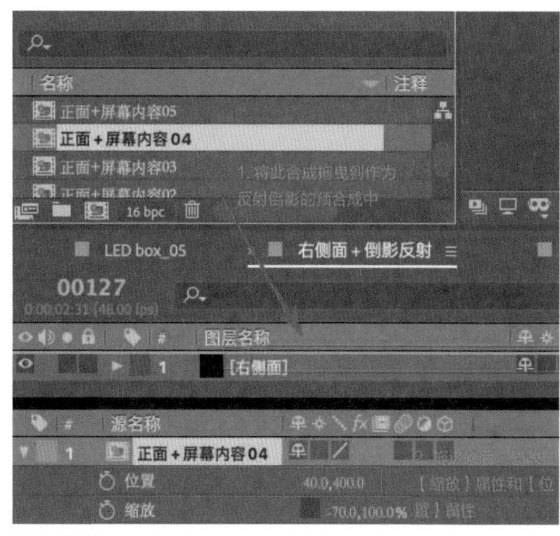

图5-115

（6）双击工具栏中的【矩形工具】，添加矩形蒙版路径，并将蒙版路径形状编辑为如图5-113所示的形式，将【蒙版羽化】属性设置为【400.0，400.0像素】。为【正面+屏幕内容04】图层添加【高斯模糊】效果，并将【模糊度】属性设置为【90.0】，【不透明度】属性设置为【50%】，如图5-116所示。

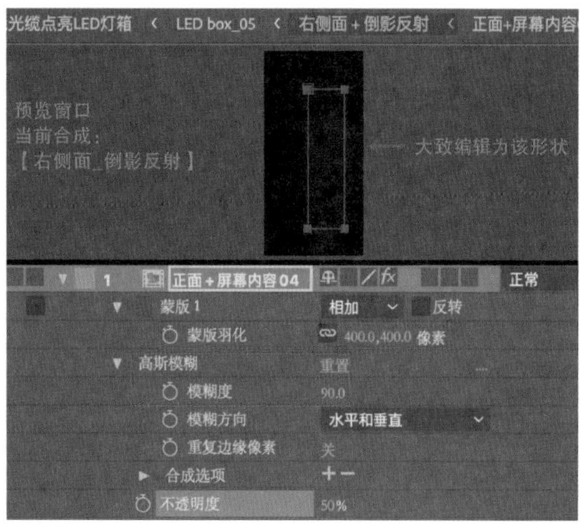

图5-116

（7）在另外两个会反射隔壁屏幕内容的屏幕盒子合成【LED box_0】和【LED box_0】中重复上述步骤。返回主合成【环绕光缆点亮LED灯箱】中，最终调试完成后的效果如图5-117所示。

图5-117

需要注意的是，之前为了创建屏幕从熄灭到启动点亮的动效，为每个屏幕盒子的正面屏幕图层（即每个【LED box_0*x*】合成中的【正面+屏幕内容0*x*】图层）的图层样式添加了不透明度关键帧动画。因此，作为屏幕的反射倒影，需要有相应的时机一致的由熄灭到启动点亮的动效。可以直接把倒影反射所对应的【正面+屏幕内容01】图层、【正面+屏幕内容03】图层和【正面+屏幕内容04】图层的图层样式不透明度关键帧动画粘贴到对应的倒影反射层上。

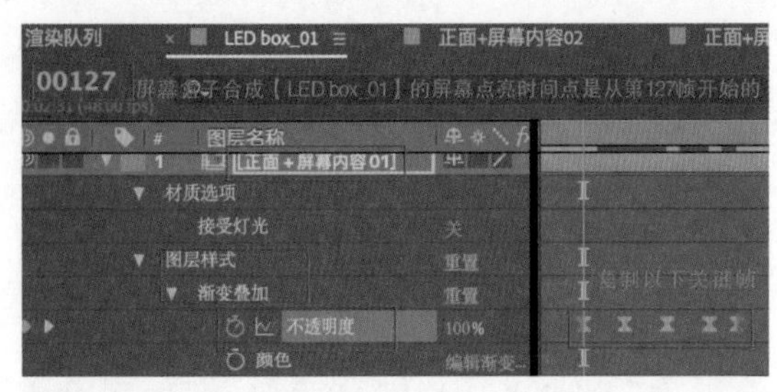

图5-118

（8）以屏幕盒子【LED box_02】的右侧面反射倒影内容【正面＋屏幕内容01】为例，双击进入【LED box_01】合成中，按快捷键【Ctrl+C】复制【正面＋屏幕内容01】图层的【渐变叠加】图层样式的不透明度关键帧，如图5-118所示。

需要注意的是，屏幕盒子【LED box_01】的屏幕点亮时间点是从第127帧开始的。

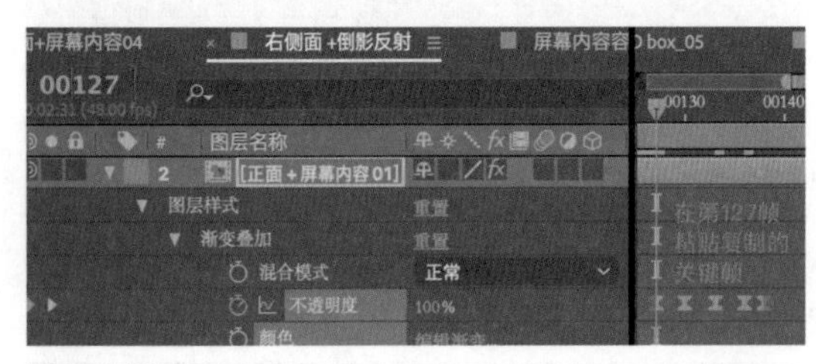

图5-119

（9）返回屏幕盒子合成【LED box_02】中，双击前面步骤中打包设置好的预合成【右侧面＋倒影反射】并进入该合成，选中【正面＋屏幕内容01】图层，先将当前时间指示器拖曳到第127帧（即与屏幕盒子合成【LED box_01】的屏幕点亮时间点一致），再按快捷键【Ctrl+V】将关键帧粘贴到该图层中，如图5-119所示。

在其他几个有反射的屏幕盒子合成中重复上述步骤粘贴复制的关键帧。如果读者觉得当前场景还是有些暗，那么可以再增加一盏灯光来加强整个场景的照明效果。

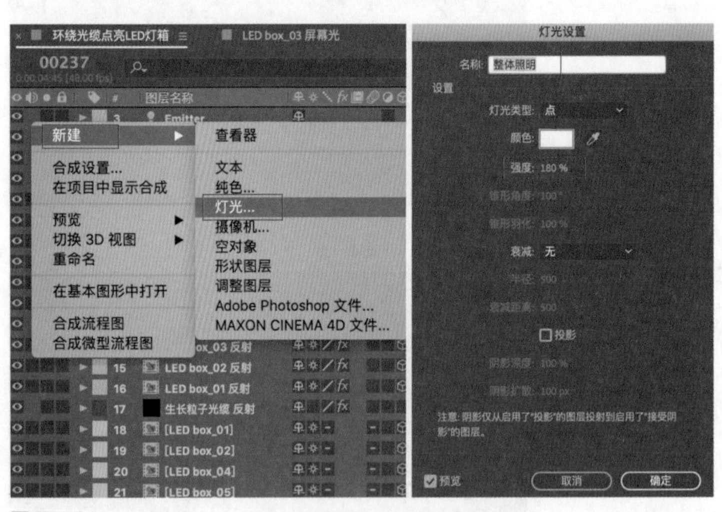

图5-120

（10）返回主合成【环绕光缆点亮LED灯箱】中，在【时间轴】面板的图层区的空白处右击，在弹出的菜单中选择【新建→灯光】命令，新建一个名称为【整体照明】的点光源，在【灯光设置】对话框中将【强度】设置为【180%】，单击【确定】按钮，如图5-120所示。

图5-121

（11）将灯光拖曳到合适的位置，可参考【位置】属性进行设置，如图5-121所示。

第6章

悬停的舞蹈：Hover（悬停）动效在 Web 端 UI 设计中的应用

6.1 Hover（悬停）动效概述

虽然 Hover（悬停）动效在触控屏类设备上的应用已经消失，但是在计算机端 UI 和 Web 端 UI 设计中的应用仍然非常广泛且必不可少。当鼠标指针移动到目标区域但未单击，或者 Focus（聚焦框）移动到目标区域时，就会展示这样的动效，可能是改变目标 UI 元素的样式，也可能是出现新的 UI 元素，还有可能弹出各种帮助提示。

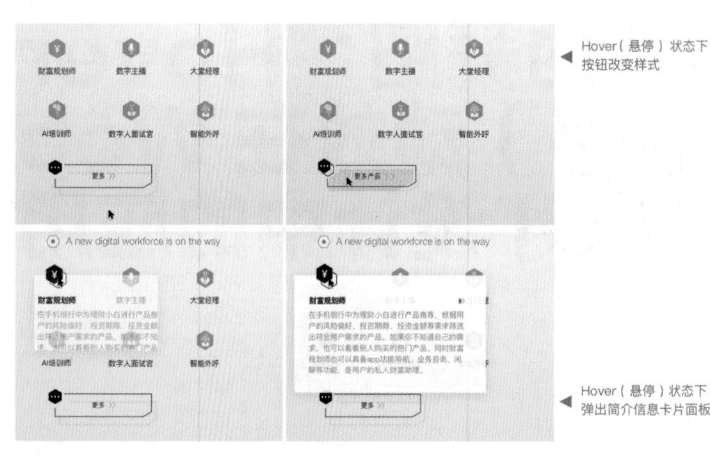

图6-1

与其他交互动效的不同之处在于，Hover（悬停）是一种处于针对控件的交互动作确认和未确认之间的中间状态动效，如图 6-1 所示（动效详见【效果文件 / 第 6 章 /6-1.mp4】）。

如果说触控屏类设备上的交互动效是一种互动性很强的“指尖的舞蹈”，那么 Hover（悬停）动效就好像是“悬停的舞蹈”。本章就 Hover（悬停）动效展开更详细的讲解与更丰富的案例分享。

6.2 Hover（悬停）动效在 Web 端 UI 设计中的应用

6.2.1 Hover（悬停）动效的几大交互应用场景

Hover（悬停）动效在 Web 端 UI 设计中的应用最广泛，也是计算机端和 Web 端的交互体系中极为重要的一环。Hover（悬停）动效在具体的应用场景中基本上可以归为两大类：一是辅助提示，二是扩展内容。前者主要起状态提示、信息提示、帮助提示等作用，尤其是针对没有文字说明的控件（如纯图形图标），只需要移动鼠标指针便可展示新的信息，帮助用户简单、高效地获取关于控件的辅助信息及后续页面的内容提示；而后者则更进一步，只需要将鼠标指针移动悬停便可通过 Hover（悬停）动效将部分关键内容提前展示给用户，帮助用户快速决策，进一步提高交互效率。可以说，Hover（悬停）动效衔接了用户执行交互动作前后（Web+ 最多的交互动作就是【单击】）的两个体验环节，大大提高了体验流畅性。

笔者将 Hover（悬停）动效在 Web 端 UI 设计中的应用进一步细分为如下 5 个场景。

- 状态切换与提示。
- 辅助信息提示。
- 内容快速展开。
- 内容快速切换。
- 新玩法：模拟受力倾斜或立体空间视角变化。

1. 状态切换与提示

状态切换最常见的用途是提示用户当前控件处于何种状态、是否可以正常交互等。此类 Hover（悬停）动效设计样式往往是控件自身样式的变化，用于切换不同的控件状态。在 Web 端 UI 设计中，按钮、链接等控件往往都具有 Normal（正常）态（即单击前的常态）、Hover（悬停）态、Press（按压）态（单击—按下状态）和 Release（释放）态（单击—释放状态）等，如图 6-2 所示（动效详见【效果文件 / 第 6 章 /6-2.mp4】）。

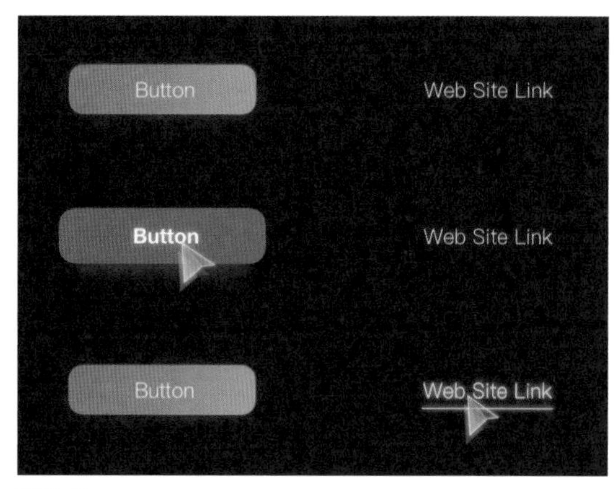

图 6-2

状态样式的变化动效通常有位移、旋转、大小、颜色、形状、字体、字号、字重、字体颜色等多种样式，也可以将多种样式综合起来使用。如果进一步发散创意，那么状态的切换也可以从控件自身图标的变化着手。例如，【删除】按钮用垃圾桶图标作为主体，当鼠标指针悬停在【删除】按钮上时，垃圾桶盖子会打开，如图 6-3 所示（动效详见【效果文件 / 第 6 章 /6-3.mp4】）。

图 6-3

状态提示类 Hover（悬停）动效的设计重点体现在以下几个方面。

（1）状态之间不同样式区分显著。

（2）状态之间不同样式的过渡自然、合理、流畅。

（3）状态的切换快速高效。

2. 辅助信息提示

辅助信息提示的应用场景主要分为两大类：一是对控件自身的帮助进行提示说明；二是对控件执行交互后将展开的内容进行提示说明。

1）对控件自身的帮助进行提示说明

在 Web 端 UI 设计中，一个页面中往往有大量的链接，每个链接的 UI Workshop 各不相同，可以是纯图形的图标、文字或“图标 + 文字”等。对于纯图形的图标链接来说，图形自身有时难以清晰无误地传达自身的含义，此时提示性 Hover（悬停）动效可以起到很好的辅助作用。与此同时，对于 Web 端 UI 设计来说，不但可以极大地简化页面，创造出极简、优美的页面，而且可以为设计师提供更大的图形设计创作自由，设计师可以大胆突破创新，摆脱传统图标设计的桎梏。

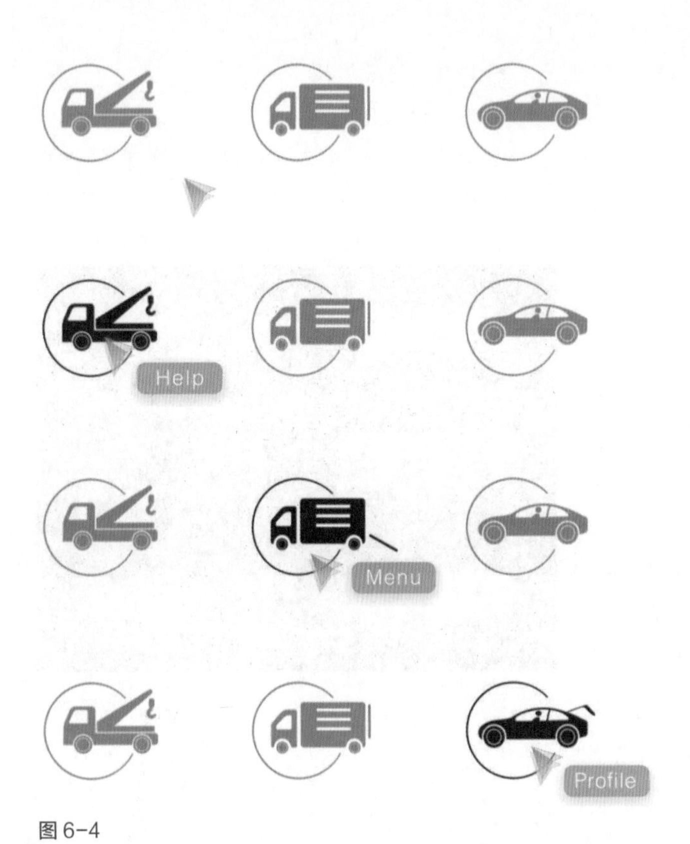

图6-4

如图 6-4 所示（动效详见【效果文件 / 第 6 章 /6-4.mp4】），页面中的 3 个图标均是交通工具，虽然用户第 1 次浏览页面时并不能马上理解其含义，但是通过提示性 Hover（悬停）动效，仍然可以快速理解这 3 个图标按钮的含义：拖车、小货车和小轿车分别代表Help(帮助)、Menu(菜单)和Profile(个人中心)3 种含义。

Help（帮助）、Menu（菜单）和 Profile（个人中心）这 3 种功能入口的图标设计其实早就有了一套近乎约定俗成的传统图形设计样式，如使用"问号"代表 Help（帮助），使用 3 条横线代表 Menu（菜单），使用头像代表 Profile（个人中心）。但在如图 6-4 所示的案例中，设计师完全突破传统，使用似乎完全不相干的交通工具代表这 3 种含义别有一番趣味。其实，设计师选用这 3 种交通工具并非天马行空，而是另有一番有趣的构思在其中。例如：拖车这种车辆其中的一个用途便是帮助其他陷入困境的车辆脱困，从而提取出 Help（帮助）属性；小轿车往往是私家用车，作为 Profile（个人中心）的图标自然是提取了其"个人物品"的属性；小货车不但是抽象为货车车厢的 3 条横向图标，而且货车自身带有"储物"的作用，与菜单这种集中存储信息的功能也有一丝微妙的有趣关联。

以上可能是一个略显极端的设计案例，但有了 Hover（悬停）动效，设计师显然可以更加大胆地突破创新，创造更多样化、更丰富有趣的 Web 端 UI 设计。

2）对控件执行交互后将展开的内容进行提示说明

除了对纯图形类控件进行提示说明，辅助信息还可以对单击控件后展开的内容，以及可以执行的功能或前往的页面进行提示说明，如图 6-5 所示（动效详见【效果文件 / 第 6 章 /6-5.mp4】）。两个按钮虽然有文字，但仍然比较概括抽象，不足以传达给用户足够的信息，即不知道单击这两个按钮后将前往的页面有什么样的功能和信息。通过使用提示性 Hover（悬停）动效，弹出一串辅助解释性语句，用户能够快速理解首页上这两个看起来最重要的功能入口究竟能够做什么。

图6-5

另外，针对某些有重大意义或“后果”的功能按钮/链接（如退出、删除、清空、重置之类的操作），Hover（悬停）动效还可以起到第一轮的“轻度警示”作用，提前以一种比较轻量化的、自然的方式警示用户，避免因使用突然弹出的强制介入型警告类弹窗而引发用户焦虑、紧张等负面情绪，并且可以避免打断原本的操作流程，从细节上改善用户体验，如图6-6所示（动效详见【效果文件/第6章/6-6.mp4】）。

图6-6

对于删除、清空、退出、重置等操作，传统的“单击后出现警示弹窗”的方式往往是一种很重且有一定突然性的警告，以一种强制介入的方式打断用户原本的操作流程或思路，在用户体验上并非最佳策略。使用Hover（悬停）动效能够以一种更自然、更友好的方式警示用户。

3）对不可用控件执行操作的前提条件进行提示说明

还有一类比较特别的通过Hover（悬停）动效提示辅助信息的应用场景，那就是当控件处于诸如锁定、不可用之类的特殊状态时，暂时无法正常交互操作，或者需要一定的条件才能激活操作。在这样的场景下可以通过Hover（悬停）动效快速展示提示信息，告知用户当前控件无法正常交互的原因或如何进行解锁等，如图6-7所示（动效详见【效果文件/第6章/6-7.mp4】）。

图6-7

3. 内容快速展开

1）快速展开详情内容页面的预览

内容快速展开的应用场景其实是对前一种应用场景的进一步拓展，不再只是提示信息，而是将部分关键内容通过鼠标控制器悬停动作直接快速展开。这些快速展开的内容原本属于对该控件执行交互动作之后展开的页面、内容的一部分。这种动效交互方式有助于用户快速高效地获取关键信息，进而快速做出决策，不必进入其中看到内容才能做出决策。

图 6-8

如图 6-8 所示（动效详见【效果文件 / 第 6 章 /6-8.mp4】），当鼠标指针划过每张车辆缩略图，或者进入图标热区时，会自动展开一个小面板，将该款车型的关键技术性能（价格、发动机类型、发动机马力和车身尺寸等）等快速展示给用户，用户无须多次单击便可快速获知关键信息，从而更高效地做出决策。通过对这些关键信息的快速了解，再单击最感兴趣的选项进入就可以查看更多更详细的内容。

图 6-9

2）快速预览图片、视频

利用 Hover（悬停）动效，不仅可以展开文字信息内容或图文复合内容，还可以运用到浏览图片、视频的交互场景中。当鼠标指针进入并悬停在某张缩略图或视频封面图上时，自动放大缩略图并展开相对来说更清晰、更详尽的大图，或者自动播放一段视频关键内容，如图 6-9 所示（动效详见【效果文件 / 第 6 章 /6-9.mp4】）。

4. 内容快速切换

内容快速切换的应用场景是对内容快速展开的应用场景的进一步拓展，二者在交互的实质上是基本相同的。内容快速展开通常用于快速预览控件背后更详细、更丰富的内容；而内容快速切换则常用于下拉菜单的预览，便于用户快速切换并查看不同的菜单项，如图 6-10 所示（动效详见【效果文件 / 第 6 章 / 6-10.mp4】）。

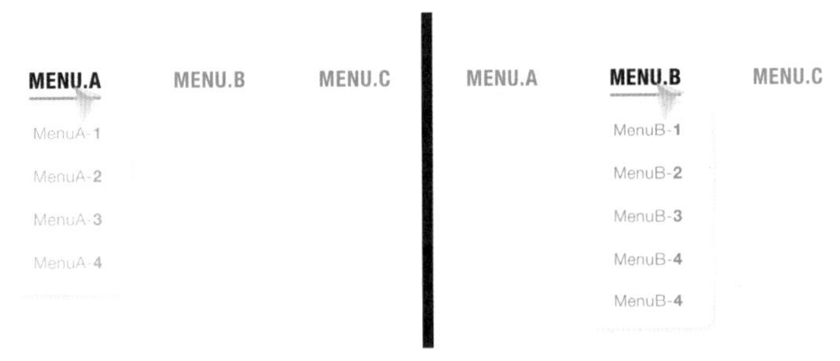

图 6-10

该场景同样利用了 Hover（悬停）动效在交互上快速、高效的优势，用户只需轻轻划过多个菜单项即可快速预览下拉菜单的详细内容。

5. Hover（悬停）动效的新玩法：模拟受力倾斜或立体空间视角变化

以上 4 个应用场景均基于一个明确的交互目的，或者是快速提示，或者是快速预览，又或者是快速切换。在一些设计风格强烈的 Web 端网页中，还存在一种特殊的 Hover（悬停）动效：以纯视觉效果传递为主要目的的 Hover（悬停）动效。这类动效一般没有明确的交互场景指向，主要用来传达一种更特别的动态视觉效果。笔者在这里列举一类应用场景：利用 Hover（悬停）动效模拟页面或控件的受力倾斜，或者立体空间中的视角移动、旋转和推拉等变化。

1）Hover（悬停）动效在模拟页面或控件受力倾斜中的运用

当鼠标指针仅仅以 Hover（悬停）状态在页面或控件上移动时，鼠标指针到达之处，页面或控件的那一个角落区域好像被一股无形的力量影响而倾斜少许角度，仿佛鼠标指针与页面之间有一个无形的力场，会产生隔空的作用力；又好似原本呆板平置的页面似乎“悬浮”在一个空间中，鼠标指针只需轻轻一划即可使它们微微浮动，如图 6-11 所示（动效详见【效果文件 / 第 6 章 /6-11.mp4】）。

图6-11

类似的 Hover（悬停）动效能够通过这种自然的交互动态，使一个原本纯粹的二维平面忽然产生一种奇妙的立体效果，鼠标指针轻轻一划，页面就好像“浮动”起来。

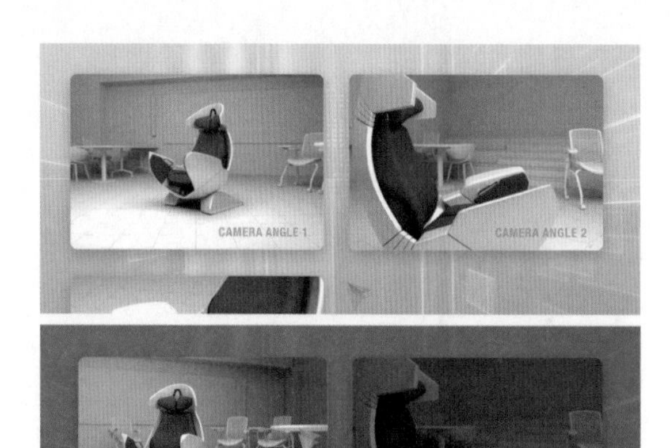

CAMERA ANGLE 1
CAMERA ANGLE 2
鼠标指针向左移动，空间视角也相应地向左移动

图6-12

2）Hover（悬停）动效在模拟立体空间中视角变化的运用

对于页面上的具有较强空间感效果的3D控件，可以把鼠标指针设想为摄像头视角。当用户移动鼠标指针时，仿佛是在控制摄像头机位移动，以此模拟在一个立体空间中的视角变化。在如图6-12所示的案例中，当用户把鼠标指针移动并悬停到卡片（左上角第一张卡片）上时，左右移动鼠标指针，视角就会跟着左右移动，以此可以观察卡片中的3D场景（动效详见【效果文件/第6章/6-12.mp4】）。

玩过FPS（第一人称设计）游戏的读者对此都非常熟悉——其实就是在游戏场景中用鼠标指针控制视角的移动。而图6-12中的案例与FPS游戏的不同之处在于，FPS游戏中用鼠标指针控制视角移动的机制是针对全场景空间视角的全面控制，而图6-12中的案例则是创新性地将鼠标指针对全场景视角的控制切换用于对页面上某个局部控件的局部视角控制，从而变成一种特殊的Hover（悬停）动效。在设计中，“他山之石，可以攻玉”一直是突破创新的一种有效的思维方法。

这种有趣且独特的Hover（悬停）动效为动效设计师提供了更加广阔的创新视角。鼠标原本只是一个基础的交互控制器。但是，如果先将二维平面扩展为三维空间，那么鼠标又能发挥什么作用呢？在这个应用场景中，鼠标成为用户手中模拟摄像机的运动控制器，用来改变观察视角。在面对三维空间时，鼠标和摄像机两个原本几乎毫不相干的概念就连接起来了。有时，从创新的动效设计这种角度入手，尝试链接两个看似毫无关系的概念往往能收到奇效。

从这里出发，在面对立体空间时，Hover（悬停）动效会有什么样的精彩创意呢？这就引申出除了Web端UI设计，Hover（悬停）动效可以发挥重要作用的另一个应用平台是VR/AR。在当前以触控屏交互为主的时代，Hover（悬停）动效似乎已渐渐远去，但在VR/AR平台的交互体系中，Hover（悬停）动效将再次回归。

6.2.2 Hover（悬停）动效在VR/AR交互中的回归

VR/AR的3D UI交互体系及其3D动效的运用非常广泛，创新设计空间非常广阔，而Hover（悬停）动效正是这套3D UI和3D动效的重要一环。

Hover（悬停）动效之所以在触控屏交互体系中不再存在，是因为在触控屏交互中只有手指“触摸/点击”屏幕和手指“未触摸/点击”屏幕两个状态，只要手指不接触屏幕，就不会触发任何交互行为，也就不存在中间的交互状态。而在VR/AR中回归，是因为VR/AR的交互体系与计算机Web端上的交互体系相似，都存在一个中间控制器（如鼠标）已经“到达”UI控件，但又未执行操作的中间状态。计算机Web端的中间控制器是鼠标和键盘，而VR/AR的中间控制器可以是手柄，也可以是用户的手。但这个手和触控屏点击的手不同，因为在VR/AR中不存在“触摸屏”这样一个硬件交互介质，用户相当于直接与虚拟的UI互动，所以用户的手可以用“划过”、“悬浮”和“触碰”这些动作手段与VR/AR中的虚拟UI控件互动，但可以不执行“点击”这样的确认操作。

如图6-13所示，用户戴着AR眼镜（微软的HoloLens 2智能眼镜）正在用手与一组图标互动。如果是在触控屏设备中，用户要与这组图标产生任何互动，那么必须执行“点击”动作或滑动、缩放之类的手势；而在AR交互中，用户只需要把手放到图标上面，或者逐个轻轻划过各个图标，就可以自动触发更多的内容。这正好与Web端UI设计中通过Hover（悬停）动效快速展开更多内容的交互机制完全相同。

图6-13

这只是Hover（悬停）动效在VR/AR交互中最简单基础的应用，是对Web端UI设计的Hover（悬停）动效的直接沿用。因为3D UI控件的加入，Hover（悬停）动效有了更多的形态可能性，多一个维度便多出无限可能。在如图6-14所示的案例中，当鼠标指针/用户的手悬停在一个3D图标上时，图标展开类似于结构爆炸图的效果；当鼠标指针/用户的手离开图标时，就恢复到完整整合状态（动效详见【效果文件/第6章/6-14.mp4】）。

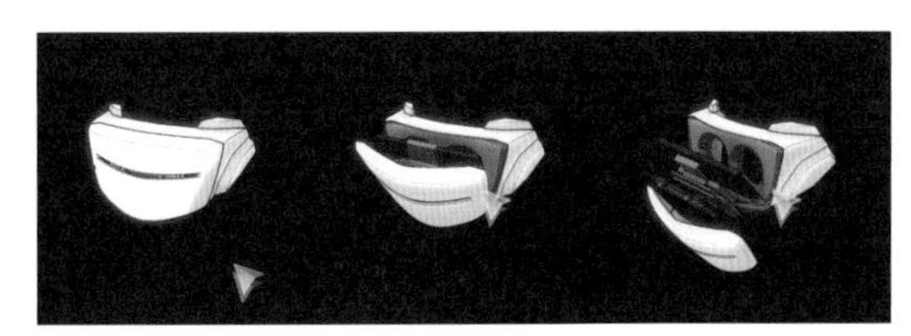

图6-14

可以更进一步发挥想象：在切换成结构爆炸图时，图标内部展开结构的同时在核心处还可以加上类似于爆发粒子光效的特效，当鼠标指针/用户的手离开时，会产生光效能量回溯仿佛时间倒流一般的效果，进一步加强了界面的科幻感和画面张力。

6.3 案例：做一组粒子聚散效果的Hover（悬停）动效

下面介绍一个以粒子聚合、消散动画为主体的Hover（悬停）动效。当鼠标指针悬停到控件上方时出现一团粒子快速聚合成提示文字的形状，当鼠标指针移开时粒子群会快速消散，如图6-15所示。

图6-15

学习目标

- 可以使用 Particular 效果将图片作为发射粒子的发射器。
- 可以使用 Particular 效果制作粒子聚合与消散的动效。
- 可以使用多张图片代替粒子样式，创建随机且不同的粒子样式。

资源位置

案例效果	效果文件 / 第 6 章 / 案例：信息提示型 Hover（悬停）动效 .mp4
素材文件	素材文件 / 第 6 章 / 案例：信息提示型 Hover（悬停）动效
案例文件	案例文件 / 第 6 章 / 案例：信息提示型 Hover（悬停）动效
视频教学	视频教学 / 第 6 章 / 案例：信息提示型 Hover（悬停）动效 .mp4
技术掌握	Particular 效果的粒子聚合与消散，用多张图片代替粒子样式

6.3.1　打开初始工程文件，完成前期准备工作

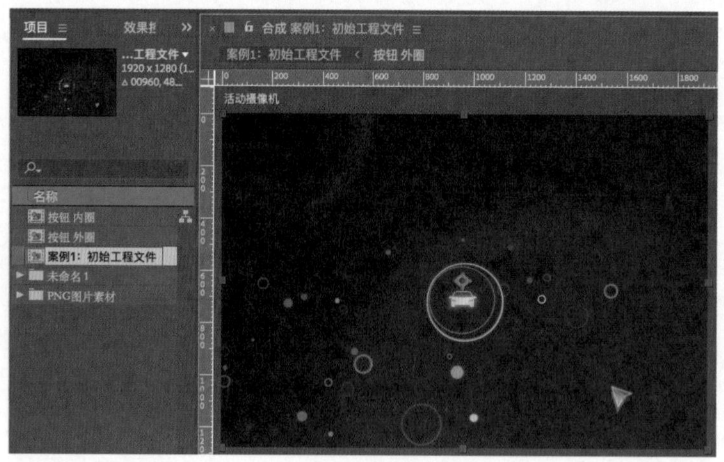

图6-16

（1）打开项目。打开工程文件【案例文件 / 第 6 章 / 案例：信息提示型 Hover（悬停）动效 / 案例：信息提示型 Hover（悬停）动效 初始工程文件 .aep】，双击【项目】面板中的【案例 1：初始工程文件】合成，可以看到作为动效背景的界面已经搭建完毕，如图 6-16 所示。

（2）预览当前工程。通过播放预览可以发现，在初始工程文件中，鼠标指针的移动动画已经为读者设定好，如图6-17所示。本案例主要介绍Hover（悬停）动效的制作，不再介绍鼠标指针移动作为辅助且非必要的动画制作（也是最简单的关键帧移动动画）。

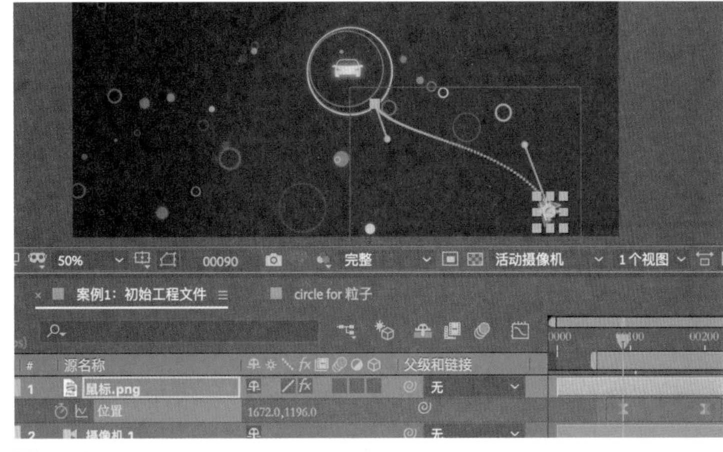

图6-17

6.3.2 制作第一组 Hover（悬停）动效

1. 创建按钮旋转的关键帧动画

（1）创建旋转起始关键帧。将时间指示器拖曳至第180帧，也就是鼠标指针刚刚移动到圆形按钮范围内的时候，同时选中按钮合成图层【按钮 内圈】和【按钮 外圈】，按快捷键【R】单独展开【方向】属性和【旋转】属性，并为这两个图层的【X轴旋转】属性都设置一个关键帧，如图6-18所示。

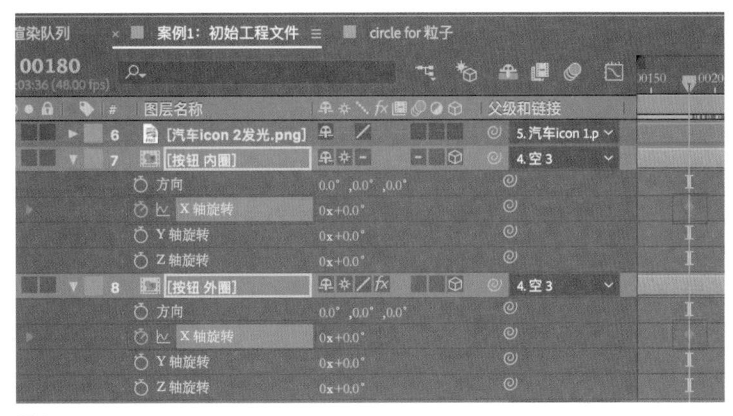

图6-18

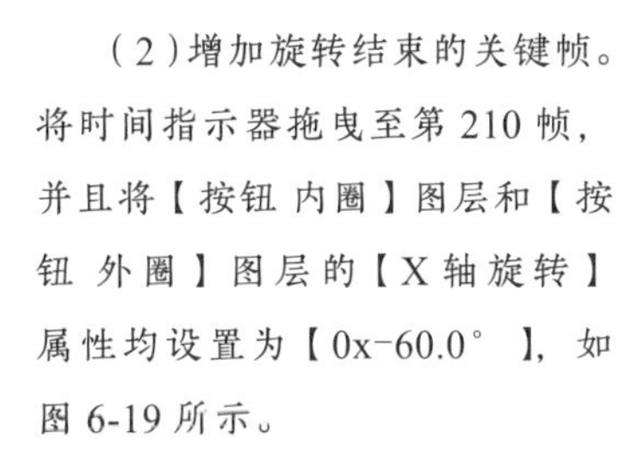

（2）增加旋转结束的关键帧。将时间指示器拖曳至第210帧，并且将【按钮 内圈】图层和【按钮 外圈】图层的【X轴旋转】属性均设置为【0x-60.0°】，如图6-19所示。

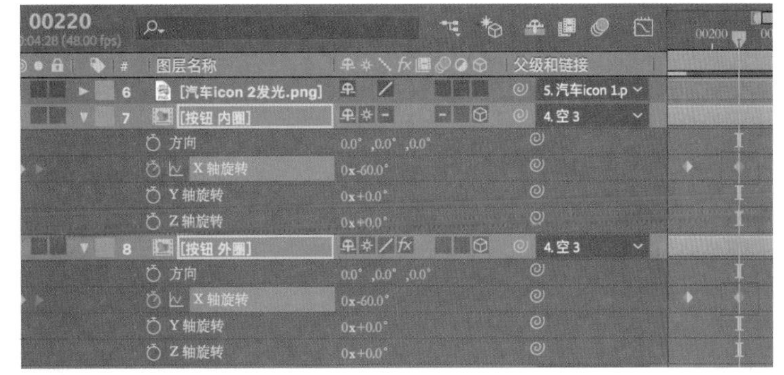

图6-19

图 6-20

（3）旋转之后的效果如图 6-20 所示。

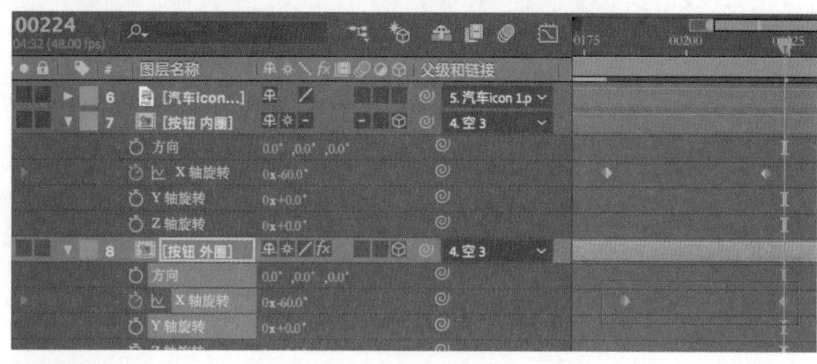

图 6-21

（4）拖曳关键帧，使两个图层的旋转动效错开一定的间隔。框选【按钮 外圈】图层的【X 轴旋转】属性的两个关键帧，并向后拖曳 4 帧，如图 6-21 所示。

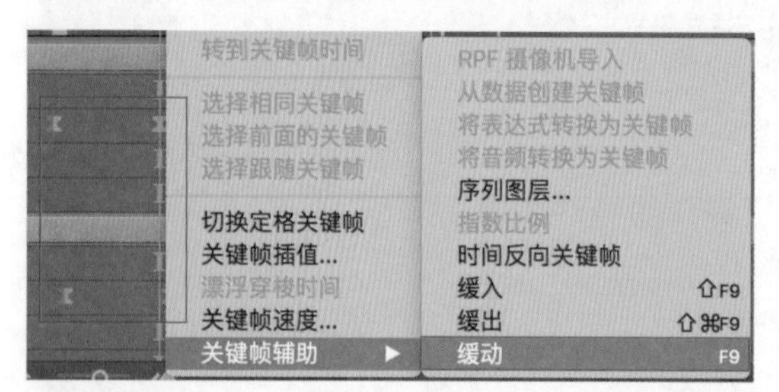

图 6-22

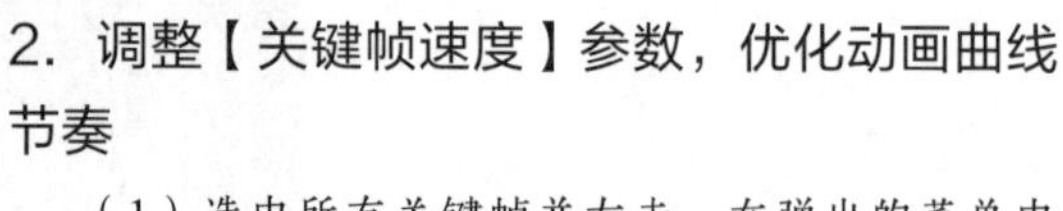

2. 调整【关键帧速度】参数，优化动画曲线节奏

（1）选中所有关键帧并右击，在弹出的菜单中选择【关键帧辅助→缓动】命令，将关键帧切换为缓动关键帧，如图 6-22 所示。

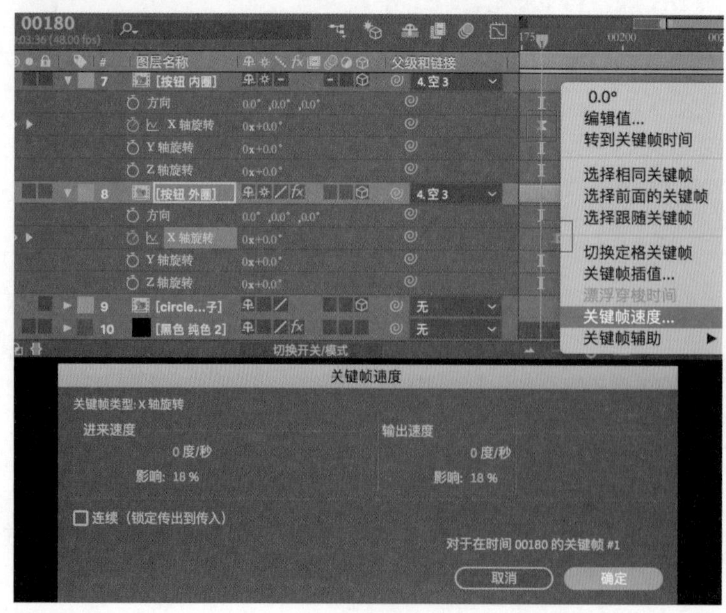

图 6-23

（2）选中两个图层的前一组关键帧（即第 180 帧和第 184 帧的关键帧）并右击，在弹出的菜单中选择【关键帧速度】命令，打开【关键帧速度】对话框，将【输出速度】的【影响】设置为【18%】，单击【确定】按钮，如图 6-23 所示。

（3）选中两个图层的后一组关键帧（即第220帧和第224帧的关键帧）并右击，在弹出的菜单中选择【关键帧速度】命令，打开【关键帧速度】对话框，将【进来速度】的【影响】设置为【100%】，如图6-24所示。

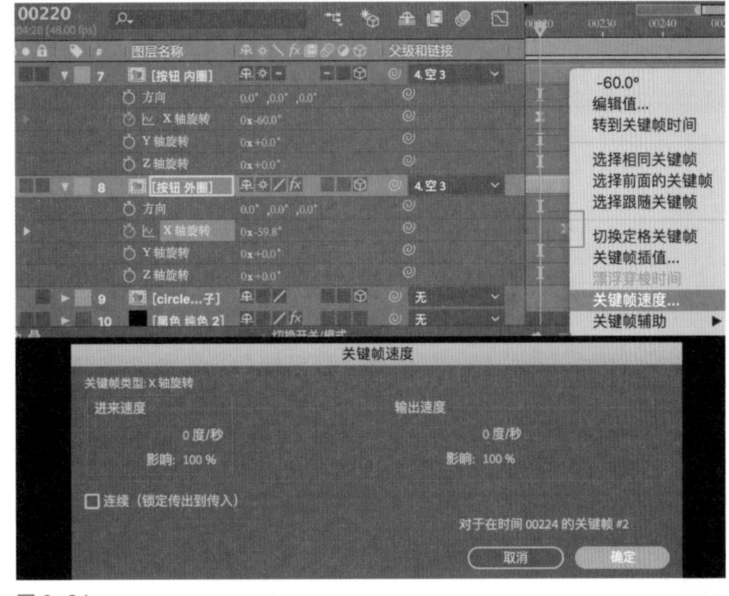

图 6-24

3. 优化按钮的细节

目前按钮内圈和外圈的嵌套效果不是很好，可以为按钮内圈增添 *Y* 轴方向上的适度轻移。

（1）选中【按钮 内圈】图层，按快捷键【P】展开【位置】属性，选中【位置】属性并右击，在弹出的菜单中选择【单独尺寸】命令，将【位置】属性分离成【X 位置】、【Y 位置】和【Z 位置】3个子属性，如图6-25所示。

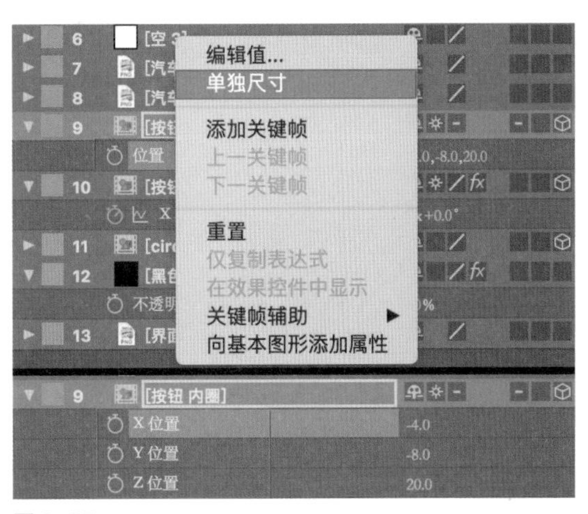

图 6-25

（2）在第180帧为【按钮 内圈】图层的【Y 位置】属性设置一个关键帧，如图6-26所示。

图 6-26

（3）将时间指示器拖曳至第220帧，将【Y 位置】属性设置为【4.6】，并且按照惯例需要修改【关键帧速度】参数。首先框选两个关键帧并右击，然后在弹出的菜单中选择【关键帧辅助→缓动】命令，如图6-27所示。

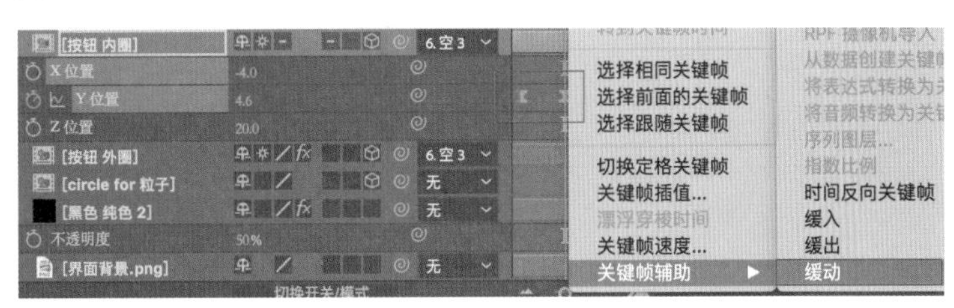

图 6-27

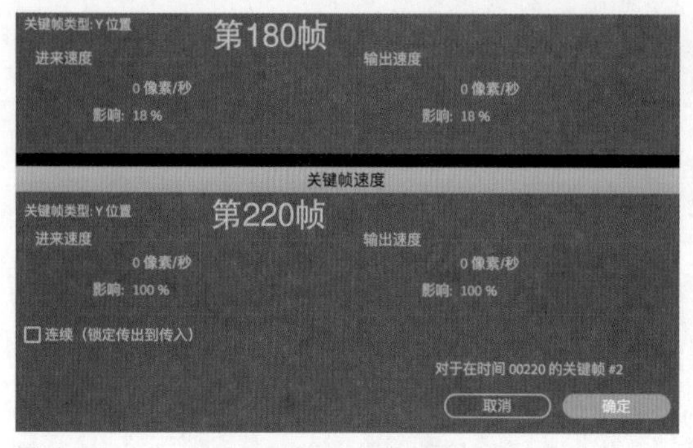

图 6-28

（4）将第 180 帧的关键帧速度的【输出速度】的【影响】设置为【18%】，并且将第 220 帧的关键帧速度的【进来速度】的【影响】设置为【100%】(与【X 轴旋转】属性的关键帧相同)，如图 6-28 所示。

至此，已经得到了一组相对简单的基础 Hover（悬停）动效：当鼠标指针移动到按钮区域时，按钮自动旋转放平，提示按钮处于激活可单击状态。接下来为这组 Hover（悬停）动效添加生成提示文字的动画。

6.3.3　新建合成用于粒子动效

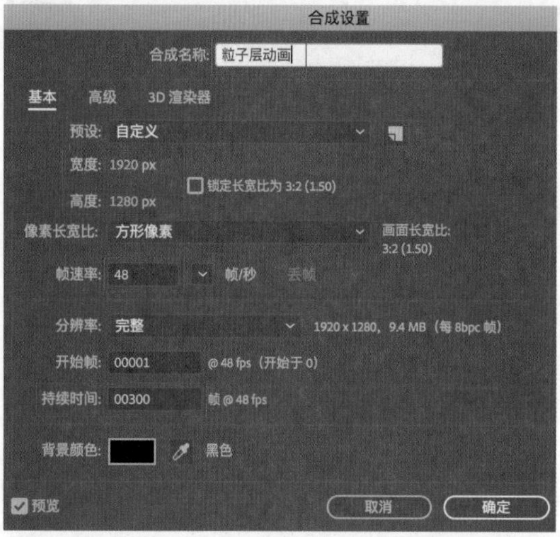

图 6-29

（1）新建合成。按快捷键【Ctrl+D】新建一个合成并将其命名为【粒子层动画】,【宽度】和【高度】分别设置为【1920px】和【1280px】,【帧速率】设置为【48 帧 / 秒】,【持续时间】设置为【00300 帧】，如图 6-29 所示。

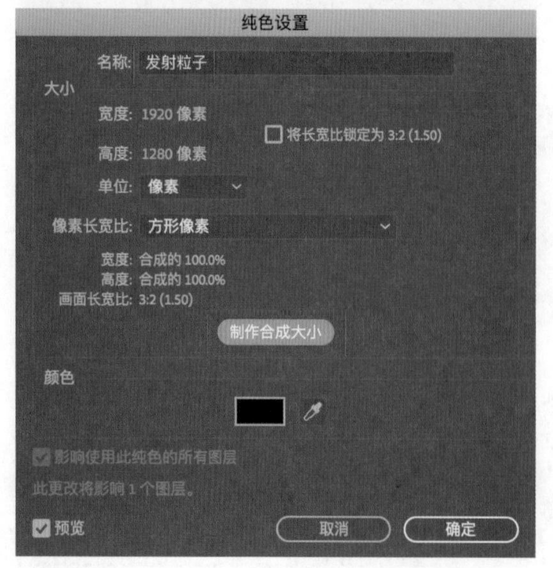

图 6-30

（2）新建纯色图层。按快捷键【Ctrl+Y】新建一个纯色图层并将其命名为【发射粒子】，单击下方的【制作合成大小】按钮，设置纯色图层的大小与合成的大小一致，如图 6-30 所示。

（3）添加 Particular 效果。保持合成【粒子层】在【时间轴】面板上打开，并在【效果和预设】面板的搜索框中输入【particular】，通过双击搜索到的【Particular】效果将其添加到刚刚新建的纯色图层【发射粒子】上，如图 6-31 所示。

图 6-31

6.3.4　添加图片素材，作为发射器形状

（1）将图片素材拖曳到合成中。在【项目】面板的【PNG 图片素材】文件夹中找到图片素材【辅助说明文字 1.png】（文字内容为 Link help tips），将其拖曳到【粒子层动画】合成中，如图 6-32 所示。

图 6-32

（2）选中图片素材【辅助说明文字 1.png】，按快捷键【Ctrl+Shift+C】将其打包到新建的预合成中。在打开的【预合成】对话框中将新合成命名为【辅助说明文字 for 发射器】，并选中【保留“粒子层动画”中的所有属性】单选按钮，单击【确定】按钮，将之后生成的预合成图层切换为 3D 图层并隐藏，如图 6-33 所示。

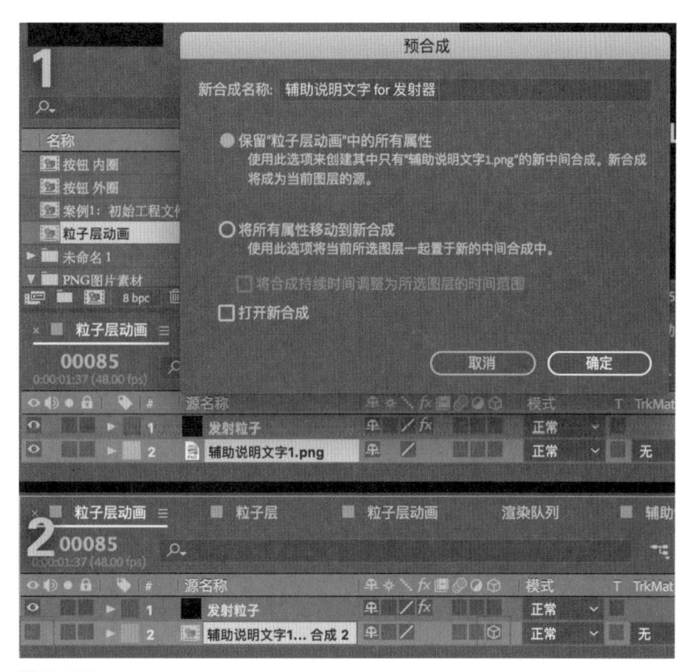

图 6-33

图6-34

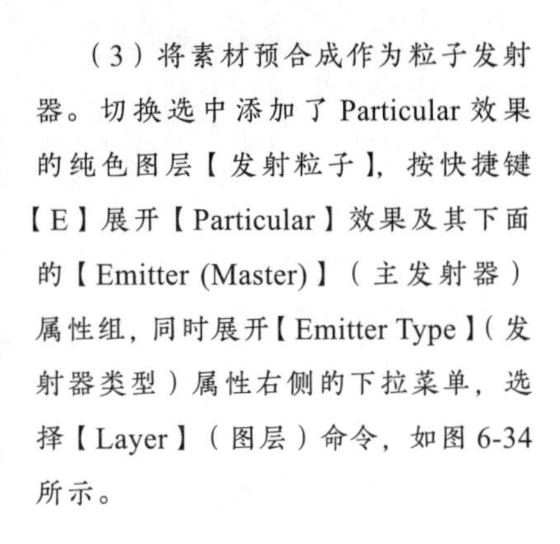
（3）将素材预合成作为粒子发射器。切换选中添加了Particular效果的纯色图层【发射粒子】，按快捷键【E】展开【Particular】效果及其下面的【Emitter (Master)】（主发射器）属性组，同时展开【Emitter Type】（发射器类型）属性右侧的下拉菜单，选择【Layer】（图层）命令，如图6-34所示。

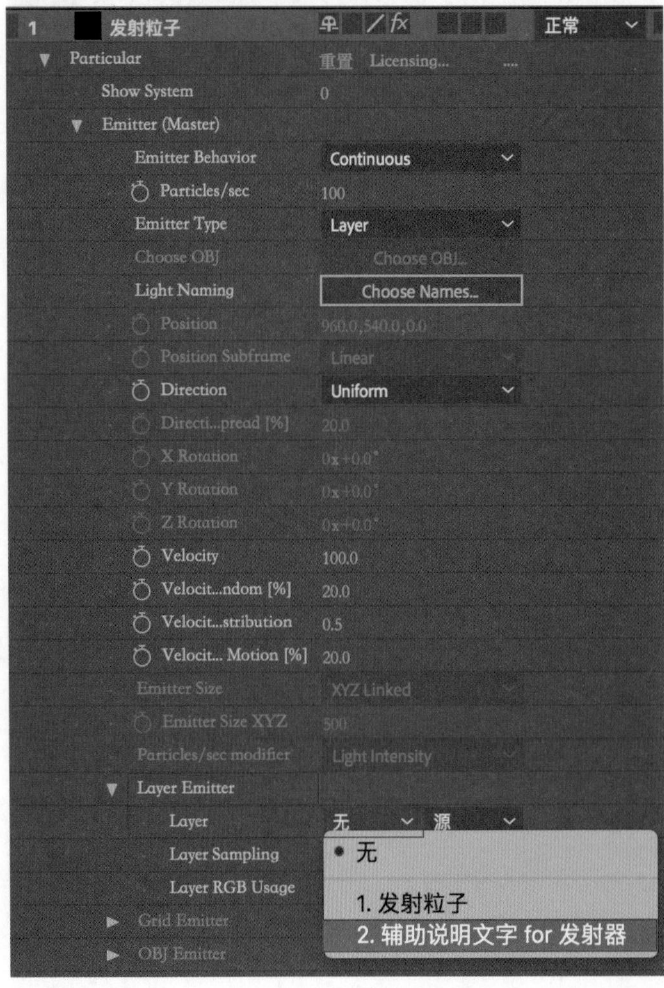

图6-35

（4）找到【Layer Emitter】（图层发射器）属性并将其展开，同时展开【Layer】属性（图层）右侧的第1个下拉菜单，选择新建的预合成【2. 辅助说明文字 for 发射器】，也就是将其作为图层发射器的图层，如图6-35所示。

（5）先将【Emitter(Master)】（主发射器）属性组中的【Velocity】（速度）属性设置为【0.0】，再将【Particles/ sec】（粒子发射速率）属性调整为【1000】。此时进行播放预览，可以看到粒子生成后自动形成一组“Link help tips”的字样。因为已经将预合成图层【辅助说明文字 for 发射器】作为粒子发射器形状，粒子仅从该图层有颜色的区域生成，所以当粒子生成数量足够多且速度为 0 时，就会拼成图层内容字样，如图 6-36 所示。

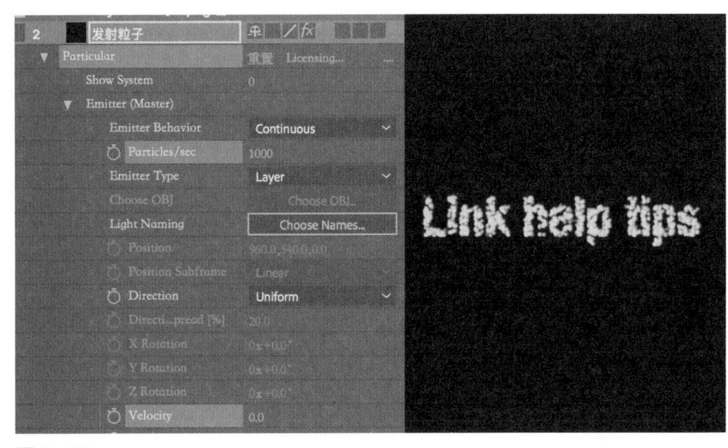

图 6-36

（6）继续将其他与粒子速度相关的 3 个属性【Velocity Random [%]】（粒子速度随机）、【Velocity Distribution】（粒子速度散布）、【Velocity from Motion [%]】（粒子速度跟随运动）均设置为【0.0】，如图 6-37 所示。

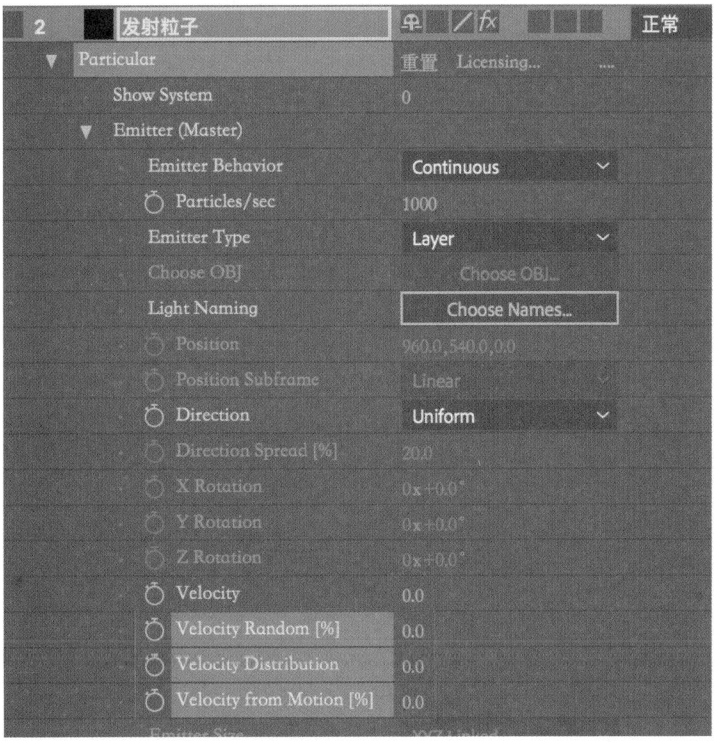

图 6-37

6.3.5　用多张图片替换作为随机多样化的粒子样式

图 6-38

（1）将包含多张图片素材的合成拖曳到粒子合成【粒子层动画】中。在【项目】面板中，找到一个名称为【6张随机图 for 粒子样式】的合成并双击打开，可以看到共有6张图片，这6张图片是不同的图形样式（有粗细不同的圆环、大小不一的圆点）。这6张图片依次每隔1帧按时间顺序排列，即1帧1张图片，如图6-38所示。

图 6-39

（2）先在【时间轴】面板顶部标签栏上切换为上面的粒子合成【粒子层动画】，再通过【项目】面板将【6张随机图 for 粒子样式】合成拖曳到【粒子层动画】合成中，并隐藏图层，如图6-39所示。

（3）修改发射器类型，并指定作为发射器的图层。再次展开纯色图层【发射粒子】的【Particular】效果属性组，先找到【Particle(Master)】（主粒子）属性组并展开，再单击【Particle Type】（粒子类型）属性右侧的下拉按钮，在下拉菜单中选择【Textured Polygon】(多边形纹理)命令，如图6-40所示。

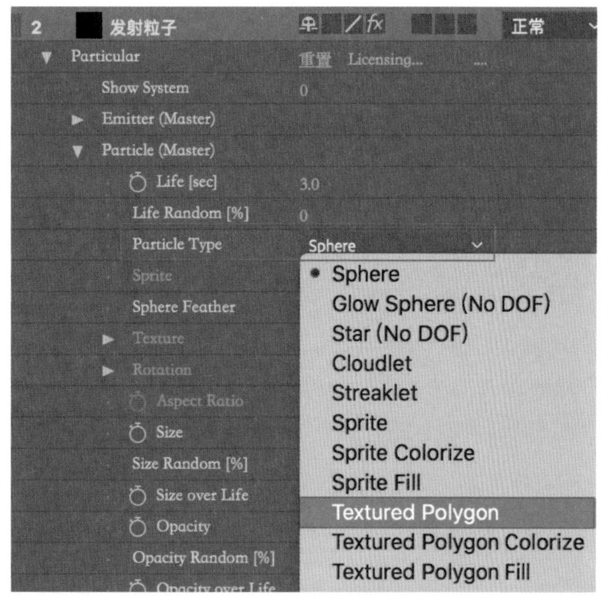

图6-40

（4）可以看到新激活了下面的【Texture】（质地）属性组，先展开该属性组，再单击【Layer】(图层)属性右侧的第1个下拉按钮，在下拉菜单中选择【4. 6张随机图for粒子样式】命令，即将该图层作为粒子的样式，如图6-41所示。

图6-41

（5）修改图层发射器的【Time Sampling】（时间采样方式）属性及粒子大小。单击【Texture】（质地）属性组下的【Time Sampling】（时间采样方式）属性右侧的下拉按钮，在下拉菜单中选择【Random-Still Frame】(随机-静帧)命令，如图6-42所示。

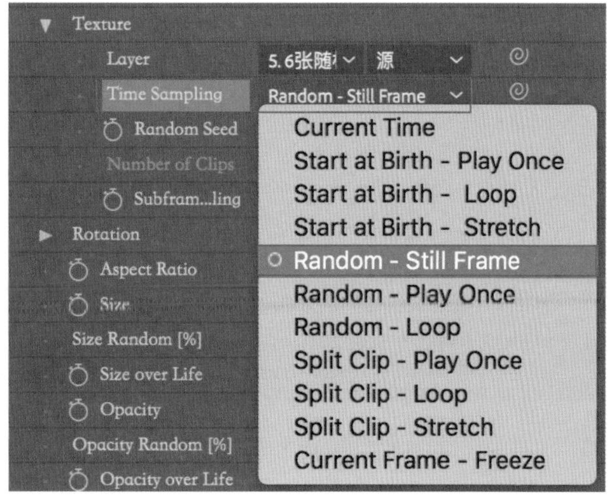

图6-42

技术看板：关于【Time Sampling】（时间采样方式）属性

【Time Sampling】（时间采样方式）属性的作用如下：如果作为粒子样式的图层是一个包含多个帧的动态合成图层，那么可以设置拥有多个帧的动态合成图层以何种方式作用于粒子样式。

如果采用默认的Random-Loop（随机－循环）方式，就是随机循环播放的动态方式作为粒子的样式，那么粒子自身将是动态循环变化的样式。粒子在其生命周期内，每帧都会随机并循环调取合成图层中的不同帧。例如，本案例中的作为粒子样式的合成图层【6张随机图for粒子样式】，其内部有6帧，每帧都是不同的图形（有粗圆环、细圆环、大圆点和小圆点等）。【Time Sampling】（时间采样方式）属性若采用默认的Random-Loop（随机－循环）方式，则粒子的生命周期设定为1秒，在这1秒（即48帧）内，每帧都会循环随机调取6帧中的任意一帧，粒子样式也在粗圆环、细圆环、大圆点和小圆点等图形中不断随机变化，1帧变化1次。

如果采用Random-Play Once（随机－播放一次）方式，那么正如Play Once的中文含义——“播放一次”，也就是无论粒子的生命周期是1秒还是10秒，在播放完6帧之后，就会消失。这是与Random-Loop（随机－循环）方式的不同之处。

在本案例中，最终选择的是Random-Still Frame（随机－静帧）方式，能够保持粒子在其生命周期内始终是一种样式而不发生变化。在粒子刚诞生时就随机调取合成图层【6张随机图for粒子样式】中的任意一帧图形作为其初始样式，之后直至粒子消亡也不再发生变化。

图6-43

（6）调整粒子的尺寸及随机度。接下来需要把粒子的尺寸调大，将【Particle(Master)】（主粒子）属性组下的【Size】（粒子大小）属性设置为【10.0】,【Size Random[%]】（大小随机度）属性设置为【50.0】，可以看到粒子变成合成图层【6张随机图for粒子样式】中的图形样式，是由粗圆环、细圆环、大圆点和小圆点等多种样式随机组合的，如图6-43所示。

（7）调整粒子的不透明度。将【Particles(Master)】（主粒子）属性组下的【Opacity Random [%]】（不透明度随机）属性设置为【50.0】，如图 6-44 所示。

使粒子的大小与不透明度随着生命周期变化。修改【Size over Life】属性和【Opacity over Life】属性（即粒子大小与不透明度随着生命周期变化）的曲线需要在【效果控件】面板上进行。

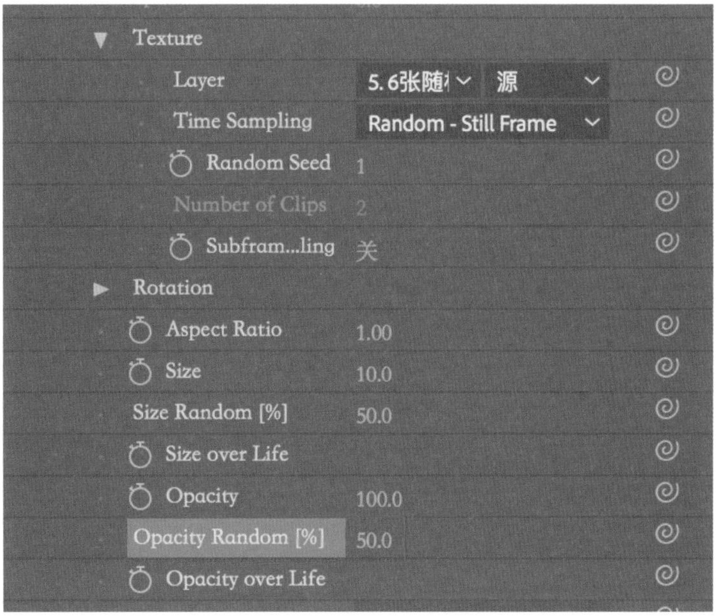

Texture
Layer　5.6张随机　源
Time Sampling　Random - Still Frame
Random Seed　1
Number of Clips　2
Subfram...ling　关
Rotation
Aspect Ratio　1.00
Size　10.0
Size Random [%]　50.0
Size over Life
Opacity　100.0
Opacity Random [%]　50.0
Opacity over Life

图 6-44

（8）调整【Size over Life】（粒子大小随着生命周期变化）属性的曲线形状。在【效果控件】面板中展开【Size over Life】（粒子大小随着生命周期变化）属性并调整其曲线形状，如图 6-45 所示。

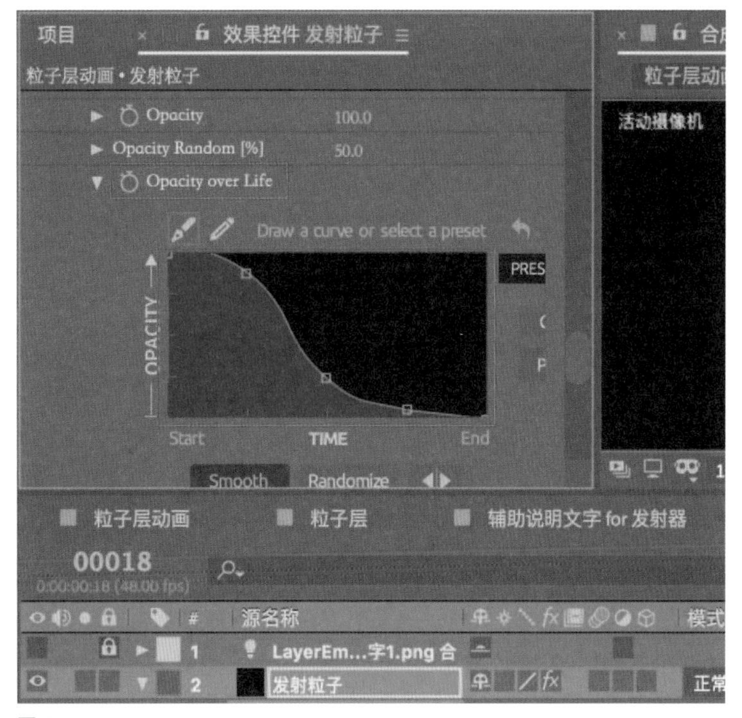

图 6-45

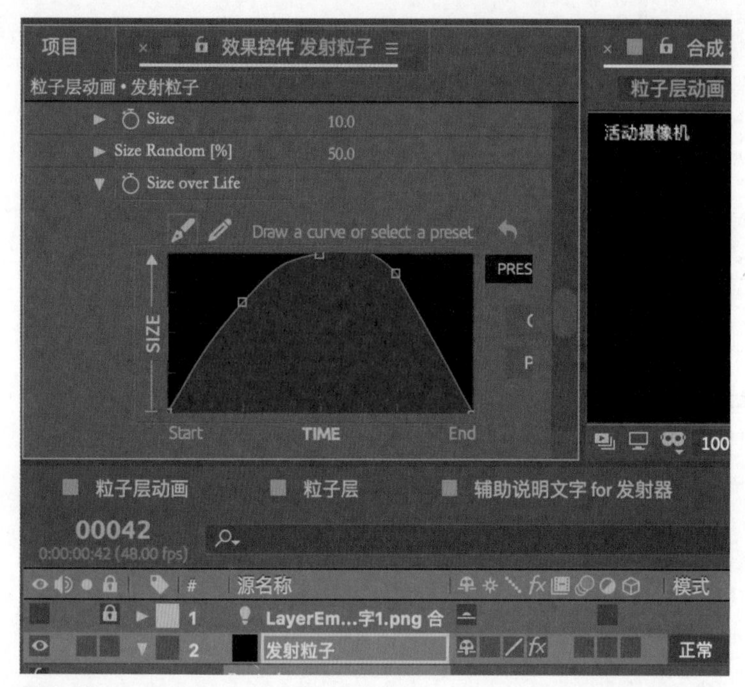

图 6-46

（9）调整【Opacity over Life】（粒子不透明度随着生命周期变化）属性的曲线形状。在【效果控件】面板中展开【Opacity over Life】（粒子不透明度随着生命周期变化）属性并调整其曲线形状，如图 6-46 所示。

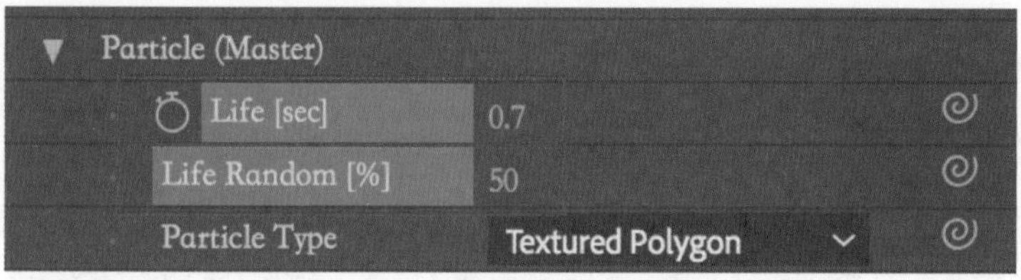

Particle (Master)	
Life [sec]	0.7
Life Random [%]	50
Particle Type	Textured Polygon

图 6-47

（10）修改粒子的生命值。将【Particle(Master)】（主粒子）属性组下的【Life[sec]】（粒子生命）属性设置为【0.7】，并将【Life Random [%]】（粒子生命随机）属性设置为【50】，即每个粒子的生命均不相同，在 ± 50% 范围内随机变化（0.7 秒 ± 0.35 秒，即 0.35 ~ 1.05 秒的范围内），如图 6-47 所示。

接下来开始制作粒子的动态。

6.3.6 制作 Particular 效果的粒子发射关键帧动画

（1）修改粒子的发射速率并创建关键帧动画。将时间指示器定位到第 2 帧，将【Emitter(Master)】（主发射器）属性组下的【Particles/sec】（粒子发射速率）属性设置为【0】，并为该属性设置一个关键帧；在下一帧（即第 3 帧），将【Particles/sec】（粒子发射速率）属性设置为【48000】，再次为该属性设置一个关键帧。这一组关键帧用来创建粒子发射器发射速率从无到有的关键帧动画，如图 6-48 所示。

图6-48

（2）粒子发射器停止发射。将时间指示器拖曳至第27帧，将【Particles/sec】（粒子发射速率）设置为【15000】；在下一帧（即第28帧），将【Particles/sec】（粒子发射速率）属性重新设置为【0】自动生成关键帧）。这一组关键帧用来创建粒子发射器停止发射粒子的关键帧动画，如图6-49所示。

图6-49

通过设置这两组关键帧，粒子发射器可以在第3～27帧持续发射粒子，在第27帧之后便停止发射粒子，即不再产生粒子。

（3）创建向上的反重力力场，使粒子向上飘。继续在【Particular】效果属性组中往下找到【Physics(Master)】（主物理系统）属性组，即粒子的物理动力学系统属性组，通过单击将其展开，并且将【Gravity】（重力）属性设置为【-180.0】，即反方向的重力值，使粒子可以向上飘，如图6-50所示。

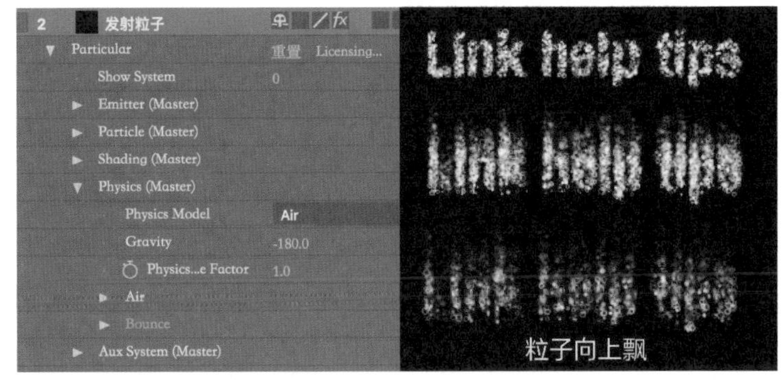

图6-50

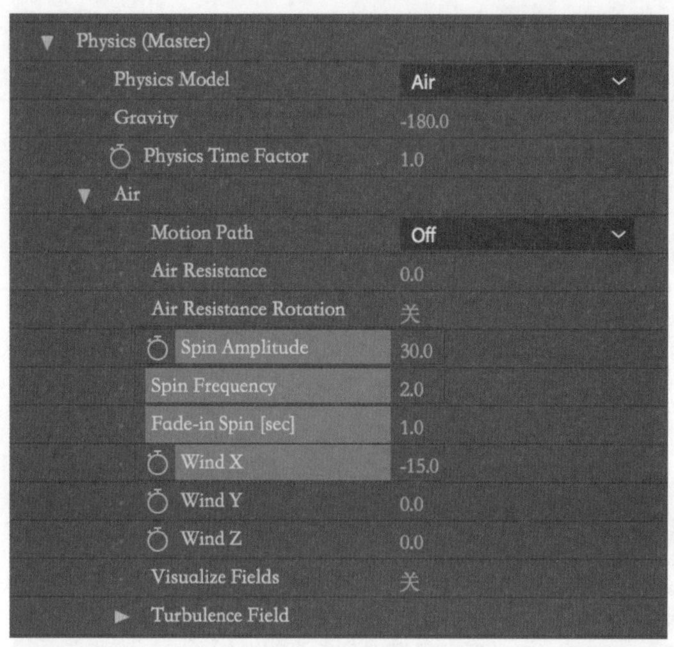

图 6-51

（4）添加粒子上升运动中的扰动，调整粒子扰动的相关属性。单击展开【Physics(Master)】（主物理系统）属性组下的【Air】(大气系统）属性组，并调整以下 3 个属性的值，如图 6-51 所示。

- 【Spin Amplitude】（自旋振幅值）属性：设置为【30.0】。
- 【Spin Frequency】(自旋频率）属性：设置为【2.0】。
- 【Wind X】（X 轴方向上的风力）属性：设置为【-15.0】，负数值表示风向左吹，粒子移动向左偏。

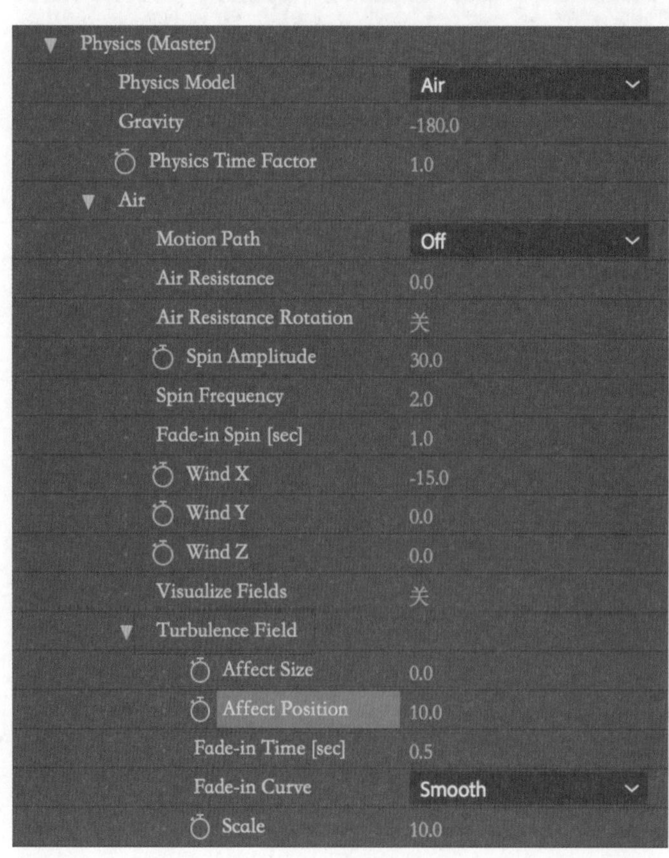

图 6-52

（5）展开【Air】（大气系统）属性组下的【Turbulence Field】（紊流场）属性组，将【Affect Position】(对粒子位置的影响）属性设置为【10.0】，如图 6-52 所示。

（6）添加扰动从无到有的关键帧动画。

第 1 步：将时间指示器拖曳至第 19 帧，并调整以下 3 个属性的值，如图 6-53 所示。

- 【Spin Amplitude】（自旋振幅值）属性：设置为【0.0】。
- 【Wind X】（*X* 轴方向上的风力）属性：设置为【0.0】。
- 【Affect Position】（对粒子位置的影响）属性：设置为【0.0】。

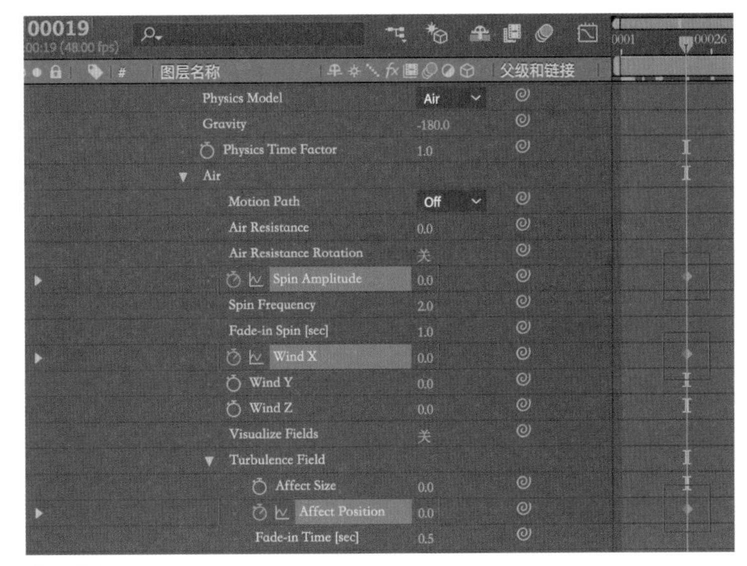

图 6-53

第 2 步：单击这 3 个属性前面的码表图标设置关键帧，也就是在粒子刚刚生成并拼接出字样时不需要有扰动。

（7）将时间指示器拖曳至第 26 帧，并调整以下 3 个属性的值，如图 6-54 所示。

- 【Spin Amplitude】（自旋振幅值）属性：设置为【30.0】。
- 【Wind X】（*X* 轴方向上的风力）属性：设置为【-15.0】。
- 【Affect Position】（对粒子位置的影响）属性：设置为【10.0】。

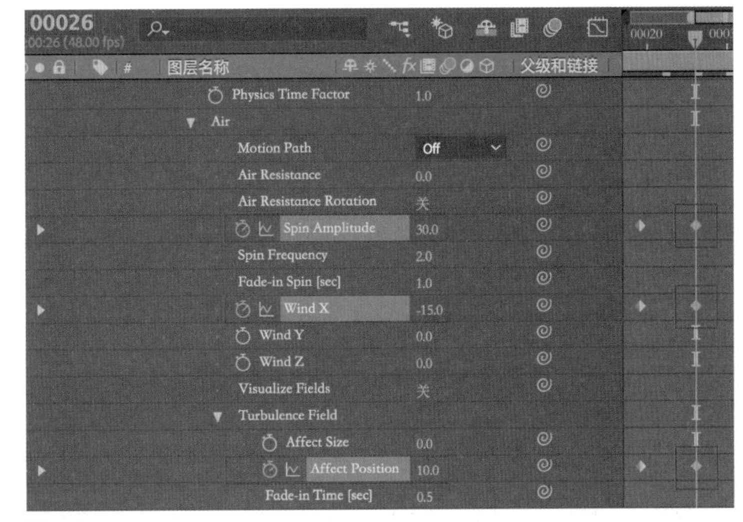

图 6-54

当发射了足够数量的粒子并拼成完整字样开始向上飘时增加扰动。

6.3.7　复制辅助说明文字图层，创建粒子到文字的过渡动画

（1）复制辅助说明文字图层。选中【辅助说明文字 for 发射器】图层，按快捷键【Ctrl+D】直接复制一个新的辅助说明文字图层，并保持选中新复制的【辅助说明文字 for 发射器 2】图层，按【Enter】键进行图层名称编辑，重命名为【辅助说明文字 显示】，开启图层显示，如图 6-55 所示。

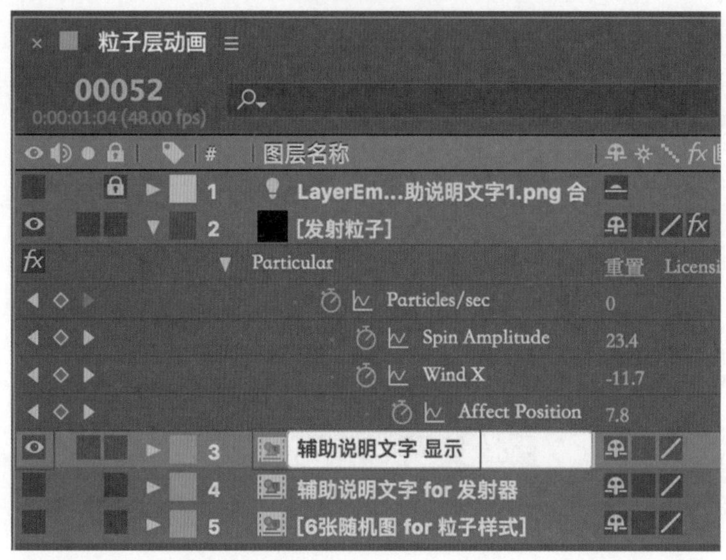
图6-55

（2）为【不透明度】属性设置关键帧。将时间指示器拖曳至第17帧，保持选中新复制的【辅助说明文字 显示】图层，按快捷键【T】单独展开【不透明度】属性，将【不透明度】属性设置为【0%】，并单击该属性前面的码表图标设置一个关键帧，如图6-56所示。

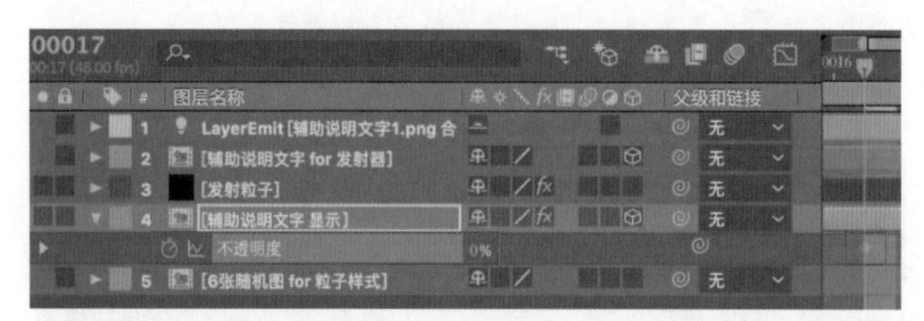
图6-56

（3）将时间指示器拖曳至第23帧，将【辅助说明文字 显示】图层的【不透明度】属性设置为【100%】，如图6-57所示。

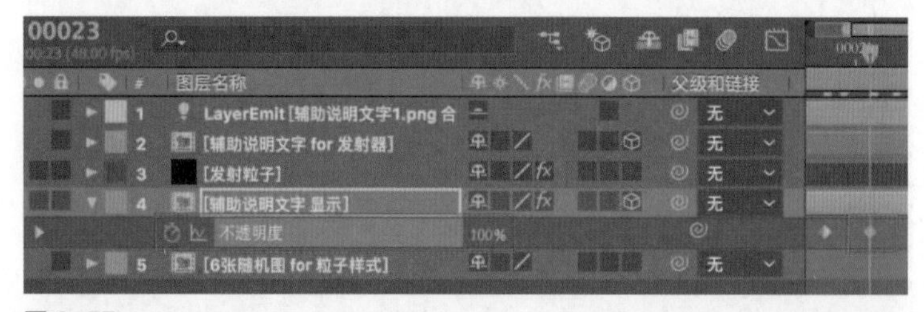
图6-57

（4）播放预览当前的效果，如图6-58所示。

图6-58

6.3.8　添加发光效果

（1）搜索并添加【发光】效果。保持选中【辅助说明文字 显示】图层，在【效果和预设】面板的搜索框中输入【发光】，在搜索结果中找到【风格化→发光】效果并双击，这样即可自动为【辅助说明文字 显示】图层添加【发光】效果，如图 6-59 所示。

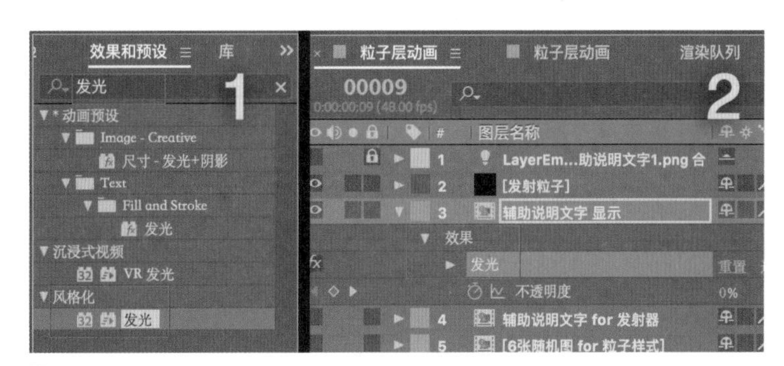

图 6-59

（2）修改【发光阈值】属性的值。展开【发光】属性组，将【发光阈值】属性设置为【93.0%】，如图 6-60 所示。

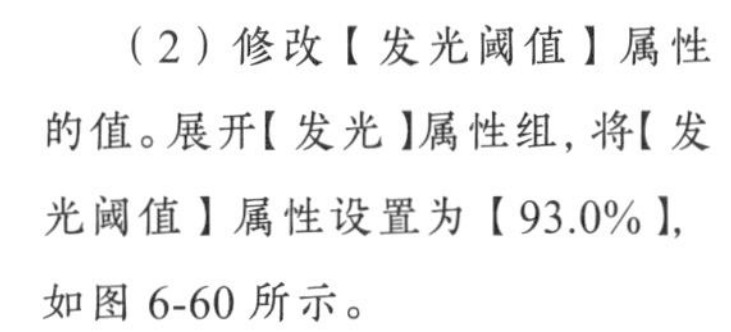

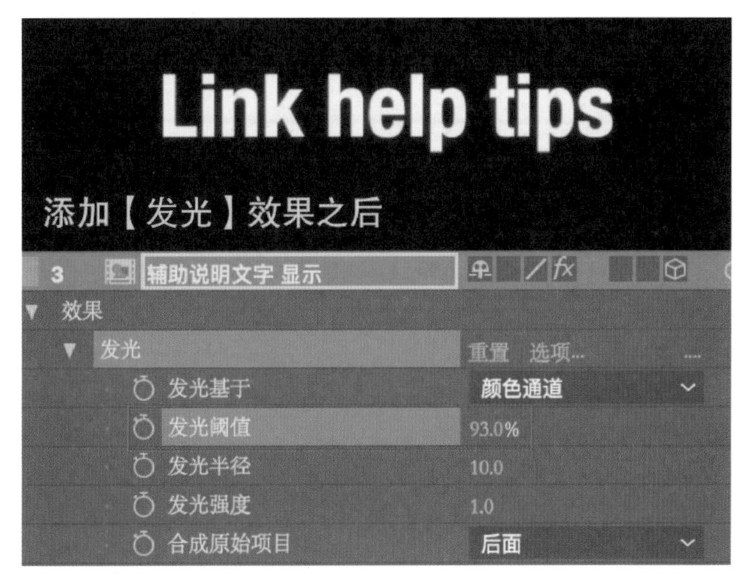

图 6-60

（3）将【发光】效果复制到粒子层。选中【发光】效果，先按快捷键【Ctrl+C】复制，再切换选中【发射粒子】图层，按快捷键【Ctrl+V】粘贴，如图 6-61 所示。

图 6-61

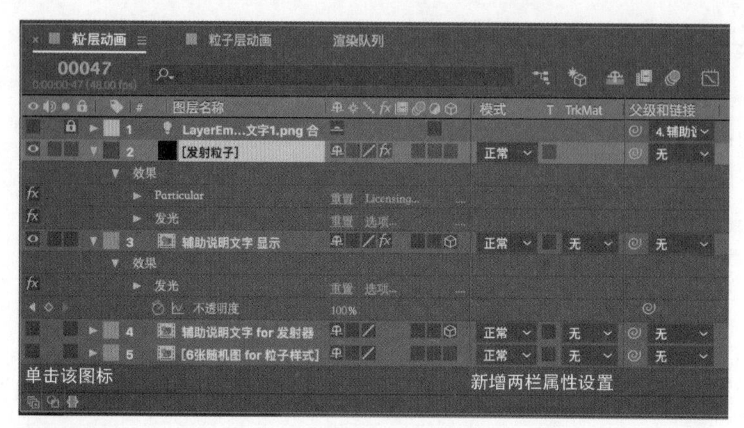

图 6-62

（4）单击【时间轴】面板底部工具栏中左侧的第 2 个图标，展开【转换控制】窗格，可以看到新增显示了【模式】和【T TrkMat】两栏新的属性设置，如图 6-62 所示。

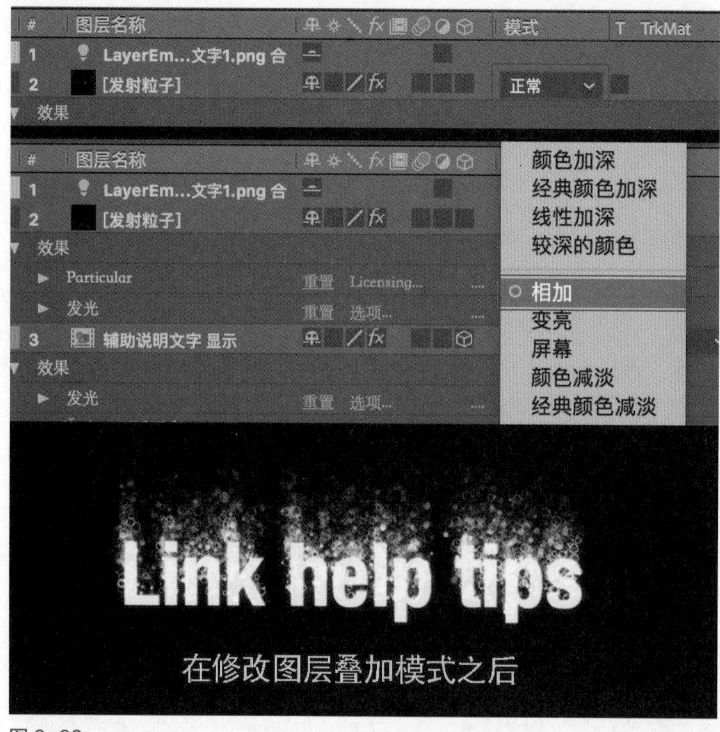

图 6-63

（5）展开【发射粒子】图层的【模式】下拉菜单，选择【相加】命令，这样就可以将图层叠加模式修改为【相加】，如图 6-63 所示。

6.3.9　为粒子起始发射添加上升运动趋势

为了使 Hover（悬停）动效中“显示辅助提示文字”部分的动画更加自然，可以为粒子刚刚开始发射并初步聚合成文字的同时添加上升运动趋势。这可以通过为作为粒子发射器形状的辅助说明文字图层添加 *Y* 轴方向的位置变化来实现。

（1）选中【辅助说明文字 显示】图层并将其作为【辅助说明文字 for 发射器】图层的子图层。图层链接父子关系的方法如下：如图 6-64 所示，先找到【时间轴】面板中的【父级和链接】栏，再单击该栏下面对应【辅助说明文字 显示】图层所属的螺旋图标，按住鼠标左键拖曳，将拖曳出来的直线拖到【辅助说明文字 for 发射器】图层中，这样便成功创建了父子关系。

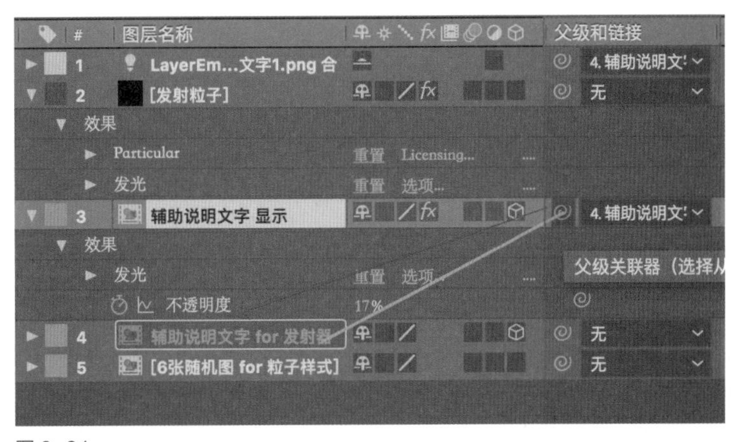

图 6-64

（2）先将时间指示器拖曳至第 24 帧，再选中【辅助说明文字 for 发射器】图层，按快捷键【P】单独展开【位置】属性，并单击该属性前面的码表图标设置一个关键帧，如图 6-65 所示。

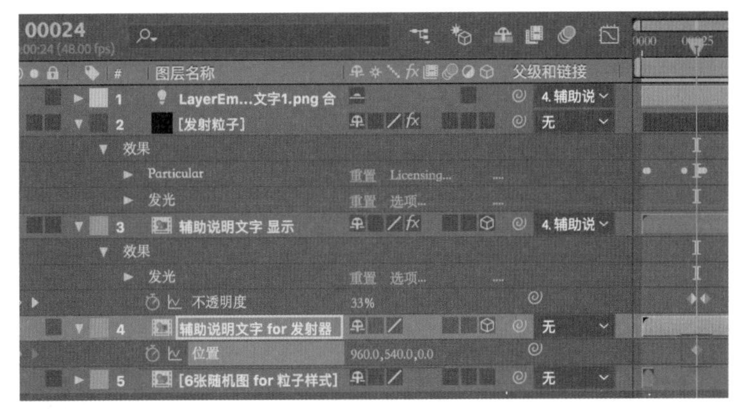

图 6-65

（3）将时间指示器拖曳至第 0 帧（即最开始帧），将【辅助说明文字 for 发射器】图层的【位置】属性修改为【960.0，610.0，0.0】（即只修改 *Y* 轴方向上的值），如图 6-66 所示。

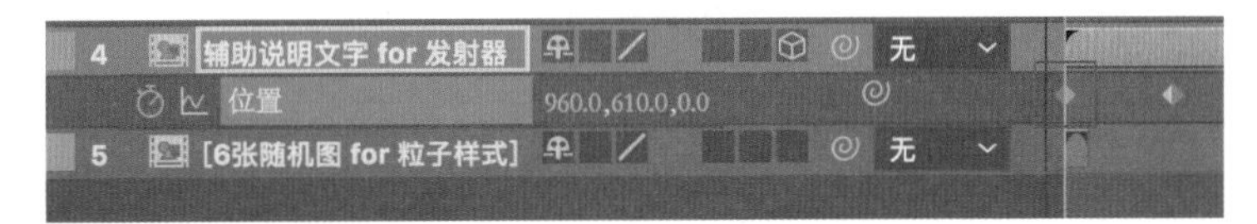

图 6-66

（4）此时预览动效就会发现，【辅助说明文字 显示】图层的文字字样出现得太早，粒子群尚在移动时字样就已经出现，如图 6-67 所示。

图 6-67

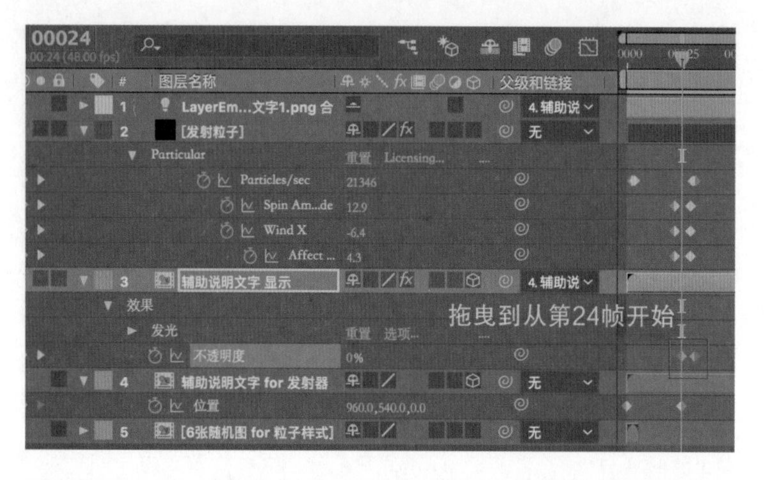

图 6-68

（5）将【辅助说明文字 显示】图层的【不透明度】属性的关键帧动画向后拖曳。先选中【辅助说明文字 显示】图层，再按快捷键【T】单独展开【不透明度】属性，选中该属性所有的关键帧，向后拖曳到从第 24 帧开始，如图 6-68 所示。

至此，用粒子聚散的方式显示辅助说明文字的动画效果已基本制作完成。

6.3.10　将制作完成的粒子动画合成导入主场景合成

图 6-69

（1）将粒子层动画拖曳到主场景合成中，并调整位置高度。切换到主场景合成【案例 1：初始工程文件】中，先在【时间轴】面板中打开该合成，再在【项目】面板中将刚刚制作完成的【粒子层动画】合成拖曳到主场景合成【案例 1：初始工程文件】中，并将【位置】属性设置为【960.0，560.0】，如图 6-69 所示。

（2）定位【粒子层动画】合成在【时间轴】面板中的位置。先将时间指示器拖曳到第 180 帧，再选中【粒子层动画】合成，按【{ [】键，可以看到【粒子层动画】合成自动定位到从第 180 帧开始，如图 6-70 所示。

图 6-70

> **小提示：【{[】键和【]}】键在 After Effects 中的功能**
>
> 使用【{[】键和【]}】键可以快速定位合成图层在【时间轴】面板中的位置。按【{[】键可以将合成图层的左侧开端（即第 1 帧）快速定位到时间指示器所在的位置，如图 6-71 所示。
>
> 而按【]}】键，则可以将合成图层的右侧末端（即最后一帧）快速定位到时间指示器所在的位置，如图 6-72 所示。
>
> 使用这两个快捷键在【时间轴】面板中快速定位各图层位置时非常实用方便。

图 6-71

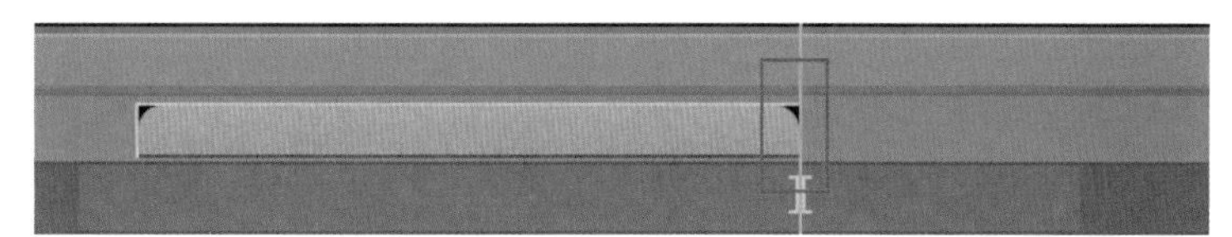

图 6-72

（3）将鼠标指针移动到环形按钮区域内，粒子开始生成并聚合成【Link help tips】字样，并且很快消散，留下【Link help tips】字符，可以预览当前的效果，如图 6-73 所示。

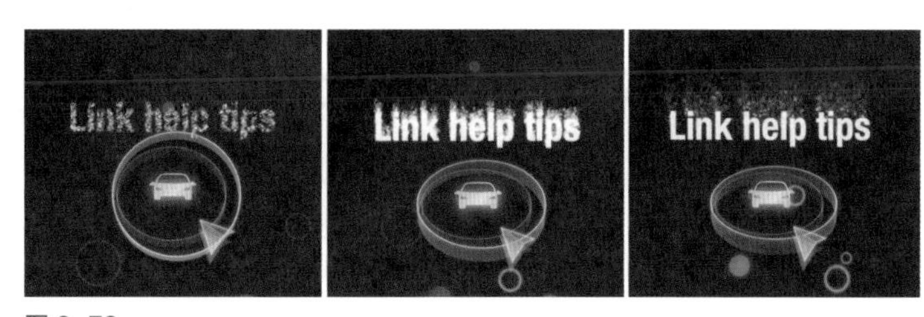

图 6-73

6.3.11 制作辅助说明文字呈粒子化消散的动效

当鼠标指针移开之后，辅助说明文字呈粒子化消散。

（1）返回粒子层制作消散的动效。在【时间轴】面板顶部单击标签栏切换到【粒子层动画】合成中，选中【发射粒子】图层，按快捷键【U】单独展开该图层有关键帧的所有属性。框选所有关键帧，按快捷键【Ctrl+C】进行复制，如图6-74所示。

图6-74

（2）将时间指示器拖曳到第132帧，按快捷键【Ctrl+V】粘贴刚复制的所有关键帧，如图6-75所示。

图6-75

（3）为【辅助说明文字 显示】图层添加消失动效。先将时间指示器拖曳到第138帧，再选中【辅助说明文字 显示】图层，按快捷键【T】单独展开【不透明度】属性，为该属性设置一个关键帧（此时【不透明度】属性的值为100%），如图6-76所示。

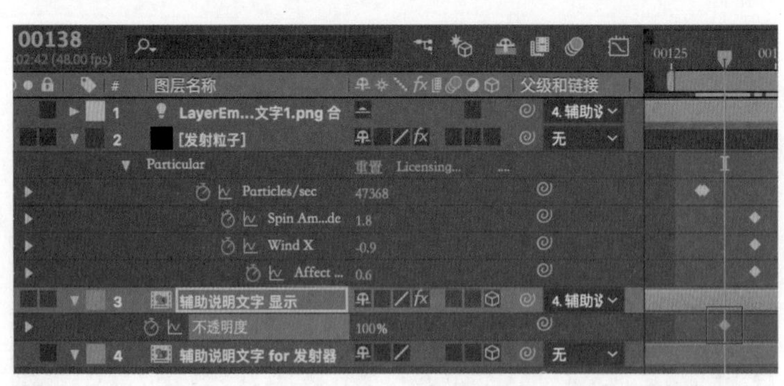

图6-76

（4）将时间指示器拖曳到第144帧，将【辅助说明文字 显示】图层的【不透明度】属性设置为【0%】，如图6-77所示。

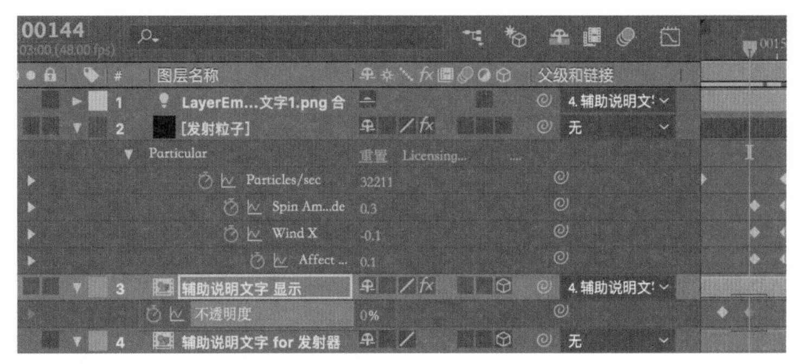

图6-77

（5）预览选中的效果，可以看到辅助说明文字字样先逐渐过渡为粒子化的样式，再向上飘散、消失，如图6-78所示。

图6-78

至于组成环形按钮的两个立体环在鼠标指针移出之后旋转回归到初始状态的动效，作为课后小作业留给读者制作。

第7章

小空间，大天地：转场动效与数据可视化动效在智能手表中的应用

7.1 “视觉连贯”转场动效与数据可视化动效概述

7.1.1 “视觉连贯”转场动效概述

1. Visual Continuity

Visual Continuity 是根据 Android 系统的设计语言 Material Design 所提出的动效设计原则。笔者认为这条动效设计原则在智能手表这种小尺寸屏幕设备的UI设计中尤其重要。

所谓的“视觉连贯”动效，即在转场动效中，前后页面或场景必须保持一定的视觉连贯性，某个页面元素（如图标、文字、列表和卡片等任意UI元素）可以贯穿转场，或者由某个元素可以延展、生长或发散出新的元素、新的页面或新的场景。图7-1所示（动效详见【效果文件/第7章/7-1.gif】）是一种典型的“视觉连贯”转场动效，“用户头像”这个视觉元素贯穿两个页面及整个转场动效。

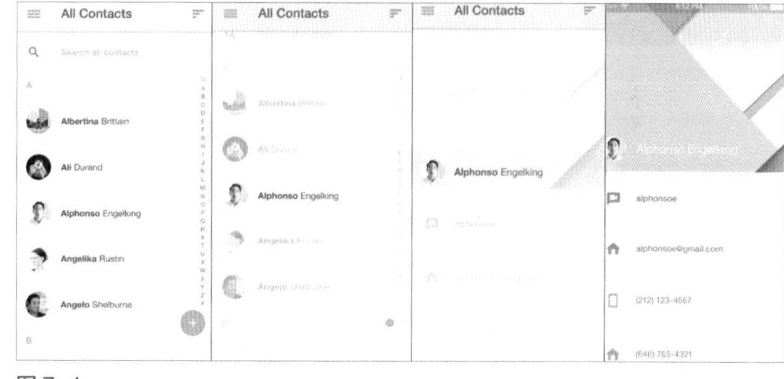

图7-1

2. 寸土寸金的屏幕空间，动效如何传达无形信息

在智能手表这种空间极其珍贵的小尺寸屏幕上，文字的使用需要慎之又慎。因为在一个如此小的屏幕上让用户看文字无疑是非常糟糕的体验。而动效有时可以传递很多无形的有效信息，从而节省宝贵的屏幕空间。此时，“视觉连贯”动效就显得极为重要，因为连贯的视觉能串联起有效的信息。图7-2所示（动效详见【效果文件/第7章/7-2.mp4】）是一个非常简单的应用场景，虽然简单但能说明问题。

图7-2

第一个页面是智能手表的首页，很多图标堆积在小小的屏幕上。下面以用户点击代表闹钟的“铃铛”图标为例进行介绍：展开后的页面是一排非常简单的列表，仅有时间数字和一个开关。转场动效是一个经典的“从图标放大过渡到整体页面”的动效。由于智能手表页面空间有限，因此能不用文字的就尽量不用文字。图 7-2 中的智能手表的应用页面没有常见的表达应用标题名称的标题栏，也没有其他任何多余的文字、图标。但这一串“从图标放大到页面”的转场动效足以说明当前页面从何而来，又是什么应用（闹钟形图标说明了应用的功能）。因此，在有限的屏幕空间上，可以省去所有除核心功能之外的其他文字、图标等。

这个设计案例非常简单，但相信读者已经可以理解为何笔者说“视觉连贯”动效在智能手表 UI 设计中可以发挥极其重要的作用。关于“视觉连贯”更详细的转场动效在智能手表 UI 设计中的应用，在 7.2 节会结合更多案例展开更深入的讨论。

7.1.2　数据可视化动效概述

所谓数据可视化，从名称便可以理解，就是将“数据”信息经过加工，以图形化的方式呈现出来。而“数据”，既可以是“数字”类信息，又可以是更加复杂、非结构化的信息。简而言之，数据可视化即研究数据的视觉表现，如图 7-3 所示（动效详见【效果文件 / 第 7 章 /7-3.jpg】），自己在 2018 年笔者将自己在 2015 年 9 月—2018 年 4 月阅读的书籍进行了归类整理，并对其进行可视化加工。这组可视化数据图包含书的分类及各类书的数量、总的阅读量、每月的阅读量、每月的阅读量的变化分布等信息。

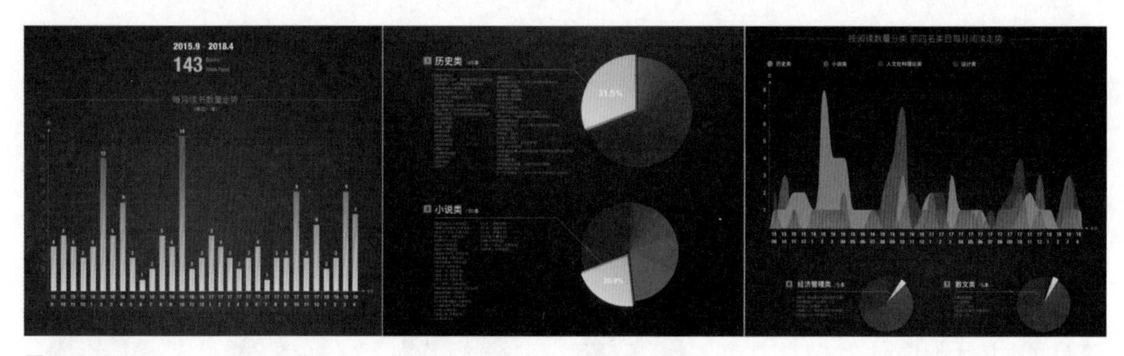

图 7-3

数据可视化通常还伴随着动画过程，不仅可以表现静态数据，还可以表现动态数据的演变趋势。

随着穿戴式设备的发展，以及智能手机传感器硬件的进步，近些年数据可视化在 UI 设计中的应用开始越来越多，尤其是在地图、运动健身、健康医疗等涉及数据信息的应用中大量出现。

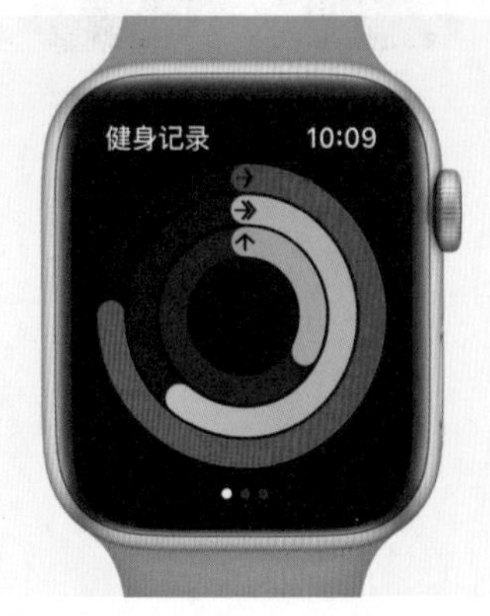

图 7-4

将数据可视化配合动效可以传递出“一图胜千言”的效果。一段简单的环形饼图、柱状图或折线图等简单几何图形的生长、分割、裁剪、延伸和缩放等动效可以传递出纷繁复杂、结构严谨、逻辑严密的庞杂数据信息，并且只需很少的文字即可。数据可视化对于智能手表，以及智能手表设备相对糟糕的文字阅读体验来说意味着什么想必不言而喻。2015 年苹果发布了第一代 Apple Watch（苹果智能手表），如图 7-4 所示（动效详见【效果文件 / 第 7 章 /7-4.mp4】），当时笔者印象最深的便是那几组美妙、优雅的数据可视化动效。

7.2　转场动效与数据可视化动效在智能手表交互中的应用

7.2.1　智能手表交互中的转场动效

7.1 节提到，符合 Visual Continuity 原则的转场动效能够传达出视觉之外的更多信息，这些信息包含页面层级、框架、交互路径、交互逻辑，乃至页面核心元素、页面元素的轻重和强弱等。例如，图 7-1 中的设计案例是一个类似于“通讯录”的应用页面，从该组动效中可以看出，“用户头像”是整个转场动效的核心。这组动效不仅可以表明前后页面“从用户列表进入用户详情页面”的内容与逻辑关系，还能够传递出“用户信息是当前应用的核心内容”的信息。笔者认为这样的动效在智能手表这类小屏幕上可以发挥重要作用。

由于智能手表的屏幕空间有限，因此能够布置的信息量非常有限，对页面布局的设计也有诸多局限。基于此，对于页面之间的转场动效就提出了更严苛的要求。因为相比大空间中的相对“从容”，在狭小空间中穿梭，用户更容易“迷路”。由此，对于动效设计师来说，智能手表 UI 设计的动效相比大屏幕的手机设备更难。对此，笔者认为，在设计智能手表 UI 设计动效时，可以贯彻 Visual Continuity 设计原则（对动效设计师而言这是一件有力且好用的武器）。本节将结合更多的设计案例就此展开更详细和更深入的探讨。

1. 在有限的空间中利用动效可以兼顾信息容量和阅读体验

对于这一点，从第一代 Apple Watch（苹果智能手表）就有的“散点式”桌面图标排列设计和动效是一个绝佳的设计案例，如图 7-5 所示（动效详见【效果文件 / 第 7 章 /7-5.mp4】）。作为系统桌面，即使是在 3 ~ 4 英寸的屏幕上，基于系统扁平化设计考虑，也需要在一个页面中尽量容纳尽可能多的应用图标。但是这又与触控屏点击体验相矛盾，过小的图标不但难以辨识，而且难以点中。

图 7-5

而 Apple Watch（苹果智能手表）的解决方案是利用交互动效：当用户滑动桌面图标群时，图标群跟随手指移动，接近屏幕中央区域的图标会放大，屏幕边缘区域的图标则较小。因此，一个简单的跟手动效就可以解决“屏幕内存放更多图标”和“图标易识别、易点击”之间的矛盾。

Apple Watch（苹果智能手表）的桌面图标群滑动动效，亦可以看作贯彻了 Visual Continuity 设计原则，图标在滑动过程中持续且流畅地跟手放大、缩小，从而使用户能够牢牢地随时掌握各个图标的位置，不会在各个图标持续缩放、移动中迷失方向与定位。

2. 连贯动效携带无形信息，将交互层级扁平化

关于这一点，图 7-2 中的设计案例已经做出了基础诠释。一个符合 Visual Continuity 原则的合理的动效，不仅可以携带信息，还可以为屏幕空间有限的 UI 设计提供帮助，远不止图 7-2 中的设计案例那么简单。

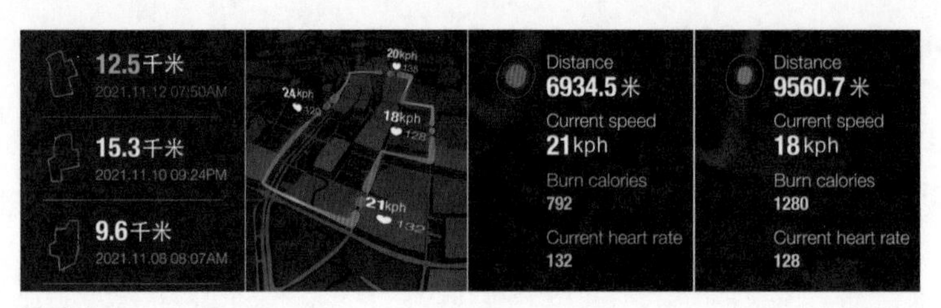

图7-6

图 7-6 所示是一个功能更加复杂的应用在智能手表上表现的动效（动效详见【动效文件 / 第 7 章 /7-6.mp4】），图中的 4 张静态图看起来似乎毫无关联：第 1 张图是一串列表，第 2 张图则展开了一个地图界面和一条轨迹路线，第 3 张图和第 4 张图都是一组数据。通过播放动效就可以发现，这 4 张图所串联起来的是一个包含大量信息的交互场景。

一旦用户点击某个列表，列表上的路线就会放大并将摄像机视角切换为 3D 立体视角，同时后面显示出地图，表示这是一组“用户跑步的路线 + 地图数据”。随后，用户点击路线上的点，点和路线一起放大，并且展示出更多的数据信息，分别表示当前已跑过的距离、瞬时速度、已消耗的热量、当前心率。这样，一步步操作下来，越来越向数据更详细的颗粒度深入。动效不但为这个操作过程提供了流畅、连贯的体验，而且使不同层级、不同颗粒度的数据能够紧密地串联在一起，用户不会在数据浏览中迷路，并且最大限度地节省了屏幕空间，只显示最核心、最必要的 UI 元素。

而此时通过刚才由地图路线到点的连贯动效就可以知道，当前并不是切换了页面层级，而是仍然在同一个交互层级上，用户只需要执行滑动操作就可以查看其他点上的数据。在智能手表等如此小的屏幕上，滑动之类的操作无疑比点击操作的体验要好得多。

这样来看，动效不仅可以传达更多的无形信息，串联复杂场景，还能为优化硬件操作体验提供帮助。尤其是在空间受限的小尺寸屏幕设备上，动效设计师的思考应当跨出界面，站在全局软 / 硬件一体的高度思考用户体验。

7.2.2 智能手表交互中的数据可视化动效

1. 数据可视化动效在小空间中如何辗转腾挪

1）数据动态可视化在有限空间中可以提升信息量

静态的数据可视化通过精巧的设计，本身就能够蕴含和传递巨大的信息量，以及复杂且逻辑严谨的信息结构。数据可视化在数据的直观对比分析上具有文字无法企及的优势。而将其动态化以后，将信息矩阵扩展出一个时间维度，传递的信息量能够大大提升。

在有限的屏幕空间中，加入动效可以使更多的数据展示动态化地流动起来，不必静止在有限的空间中。如图 7-7 所示（动效详见【效果文件 / 第 7 章 /7-7.mp4】），多组数据图一边生长展示，一边整体向上流动。虽然部分数据流动到屏幕范围之外，但通过动效用户可以很容易地感知到屏幕外有更多的页面内容，可以上下滑动浏览更多数据。这是一种非常基础的界面交互设计技巧与数据可视化的结合运用，如果再加入交互手段，就可以将数据的直观对比分析融合到动效中，就像视频后半段所演示的交互动效一样，用户进行双指缩放，或者直接利用智能手表的滚轮之类的硬件进行画面缩放，可以在画面缩小的同时将所有的柱状图重新排列，并将所有数据的直观对比分析展示出来。结合动态视觉提示，还可以将最高值数据柱状图和最低值数据柱状图高亮显示。

如图 7-8 所示（动效详见【效果文件 / 第 7 章 /7-8.mp4】），动态化的数据图强化了数据在时间维度上所蕴含的信息。第 1 组数据展示动效，是以“周”为时间单位的数据折线图；经过一段转场动效，仿佛“视野”被拉高放大一般，多组不同的“周”数据图“打包”进入一个以“月”为时间单位的数据图中，用来展示当月数据在整年数据趋势图中的位置，以及与其他月份进行对比；运用相似的转场动效根据月数据“拉”整年的数据走势图。用户可以不断放大，再次深入“周”数据图中进行查看。

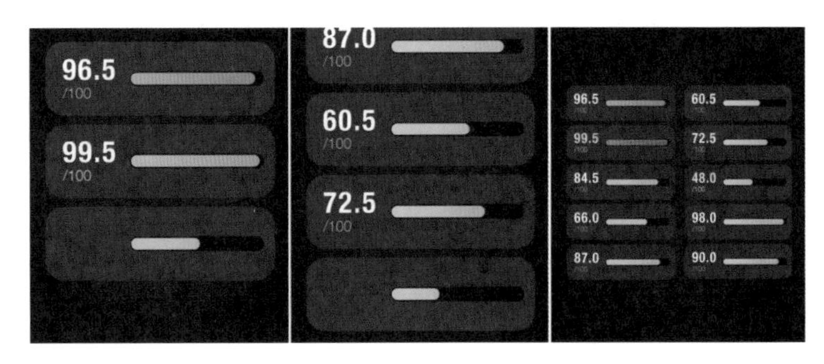

图 7-7

图 7-8

用户在浏览了完整的数据生长与转场动效之后，看到数据图尽管最终只展示了以“年”为时间单位的数据，但是内部已经包含更详细的以“周”为时间单位的数据。通过转场动效，用户能够比较容易地理解，通过点击或缩放的交互操作，用户可以深入数据时间颗粒度查看更详细的数据。

通过这样的转场动效，在极其有限的屏幕空间中，能够同时展示以“周”、“月”和“年”为时间单位的大量数据。不仅包含更小颗粒度的更详细数据，还以用户所理解的方式隐藏在更大范围的数据图中，通过交互，流畅地在不同颗粒度的数据集之间来回切换查看。

由此，读者可以了解动效设计在 UI 设计中所能发挥的作用。UI 动效设计非常突出的一个优势就是能够讲清楚 UI 设计中几乎所有元素的“来龙去脉”，这一点非常重要。动效在无形中能够引导用户浏览界面内容，理解交互逻辑，并把界面背后的层级、框架等信息都传达给用户。

2）数据动态可视化可以提升阅读体验

除了信息量的提升，对于数据信息阅读体验的提升，数据可视化动效也能充分发挥作用。相比表格、纯文字之类的方式，数据可视化的优势在于信息的组织与布局更合理，视觉体验大大提升，并且很多时候更加节省屏幕空间。但是相比阅读表格和文字，阅读数据图其实对于一般用户来说体验不是很友好，并且有一定的门槛。如果用户通过数据图来理解信息，就需要经过大脑“图像到文字”的翻译，这个翻译过程有时也不是那么顺利。此时如果加入动效，就会使数据可视化有一个动态的过程，对此将会有很大的帮助。

另外，当多组数据图按时间顺序依次生长展示时，用户无须一次性同时阅读大量数据信息，只需要按照时间顺序逐条阅读，这样可以减轻理解负担。图 7-9 所示是一组同心多层环形图（动效详见【效果文件 / 第 7 章 /7-9.mp4】）。

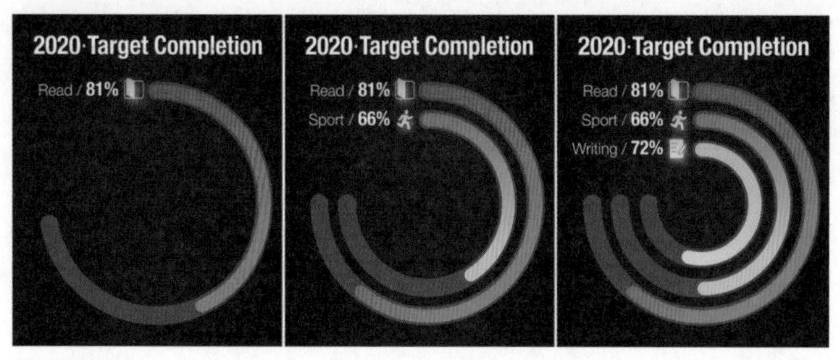

图7-9

如果直接展示这样一组图，那么用户需要依次阅读每个环代表什么数据、每个环的数据是多少，每个代表数值的颜色条在整个环中所占的比例是多少，以及每组环形图之间的比例对比等。因此，这样的阅读体验或许并不比在手表的小屏幕上看文字好多少。但如果加入动效，每组数据先展示表示数据含义的图标标题，再让各段环形图依次生长出现，那么用户在观看动效的过程中可以按顺序跟随动效节奏依次阅读每段环形图，这在一定程度上可以减轻阅读负担，改善阅读体验。

越是结构复杂、信息丰富的数据，其可视化就越需要动效来辅助展示，而通过动效尽可能优化展示不仅可以尽可能降低阅读负担，还可以优化体验。图7-9所示的设计案例只是动效在数据可视化展示过程中的基础应用。

对于更复杂、更专业的数据可视化图，动效的作用能更进一步。如图7-10所示（动效详见【效果文件/第7章/7-10.mp4】），这是一组南丁格尔玫瑰图，通过动效，不仅可以优化展示过程，还可以用动效辅助数据进行直观的初步对比分析。这个案例用动效（弧形的面积、颜色、发光等效果有节奏地改变）将最重要（设计案例中假设）的两组数据的对比进行了优化，用来引导用户阅读，强化用户理解数据背后的含义。

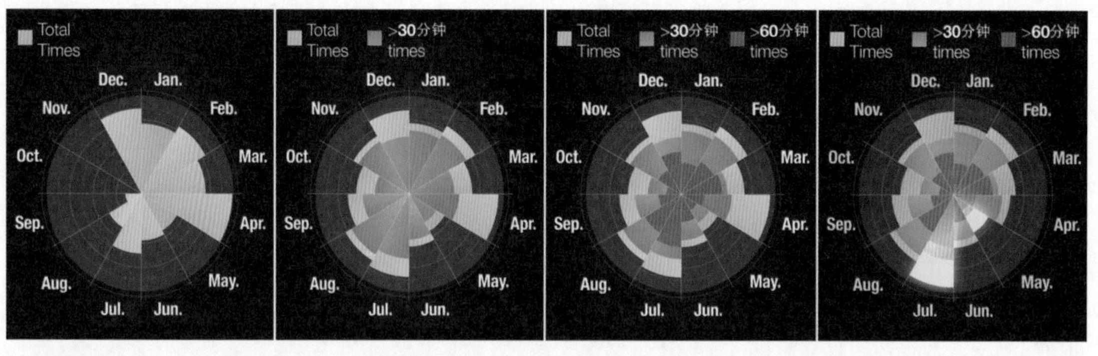

图7-10

这组南丁格尔玫瑰图有12份，每份代表一个月的数据。3种颜色的弧形分别代表3组数据，弧形半径的长度代表数据值。例如，可以用半径最长的黄色弧形代表每月的运动总次数，橙色弧形代表单次运动持续时间超过30分钟的次数，紫色弧形代表单次运动持续时间超过60分钟的次数。

智能手表的屏幕空间“寸土寸金”。而使用数据可视化图展示数据，很多时候还可以对数据进行分组、拆解、对比等分析，加强对用户阅读数据的引导理解。在文字使用慎之又慎，空间又极其宝贵的时候，可以通过动效设计来辅助展示数据的对比分析。如图7-11所示（动效详见【效果文件/第7章/7-11.mp4】），可以通过动效动态地展示数据的分组和拆解。

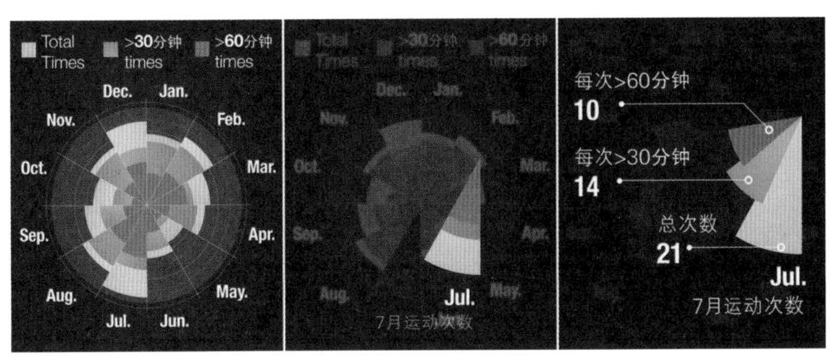

图7-11

3）地图类应用中的数据可视化动效

（1）地图导航路线规划中的数据可视化动效。

笔者认为，地图实际上也是一种数据的可视化，即地理信息的可视化。而导航规划路线、用红色和绿色表示拥堵状况、用各类图标表示路况事件，乃至预测路线“未来用时”的柱状图，无一不是非常典型的数据可视化设计的具体应用，如图7-12所示。

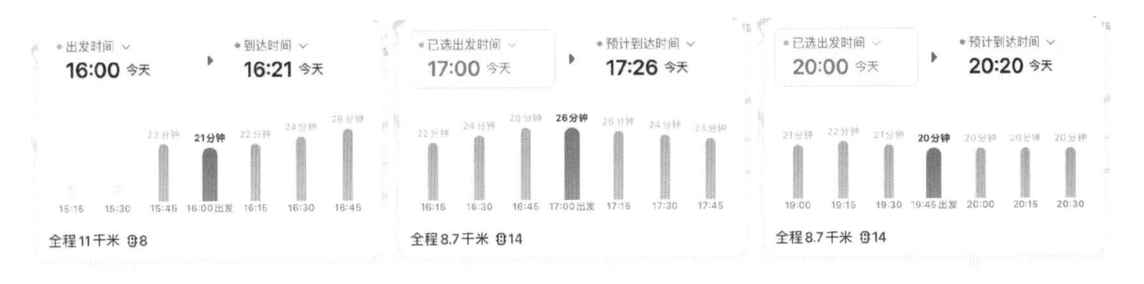

图7-12

在智能手表中，在展示导航规划路线、交通路况、预测未来用时等数据信息时，使用文字会受到诸多限制，数据可视化设计手段和动效设计手段就更加不可或缺。如果在智能手表小屏幕上展示路线未来用时，就无法一一展示每个时段的路线预测用时。此时可以运用交互动效，只展示最左侧（也就是最近时刻）柱状图的时长数据文字；当用户进行滑动（即切换预测时刻），每段柱状图经过最左侧的区域时，便动态更新上方的路线时长和对应时刻的文字。如果再辅以背景上的太阳与月亮升起动效，就可以进一步辅助提示用户当前切换的时刻大致是什么时间段，同时增加了趣味性，如图7-13所示（动效详见【效果文件/第7章/7-13.mp4】）。

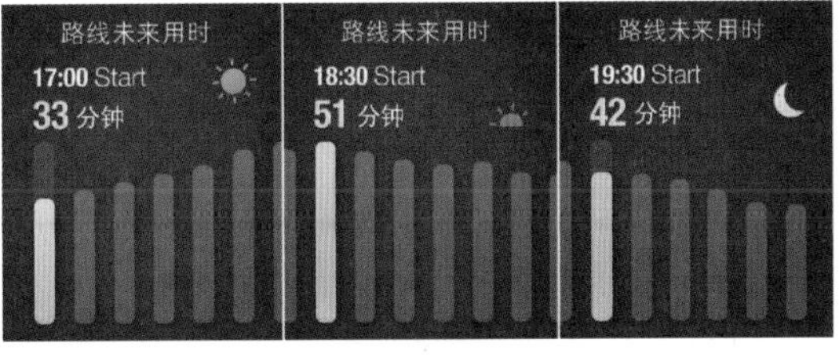

图7-13

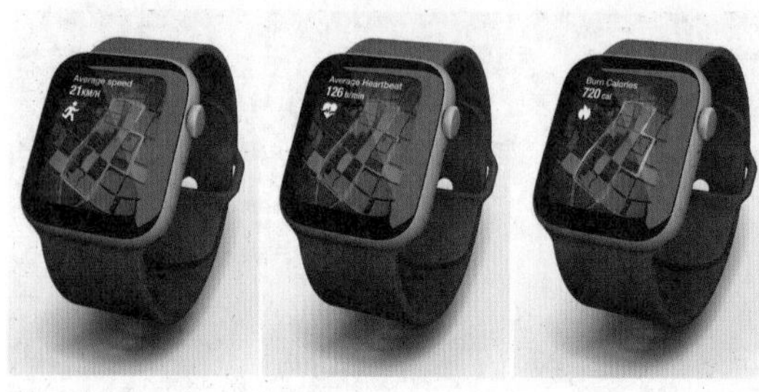

图 7-14

（2）运动健康类应用中的数据可视化动效。

除了地图导航，在运动健康类应用中也常见到地图及一些可视化设计。图 7-14 所示是一个展示用户跑步路线的地图界面。与地图导航路线不同的是，运动健康类应用的路线颜色一般用来区分不同的跑步速度、热量消耗或心率等，如用红色表示跑步速度较快，越偏蓝，表示跑步速度越慢。除了颜色，还可以加入线条粗细的变化来反映部分数据值的高低，如粗线条的区域跑步速度更快或心率更高。

2. 未来的创新畅想：3D 数据可视化动效设计

1）更加充分地利用屏幕空间

下面结合案例展开介绍。在如图 7-15 所示的两个界面中：一个用来展示二维形态的数据图，另一个用来展示立体空间中 3D 形态的数据图。

图 7-15

在空间利用、图文元素面积、易读体验、排列布局等方面，3D 形态的数据图有其独特的优势。如图 7-15 所示：左图中的 4 组数据折线图是重叠在一起的（尤其是在数据值差别不大的情况下），在阅读时会有一些困难（需要注意的是，不能重叠展示太多组数据，否则折线图层叠得太多会导致可读性变得更差）。如果多出一个空间维度，那么多组数据图在组织布局上会变得更自由；右图中的 4 组数据折线图在空间纵深方向上间隔一定距离排列，这样可以避免多组折线图层层重叠，阅读起来可以更清晰、更简便（因为能够纵深排列，所以可以为每组折线图加上辅助文本）。另外，3D 空间在纵深上可以无限延展，能够排列重叠更多组数据的折线图，由此可以解决 2D 数据图在排列折线图数量上的限制。

由该案例可以看出，3D 数据可视化由于在布局设计上具有更大的自由度，在提升屏幕空间利用上能够发挥更大的潜力，因此在智能手表的小屏幕空间中具有更大的发挥余地。

图 7-16

2）结合交互，提升数据信息阅读交互体验

3D 数据可视化结合交互手段，不仅可以优化布局设计，还可以进一步提升数据信息的阅读交互体验。下面结合案例展开介绍。图 7-16 所示就是对图 7-15 中的设计方案的进一步深化（动效详见【效果文件 / 第 7 章 /7-16.mp4】），加入了交互操作的动效。

用户看到的界面主体只是3组折线图，但是还可以看到远处的更多组数据折线图，看不清不要紧，用户只需要前后滑动即可非常方便地浏览远处纵深的更多数据。另外，用户甚至可以像摇转镜头一样旋转画面视角，既可以看到众多组数据叠加在一起直观对比的效果，又可以看到各组数据的折线图详情。另外，当用户需要单独查看其中的某组数据图时，分离开的立体折线图也更方便用户点击。

从上面的案例中可以看出，在3D数据可视化中，交互手段不仅限于常规的上、下、左、右滑动，以及捏合 / 缩放等，还可以加入类似于改变镜头画面视角的交互方式，从更多的角度阅读和理解数据。

在下面的案例中，笔者主要介绍使用After Effects制作3D数据可视化动效。

7.3　案例：智能手表运动健身类App的立体地图数据可视化动效

本案例通过使用After Effects来制作一组基于地图的动态数据可视化，用一条立体地图上穿梭运动的发光路线模拟用户的跑步路线轨迹，完成后的效果如图7-17所示。

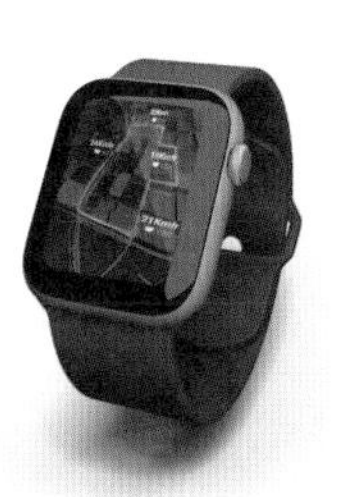

图7-17

在本案例中，导入在其他软件（如Illustrator）中制作的复杂的矢量形状，创建复杂的高低错落的立体地图。

这条发光的运动轨迹路线是多组数据的综合可视化，包含的信息非常丰富：不仅包含最基础的路线长度与路线形状（用来传递用户跑步距离与轨迹的信息），还通过光线的粗细、颜色等，甚至分化出其他的视觉元素（分裂出更多的线条）来表现跑步过程中用户跑步的速度、消耗的卡路里、心率的变化，以及速度的瞬时峰值、心率的瞬时峰值等，如此丰富的信息都可以通过一组数据可视化来传达，即使是在智能手表的小屏幕空间中。而3D数据可视化也可以更加充分地利用有限的空间，将数据展示的视觉呈现组织得更加合理、更加易读。

学习目标

- 使用Illustrator矢量文件制作更复杂的3D立体地图。
- 复习灯光的投影与3D图层材质选项技巧。
- 复习控制双点摄像机，并创建摄像机动画。
- 使用Particular效果创建有粗细、颜色变化，以及虚线断点样式的光线。

资源位置

效果文件	效果文件 / 第 7 章 / 案例：智能手表运动健身类 App 的立体地图数据可视化动效 .mp4
素材文件	素材文件 / 第 7 章 / 案例：智能手表运动健身类 App 的立体地图数据可视化动效
案例文件	案例文件 / 第 7 章 / 案例：智能手表运动健身类 App 的立体地图数据可视化动效 .aep
视频教学	视频教学 / 第 7 章 / 案例：智能手表运动健身类 App 的立体地图数据可视化动效 .mp4
技术掌握	制作 3D 地图，形状图层的几何选项属性，After Effects 的 3D 渲染器，摄像机运动，灯光照明与投影，Particular 效果的粒子插件的制作技巧

7.3.1 创建 3D 地图

1. 使用 Illustrator 矢量文件生成 3D 地图

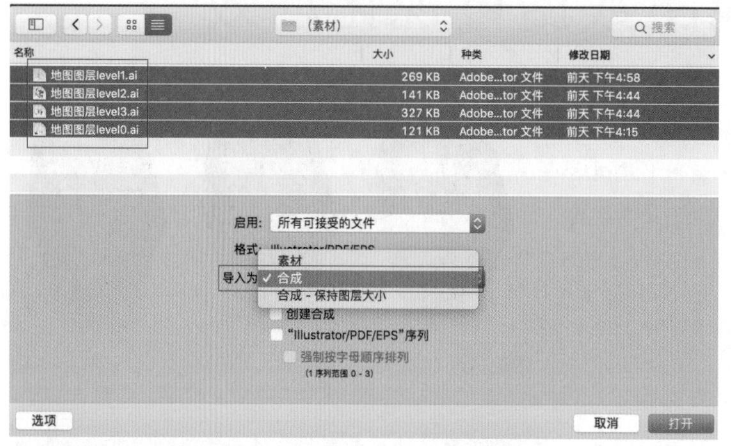

图 7-18

（1）导入地图分层矢量文件素材。导入【素材文件 / 第 7 章 / 案例：智能手表运动健身类 App 的立体地图数据可视化动效】下的 4 个 .ai 格式的矢量文件，并且将导入方式设置为【合成】，如图 7-18 所示。

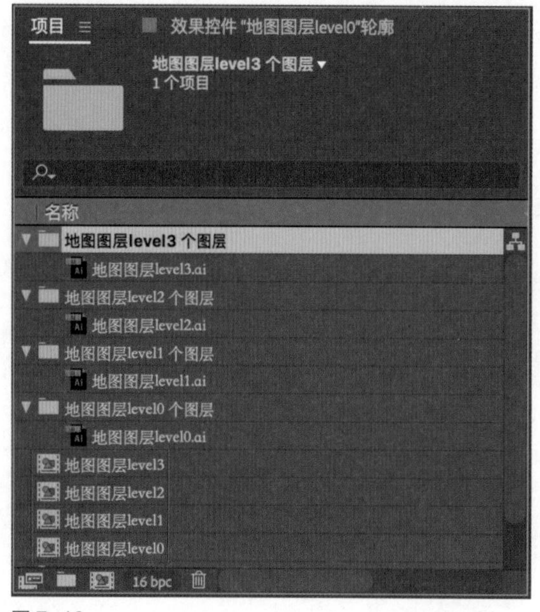

图 7-19

（2）在导入矢量文件之后就会发现自动生成了 4 个合成，如图 7-19 所示。

（3）新建合成，并复制、粘贴4个Illustrator矢量文件素材。按快捷键【Ctrl+N】新建主合成并命名为【7.3.2 案例2】，将【宽度】和【高度】分别设置为【756px】和【850px】，【帧速率】设置为【48帧/秒】，【持续时间】设置为【00960帧】（即20秒），如图7-20所示。

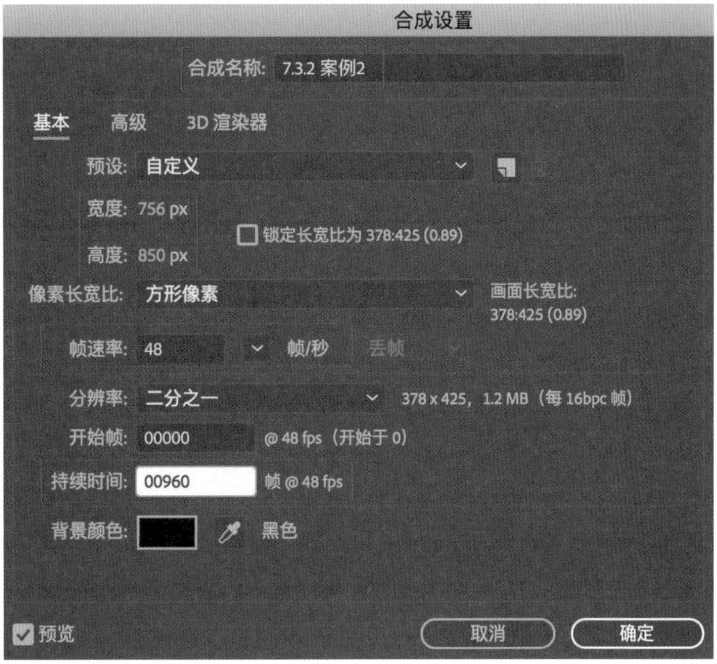

合成设置
合成名称: 7.3.2 案例2
基本　高级　3D 渲染器
预设: 自定义
宽度: 756 px
高度: 850 px
锁定长宽比为 378:425 (0.89)
像素长宽比: 方形像素
画面长宽比: 378:425 (0.89)
帧速率: 48　帧/秒　丢帧
分辨率: 二分之一　378 x 425，1.2 MB（每 16bpc 帧）
开始帧: 00000　@ 48 fps（开始于 0）
持续时间: 00960　帧 @ 48 fps
背景颜色: 黑色
预览　取消　确定

图7-20

（4）分别进入之前导入的4个.ai格式的矢量文件自动形成的4个合成，按快捷键【Ctrl+C】复制其中的Illustrator矢量文件素材图层，如图7-21所示。

地图图层level0　地图图层level1　地图图层level2　地图图层level3
00000
0:00:00:00 (48.00 fps)
源名称
1　地图图层level0.ai
1　地图图层level1.ai
1　地图图层level2.ai
图层名称
1　[地图图层level3.ai]

图7-21

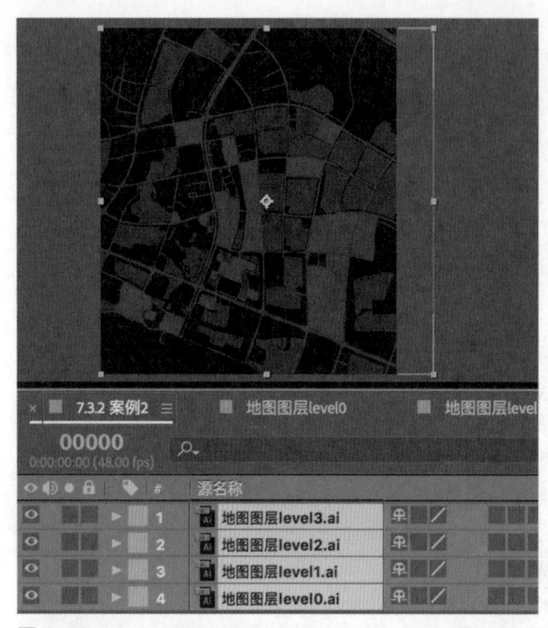

图 7-22

（5）返回主合成【7.3.2 案例 2】中，按快捷键【Ctrl+V】粘贴，如图 7-22 所示。

这 4 个图层分别是地图的 4 个不同信息层（建筑、道路、绿地和平地），之后会为它们设置不同的 3D 凸出高度，从而创建出高低错落有致的立体地图。

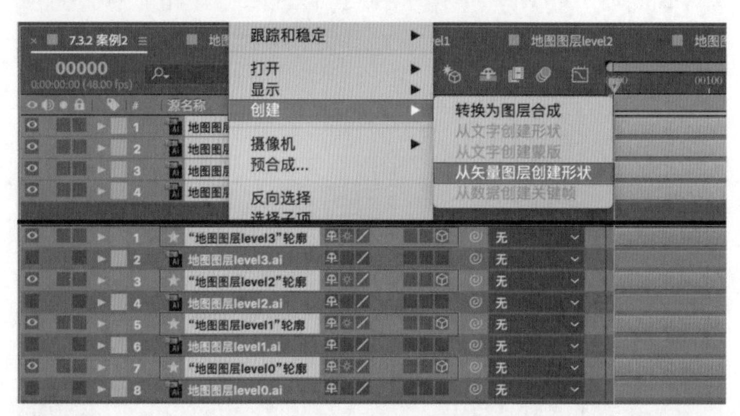

图 7-23

（6）根据矢量文件创建形状图层并设置为 3D 图层。先根据矢量文件创建形状图层，再保持选中 4 个 ai 图层并右击，在弹出的菜单中选择【创建→从矢量图层创建形状】命令，可以看到新生成了 4 个形状图层，并且原来的 4 个 ai 图层自动隐藏，接下来将新生成的 4 个形状图层全部设置为 3D 图层，如图 7-23 所示。

之后就可以将原来的 4 个 ai 图层删除。

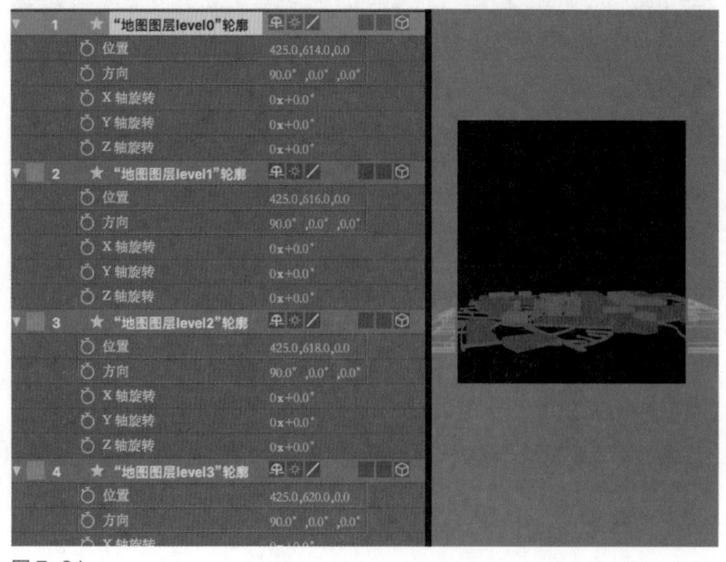

图 7-24

（7）调整 4 个形状图层的位置和旋转角度。保持选中 4 个形状图层，先按住【Shift】键，再分别按快捷键【P】和【R】，单独展开其【位置】属性和【旋转】属性，将各个图层的【方向】属性均设置为【90.0°，0.0°，0.0°】，也就是将地图图层放倒，最后修改各个图层的【位置】属性（见图 7-24）。

- 【“地图图层 level0”轮廓】图层的【位置】属性设置为【425.0，614.0，0.0】。
- 【“地图图层 level1”轮廓】图层的【位置】属性设置为【425.0，616.0，0.0】。
- 【“地图图层 level2”轮廓】图层的【位置】属性设置为【425.0，618.0，0.0】。
- 【“地图图层 level3”轮廓】图层的【位置】属性设置为【425.0，620.0，0.0】。

（8）调整形状图层的【几何选项】属性组，创建立体凸起效果。位于最下方的【“地图图层 level0”轮廓】图层无须设置立体效果，展开其他 3 个形状图层的【几何选项】属性组，分别设置【凸出深度】属性（见图 7-25）。

- 【“地图图层 level1”轮廓】图层的【凸出深度】属性设置为【6.0】。
- 【“地图图层 level2”轮廓】图层的【凸出深度】属性设置为【18.0】。
- 【“地图图层 level3”轮廓】图层的【凸出深度】属性设置为【30.0】。

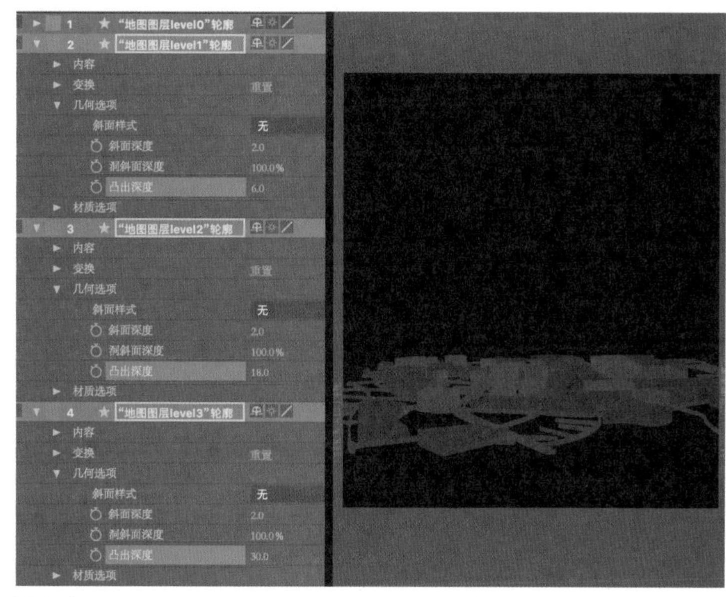

图 7-25

2. 创建摄像机和灯光照明

（1）创建摄像机，并调整为一个合适的视角。按快捷键【Ctrl+Shift+Alt+C】创建摄像机，在弹出的【摄像机设置】对话框中，只需要将【类型】设置为【双节点摄像机】，其他参数可以是默认值，不用修改，如图 7-26 所示。

图 7-26

（2）展开【摄像机 1】图层的【变换】属性组，将【目标点】属性设置为【331.0，636.0，-80.0】，【位置】属性设置为【297.0，300.0，-372.0】，如图 7-27 所示。该值仅供参考，读者也可以设置成自己喜欢的镜头视角。

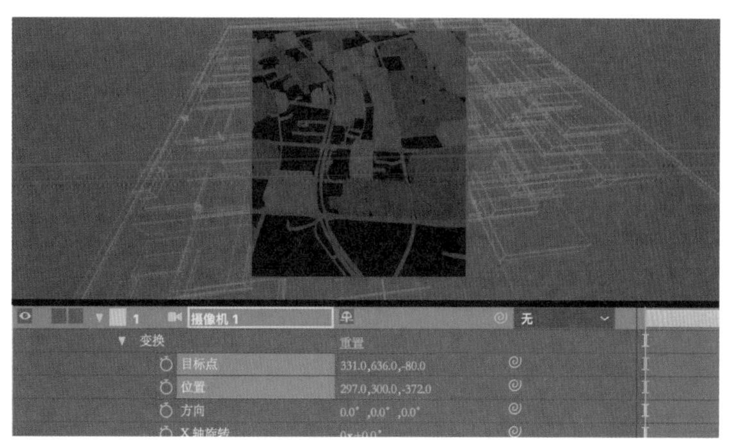

图 7-27

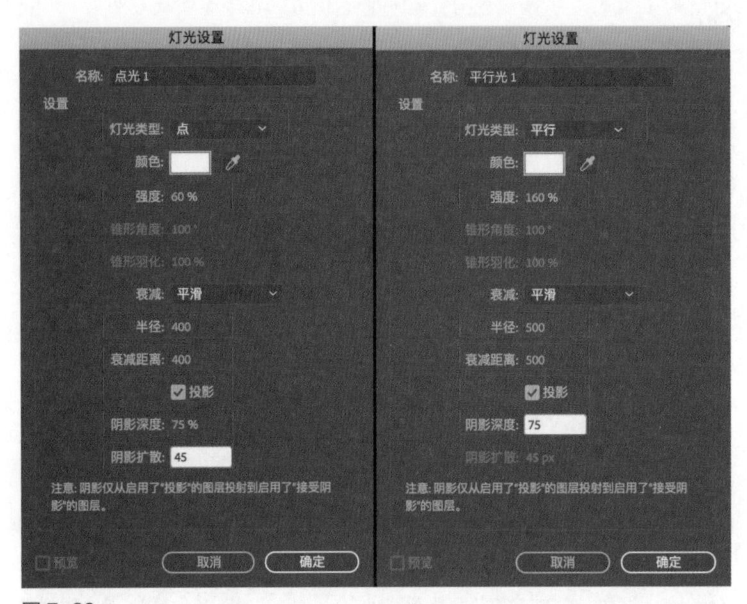

图 7-28

图 7-29

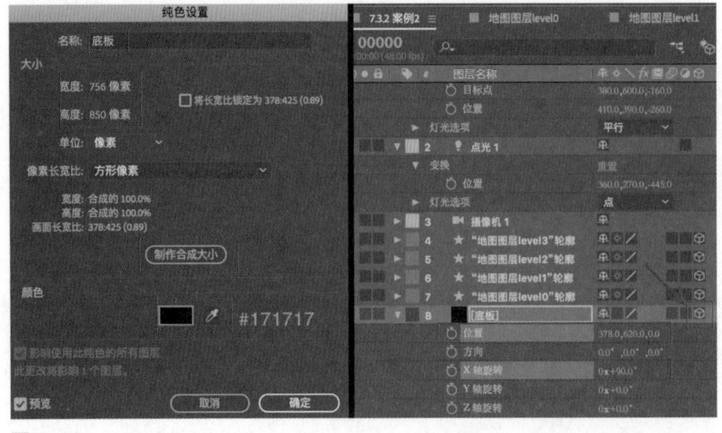

图 7-30

（3）创建灯光。按快捷键【Ctrl+Shift+Alt+L】创建第 1 盏灯光，在【灯光设置】对话框中，将【灯光类型】设置为【点】，【强度】设置为【60%】，衰减的【半径】和【衰减距离】均设置为【400】，勾选【投影】复选框，将【阴影深度】设置为【75%】，【阴影扩散】设置为【45px】。

再次按快捷键【Ctrl+Shift+Alt+L】创建第 2 盏灯光，在【灯光设置】对话框中，将【灯光类型】设置为【平行】，【强度】设置为【160%】，衰减的【半径】和【衰减距离】均设置为【500】，勾选【投影】复选框，将【阴影深度】设置为【75%】，如图 7-28 所示。

（4）调整两盏灯光的位置，以创建比较好的照明效果。两盏灯光各自的位置的相关参数设置可参考如图 7-29 所示的值。

（5）创建一个纯色图层用于承接投影效果。此时，阴影效果没有展现出来，需要在底下再补充一个纯色图层作为承接投影的图层，并将 4 个地图形状图层的【材质选项→投影】打开。按快捷键【Ctrl+Y】新建一个纯色图层并命名为【底板】，大小设置为与合成一致，【颜色】设置为【#171717】；在创建纯色图层之后，将其设置为 3D 图层，并将其【位置】属性设置为【378.0, 620.0, 0.0】，【X 轴旋转】属性设置为【0x+90.0°】，如图 7-30 所示。

（6）调整图层的【材质选项】属性组。从最终效果呈现来看，可以只打开【“地图图层level2”轮廓】和【“地图图层level3”轮廓】这两个地图形状图层的【投影】属性，其他两个地图形状图层不必打开。展开这两个图层的【材质选项】属性组，将其【投影】属性设置为【开】，效果如图 7-31 所示。

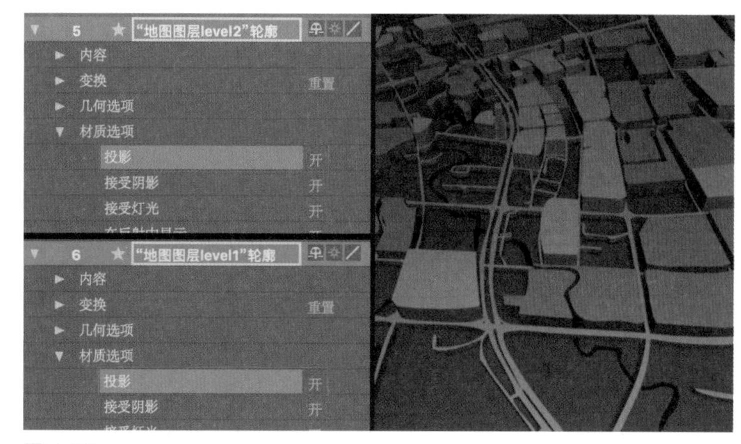

图 7-31

至此，立体地图部分的效果基本上制作完成。

7.3.2　创建模拟用户跑步路线的发光轨迹动效

（1）使用 Particular 效果创建粒子束，新建纯色图层，添加 Particular 效果。按快捷键【Ctrl+Y】新建一个纯色图层并命名为【轨迹光线】，大小设置为与合成一致，如图 7-32 所示。

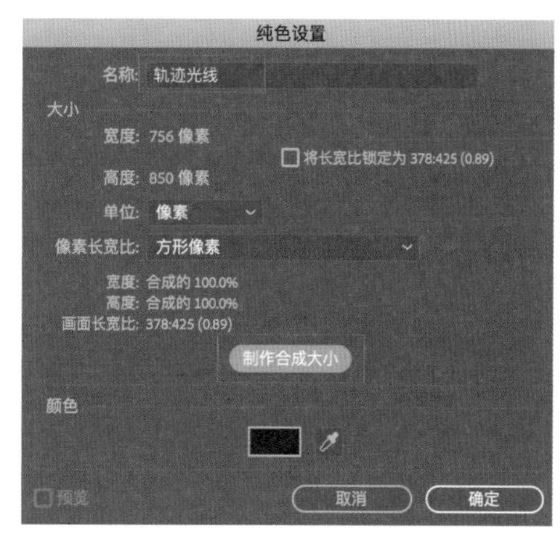

图 7-32

（2）保持选中新建的纯色图层，在【效果和预设】面板的搜索框中输入【particular】，双击搜索到的结果，为该纯色图层添加 Particular 效果，如图 7-33 所示。

图 7-33

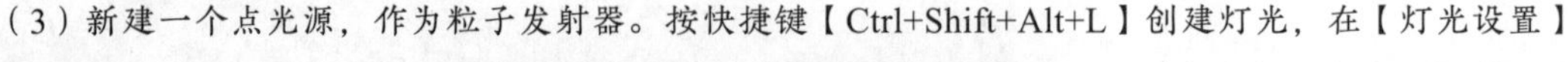

（3）新建一个点光源，作为粒子发射器。按快捷键【Ctrl+Shift+Alt+L】创建灯光，在【灯光设置】对话框中，将【灯光类型】设置为【点】，【强度】暂定为【200%】，衰减的【半径】和【衰减距离】均设置为【60】，取消勾选【投影】复选框；在创建灯光之后，返回添加了Particular效果的纯色图层【轨迹光线】，展开【Particular】属性组，将【Emitter Type】（粒子发射器类型）属性设置为【Light(s)】（灯光），如图7-34所示。

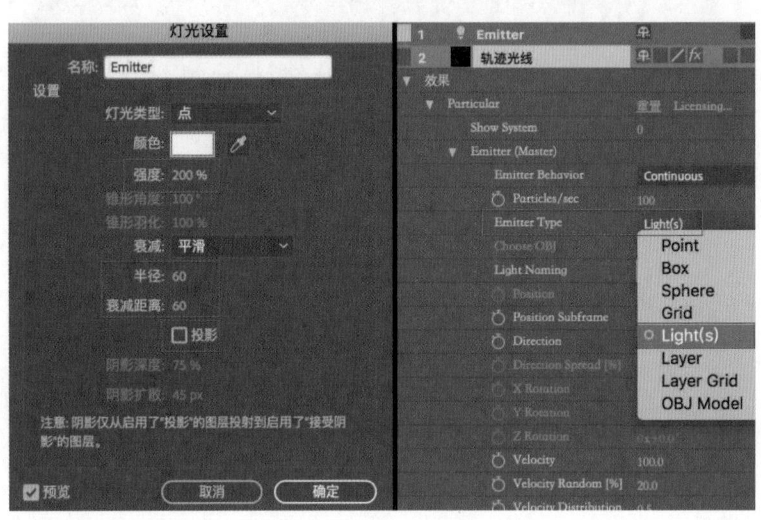

图7-34

（4）修改【Particular】属性组。本步骤主要是将粒子发射的速度彻底冻结，以创建出像绳子一样的粒子束，将【Emitter(Master)】（主发射器）属性组下的【Velocity】（粒子速度）属性、【Velocity Random[%]】（粒子速度随机）属性、【Velocity Distribution】（粒子速度散布）属性和【Velocity from Motion [%]】（粒子速度跟随运动）属性全部设置为【0.0】，【Emitter Size XYZ】（发射器尺寸）属性设置为【0】。还需要修改【Particle(Master)】（主粒子）属性组下的部分属性，将【Life[sec]】（粒子生命）属性设置为【12.0】，【Sphere Feather】（球体羽化）属性设置为【0.0】，【Size】（粒子大小）属性设置为【4.0】，如图7-35所示。

图7-35

（5）编辑灯光的移动路径，初步创建一条粒子光线。将【合成】面板的摄像机视角切换为【顶部】，以便编辑灯光移动路径（也就是粒子束的轨迹形状），如图 7-36 所示。

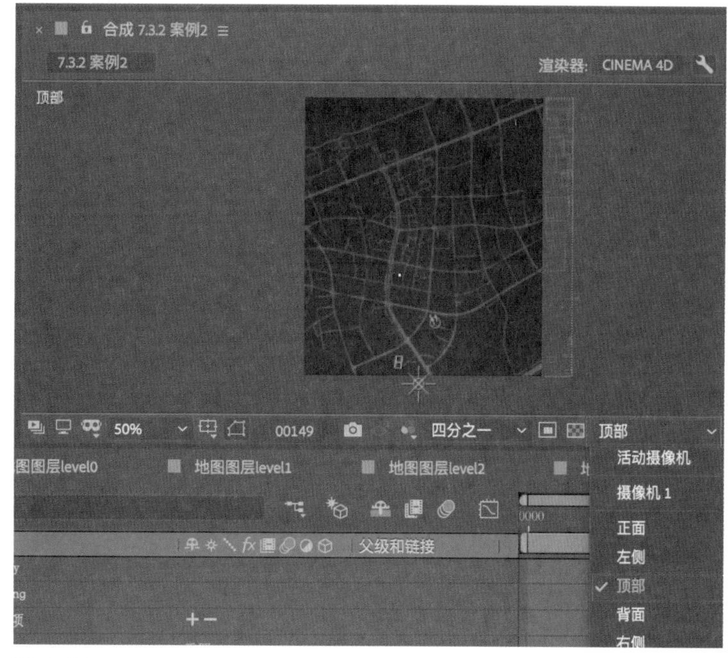

图 7-36

（6）为点光源 Emitter（发射器）的【位置】属性设置关键帧，在编辑其移动路线形状时可参考如图 7-37 所示的设置。读者可以根据自己的喜好随意编辑这个形状，但是需要沿着地图上的街道移动。笔者制作的灯光移动的时长是 300 帧，即从第 50 帧到第 350 帧。关于灯光距离地图的高度（其实也就是轨迹路线粒子束距离地图的高度）大致比地图稍高一些即可，粒子束轨迹路线就好像是悬浮在地图城市的上空一样。

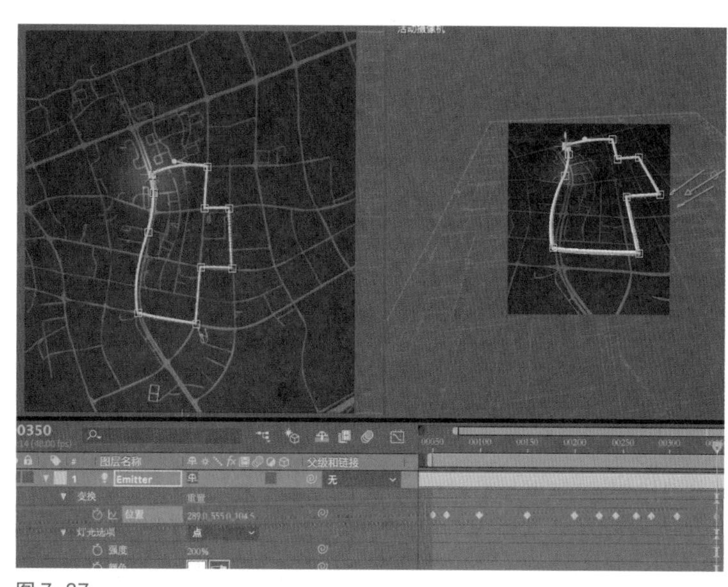

图 7-37

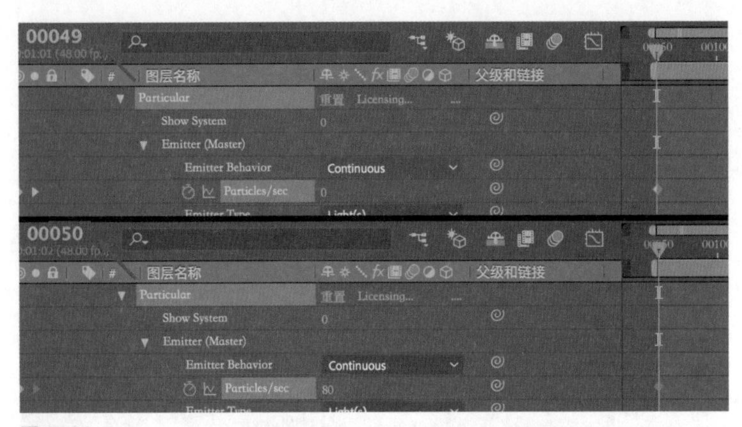

图 7-38

（7）为 Particular 效果的粒子发射速率添加从无到有的关键帧动画，即在第 50 帧轨迹路线开始生成之时，Particular 效果才开始发射粒子。先在第 50 帧将【Particular】属性组下的【Particles/sec】（粒子发射速率）设置为【80】，并为该属性设置一个关键帧；再在第 49 帧，将【Particles/sec】（粒子发射速率）设置为【0】，如图 7-38 所示。

7.3.3 添加轨迹光线在穿梭过程中粗细变化的动效

这条表示用户跑步轨迹的粒子束，笔者设计成用粗细和颜色来表示用户跑步时瞬时的速度与消耗的热量。速度越快，消耗的热量越多，则颜色越偏暖偏红、轨迹光线越粗；速度越慢，消耗的热量越少，则颜色越偏冷偏蓝。

要实现粒子束在穿梭中产生动态的粗细变化，其实很简单，只需要为【Particular】效果的【Particle(Master)】（主粒子）属性组下的【Size】（粒子大小）属性添加关键帧动画即可。

1. 为 Particular 效果的粒子尺寸变化创建关键帧

图 7-39

（1）将时间指示器拖曳到第 72 帧，展开【轨迹光线】图层的【Particular】属性组，将【Particle(Master)】（主粒子）属性组下的【Size】（粒子大小）属性设置为【2.0】，并为该属性设置一个关键帧；将时间指示器拖曳到第 90 帧，将【Size】（粒子大小）属性设置为【8.0】，自动生成关键帧；将时间指示器拖曳到第 106 帧，将【Size】（粒子大小）属性重新设置为【2.0】，如图 7-39 所示，可以看到原本粗细一样的粒子束已经变成一条两头细、中间粗的线。

（2）从当前预览中可以发现，粒子束在中间粗的那一段朝两头细的部分过渡时很不自然，这可以通过将关键帧设置为【关键帧辅助→缓动】模式来改善，如图 7-40 所示。

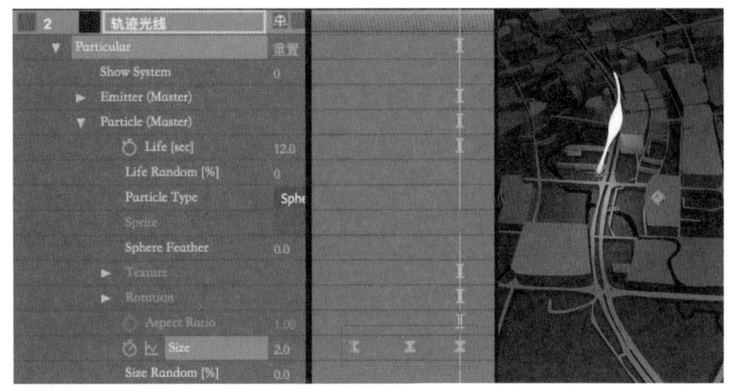

图 7-40

2. 在粒子束穿梭过程中创建更多的粒子尺寸变化

接下来在粒子束穿梭过程中增加更多的 Size（大小）变化的关键帧，从而创建一条粗细变化有致的轨迹，可参考如图 7-41 所示的设置（增加的关键帧的数目、粗细变化的程度等均可由读者按照自己的偏好设置，图中轨迹的最终形状样式仅供参考）。

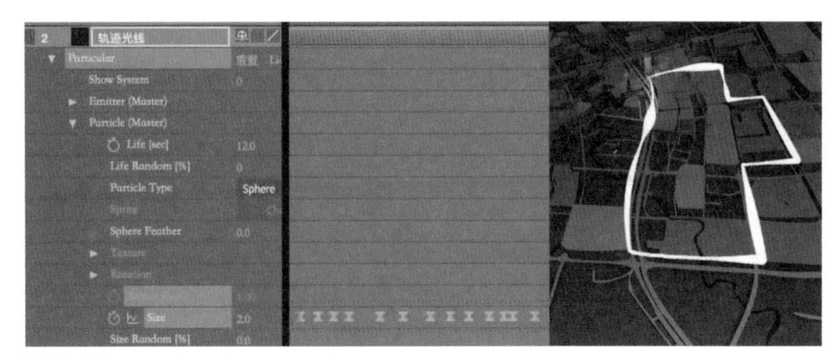

图 7-41

7.3.4　添加轨迹光线在穿梭过程中颜色变化的动效

1. 添加颜色变化关键帧

在 Particular 效果的【Particle (Master)】（主粒子）属性组下找到【Color】（颜色）属性，在第 50 帧（也就是轨迹起步处）将颜色改成蓝色(即【#3B89FF】)，因为刚起步时用户的跑步速度是比较慢的；在第 93 帧左右（也就是第 1 段变粗的段落），将颜色设置为红色（即【#FF2461】）。至此，第 1 段颜色变化关键帧就创建好了，如图 7-42 所示。

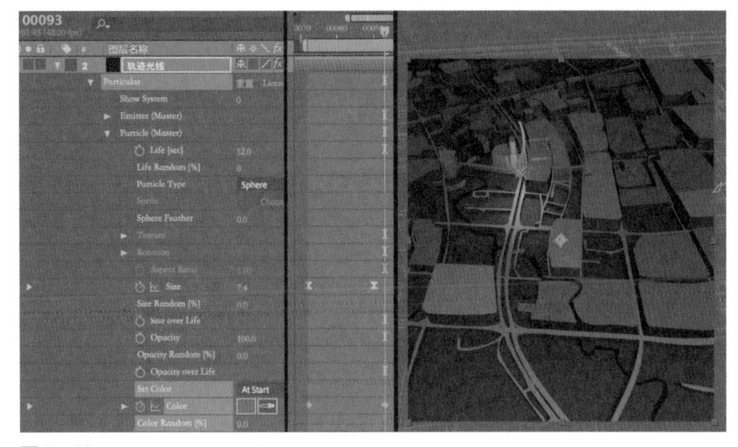

图 7-42

图 7-43

2. 与粗细变化同步，创建更多的粒子颜色变化关键帧

按照此方法，在粒子穿梭过程中创建更多的颜色变化关键帧。需要注意的是，红色和蓝色需要与粗细变化同步匹配，粗的偏红，细的偏蓝，参考效果如图 7-43 所示。

3. 为带动粒子束穿梭的发射器灯光创建光照颜色变化

这里可以看到名为 Emitter（发射器）的点光源带动粒子束穿梭，并且照亮了下面的地图。为了和粒子束的颜色同步，也可以为这盏灯光创建光照颜色变化的动效，在粒子束轨迹与地图之间建立一种有趣的互动关联效果。

这里灯光的颜色变化关键帧基本上可以与粒子的颜色变化关键帧完全同步。

可以先将灯光的【强度】属性的值增大，建议设置为【240%】。

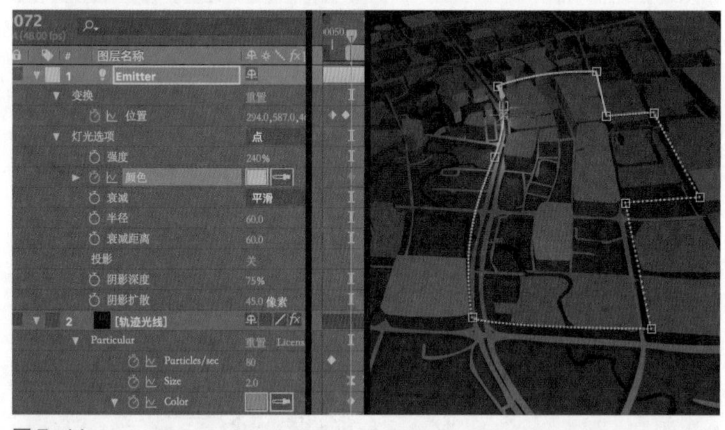

图 7-44

（1）在粒子颜色的第 1 个关键帧（即第 72 帧）的位置，将灯光 Emitter（发射器）下的【灯光选项→颜色】设置为浅蓝色（即【#9DC1FF】），效果如图 7-44 所示，灯光 Emitter（发射器）光照也变成蓝色，与粒子束颜色同步变化。

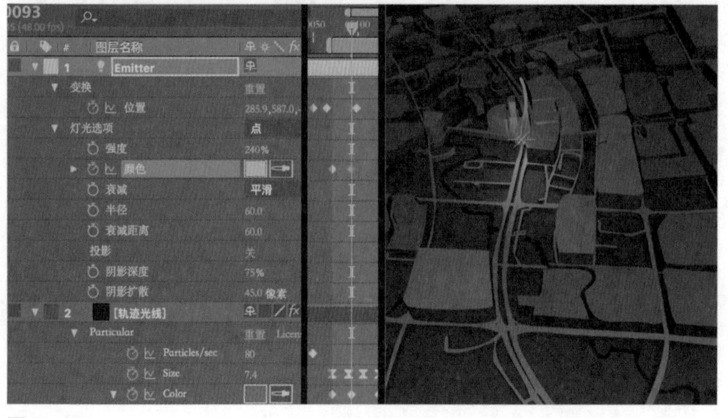

图 7-45

（2）在第 93 帧（粒子颜色变化的第 2 个关键帧）将灯光颜色设置为浅红色（即【#FFADBB】），效果如图 7-45 所示。

（3）采用同样的操作方法为后续的灯光颜色变化创建关键帧，注意与粒子颜色变化同步，参考效果如图 7-46 所示。

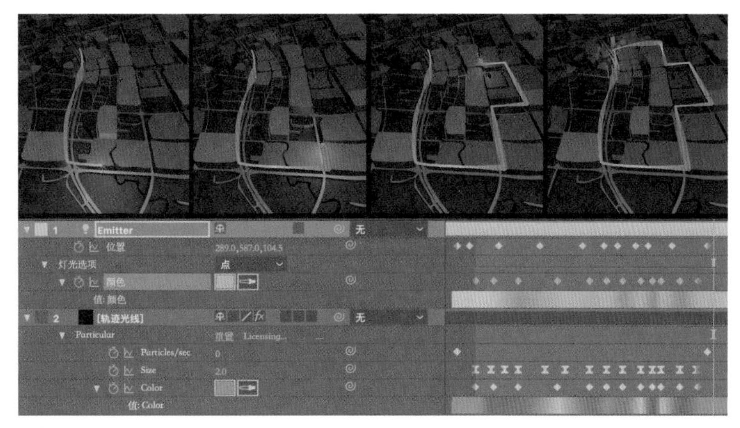

图 7-46

7.3.5　为粒子束轨迹光线创建结束时的关键帧

这里分为两部分：发射器灯光光照减弱和粒子发射速率的归零。

（1）为发射器灯光在粒子穿梭结束时创建光照减弱的关键帧动画。在粒子穿梭结束之后（也就是用户跑完一圈之后），发射器灯光需要“熄灭”，也就是灯光强度归零。在第 350 帧（也就是粒子穿梭结束之时），为灯光【Emitter】（发射器）的【强度】属性添加关键帧，将时间指示器拖曳到第 390 帧，并将灯光【Emitter】（发射器）的【强度】属性设置为【60%】，如图 7-47 所示。

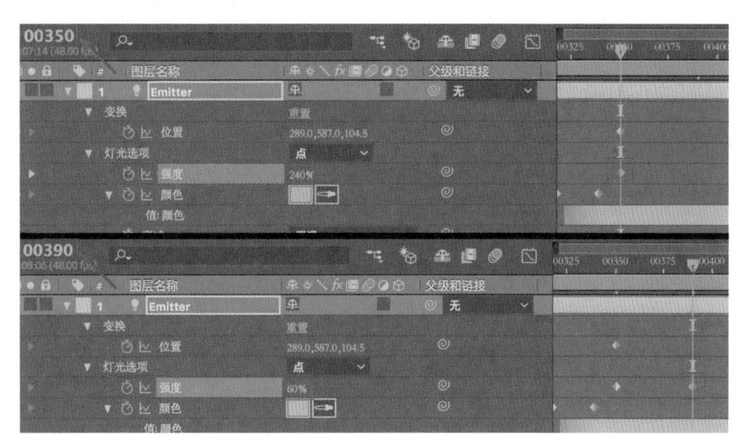

图 7-47

（2）在粒子穿梭结束时，将粒子发射速率归零。切换选中【轨迹光线】图层，展开【Particular】效果下的【Emitter(Master)】（主发射器）属性组，在第 350 帧为【Particles/sec】（粒子发射速率）属性添加一个关键帧（注意：已有关键帧的属性，如果不改变属性值，那么在添加关键帧时需要单击属性前面的菱形图标来添加）；跳转到第 351 帧，将【Particles/sec】（粒子发射速率）属性设置为【0】，如图 7-48 所示。

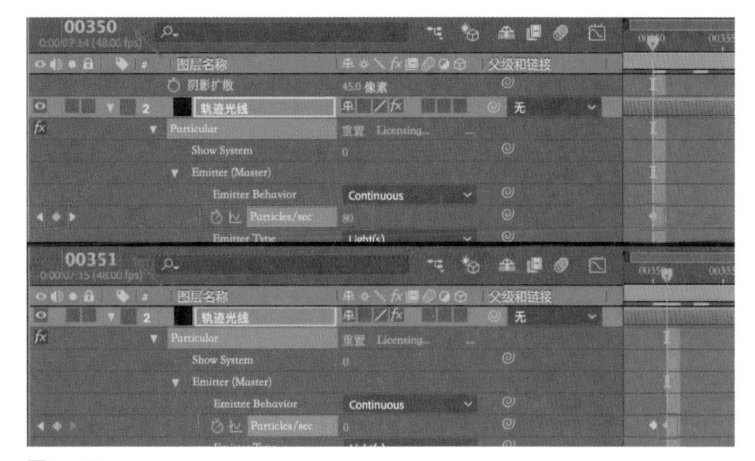

图 7-48

7.3.6 为轨迹光线添加类似于虚线的断点分段效果

请读者先尝试思考：应该如何实现如图 7-49 所示的类似于虚线的断点分段效果呢？

其实答案很简单：只需要控制粒子发射速率［即【Particles/sec】（粒子发射速率）属性］在零值和非零值之间跳跃变化即可。但在此之前，需要先设定出现断点的规则：每次偏粗的段落变红，就出现一个断点。

（1）在路线第 1 次变红变粗时，创建第 1 个断点。在合适的位置停止粒子发射，中断粒子束。在轨迹路线穿梭中第 1 次变红变粗时，也就是用户跑步路线上的第 1 个速度高峰区域，创建第 1 个断点。先将时间指示器拖曳到第 87 帧，为【轨迹光线】图层的【Particular】效果的【Emitter(Master)】（主发射器）属性组下的【Particles/sec】（粒子发射速率）属性添加一个关键帧；再跳到下一帧（即第 88 帧），将【Particles/sec】（粒子发射速率）属性设置为【0】。这样粒子束轨迹路线便再次中断，往后不再发射粒子，也就不再出现粒子束线，如图 7-50 所示。

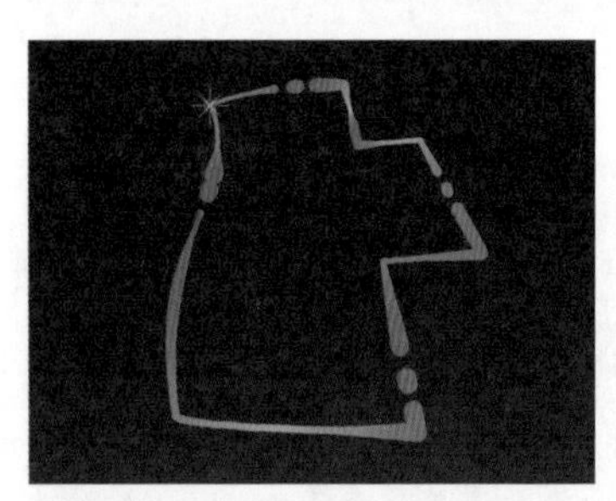

图 7-49

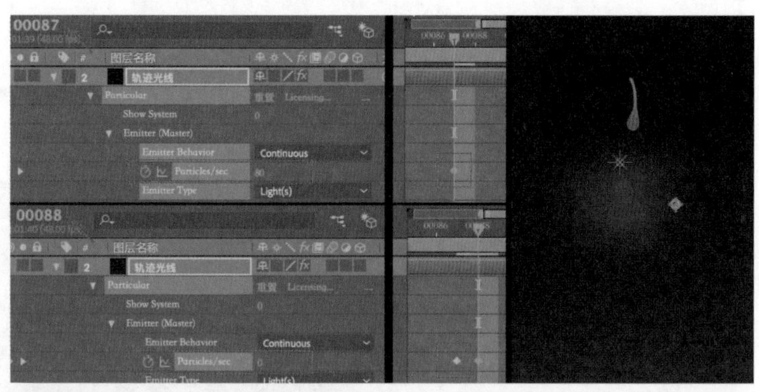

图 7-50

（2）恢复粒子发射，创建一个断点。将时间指示器拖曳到第 93 帧，要使粒子束再次开始发射，只需要将粒子发射速率［即【Particles/sec】（粒子发射速率）属性的值］再次调大即可。在第 93 帧先将【Particles/sec】（粒子发射速率）属性在值为 0 时添加一个关键帧，再在下一帧（即第 94 帧）将【Particles/sec】（粒子发射速率）属性的值恢复为【80】，这样粒子束在中断一段距离后便再次出现。但是这次因为要形成一个“点”，所以粒子发射只持续很短的几帧就需要再次归零，粒子束线再次中断。在第 96 帧和第 97 帧分别为【Particles/sec】（粒子发射速率）属性添加一个关键帧，值分别为【80】和【0】，如图 7-51 所示。

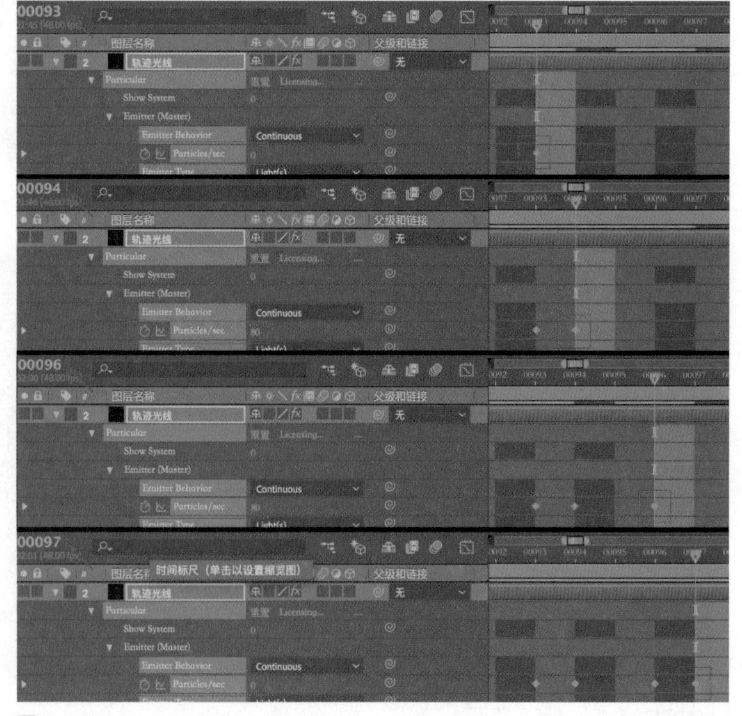

图 7-51

（3）再次恢复粒子发射，延续粒子束线穿梭。将时间指示器拖曳到第102帧，再次为【Particles/sec】（粒子发射速率）属性在当前值（0）添加一个关键帧；跳转到下一帧（即第103帧），将【Particles/sec】（粒子发射速率）属性的值重新设置为【80】，如图7-52所示，可以看到粒子在断点之后再次开始生长穿梭。

图7-52

（4）创建其他断点。采用相同的操作步骤创建更多的断点，参考效果如图7-53所示。

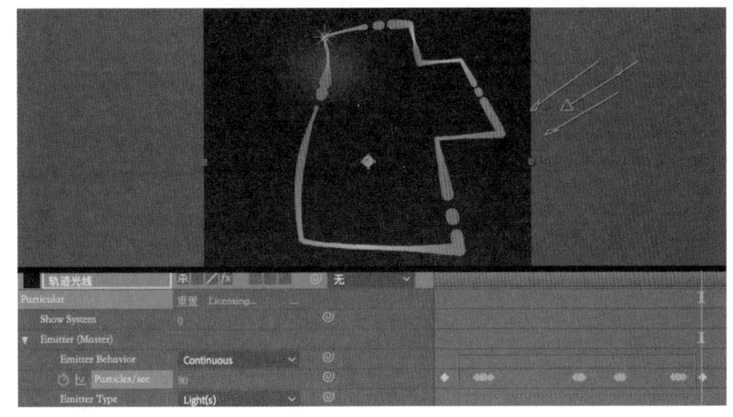

图7-53

7.3.7　为轨迹路线添加发光等更丰富的视觉效果

接下来提升这条轨迹路线的视觉效果。

1. 添加发光效果

（1）保持选中【轨迹光线】图层并右击，在弹出的菜单中选择【效果→风格化→发光】命令，为其添加【发光】效果，如图7-54所示。

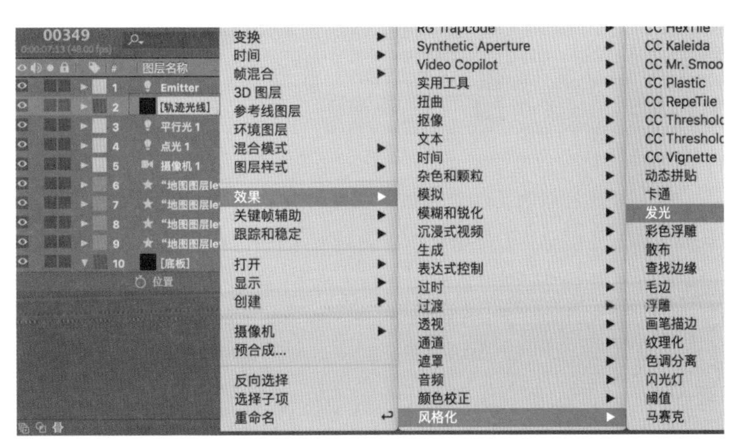

图7-54

图 7-55

（2）修改【发光】效果的属性，将【发光阈值】属性设置为【75.0%】，【发光半径】属性设置为【36.0】，如图 7-55 所示。

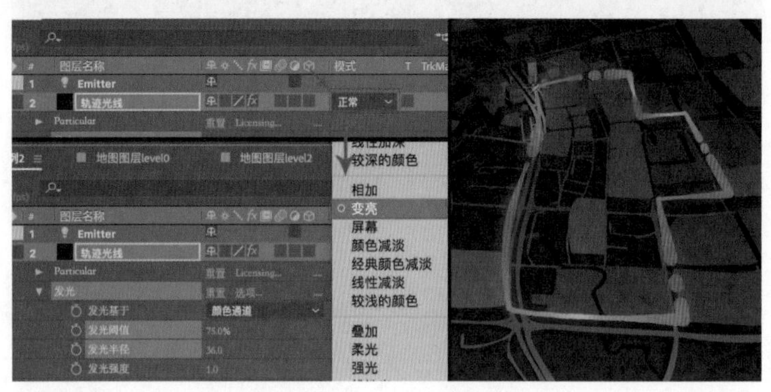

图 7-56

（3）将【轨迹光线】图层的叠加模式修改为【变亮】，如图 7-56 所示。

2. 新增一条更细的轨迹光线，使层次感更丰富

目前只有一条轨迹光线，如果用户觉得有些单调，那么还可以再复制一条更细的光线，使整体的层次感更丰富。

图 7-57

（1）复制【轨迹光线】图层。选中【轨迹光线】图层，按快捷键【Ctrl+D】复制，并重命名为【轨迹光线 辅助线】，如图 7-57 所示。

（2）修改复制的【轨迹光线】图层的粒子参数。接下来需要将这条新的轨迹光线变得更细且更密，这就需要修改【Size】（粒子大小）属性和【Particles/sec】（粒子发射速率）属性。使用表达式可以非常方便地修改整体效果。保持选中新复制的图层【轨迹光线 辅助线】，先按快捷键【U】单独展开所有关键帧属性，再按住【Alt】键单击属性【Particles/sec】（粒子发射速率）和【Size】（粒子大小）前面的码表图标，创建表达式，如图 7-58 所示。同时，为了方便查看修改效果，可以单击图层的【独奏】选框，单独显示当前选中的图层。

图 7-58

（3）编辑表达式。

- 在【Particles/sec】（粒子发射速率）属性的表达式结尾加上【*6】，也就是将当前【Particles/sec】（粒子发射速率）属性的值乘以6。
- 在【Size】（粒子大小）属性的表达式结尾加上【*0.25】，也就是将当前【Size】（粒子大小）属性的值乘以0.25，减小粒子尺寸。

具体效果如图7-59所示，可以看到这条粒子束线已经变细。

（4）创建新的灯光用作粒子发射器。按快捷键【Ctrl+Shift+Alt+L】创建第1盏灯光，在弹出的【灯光设置】对话框中，将【灯光类型】设置为【点】，【名称】设置为【Thin】，其他设置保持不变，如图7-60所示。

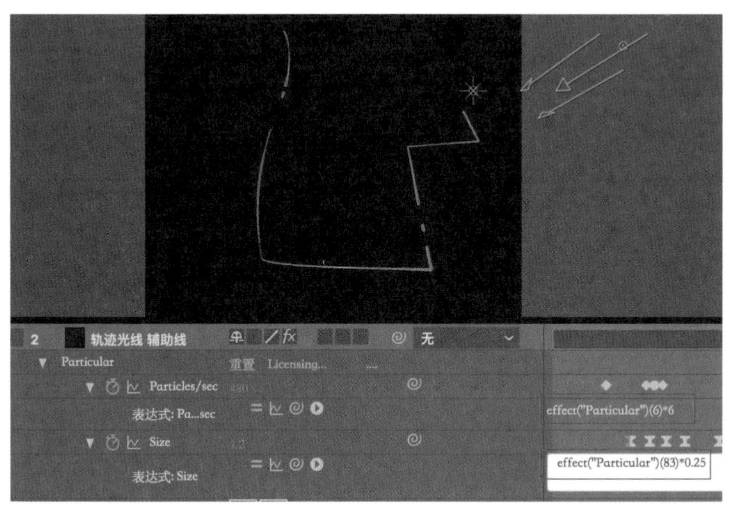

图7-59

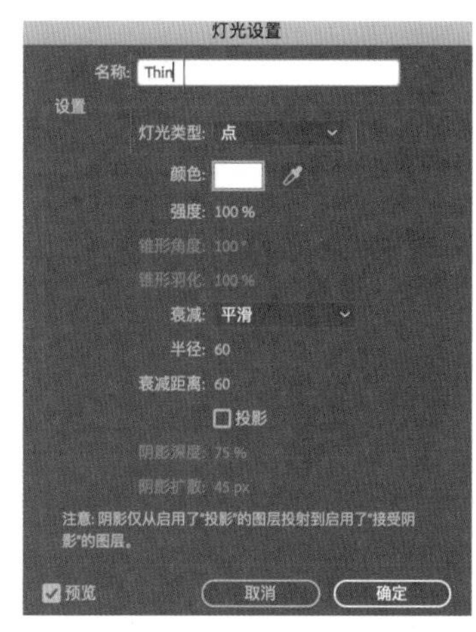

图7-60

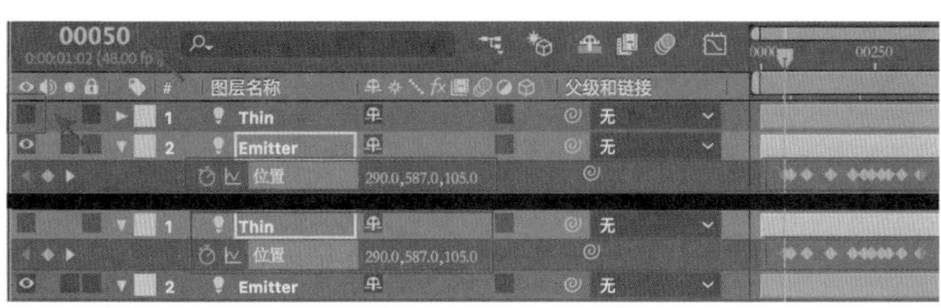

图7-61

（5）在合成中可以将此灯光隐藏，不需要增加新的照明。按快捷键【P】单独展开上一盏灯光Emitter（发射器）的【位置】属性，选中所有关键帧，按快捷键【Ctrl+C】复制；将时间指示器拖曳到最开始的关键帧（即第50帧），切换选中新创建的灯光【Thin】，按快捷键【P】单独展开【位置】属性，按快捷键【Ctrl+V】粘贴刚才复制的关键帧，如图7-61所示。

（6）修改新的灯光【Thin】的移动路径的水平高度。接下来需要将灯光【Thin】的移动路径在 Y 轴上整体向下移动一些，降低水平高度。为了方便操作，可以将灯光【Thin】的【位置】属性分离成单独的 X、Y、Z 3 个参数。选中灯光【Thin】的【位置】属性并右击，在弹出的菜单中选择【单独尺寸】命令，将其分离；单击【Y 位置】属性前面的码表图标，可以一次性删除该属性的所有关键帧，之后将【Y 位置】属性设置为【620.0】，在粒子束线主体的发射器灯光移动路径下方，如图 7-62 所示。

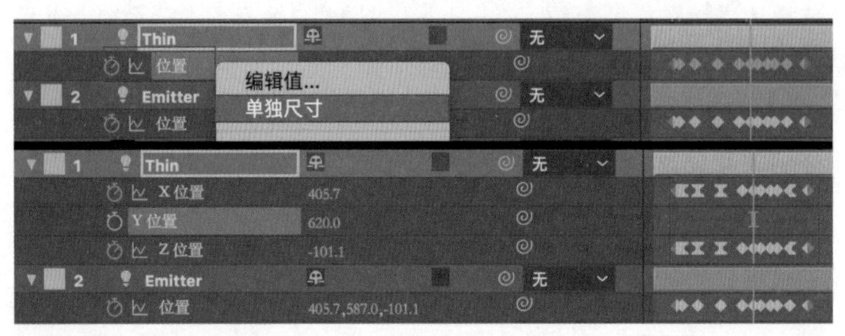

图 7-62

（7）指定新灯光【Thin】为轨迹辅助线的粒子发射器。切换选中【轨迹光线 辅助线】图层的【Particular】效果的【Emitter (Master)】（主发射器）属性组，单击【Choose Names】（选择名称）按钮，在弹出的【Light Naming】（灯光命名）对话框的第 1 个文本框中输入【Thin】，即新灯光的名称，如图 7-63 所示。

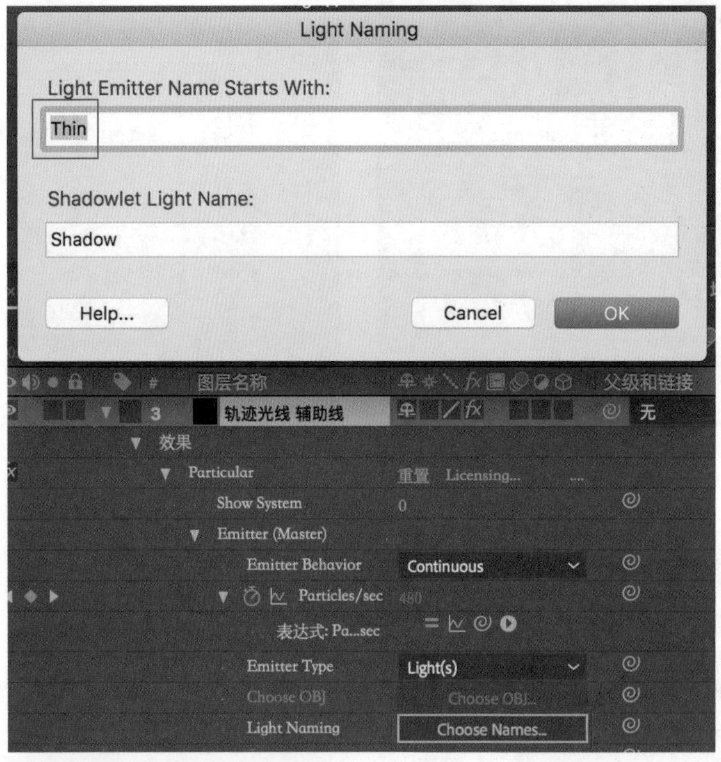

图 7-63

（8）可以看到，细辅助线的整体水平高度已经降低到主体轨迹路线的下方，如图 7-64 所示。

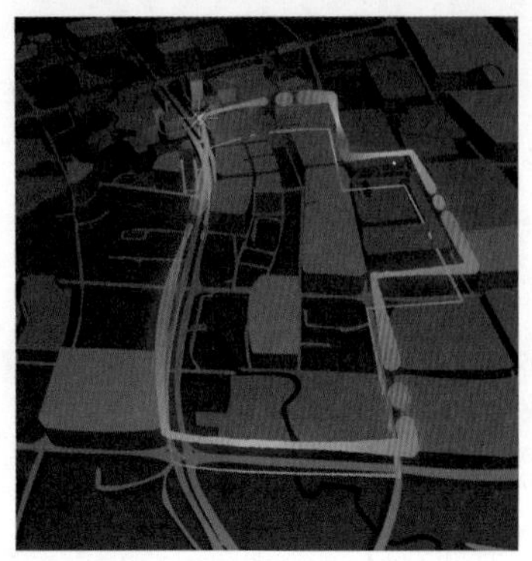

图 7-64

（9）调整辅助线的粒子发射属性，优化细节。细辅助线看起来似乎不需要断点和粗细变化，这样效果会更好一些。将【轨迹光线 辅助线】图层的【Particular】效果的【Particles/sec】（粒子发射速率）属性下的第 50 ~ 350 帧的所有关键帧全部选中并删除，如图 7-65 所示。

图 7-65

（10）在删除这些关键帧之后，就会使辅助线图层【轨迹光线 辅助线】的粒子发射器的发射速率始终保持在 80 持续发射粒子，从而取消断点效果，如图 7-66 所示。

这里的辅助线仍然保持粗细有变化的效果。如果读者觉得均匀一致的粗细效果更好，那么只需要删除【Size】（粒子大小）属性的关键帧即可。

图 7-66

7.3.8　创建镜头运动动画

目前静态的画面显得有些单调，并且没有体现出 3D 地图的立体空间感。本节通过为摄像机添加镜头运动动画来加强整体的立体空间感和运动感。

（1）切换选中【摄像机 1】图层，展开【变换】属性组，将时间指示器拖曳到第 50 帧，将【目标点】属性设置为【331.0，636.0，-80.0】，【位置】属性设置为【235.0，300.0，-358.0】，如图 7-67 所示。需要注意的是，应将关键帧切换为【关键帧辅助→缓动】模式（在关键帧上右击，在弹出的菜单中选择【关键帧辅助→缓动】命令）。

图 7-67

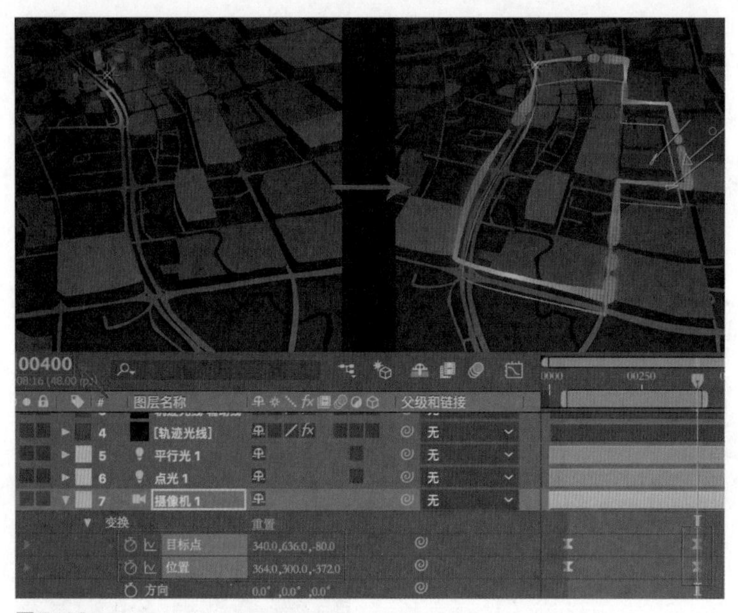

图 7-68

（2）将时间指示器拖曳到第400帧，并且将摄像机的【目标点】属性设置为【340.0，636.0，-80.0】,【位置】属性设置为【364.0，300.0，-372.0】，如图7-68所示，这是从左向右摇的镜头运动。

图 7-69

至此，主体动效基本制作完成，可以预览一下当前的效果，如图7-69所示。

7.3.9　添加数据辅助说明

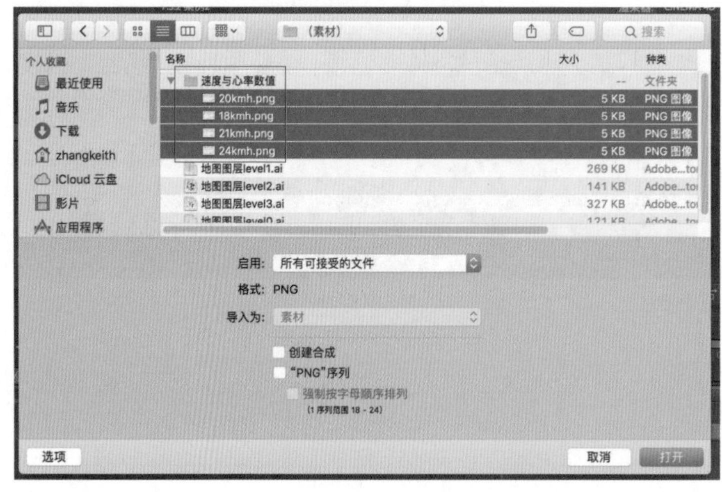

图 7-70

（1）导入素材图片。从资源【素材文件 / 第7章 / 案例：智能手表运动健身类App立体地图数据可视化 / 速度与心率数值】中找到4张.png图片素材并全部导入，如图7-70所示。

（2）将图片素材分别放到轨迹路线上合适的断点位置。将新导入的图片素材导入合成【7.3.2 案例 2】中，并全部设置为 3D 图层，如图 7-71 所示。

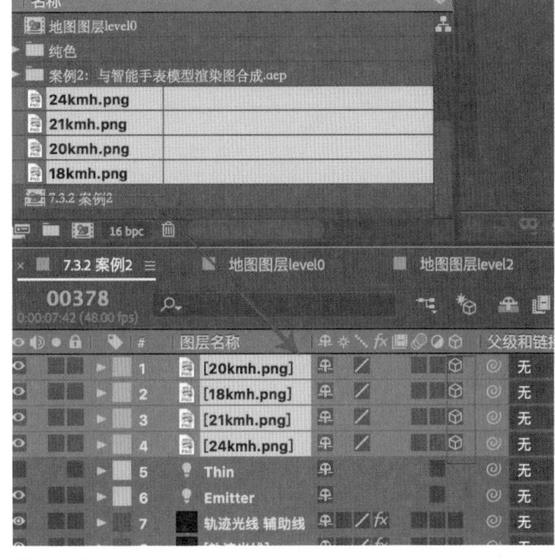

图 7-71

（3）分别将 4 个素材图层放到轨迹路线上的 4 个断点位置的附近，其【位置】属性的值可参考如图 7-72 所示的设置，并将【缩放】属性的值缩小到【45.0，45.0，45.0%】，这组数据包含瞬时速度和心率。

图 7-72

（4）修改数据文字素材图片的材质选项。目前的数据文字素材图片作为 3D 图层也受到光照影响，看起来有些暗，所以需要修改其材质选项。展开【24kmh.png】图层、【21kmh.png】图层、【18kmh.png】图层和【20kmh.png】图层的【材质选项】属性组，将【接受灯光】属性设置为【关】，取消光照影响，如图 7-73 所示。

图 7-73

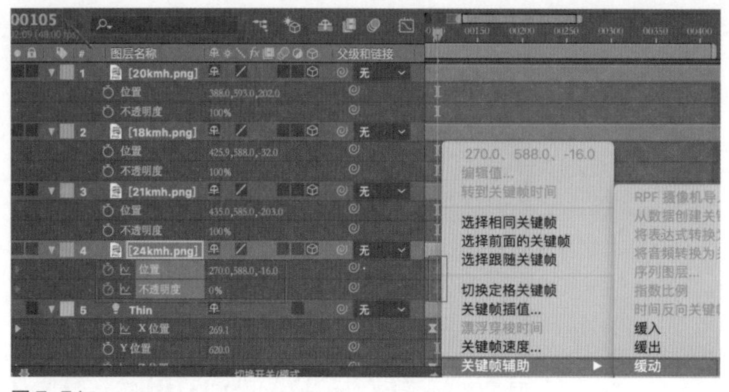

图 7-74

（5）为 4 组数据文字素材添加依次出场的关键帧动画。为第 1 个断点的数据说明文字添加出场动画。将时间指示器拖曳到第 105 帧，选中第 1 组数据图层【24kmh.png】，先按住【Shift】键，再分别按快捷键【P】和【T】，单独展开【位置】属性和【不透明度】属性，将【位置】属性设置为【270.0，588.0，-16.0】，【不透明度】属性设置为【0%】，如图 7-74 所示，并且设置为【关键帧辅助→缓动】模式。

图 7-75

（6）将时间指示器拖曳到第 135 帧，并且将【位置】属性设置为【233.0，588.0，-16.0】，【不透明度】属性设置为【100%】，如图 7-75 所示。

如此，第 1 个断点的数据说明文字的出场动画制作完成。

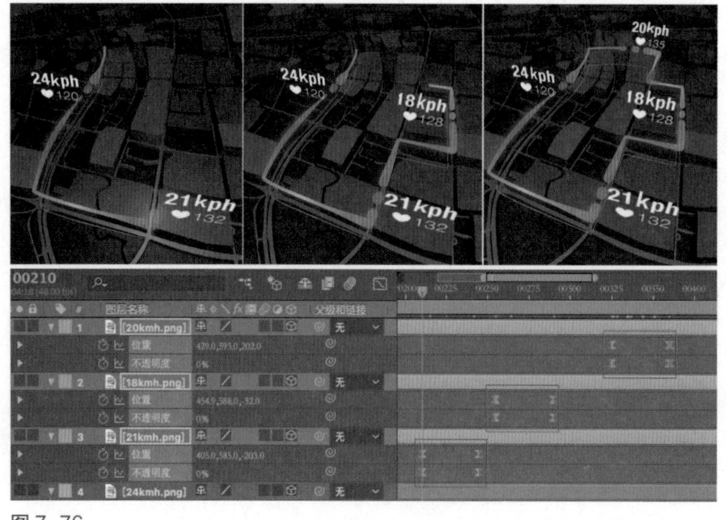

图 7-76

（7）为其他 3 个断点处的数据说明文字添加类似的出场动画。运用类似的步骤，分别在第 210 帧、第 255 帧和第 325 帧为其他 3 个断点的数据说明文字添加相同的“移动 + 不透明度淡入”的出场动画，如图 7-76 所示。至此，整组动画基本上制作完成。